非致命武器技术

郭三学　编　著

西北工業大學出版社

【内容简介】 本书系统地介绍了国内外非致命武器技术的作用机理、结构组成、关键技术和发展现状，内容主要包括激光非致命武器技术和微波非致命武器技术、动能非致命武器技术、声波非致命武器技术、电击非致命武器技术、化学非致命武器技术、布障技术等。本书是国内首次系统性地介绍非致命武器技术的专著，可作为军事装备相关专业学生的教科书，亦可作为从事装备研究、生产的工程技术人员参考。

图书在版编目(CIP)数据

非致命武器技术/郭三学等编著．—西安：西北工业大学出版社，2015.6
ISBN 978-7-5612-4417-3

Ⅰ．非… Ⅱ．①郭… Ⅲ．①武器—军事技术 Ⅳ．①E92

中国版本图书馆 CIP 数据核字(2015)第 136138 号

出版发行：西北工业大学出版社
通信地址：西安市友谊西路 127 号 **邮编**：710072
电 话：(029)88493844 88491757
网 址：www.nwpup.com
印 刷 者：兴平市博闻印务有限公司
开 本：727 mm×960 mm 1/16
印 张：23.375
字 数：425 千字
版 次：2015 年 6 月第 1 版 2015 年 6 月第 1 次印刷
定 价：59.00 元

序

当今社会，局部战争、地区冲突、反恐斗争已成为政治力量对抗的主要形式，各国都把军事力量大量地投入打击恐怖主义、制止骚（暴）乱以及维和行动中，面对这种新的国际战略形势的战争模式和非战争军事行动，发展非致命武器不仅是现代军事斗争发展的客观需要，而且已成为平息政治冲突的重要手段。非致命武器是指能使作用对象暂时失去作战能力但又不会对人体造成不可逆（永久性）伤害的军事装备的总称，它是一类正在探索和发展的武器，不仅技术含量高，而且在设计思想、作用机理和作战方式上与传统杀伤性武器有着本质性的变化，是创新思维与高新技术相结合的产物。

近年来，以信息化为核心的新技术、新原理、新材料在军事领域中得到了广泛应用，促进了新型武器装备的迅猛发展，催生了一批更加高效、威慑性更强、打击更精确、智能化程度更高的非致命武器装备，对军事理论、作战形态产生了广泛而深远的影响，围绕新型非致命武器的主要特征、基本原理、军事应用、发展趋势等问题，国内外有关专家、学者进行了深入的探索和研究，笔者在认真学习、借鉴有关方面理论成果的基础上，结合多年从事非致命武器教学科研成果和学术积累，编写了《非致命武器技术》一书。本书以新时期涌现的新技术、新原理、新材料为契机，系统性地介绍了现代非致命武器的技术原理、作用机理、应用效应和发展前景。本书是国内首次系统性地介绍非致命武器技术的专著，为非致命武器的体系建设和创新发展提供了理论基础。

本书由武警工程大学郭三学总体筹划和编写全书纲目，全书共九章，郭三学对各章进行了系统性的编写和统稿，其中第 4 章由刘加凯编写，欧阳的华、冯建伟参加第 3 章编写，王方、罗雷分别参加第 5 章、第 9 章编写。朱文坤、王宇凡、庄维伟、单宁、秦华扬、魏绪旺整理了大量的资料、图片，为本书出版付出了辛勤的劳动，在此深表感谢。

在本书编撰过程中，参阅了大量的国内外相关文献和资料，在此谨向所有文献资料的作者表示诚挚的感谢。

由于水平有限，书中不妥和错误之处，敬请学术界前辈、同行和广大读者指教。

编著者

2015年2月

目　录

第1章 非致命武器概述

当今世界，军事行动大多呈现地域性的局部战争，这种战争不以杀伤敌方有生力量、占领对方领土为目的，而是最大程度地削弱敌方在政治和军事领域内的实力和组织潜力，这种战争方式所表现的特点非常明显，武器打击的精度越来越精确，人员伤亡、物质损失降低到最低程度，军事强国完全控制了战争的主动权。特别是9·11事件之后，恐怖主义已经成为社会的主要威胁，越来越多的军事行动是反恐、维和、平息暴乱、骚乱、防止武装冲突升级、解救人质等，恐怖分子在制造劫持、绑架、爆炸等事件中，大多混杂在人群中，而大多暴乱、骚乱、动乱都有不明真相的群众参加，处理这些事件如果武器使用不当，就可能伤及无辜，这一切都促进了现代非致命武器的迅速发展，也使非致命武器稳步地成为武装力量使用的标准武器之一。

新型非致命武器在作用机理、结构方式等方面与传统杀伤性武器有着本质不同，它充分体现了物理、化学、生物、电子和其他应用科学的最新科技成果，各种常规武器、车辆、飞机、舰艇等都有可能成为非致命武器的载体和平台。其应有效应也不再是片面地追求增大威力，提高毁伤能力，而是想方设法通过各种技术手段，破坏敌方武器装备系统，瓦解对方斗志，使其失去作战能力，这就为非致命战争提供了可能，从而为支撑这种战争的非致命武器的发展创造了契机。

第1节 非致命武器的概念

一、非致命武器的定义

1996年3月，在弗吉尼亚州麦克莱恩举行的关于非致命防务大会上，美国正式宣布了“非致命武器”(Non-Lethal Weapons)这个概念，负责特种作战和低强度冲突的助理国防部长艾伦·霍姆斯给该名词的定义为：“明确设计和主要用来使人员和装备失去作用，把对人的致命性、永久性伤害以及对财产和环境的非故意破坏，降至最低限度的武器”。与传统武器不同，非致命武器不是通过爆炸、穿透和破片等方式来达到破坏目的，而是利用某些物质独特的物理、化学性质使敌方人员暂时丧失战斗能力而不产生致命性的杀伤，也不会留下永久性伤残，能暂时阻止某些车辆、舰船等装备或设备正常运行而不至于造成大规模破坏，并对生态环境破坏最小。非致命武器至少应具备如下两点，一是对人员或装备的作用效果可逆转，二是在其作用范围内对目标分别施加影响。美国国防部第3000.3号指令制定的非致命武器政策是：

(1)帮助减少冲突后重建成本。

(2)不能限制指挥官使用必要手段和采取正当防卫的固有权利和义务。

(3)明确使用义务，制定比现有法律制定标准更高的使用标准。

(4)能够与致命武器结合使用，以增强致命武器在军事作战中的作战效能。

非致命武器也被称为低杀伤武器、非杀伤性武器、软杀伤武器、温柔武器等，不同国家、不同军事组织和不同的学者给出了不同的定义。

美国非致命武器联合需求审查委员会备忘录(JROCM)060－09号文件，反人员联合非致命效应初始能力文件和反器材联合非致命效应初始能力文件定义："能够使人员或装备目标瞬间失能，且最大程度减少人员的伤亡或永久性伤害以及对目标区内物资或环境的毁坏或影响的武器、装置和弹药。非致命性武器能够对人员或装备目标产生可逆效应"。

北约的定义："非致命武器是指那些为驱退人员使其暂时失能而设计和研制的武器，这些武器具有较低的致命或造成永久性伤害的概率，或可导致敌方武器装备瘫痪，但造成的破坏或对环境的影响最小"。

德国的定义："用于避免(防止或制止)敌对行动，不造成人员死亡或重伤的技术手段，此外使用这些手段对无辜的人和环境造成的附带效应最小"。

我国《军事百科全书》第二版(2006年12)定义：利用声、光、电磁、化学、生物等技术手段，使人员或武器装备暂时或永久丧失部分或全部作战能力的武器。

虽然对非致命武器的概念有不同的认识，但总结国内外学者提出的定义，却对非致命武器的作用范围、性能要求等有着同样的认识。即非致命武器的"命"包括两层含义：一是人体的生命，即在不使敌方人员致命的前提下，使其迅速失去战斗力；二是所谓物体的"生命"，主要着眼于破坏敌方的军事设施、装备和后勤保障系统，使其失效和损坏。对非致命武器的性能要求是，能使罪犯丧失战斗能力，但不能对人体产生特别严重的生理或心理伤害，并且它们对人员或装备的作用结果必须是可以逆转的，当罪犯停止进攻行动(立即离开现场)后，非致命武器对其造成的疼痛或不舒适感应可在短时间内消除。所以，归纳以上内容，非致命武器可理解为"凡是能使作用对象暂时失去作战能力(如人员暂时致盲、致聋、昏迷，武器装备失效等)但又不会对人体造成不可逆(永久性)伤害的物质手段，都可归于非致命武器的范畴"。

二、非致命武器的分类

非致命武器种类繁多,形式不一,但是它们的终点效应是一致的,即用化学物质、能量武器破坏军事设施、电子设备、装备及后勤保障系统;利用声能、光能、电能、化学能等产生的效应;运用物理装置巧妙发力,致使有生目标暂时失去抵抗能力或受到抑制,但不危及生命。

非致命武器可根据不同的作战用途、作用机理、结构形式等分为多种类型。从作用的目标分为反人员非致命武器和反物质非致命武器。按技术属性分为物理类、化学类、定向能类、生物类、心理战类、信息战类等。物理非致命武器是使用冲击力、限制人体行动等;化学非致命武器是利用化学药剂在目标人或物之间产生化学反应;定向能类非致命武器是将光能、电磁波、声波等能量投射到目标上;生物非致命武器是制剂和物体目标之间产生生物反应;心理战影响敌人的思想和决策;信息战以技术为主要手段,其功能可使信息系统瘫痪,并造成严重后果,因此成为另一种战争形态。技术属性分类的非致命武器基本体现了非致命的作用机理,各种技术类非致命武器通过不同技术途径既可实现反人员也可实现反物体。

1. 反人员非致命武器

反人员非致命武器可使敌方人员心理和生理受到影响,失去或削弱战斗力以控制活动场所。反人员非致命武器有以下类型。物理类:橡皮/塑胶子弹、泡棉子弹、环翼榴弹、橡皮弹丸、高压水炮、捕捉网、压缩空气等;化学类:刺激剂、染色剂、恶臭剂、黏性泡沫、麻醉剂、镇定剂、迷幻剂、蒙蔽剂、声光手榴弹等;定向能类:低能激光(激光致盲)、炫目灯、不伤眼镭射、电击枪、脉动光束、镭射立体投影、高功率微波、扬声器、次声波、超声波等;生物类有基因武器等。根据这些原理,已开发的典型反人员非致命武器有以下几种类型。

(1)动能非致命武器。这类武器以柔性载体的冲击动能打击有生目标,使其产生强烈痛感,从而使其行动受到抑制。目前主要有动能手榴弹、布袋弹、橡胶霰弹、高压水炮等。

(2)化学失能剂。它分为精神失能剂和躯体失能剂,能够造成人员的精神障碍及躯体功能失调,从而丧失作战能力,主要有呕吐剂、镇定剂、迷幻药、蒙蔽剂等。最近,国外又在研究强效镇痛剂与皮肤助渗剂合用,它能迅速渗透皮肤,使人员中毒而失能。

(3)化学刺激剂。刺激剂是以刺激眼、鼻、喉和皮肤为特征的一类非致命暂时失能性药剂。在一定浓度下,人员短时间暴露在其中就会出现中毒症状,脱离接触后几分钟或几小时症状会自动消失,不需要特殊治疗,不留后遗症。若长时间大量吸入可造成肺部损伤，严重的可导致死亡，用刺激剂可制成各种型号的催泪弹、喷射器等。

(4)闪光爆震弹。它采用能发光、发热的化学烟火药剂制成，作用后可以产生巨大的声响和眩目的闪光，刺激有生目标的耳朵和眼睛，使之暂时致聋致盲。

(5)止动武器。它可束缚人员的行动，使之立即丧失活动能力；主要有捕捉网、黏性泡沫等。捕捉网利用火药气体能量发射网体，通过撒网方式捕获目标，捕捉网发射器一般设计成专用发射筒，有手枪型、步枪型，也有地雷型等不同样式；黏性泡沫属于一种化学试剂，喷射在人员身上立刻凝固，使其失去抵抗能力，目前美国已开发出了肩挂式黏性泡沫发射器。

(6)电击非致命武器。这类武器不管形状如何，都是利用高压电对有生目标实施电击。人被电击后，常伴随着轻微颤抖、痉挛等症状，可以达到迅速制服有生目标的目的。主要有电击器、电警棍、电击枪、电击弹等。

(7)低能激光眩目武器。利用激光束照射人眼，在一定距离上可使人眼受到干扰，从而产生眩晕、暂时失明，失去抵抗能力。它可以被制造成手枪型、步枪型，也可装载在车辆、飞机上。

(8)声波武器。利用超声波、次声波、噪声等对人体作用，产生暂时性神经紊乱或器官受损。声波驱散器通过发射150dB左右的噪音驱散人群；次声武器就是把频率在7Hz～12Hz的大功率次声波定向辐射作用人体，所产生的频率与人体大脑发生共振，不仅能使人心烦意乱、头晕目眩、恶心呕吐，还能使其神志不清、癫狂，从而丧失战斗力。

(9)毫米波武器。它是利用毫米波能量射速“射击”目标，受到辐射的人员皮肤发热，疼痛难忍，从而终止敌对行为、逃离现场。该装置可发出波长为1.1 m，功率30 kW的波束，有效距离超过250 m，工作频率94 GHz，能在雨天、雾天和宵烟天气使用。

2. *反物质非致命武器*

反物质非致命武器可使敌方的武器装备、基础设施、电子侦察通信系统等失效和损坏，打击敌方赖以战斗的物质基础。反物质非致命武器有以下类型。物理类：车辆拦阻网、纤维网、拦路钩；化学类：燃烧缓和剂、空气滤网阻塞剂、超级黏胶剂、超级润滑剂、材料脆化剂、超级腐蚀剂、聚合物分解催化剂、碳纤维(石墨)弹等；定向能类：脉动式电波、直射式电波、导电纤维弹、高功率微波、高能激光、微粒子波束、次声波、超声波等；信息有计算机病毒；生物类有新细菌弹等。根据这些原理，已开发的典型反物质非致命武器有以下几种类型。

(1)超级润滑剂。它是采用含油聚合物微球、表面改性技术、无机润滑剂等作原料复配而成的摩擦系数极小的化学物质；主要用于攻击机场跑道、航母甲板、铁轨、高速公路、桥梁等目标，可有效地阻止飞机起降和列车、军车前进。

(2)材料脆化剂。它是能引起金属结构材料、高分子材料、光学视窗材料等迅速解体的特殊化学物质，可对敌方装备的结构造成严重损伤并使其瘫痪；可以用来破坏敌方的飞机、坦克、车辆、舰艇及铁轨、桥梁等基础设施。

(3)超级腐蚀剂。它是对特定材料具有超强腐蚀作用的化学物质，可以用来破坏敌方的铁路、桥梁、飞机、坦克、车辆、舰艇等基础设施和武器装备，也可专门腐蚀飞机、车辆等装备的轮胎，使其迅速报废。

(4)超级黏胶剂。它是具有超级强黏结性能的化学物质。作战时将这种超级黏胶剂直接喷洒在道路、飞机跑道、武器装备或军事设施，可使车辆等装备寸步难行，人员也无法通行。

(5)动力系统熄火弹。它是利用阻燃剂等污染或改变燃料性能，使发动机不能正常工作而熄火的武器。目前主要有阻燃泡沫弹、吃氧阻燃剂弹和乙炔弹。这种新概念武器被视为遏制敌方车辆、坦克、装甲车、飞机等装备的有效手段之一。

(6)高功率微波。它是脉冲峰值功率大于 100MW 微波经高增益天线定向辐射，高功率微波源产生的微波能量聚集在窄波束内，以极高的强度照射目标，干扰和破坏现代武器系统的电子设备，又称为射频武器。

(7)车辆拦阻装备。它主要用于执勤检查、抓捕犯罪嫌疑人、截获可疑车辆、保护重点目标等场所的设卡拦阻。车辆拦阻装备有固定阻车网、便携遥控阻车器、纤维缠绕阻车网等类型。

三、非致命武器的基本特征

非致命武器不以大规模杀伤人员、武器装备和基础设施为军事目的，而是通过物理、化学、机械、生物、电能等有效的作用方式使敌方人员失去作战能力，使敌方武器装备及基础设施不能发挥正常作用，从而顺利实现阻止和限制敌方作战和行动的军事目的，这为非致命战争的发展提供了可能，这种新型的战争模式使非致命武器的发展具有鲜明的时代特征。

(1)作用原理的可靠性。非致命武器的作用原理与传统的杀伤性武器有根本性的差别，它集成了物理、化学、机械、生物、电子等学科对作用目标失能的各种科学技术原理。对于非致命武器的作用，从基本原理上来说，既要确保对目标的威慑力，又要保证对目标非致命效应的安全性，从而将人致命或永久性伤害的概率降到最低程度。

(2)作用目标的快速性。非致命武器主要用于平息骚(暴)乱、解救人质、反恐、维和等军事行动，要求驱散效果快、震慑力大、针对性强。所以非致命武器作用后能迅速使有生目标失去抵抗能力，使武器装备不能发挥效能，对作用目标造成极大的心理威慑，有效防止亡命歹徒在非致命武器作用后效应慢或无效进而对实施者进行反扑。

(3)作用效果的可控性。非致命武器可对作用效能进行选择与控制，在近距离可控制对有生目标进行准确性的点打击，在远距离可实现区域性的面打击。作用目标的打击能量控制在非致命标准限制的范围内，在多数情况下打击效果具有可逆性，遭受打击的人员可恢复正常机能，冲突过后的重建工作也可迅速完成。

(4)作用效应的安全性。非致命武器通过声效应使有生目标暂时致聋，通过光效应使眼睛暂时致盲，通过热效应使皮肤瞬间发热疼痛，通过动能效应使身体受到柔性冲击，通过波频率效应与人体器官发生共振，通过编织网束缚人体行动等，这些效应只能暂时使有生目标或装备失去战斗力，不会造成人员的伤亡和不可逆伤害，对环境设施的破坏也很有限。

(5)社会效应的道义性。非致命武器为制止群体骚(暴)乱、解救人质、反恐、打击走私贩毒、维和以及应对地域性军事冲突提供了更理智的军事手段。战争、冲突不使用武力，不使无辜群众生命受到伤害，减少环境的破坏和财产损失是国际社会的共同愿望。非致命武器的创新和应用顺应了社会发展的潮流，使这种愿望有可能成为现实，它不仅为未来非致命战争提供了物资基础，也自然成为文明社会人道主义的产物。

1. 发展非致命武器是平息政治冲突的重要手段

当今社会，和平与发展成为时代的主题，建立和谐社会已成为不可抗拒的历史潮流。世界范围内爆发大规模战争的可能性越来越小，但局部战争时有发生，武装冲突连续不断，反恐斗争更加激烈，国际社会面临传统安全与非传统安全的诸多挑战，局部战争、地区冲突、反恐斗争成为当今世界政治力量对抗的主要形式，高强度的武装冲突战争愈来愈少，低强度的局部冲突和非战争军事行动越来越多。因此，各国都把军事力量大量地投入到对付恐怖主义，制止暴乱以及维和行动中，在这种环境下，军队如果在战术上过度使用武力，无论是否取得战果，都可导致更深层次的文化仇恨。美国在伊拉克战争、阿富汗战争中使用了最先进的武器装备，反而使这些国家充满了更多的仇恨和动荡；俄罗斯在车臣动武镇压，反而使民族反抗更加激烈。如果在这些军事行动中使用非致命武器，一方面能够顺利实现军事目的，赢得国际社会的支持；另一方面减少了因使用武力而伤及无辜所产生的一系列困扰政府的麻烦，能有效地减轻国内外的政治和舆论压力。所以，新的国际战略形势下的战争模式和非战争军事行动都迫切需要非致命武器，发展非致命武器已成为国家解决政治冲突的重要选择。

2. 发展非致命武器是适应现代军事斗争发展的客观需要

1991 年海湾战争后，美海军上尉麦克·马丁在一份上书美国国防部的研究报告中说："海湾战争首次向人们证明，取得一场战争的胜利并非一定要杀死很多人，陆军也不一定非打到对方首都。海湾战争任其多么激烈，却没有形成白骨成山，血流成河的场面"。从阿富汗战争到伊拉克战争，表明美军已从过去滥杀无辜、一律加害的战争模式中走了出来，而是精确选择确定的杀伤目标，不使普通百姓无辜受害，保留大量的建筑和平民生命财产，甚至挽救了不少士兵的生命，那种目标不清、目的不明的狂轰滥炸已成为过去，这表明，现代军事战争已具有非致命战争的趋势。

非致命战争是近年来逐渐兴起和发展的一个概念性战略计划，非致命武器是这个战略计划的核心，非致命武器的应用，造成现代化的武器设施失能而人员不会产生致命性伤害，这把战争带入"不战而屈人之兵"的理想境界，美国防部认定非致命战争是"文明社会、文明世界、文明人类在解决冲突时（不能谈判解决时）的一种优选方法"。因此，在阿富汗战争、伊拉克战争后进一步强化和发展这一新的作战理论，加速研制和发展非致命武器并将其作为现代军事技术优势的重要举措，积极在美陆军战斗部队、海军陆战队、反恐部队装备非致命武器。所以研制适应现代战争需要的非致命武器，是夺取现代军事争胜利的必然要求。

3. 发展非致命武器是我国执法力量随行多样化任务的必然选择

2014 年 9 月 8 日，美国密苏里州圣路易斯县弗格森地区非洲裔青年迈克尔·布朗被白人警官达伦·威尔逊拦截并最终开枪打死，布朗之死在这座非裔居民为主的小城引发强烈抗议，居民连日示威并引发骚乱，密苏里州州长杰伊·尼克松16 日宣布弗格森进入紧急状态，实施宵禁，17 日要求美国民警卫队进驻平乱。警察和国民警卫队成员全副武装，头戴防暴头盔，手持自动步枪，面带防毒口罩，身穿防弹衣，腰胯手枪、电警棍、刺激剂喷射器、手铐等装备，使用装甲驱散车和为伊拉克战场设计的防地雷装甲车，采用催泪弹、闪光爆震弹、橡皮子弹和能发射 149dB 噪音的声波驱散器驱散人群。警察甚至把阻击步枪对准示威人群，这种装备过度军事化不但没有使事态平息，反而加剧了骚乱进一步升级发酵，引起了民众更加强烈的对抗，美参议院司法委员会主席帕特里克·克希对警方采用"军事式"应对行动感到吃惊，认为"配备用于战争的装备无助于弥合社会裂痕"。美国总统奥巴马也下令对美国国会在 1990 年授权军方向警方转交过剩的军事装备即 1033 计划再次审议。这次事件是美越战以来时间最长的城市骚乱，引起国际社会对美国侵犯人权的普遍指责，这对我国执法力量在平息群体性事件中合理地使用装备具有深刻的警示作用。

随着我国经济体制改革的不断深入，社会矛盾日益凸显，群体性事件不断增加，新疆、西藏等地民族分裂势力活动猖獗，反恐形势非常严峻，由于这些事件都有普通的群众参加，国内执法力量执行任务面临巨大的社会压力，一旦动用武器造成群众伤亡，可能使事件进一步升级，政府形象受到严重影响，所以遂行这种多样化任务的军事装备主要体现为非致命武器装备。在未来信息化条件下，既不伤及平民，又要消灭恐怖分子，具有高技术水平的现代非致命武器尤为重要。目前，日本、菲律宾、越南等国在我国东海、南海海域不断挑衅，印度在西藏边界与我国时有领土争端，美国战略重返亚太严重制约我国经济建设的和平发展。因此不管是国内冲突、反恐、维稳，还是面对风云变幻的国际环境威胁，非致命武器的使用不仅为我国进行反分裂斗争、化解民族矛盾提供了更多的手段，也为处理边境军事冲突和维和行动、减少敌视和对立增加了新的实践模式。

第 2 节　国外非致命武器的发展

非致命武器作为一类新型武器提出来以后，受到各国的普遍重视，也得到了很大的发展。目前，世界上许多发达国家都在从事非致命武器的研究，如美国、英国、俄罗斯、以色列、比利时、澳大利亚、瑞士、德国、法国、意大利、荷兰、瑞典等，其中美国是非致命武器技术的最先倡导者和发起者，投资力度最大，研究水平最高。

海湾战争结束后的 1991 年 5 月，美国海军上尉军官麦克·马丁在总结海湾战争经验时上书美国国防部，提出了非致命战争概念。他指出，海湾战争表明，美国已从过去那种滥杀无辜，一律加害的战争模式中走出，那种目标不明、狂轰滥炸已成为历史，美国完全可以选择杀伤目标，使无辜百姓少受伤害，保留大量建筑，保护人民生命财产，减少环境污染，这就是要尽可能使用非致命武器，进行非致命战争。

1992 年 2 月美国国防部五角大楼提出以非致命战争作为其新的框架，并出台了一份非致命武器的政策文件，由此引发了世界许多国家的非致命武器热。

1996 年，美国国防部颁布 3000.3 号指令，正式成立非致命武器联合管理委员会(JNLWD)，挂靠在海军陆战队，负责组织协调美国各军种的非致命武器研究、发展、采办和装备，规定非致命武器使用目的是不杀伤对方人员，最大程度地减少物质财富和环境的不可逆损失。

1997 年，美国国防部开始实施联合非致命武器计划，其使命是“支持、发现、研究、发展、测试和评价在部队防护、机动性提高、精确打击和联合作战方面有着明显应用前景和独特作用的非致命武器的概念和能力。”

多年来，非致命武器联合管理委员会依靠缜密的谋划、严谨的组织、庞大的投入，催生了一系列带有显著新概念特性的非致命武器技术，并且在索马里、海地、巴拿马、伊拉克、阿富汗等地军事行动中积极试验使用，公开部署研制的非致命武器，引起世人普遍关注。

2003年伊拉克战争时，美军向巴格达发射了多枚碳纤维弹，大量碳纤维丝飘向电厂和变电站，使对方输电线路发生短路，导致巴格达全市停电，军事指挥机关和通信部门无法正常运转，许多以电为能源的侦察、瞄准、射击武器系统无法战斗使用。

2004年9月，美陆军和海军陆战队在伊拉克部署了名为"主动压制系统"（Active Denial System 简称 ADS）的非致命微波武器，该系统安装在"斯特瑞克"装甲车或其他军用平台上，使用毫米波电磁能量来对付1 km以内的目标，这种微波波束较窄，沿一定方向发射，通过使皮肤细胞内部及细胞壁间的水分变热，使人感到类似烫伤一样难以忍受的疼痛，一旦目标离开射程，痛感立即消失。美国雷神公司正在使系统微型化，分别开发了400W，100W，30W的ADS系统，可装在建筑物顶、舰艇甲板、卡车背部等来驱散人群。

2006年1月，美国非致命武器联合管理委员会为非致命武器的开发征求建议，首要目的是克服非致命性武器发展的瓶颈，主要包括："射程、准确性和精度"；"作战效果及衡量作战效果的能力"；"通用、可重复使用、可靠的非致命效果"；"目标的安全性，尤其是在大规模人群的情况下"。其发展的重点主要包括：新型非致命定向能武器；远程声/视觉装置；使人员长时间（3min以上）丧失能力的研究和开发；定向能非致命武器对人员杀伤效应的研究。

可以看出，美国确定将定向能技术和声学武器技术放在了首要地位。虽然在其发展重点中没有提到化学武器的发展，但非致命武器联合管理委员会总负责人明确表示，研发新型化学非致命战剂是非致命武器的重要发展目标。

此外，在非致命武器联合任务范围分析（JMAA）会上，美国非致命武器联合管理委员会全面考察评估了潜在的非致命武器技术，提出在考察的45个潜在的技术中，有12项技术可供进一步研制，包括毫米波、化学氧化碘激光（COLL）、抗摩擦材料、非致命发射和部署装置、恶臭物、镇静剂、高能微波、刚性泡沫、标记和追踪、纳米微粒、激光分散遮蔽、氘一氟/氢一氟（DF/HF）激光。

联合任务范围分析（JMAA）会为此将上述非致命武器技术分为6大分类，即动能技术、化学和材料技术、定向能技术、声学技术、电子技术、障碍技术。动能非致命武器包括橡皮弹和晕眩手榴弹。化学类非致命武器包括用于对付人员的恶臭物和辣椒素喷雾以及用于使车辆失能的燃料致污剂等。定向能非致命武器包括用于干扰汽车发动机的射频发射机和用于对付人员的激光眩目器。声学非致命武器则是利用非常刺耳的声音来控制人员行动,进行区域拒止。电子非致命武器包括使人员失能的泰瑟枪(致眩)。阻碍非致命技术包括用于阻滞汽车的隔离物和用于束缚人员的黏性泡沫。

非致命弹药可在多领域中使用,将成为未来非对称战争中不可缺少的武器装备,以补充现有弹药能力的不足。非致命弹药已大量用于单兵反恐作战中,近几年,有朝追击炮、坦克炮、榴弹炮等领域推广应用的趋势。以色列军事工业公司弹药系统部的研究人员认为,未来坦克炮在城区作战和移民聚居区作战时,在拥有足够量的直射弹药满足作战需求的同时,非致命弹药能充实新的作战能力,对付不对称威胁,该类弹药对每一个装甲部队不可缺少。为此,在2007财年陆军科学技术计划中,美国对120mm(追击炮)和155mm(榴弹炮)多任务高功率微波弹、155mm人员压制炮弹(内装恶臭剂)等非致命弹药技术项目继续投资,XMl063式155mm非致命人员制服炮弹项目由美国陆军武器研究,发展与工程中心主管,通用动力公司武器与战术系统分部负责非致命子弹药的设计及研发,在2008年7月已完成研制。该弹设计基于现役的M864式155mm子母弹,保留采用了M864式子母弹的绝大多数部件,差别在于用非致命子弹药替代了杀伤性双用途子弹药。当飞抵目标区域上空后,XM1063式炮弹能够将其中的152枚子弹药抛撒出去,并散落在1公顷的范围内。子弹药离开母弹后,悬挂在降落伞下方降落。随后,子弹药会喷射一种人员压制药剂(一种恶臭性物质)。该弹可用未来战斗系统155mm非瞄准线火炮(NLOS—C)发射,最大射程达28km。XM1063式炮弹将用于“制服、驱散或约束人员”,并能“阻止人员进入特定区域、抵达特定位置、使用特定设备或在上述区域中移动”。另外,该155mm炮弹还装有纳米颗粒构成的“车辆区域拒止”部件,可以使车辆停止前进,作用范围达100m^2,在2009年已经批量生产。以色列也在研制坦克炮用105mm/120mm致晕弹,能产生噪声、爆炸压力、烟幕等作战效果。

美国陆军已致力于120mm(迫击炮射)或155mm(榴弹炮射)高功率微波炮弹的研究。[高功率微波武器的工作原理是,利用高功率微波产生的电磁脉冲短路武器系统中的电子元件。]美国陆军要求所研制出的炮弹能够“摧毁”战场内的“器材”类目标,而不会对人员产生附带损伤,或者只对人员产生有限的附带损伤,并且能够经受得住从火炮发射时的高冲击过载。其他的要求包括,炮弹既可用现役的155mm火炮、120mm迫击炮或坦克炮发射使用,也兼容于陆军未来战斗系统现代化项目下正在研制的非瞄准线火炮(NLOS－C)、非瞄准线迫击炮或乘车战斗系统;在储存期间无需维护。

在常规非致命武器研究中，美国亚利桑那州菲尼克斯精确系统股份有限公司研制的 M429 雷击闪光眩晕弹，M450，M451 连珠闪光眩晕弹，M452 痛球弹，M465 雷棍弹都响誉世界。M429 雷击闪光眩晕弹采用纸壳，对人无杀伤力，爆炸后产生的爆炸气浪和耀眼闪光并伴有震耳欲聋的声响可使打击目标暂时眩晕和失明；M450，M451 连续闪光眩晕弹内装 7 个小药筒，爆炸后连珠的爆炸气浪、使人目眩的闪光以及哧哧作响的火花雨，即使恐怖老手也晕头转向；M452 痛球弹有薄而软的壳体，内装上百个软橡皮痛球，爆炸后，痛球以每秒百英尺的速度径向飞行，打在人体如同硬弹弓的弹子效应；M465 雷棍弹是通过插入房门、墙壁或天花板的孔内，引信作用后，点燃一个小火箭发动机，将雷棍弹推入房内，制服恐怖分子。

俄罗斯非致命武器的发展和规划主要由俄罗斯内务部负责，其目的主要是执法、维和及反恐。俄罗斯国防部也在积极谋划非致命武器的发展，在制定的 2030 年前俄罗斯武装力量建设计划中，将非致命武器的发展作为重要的内容加紧研究，并在莫斯科附近建立实验中心。受经济实力限制，俄罗斯在非致命武器设计理念更重视武器的关键效能，以较低的代价和成本实现概念的创新，由此涌现出了一大批研制商，如莫斯科光谱内视研究所、尤塔公司、休尔杰利公司等，这些公司在微波非致命技术、激光非致命技术、声波非致命技术以及爆炸物检测等非致命技术领域处于世界领先地位。2002 年 10 月 23 日，50 名车臣恐怖分子持枪闯入莫斯科轴承厂文化宫，将里面 800 人扣为人质，世人高度关注普京政府将采取什么手段化解危机，解救人质。在谈判无效情况下，俄特种部队果断行动，使用了一种神秘爆炸气体消灭了恐怖分子，这种神秘麻醉气体当初引起世人普遍关注和猜测，事后了解它是一种高度麻醉气体“芬必奴”，事件虽然造成 128 名人质死亡，但无疑是当今世界上反恐非致命武器应用的典型案例，事后，各国都加大对这种武器的研究力度。

英国非致命武器技术发展历史较长，也是最早在实战中使用非致命武器的国家，1982 年英阿马岛战争中，英空军曾经使用了激光眩目装置。在多年的发展历程中，英军先后研制、装备了几十种非致命武器，其中，1GW 微波弹、舰载激光致盲武器、衰减能量射弹、车辆拦阻网系统等最具代表性。其研发机构主要是内政部科学开发部、国防科学技术研究院、奎奈蒂克公司等。英国在非致命炮弹研发方面走在各国前列，这种弹药仅装几克炸药，其作用只是在弹药接近目标时打开弹壳内的发射器，通过无线波发射电子，造成作用范围内的飞机、汽车、坦克、雷达及指挥控制系统等武器装备电子系统瘫痪，国家电力网络中断。

以色列在与巴勒斯坦的冲突中，对非致命武器的需求不断增长，驱散群体目标的非致命武器技术也处于世界前列。如由以色列国防部研究与发展的“呼喊”非致命武器系统，能够产生非常窄的高频率、高强度声波波束，可驱散 100m 范围的暴乱人群,同时不会对有生目标产生永久性身体伤害;另外,以色列军事工业公司及武器研发管理局还分别研制出了非致命主战坦克弹药、多用途步枪系统的非致命和监视用弹药、臭鼬炸弹,在驱散群体目标中发挥了重要作用。

德国一直致力于高功率微波武器的研究,用于摧毁巡航导弹、无人机以及装甲车辆之类装备的电子光学设备;德国迪尔公司研制了液体泰瑟枪,通过发射两束具有导向性的液体把电能传至被打击的有生目标,使泰瑟枪摆脱了有线导线距离限制的束缚;莱茵金属武器弹药公司正在研发一项名为帕斯卡的非致命概念武器,该武器利用压缩空气发射 40mm×165mm 的尾翼稳定动能橡胶弹、烟雾弹等非致命弹药,弹速 20~150m/s,用于对付 500m 距离上的点目标和群目标,大大提高了非致命防暴弹的发射距离。

瑞典积极开展声学武器和利用高能微波武器阻止车辆行驶的研究,研发的地面车辆停止器就是利用电磁波破坏车辆发动机的电子元件,使车辆无法运动。比利时的 FN 赫斯塔尔集团公司研制的 FN303 非致命武器系统在世界各国都有很大的影响,该公司与瓦隆新技术开发中心、列日大学签订在列日市建立了一个非致命武器研究中心,对非致命武器涉及的技术、医学、社会、环境、法律等问题展开全面深入的研究。其重点包括以 FN303 非致命武器系统为基础的 4 类武器,机械(发射防暴弹)武器,化学武器、电磁武器和其他效应武器(声学、电学、激光武器等)。法国在 20 世纪 80 年代就开始研究声波非致命技术及微波非致命技术,成功研制了“哨子”、“声学莱塞”、“风琴管声枪”等声学非致命武器,重点研究采用微波技术烧毁装备的电子设备,法国陆军武器工业集团研究的微波炮弹在 2010 年前投入使用。另外法国 Nobel 安全公司生产的 MP7 系列催泪榴弹,Verney—carron 公司设计制造的 FB 防卫枪,Manurhin 装备公司设计制造的 MR35“击打”防御武器均已装备多国警察和宪兵部队。

目前,各国不仅重视适用于捕捉、非战斗人群驱散、生物识别与隔离等场合的非致命武器研究与开发,同时运用现代高新技术把攻击对方卫星、导弹、电子设备、军事设施,干扰、阻滞对方手段的非致命武器作为重点研究方向。未来非致命武器的普遍使用,可以对人员的杀伤率和财产、环境的破坏降至最低程度,并将改变战争的血腥本质,使以往通过化学能转化动能推动钢铁等刚性物质杀伤对方,转变成不需要进行动能转化,而是通过声波、光波、电磁波的直接作用使对方失去战斗力而不致命,从而不需要生产大量的武器弹药和其他军需品,不需要进行大规模的军事运输,也不需要更多前沿军事行动,只需使用一些基站和机动平台,通过控制旋钮调整能量大小和覆盖面积,就可进行高强度作战。国外有军事专家预言:“非致命武器具有极大地改变战争性质的潜能,将使未来战争的作战样式发生根本性变化。”

现代非致命武器是在核武器、生化武器和常规武器之间，又产生出的一种可实现高强度对抗的高效能武器，而核武器是不能轻易使用的，生化武器有国际法制约，具有“人道性”和“低冲突性”的现代非致命武器一跃成为当前武器研发和部署的热点，难免会引起新的军备竞赛。正如美国军事专家所说：“成熟的非致命新武器，可以脱离笨重的外形和简单的打击目标等功能，具有光一样的速度，永不枯竭的弹药和精确的攻击效果”。这为快速精确打击恐怖分子提供了可能，只要发现目标，就意味着目标立即被擒。

第 3 节　非致命武器发展趋势

1. 信息化

信息时代的到来，推动了现代作战模式发生了根本性的变化，使以往通过化学能转化为动能，推动钢铁等刚性物质杀伤对方转变成通过非致命声波、光波、电磁波的直接作用使对方的信息系统失能，可以对人员的杀伤率和财产、环境的破坏降至最低程度，这改变了战争的血腥本质，迎合了人类社会和谐与和平发展的需要，所以，以信息和信息系统为主要攻击目标的非致命武器将成为军事斗争的重要手段。美、俄、英正在开发计算机病毒、逻辑程序、隐蔽程序等信息战武器，还在研究远距离注入病毒的方式，美国网络安全人员已经完成并实现了使 128 km/h 速度行驶的汽车突然刹车的远程攻击软件，预计在 2015 年研制成功。计算机病毒武器将发展成熟，无线远距离注入病毒的方式可能用于实战。信息化战争条件下，发展非致命武器是信息化的必然需求，这是不以人的主观意志为转移的。近年来，美国正在发展非致命性战争战略计划，这个战略计划的实施有赖于信息化条件下非致命武器的发展，非致命武器是这个战略的核心。因此，为适应信息化战争的需要，研制开发适应信息化战争的非致命武器，是非致命武器信息化发展的重要内容，也是夺取信息战胜利的必然要求。

2. 高技术化

非致命武器技术涵盖声、光、电磁、机械、化学、生物、材料等诸多技术领域，随着以激光、微波、电磁脉冲、新材料技术、人工智能技术、计算机和信息技术为代表的各种高新技术迅猛发展及在非致命武器领域广泛应用，未来非致命武器会以这些高新技术为支撑，向高技术化方向发展。

非致命武器与传统武器相比，采用现代高新技术和全新概念的设计思想、制作材料和结构原理，因此武器的性能与传统武器相比，有很大的突破和提高，具有很高的作战效能。它是创新思维和高新技术相结合的产物,所以世界主要军事国家均在为非致命武器积极探索新的作用机理,研究工作涉及动能、声能、毫米波、电磁能、毒剂、激光技术等多种高新技术,以实现非致命效应的多元化。

美军在研究未来的非致命武器装备时提出,可使用真实或虚拟的图像,使人们感到恐惧而短时失控。他们认为,如果观察点和环境光可控的话,通过发射或反射的方法将小的物体变成大的图像并不困难。此外,美军还指出,运动图像的使用也是未来非致命武器发展的一种可能。在这一研究过程中,他们提出了利用晕船现象开发新型非致命武器。如果小幅度的垂直振动频率达到0.5Hz,人们就会产生眩晕、呕吐的反应。可以在敌军部队和装备有可能通过的桥梁等设施上,设置可以产生小幅振动的设备,使敌军因眩晕、恶心、呕吐而失去作战能力。

3. 综合集成化

武器装备系统的综合集成,已成为世界各国提高武器装备效能的重要战略选择。非致命武器系统集成化可彻底改变单兵武器装备繁杂而功能单一的现状,大大提高士兵在各种环境下的进攻作战能力和防御生存能力,有利于进一步强化单兵在反恐战争中的战斗作用。面对多种形式突发事件和恐怖活动威胁,应以非致命武器装备的多功能化应对威胁的多样化,并且在新的非致命原理基础上追求不同性质、不同强度的非致命效应,以满足对付不同目标的需要。美国正在研发的任务有效载荷模块非致命武器系统可以发射多种非致命弹药,射程远,目标覆盖面广,可实现强声、闪光、灼热等非致命效应,可使有生目标暂时致聋和致盲和心理威慑等。美军的抛洒式区域拒止(封锁)系统(Canister－Launched Area Denial System)和66mm车载投射系统分别利用现有的"火山"布雷系统和车辆烟幕施放系统,在其基础上增加非致命能力,实现多种用途,具有很好的经济性和作战灵活性。

在现代非致命武器的效能实践上,美军积极尝试把常规非致命武器、低能激光器、高功率微波、目标截获与跟踪传感器等组合在一起,形成与多种作战平台联网的作战体系,以激光致盲目标,次声致聋目标,以微波烧毁目标的电子设备。这种把现代非致命武器集成在最广泛使用的野战工具上的趋势,标志着它使战场建设、作战样式和战争结果发生了质的变化。所以,非致命武器呈现出一机多能、一机多型、一弹多用、系列化、通用化、终点效应多元化趋势。

4. 小型化

从非致命性武器在军事行动中发挥的实际效能来看,现有的很多非致命性武器体积庞大,耗能也较大,给运输和补给带来了诸多问题。因此,为充分发挥非致命性武器的作战效能,国外十分重视非致命性武器的小型化和便携化发展。例如,美国现阶段已部署的高能毫米波非致命性武器——主动拒止系统(ADS)以体积较大的装甲车作为应用平台，工作功率高达 100kW。为降低能量消耗，美国积极开发紧凑型主动拒止技术（ADT），这种系统是基于发射管的主动拒止技术，能够极大地减小尺寸，减轻重量，降低成本，具有“即时发动攻击”和“行进间射击”的能力。进一步改进的是固态主动拒止技术，这种主动拒止系统是将振动陀螺仪、天线、副发射器和光束传输结合成单一装置，结构更加紧凑。另外，激光制盲装置也通过小型化改造，实现了手持发射。

非致命武器的小型化，将提高非致命武器的机动性、勤务性和作战效能。例如以色列手持喷射器重 7.5kg，可单手操作，射程达 60m，非常轻便、实用，许多非致命武器从原理上、技术上都是可行的，由于难以解决小型化的问题，故而一直未能取得突破性的进展。随着新材料、新技术尤其是纳米技术在非致命武器设计、制造方面的应用，非致命武器小型化已不再遥远。

5. 精确化

未来的战场战况复杂，各种突发事件层出不穷，针对不同作战目标、性质，要求得到的作战效果也不尽相同。因此，未来非致命武器尤其是高技术动能武器、激光武器、声波武器、微波武器，将朝着能量可调、作用精确可控的方向发展，这能为作战人员提供更多的非致命效能选择。外军在把激光、毫米波、电磁能等高新技术应用于非致命性武器的过程中，十分注意武器系统的作战效能可调，武器操作人员可根据不同的作战需求——告诫目标、惩罚目标、令目标失去机动能力或战斗力，来调节作用能量的大小。美军在论述非致命武器的作用时指出，非致命武器具备可调的作战效能将为指挥员提供更大的战场灵活性。比利时 FN 赫斯塔尔公司生产的 FN303 非致命武器系统，不但能够实现致命弹药与非致命弹药自由切换。在发射非致命弹药方面也有多种选择，如动能弹、染色弹、OC 弹、耐洗染色弹等。在此基础上，FN 赫斯塔尔公司还在考虑进一步研制其他变型弹，包括内含化学发光体的变型弹，当进入全黑的有限空间时可以通过发射弹体打击墙壁照亮房间。这些弹药都具有相同的外形、重量和弹道性能，为作战人员在应对不同目标、需要达到不同非致命效果时提供了更多的选择。

许多非致命性武器是靠能量来杀伤破坏目标，只要战前将能量储备好，战时就能实施连续攻击，不受“弹药”数量的限制。大多数非致命武器属于无惯性武器，射击时无后坐力，操作使用灵便，可快速变换射向，一个武器可同时攻击多个目标。那些使用光束、电波攻击目标的非致命性武器攻击运动目标无需提前量，只要瞄准目标发射即可，命中精度极高。例如美军在伊拉克使用了“警长”车载非致命微波武器，发射微波束不仅可以照射群体目标，而且具有较强的选择性，能够精确指向人群中的特定目标。低能激光炫目武器具有方向性强、单色性和相干性好、能量集中、作用精确等特点。

6. 安全化

非致命性武器在任何情况下应用，都不能对人体产生不可逆的生理或心理伤害，同时能立即使罪犯丧失战斗能力，所以安全性是非致命武器应用的最基本要求。非致命效应涉及医学、生命科学、环境保护等许多问题，迫使必须注重非致命武器设计的安全性，在这方面，人们始终没有停止努力和探索。如美国新罕布什尔大学和宾夕法尼亚州立大学从细胞水平上研究非致命效应和人体的相互作用；韦恩大学在非致命超声波武器研究方面，包括进行人体皮肤、肌肉、脂肪和骨骼的声学特性研究。在非致命防暴弹研究中，美国等国不断对其终点效进行改进，如目前改进的闪光爆震弹采用了泄声光小孔的金属外筒，弹片爆炸都挡在金属筒内，将爆炸声强从 180dB 降到安全声强 143dB 范围内，并提高闪光致盲时间到 10 s；催泪弹刺激剂从 CN、CS 发展到目前更环保和对人体副作用小的辣椒素 OC，表明了此类非致命武器正是朝着对人的伤害程度越来越小，对环境的污染逐渐降低的方向发展。

第 2 章 人体感官特征及刺激效应

第 1 节 感知特征及效应

人的感知响应系统由感觉器官、传入神经、大脑皮层、传出神经和运动器官组成。人通过各种感觉器官接受外部环境的刺激，经传入神经传给大脑皮层进行信息处理，神经中枢做出的决定经传出神经下达给运动器官而做出人体运动响应，这就是人的感知响应过程。

感觉是人脑对直接作用于感觉器官的客观事物的个别属性的反映。客观事物直接作用于人的感觉器官，产生神经冲动，经传入神经，传到中枢神经系统，引起感觉。感觉可以分为三大类：接受外部刺激的外感受器，反映外界事物属性的外部感觉，如视觉、听觉、嗅觉、味觉和皮肤感觉；接受人体内部刺激的内感受器，反映内脏器官的不同状态的内部感觉，如饥、渴等内脏感觉；在身体外表面和内表面之间的本体感受器，反映身体各部分的运动和位置情况的本体感觉，如运动感觉、平衡感觉等。

一、刺激

围绕机体的一切外界因素，都可以看成是环境刺激因素，而机体接受环境刺激需要借助于感觉器官，健康的正常人感觉器官，包括眼、耳、鼻、舌、皮肤、内脏，直接同外界环境相接触，成为接受外界刺激的桥梁。构成刺激的源泉十分复杂，图2－1将刺激源做了归纳分类。

就刺激来源，可分成来自体外和来自体内两个方面，前者称为外在刺激，后者称为内在刺激。外在刺激又可分为物理性刺激和心理性刺激；内在刺激可分为生理性刺激与心理性刺激。

外在物理性刺激，在生活中随处存在，可以通过人的感觉器官而感受到。皮肤可以感受到环境温度的冷热；眼睛可以看到色彩和光的明暗；耳朵可以听到悦耳的美声也可以听到喧闹的噪声；鼻子则可以区分空气中的气味或香或臭；舌头则可以品尝入口食物饮料的苦辣酸甜咸以及其他美味。这些外在环境物理刺激通过人们的感觉器官，经过传入神经纤维，到达中枢神经系统，产生各种感觉。

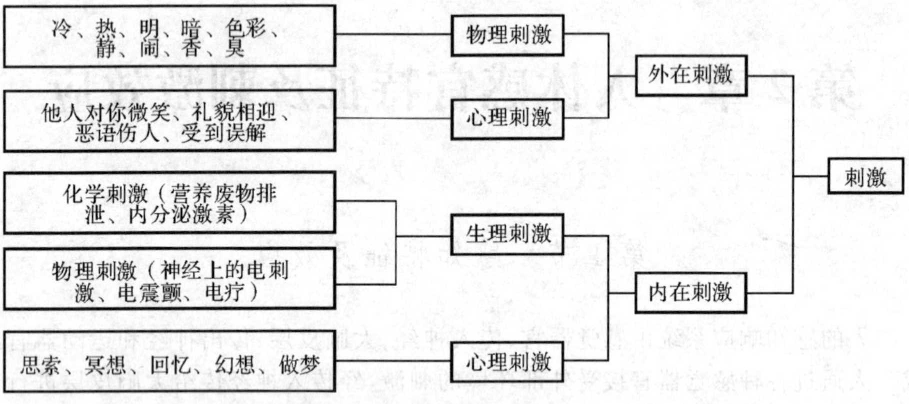

图 2-1 刺激分析示意图

内在刺激是不依赖于身体外表感觉器官而产生的刺激。其中生理性刺激虽不直接借助于身体外表感觉器官，但需借助于体外刺激因素，如化学刺激，人们日常饮食消化过程中营养物被身体吸收，废物被排出体外，内分泌激素的变化等等，既表现为生物化学过程，也属于生理化学刺激。这种刺激表现为自律性，人的主观意识是不能控制的自动过程。

人体感官要受外界环境如热(冷)、光、声、振动、电、磁以及有毒气体等环境的影响。人体的各种感觉器官对这些环境都有各自最敏感的刺激形式，这种刺激形式被称为相应的感觉器官的适宜刺激。人体各主要感觉器官的适宜刺激及其识别外界的特征见表 2-1。

表 2-1 适宜刺激及其识别特征

感觉类型	感觉器官	适宜刺激	刺激来源	识别外界的特征
视觉	眼	光	外部	形状、大小、位置、远近、色彩、明暗、运动方向等
听觉	耳	声	外部	声音的强弱和高低、声源的方向和远近
嗅觉	鼻	挥发和飞散的物质	外部	辣气、香气、臭气等
味觉	舌	被唾液溶解的物质	接触表面	甜、咸、酸、辣、苦等
皮肤感觉	皮肤及皮下组织	物理和化学物质的作用	直接或间接接触	触压觉、温度觉、痛觉等

续 表

感觉类型	感觉器官	适宜刺激	刺激来源	识别外界的特征
深部感觉	肌体神经和关节	物质对肌体的作用	外部和内部	撞击、重力和姿势等
平衡感觉	半规管	运动和位置的变化	内部和外部	旋转运动、直线运动、摆动

根据外界环境对人体的影响和人体对环境的适应程度，可把外界环境刺激分为三个区域，即：

(1)舒适区。这种环境使人能够接受，而且不会感到刺激和疲劳。

(2)人不舒适区。环境的某种条件偏离了舒适指标的正常值，较长时间处于这种环境下，会使人疲劳或影响身心健康。

(3)不能忍受区。在该环境下人的生命安全将受到严重伤害。

图 2-2 提供了一个人体受环境因素示意图，以直观的方式表示了人体在外界环境下不同舒适程度的范围。

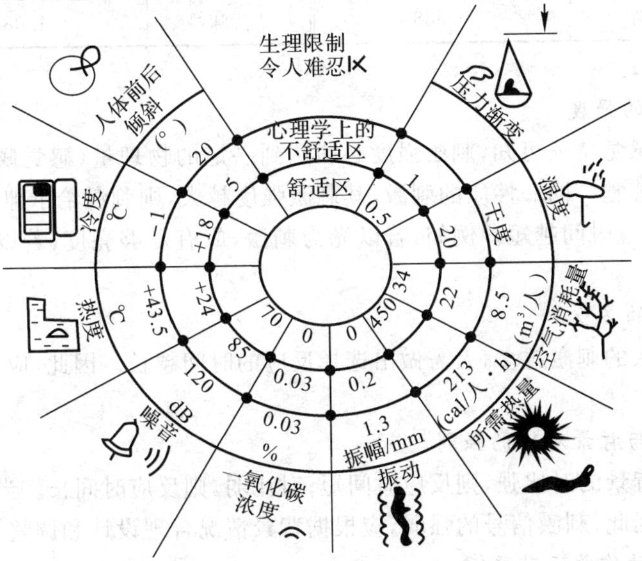

图 2-2　环境因素范围

二、刺激反应时间

从感觉器官接受外界刺激到运动器官开始反映所经历的时间，称为刺激反应时间，反应时间主要取决于下述因素。

1. 刺激的性质

据试验，人对光、声和皮肤刺激的简单反应时间较短，而对气体、温度等刺激的简单反应时间较长。对各种刺激性质或不同感觉通道的刺激的简单反应时间大体见表 2-2。

表 2-2　各种不同刺激性质的简单反应时间

刺激性质	简单反应时间/s	刺激性质	简单反应时间/s
光	0.180	冷、热	0.300～1.600
声	0.140	旋转	0.400
触	0.140	咸味	0.308
嗅(气味)	0.300	甜味	0.446
压痛	0.268	酸味	0.536
刺痛	0.888	苦味	1.082

2. 刺激的强度

由人的感觉特征可知，刺激强度必须达到一定的物理量(感觉阈值)才能使感觉器官形成感觉。同一性质的刺激，其刺激强度越大，则刺激给予神经系统的能量越大，因而反应时间越短。例如，若以光为刺激，应有足够亮度；若以声为刺激，应有足够响度。

3. 刺激的多少

同时输入的刺激越多，人需做出选择反应的时间越长。因此，应当尽可能去除无用的刺激。

4. 刺激与背景对比的强弱

刺激与背景的对比强，则反应时间短；对比弱，则反应时间长。当然，对比过强也无必要。因此，刺激信号的强弱，应根据背景情况合理设计和调整。

5. 执行动作的运动器官

对于同样的刺激，手与脚的反应时间不同，通常手比脚反应快；一般人右手比左手、右脚比左脚反应快。

6. 人的年龄和性别

一般成年人，反应时间随着年龄的增长而延长。例如，以红色信号刺激汽车驾驶员为例，不同年龄段的驾驶员的反应时间为：18～22 岁，0.48～0.56s；22～45 岁，0.58～0.75s；45～60 岁，0.78～0.80s。同年龄的成年男子的反应时间一般要比女子短。有人让年龄和驾驶经验相同的男、女驾驶员在干燥的柏油路上驾驶小客车进行制动试验，结果发现女驾驶员的制动距离要比男驾驶员平均长约 4m。

7. 人的心理准备情况

人对刺激有心理准备时，反应时间较短。对突然出现的刺激，因无心理准备，故反应时间较长。

8. 人的疲劳程度

人在疲劳状态下，感觉机能变差，反应变得迟钝，因而反应时间变长。

三、感觉阈值

刺激必须达到一定强度方能对感觉器官发生作用；同时，刺激强度又不许超过某一最高限，否则会引起相应感觉器官的损伤。这个能被感觉器官所感受的刺激强度范围，称为感觉阈值或识别阈值。人体主要感觉的感觉阈值见表 2－3。

表 2－3　各种感觉的感觉阈值

感觉类型	感觉阈值	
	最低限	最高限
视觉	$(2.2\sim5.7)\times10^{-17}$ J	$(2.2\sim5.7)\times10^{-8}$ J
听觉	1×10^{-12} J/m^2	1×10^{2} J/m^2
触压觉	2.6×10^{-9} J	
振动觉	振幅 2.5×10^{-4} mm	
嗅觉	2×10^{-7} kg/m^3	
温度觉	6.28×10^{-9} kg·J/(m^2·s)	9.13×10^{-6} kg·J/(m^2·s)
味觉	4×10^{-7}（硫酸试剂摩尔浓度）	
角加速度	2.1×10^{-3} rad/s^2	
直线加速度	减速时 0.78m/s^2	加速时（49～78）m/s^2 减速时（29～44）m/s^2

第2节　视觉特征及效应

一、视觉系统

视觉系统的功能是识别视野内发光物体或反光物体的轮廓、形状、大小、远近、颜色和表面细节等情况。自然界形形色色的物体及文字、图像等信息，主要通过视觉通道在人脑中得到反映。据估计，人脑获得的全部信息中，约有95%以上来自视觉输入。因此，视觉器官无疑是人体最重要的感觉器官。

视觉是由眼睛、视神经和视觉中枢的共同活动完成的。人的视觉系统如图2-3所示。视觉系统主要是一对眼睛，它们各有一支视神经与大脑视神经表层相连。连接两眼的两支视神经在大脑底部视觉交叉处相遇，在交叉处视神经一部分交叠，然后再终止到和眼睛相反方向的大脑视神经表层上。这样，可使两眼左边的视神经纤维终止到大脑左边的视神经皮层上；而两眼右边的视神经纤维终止到大脑右视神经皮层上。由于大脑两半球对于处理各种不同信息的功能并不都相同，就视觉系统的信息而言，在分析文字上，左半球较强，而对于数字的分辨，右半球较强。而且视觉信息的性质不同，在大脑左右半球上所产生的效应也不同。因此，当信息发生在极短时间内或者要求做出非常迅速的反应时，上述视神经的交叉就起了很重要的互补作用。

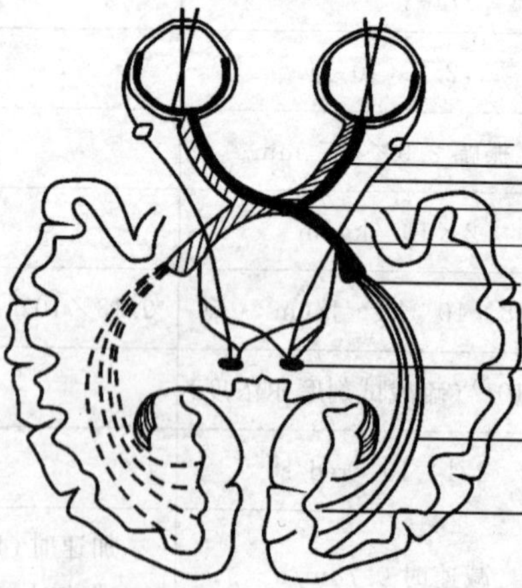

图2-3　人的视觉系统

眼睛是视觉的感受器官，人眼是直径为 21～25mm 的球体，其基本构造与照相机相类似，如图 2-4 所示。光线由瞳孔进入眼中，瞳孔的直径大小由有色的虹膜控制，使眼睛在更大范围内适应光强的变化。

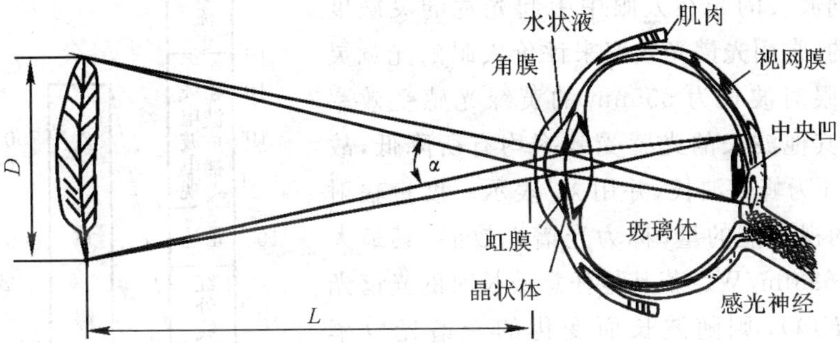

图 2-4　眼睛结构示意图

进入的光线通过起“透镜”作用的晶状体聚焦在视网膜上，眼睛的焦距是依靠眼周肌肉来调整晶状体的曲率实现的。同时因视网膜感光层是个曲面，能用以补偿晶状体曲光率的调整。从而使聚焦更为迅速而有效。在眼球内约有 2/3 的内表面覆盖着视网膜，它具有感光作用，但视网膜各部位的感光灵敏度并不完全相同，其中央部位灵敏度较高。越到边缘就越差。落在中央部位的映像清晰可辨，而落在边缘部分则不甚清晰。眼睛还有上、下、左、右共 6 块肌肉能对此作补救。因而转动眼球便可审视全部视野，使不同的映像可迅速依次落在视网膜中灵敏度最高处。两眼同时视物，可以得到在两眼中间同时产生的映像，它能反映出物体与环境间相对的空间位置，因而眼睛能分辨出三度空间。

二、视觉特性

1. 光觉

视觉的适宜刺激是光。光是放射的电磁波，如图 2-5 所示，呈波形的放射电磁波组成光谱，其波长差异极大。整个范围从最短的宇宙射线到无线电和电力波。图 2-5 右方还表示出，为人类视力所能接受的光波只占整个电磁光谱的一小部分，即不到 1/70。在正常情况下，人的两眼所能感觉到的波长大约是 380nm（$1nm=10^{-9}m$）到 780nm。如果照射两眼的光波波长在可见光谱上短的一端，人就知觉到紫色；如光波波长在可见光谱上长的一端，人则知觉到红色。在可见光谱两端之间的波长将产生蓝、绿、黄各色的知觉；将各种不同波长的光混合起来，可以产生各种不同颜色的知觉；将所有可见的波长的光混合起来则产生白色。

光谱上的光波波长小于380nm的一段称为紫外线；光波波长大于780nm的一段称为红外线。而这两部分波长的光都不能引起人的光觉。

2. 光谱光效率

不同波长的光在人眼中引起光觉的灵敏度是不同的，常用光谱光效率来评价人眼的光觉灵敏度，人眼对波长为555nm的黄绿光感受效率最高，对其他波长的光感受效率均有所降低，故称555nm为峰值波长，并用λ_m表示。度量辐射能引起的视功能的量，称为光谱光效能，其最大值$K_m=683\text{lm/W}$。若其他任意波长时的光谱光效能为$K(\lambda)$，则随波长而变化的光谱光效率$V(\lambda)$为

$$V(\lambda)=\frac{K(\lambda)}{K_m} \tag{2-1}$$

式中，$K(\lambda)$为给定波长为λ时的光谱光效能；K_m为峰值波长λ_m时的最大光谱光效能；$V(\lambda)$为给定波长为λ时的光谱光效率。峰值波长的光，其$V(\lambda)=1$，其他波长的光，$V(\lambda)<1$。

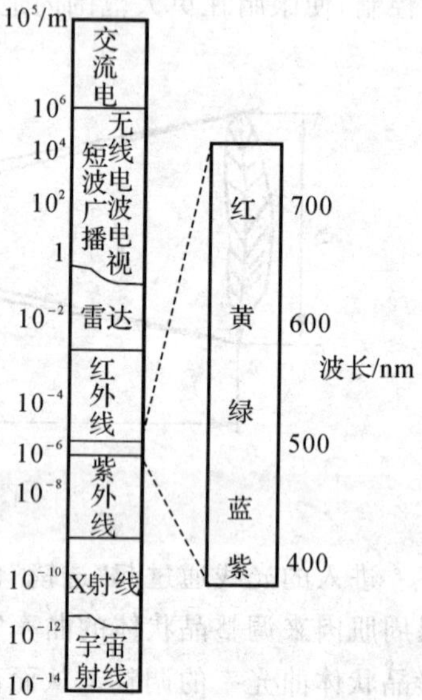

图 2-5 电磁光谱中的可见光

人眼能在数百万lx(阳光下)到10^{-2}lx(月光下)这样大的照度范围内识别对象。亮度在10cd/m^2以上时，人眼为明视觉，若再增加亮度，人眼的反应不受影响。眼视觉光谱亮度在$10^{-6}\sim10^{-2}\text{cd/m}^2$之间时，人眼的光谱光效率曲线的峰值向短波方向移动，最大灵敏度值一般出现在波长为507nm处。

3. 两种细胞工作制

明暗视觉的差别与视网膜上两种视觉细胞的工作特性有关。视网膜的边缘部位以视杆细胞占多数；中央凹处以视锥细胞占多数。由于视杆细胞对光的感受性很高，而视锥细胞却对光的感受性很低，因此，在$10^{-6}\sim10^{-2}\text{cd/m}^2$之间的微弱视场亮度下，只有视杆细胞工作，而视锥细胞不工作。随着亮度的不断增加，视锥细胞的作用逐渐增大。当亮度达到10cd/m^2以上时，视锥细胞将起主导作用，而视杆细胞基本上不起作用。另外，视杆细胞与视锥细胞对光感的光谱灵敏度也不同，视杆细胞在507nm处有最大灵敏度，而视锥细胞在555nm处有最大灵敏度。这就形成人眼明暗视觉的两种“工作制”。

视杆细胞虽然对光感受性很高，但它却不能分辨颜色，因而人在低亮度环境中视物色感很差，各种颜色的物体都给人以蓝、灰色之感。视锥细胞的感色力和分辨

力很强，当视锥细胞感受光刺激时，即产生色感，而只有在亮度较高的条件下，才有良好的色感。

4. 简化眼模型

为了具体描述和研究光线在眼内的折光和成像情况，根据实际的光学特性而设计的与人眼的折光效果相同的等效光学系统，称为简化眼模型，如图 2-6 所示。

简化眼模型是一种假想的人工眼模型，该模型假想眼球由一个前后径为 20mm 的单球面折光体构成，其折光指数为 1.333。外界光线由空气进入前方球形界面时折射一次，此球面的曲率半径为 5mm，即节点在球面后方 5mm 的位置。由上述参数所决定的后主焦点在节点后 15mm 处，正好是简化眼的后极，即相当于视网膜的位置。显然，该模型与正常的人眼一样，能使平行光线聚焦在视网膜上，因而可以利用该模型来分析人眼的成像情况并进行有关参数的计算。

利用简化眼模型能计算出不同远近的物体在视网膜上成像的大小。如图 2-6 所示，ΔAnB 与 Δanb 是两个相似三角形，故有以下关系：

$$\frac{AB}{Bn}=\frac{ab}{bn} \tag{2-2}$$

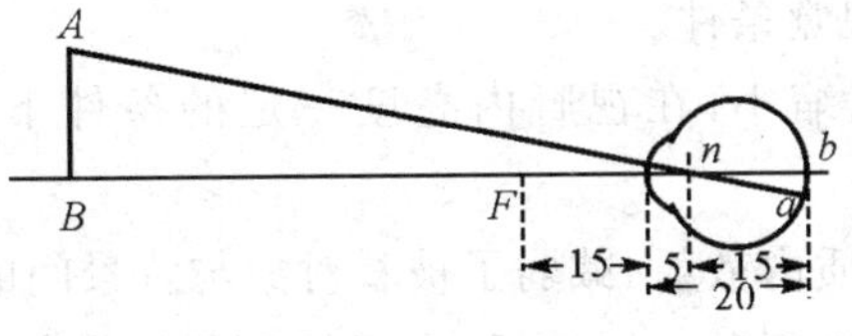

图 2-6　简化眼模型

式中，AB 为物体的大小；Bn 为物体至节点的距离；ab 为物像的大小；bn 为节点至视网膜的距离，其值为 15mm。

因为节点至视网膜的距离固定不变，所以根据物体的大小及其到节点的距离，便能计算物像的大小。

5. 暗适应和明适应

当光的亮度不同时，视觉器官的感受性也不同，亮度有较大变化时，感受性也随之变化。视觉器官的感受性对光刺激变化的相顺应性称为适应。人眼的适应性分为暗适应和明适应两种。

当人从亮处进入暗处时，刚开始看不清物体，而需要经过一段适应的时间后，才能看清物体，这种适应过程称为暗适应。暗适应过程开始时，瞳孔逐渐放大，进入眼睛的光通量增加；同时对弱刺激敏感的视杆细胞也逐渐转入工作形态，由于视杆细胞转入工作状态的过程较慢，因而整个暗适应过程大约需 30min 左右才能趋于完成，与暗适应情况相反的过程称为明适应。明适应过程开始时，瞳孔缩小，使进入眼中的光通量减少；同时转入工作状态的视锥细胞数量迅速增加，因为对较强刺激敏感的视锥细胞反应较快，因而明适应过程一开始，人眼感受性迅速降低，30s后变化很缓慢，大约1min后明适应过程就趋于完成。

人眼虽具有适应性的特点，但当视野内明暗急剧变化时，眼睛却不能很好适应，从而会引起视力下降。另外，如果眼睛需要频繁地适应各种不同亮度时，不但容易产生视觉疲劳，影响工作效率，而且也容易引起事故。为了满足人眼适应性的特点，要求工作面的光亮度均匀而且不产生阴影；对于必须频繁改变亮度的工作场所，可采用缓和照明或配戴一段时间有色眼镜，以避免眼睛频繁地适应亮度变化而引起视力下降和视觉过早疲劳。

6. 眩光

物体表面产生刺眼和耀眼的强烈光线，称为眩光。由天然光或强烈的人工光源直接照射物体表面而引起的眩光，称为直接眩光；由视野内天花板、墙壁、机器或其他表面反射而引起的眩光，称为反射眩光。眩光的形成多起因于物体表面过于光亮（如电镀抛光或有光漆表面）、亮度对比度过大或者直接强光照射。眩光的危害在于导致不舒适的视觉条件。

(1)使眼睛的瞳孔缩小，在视野内亮度一定的条件下。降低了视网膜上的照度。

(2)眩光在眼球媒质内散射，减弱了被看对象与背景间的对比度。

(3)视觉细胞受强光刺激，引起大脑皮层细胞间产生相互作用，从而使得对被看对象的观察呈现模糊。

减少直接眩光的方法是：减少引起眩光的高亮度面积、增大视线与眩光源之间的角度、提高眩光源周围区域的亮度等。

减少反射眩光的方法是：降低光源的亮度、改变光源的位置或改变作业对象的位置、使反射眩光避开观察者的眼睛、改变刺眼物体表面的性质，使之不反射或少反射、提高周围环境的照度，以减弱反射物与背景间的亮度对比等。

眩光有时也可加以利用。例如，用很多支白炽灯组成枝形灯或霓红灯在空间作闪闪发光的照明，以创造富丽堂皇的环境；用亮度高的光源照射在金碧辉煌的建筑饰物或其他饰物上，能辉映出金波银浪似的闪耀，给人以愉快、兴奋之感。

三、视觉效应

1. 视觉损伤

研究表明，对人员造成持续10s闪光失明的光辐射能量，在白天大约为9.2×

10^{-3} J/cm²，在夜间大约为 3.64×10^{-4} J/cm²。眼睛能承受的可见光的最大亮度值约为 10^6 cd/m²，若超过此值，人眼的视网膜就会受到损伤，300nm 以下的短波紫外线会引起紫外线性眼炎。紫外线照射 4～5 h 后眼睛便会充血，10～12 h 后会使眼睛剧痛而不能睁眼。这一般是暂时性症状，大多可以治愈。常受红外线照射会引起白内障。直视高亮度光源(如激光、太阳光等)，会引起黄斑烧伤，有可能造成无法恢复的视力减退。低照度或低质量的光环境，会引起眼的折光缺陷或提早形成老花。眩光或照度剧烈而频繁变化的光会引起视觉机能的降低。

利用强光辐射、眩光对视觉机能的生理效应，人们研制了强光辐射的闪光弹、激光致盲器、激光眩光器等非致命武器。

强光辐射对眼睛的损伤可分为两类：闪光致盲(一种暂时性的视力丧失症状)和视网膜永久性损伤。强光对人员造成持续 10s 闪光失明的光辐射能量，在白天大约为 9.2×10^{-3} J/cm²，在夜间大约为 3.64×10^{-4} J/cm²。通常，在白天，闪光致盲对人的影响并不严重。因为在白天，视野正前方出现闪光所造成的视力丧失时间一般为 2～3min。如果闪光不是出现在视野正前方，对视力基本上不会有什么妨碍。在夜间，如果爆炸发生在视野正前方，影响视力的时间可持续 5～10min；不在正前方时.只有 1～2min。所以在黑暗环境中，丧失视力的时间会长些。当爆炸火球处于视野正前方且大气洁净时，即使在距爆心相当远的地方，也可造成视网膜烧伤和某种程度的永久性视力减退。如果眼睛直接望着爆心，视力损伤会更严重。和闪光致盲道理一样，如果人的眼睛对黑暗环境已经适应，则视力损伤也会更严重。生物试验表明，进入人眼的光能密度大于 1 J/cm² 时，人眼视力完全丧失，落到人眼角膜上的能量密度为 0.5 mJ/cm² 时，可使视网膜受损，引起致盲。还有一种情况是，人眼被强光照射时，由于能量不太高，虽未造成视网膜组织损伤，但引起人眼在几秒到几十秒内看不清或看不见。这种短时视觉功能障碍称为闪光盲，照度为 5×10^4 lx 的光源，照射 0.15s，可造成 12～48s 的闪光盲。

激光对视网膜的损害按严重程度，可以分为瞬间临时性致盲，以及不可治愈的永久性失明。可观察到的最小作用是视网膜被光照部位变白，随着辐射能量的增加，出现局部隆起、凝固，然后出血，并伴有伤害区周围组织的反应。当视网膜上的辐射能量密度相当高时，吸收位置附近形成气泡，这些气泡将毁坏视网膜，在有些情况下还会改变眼睛的物理结构。

对视觉来说，视网膜最重要的部位是黄斑，特别是黄斑的中央凹，这里集中了大多数视锥细胞。即使激光辐射引起该区域任意小块面积的烧伤，也将使眼睛失去分辨目标细节的能力，虽然基本的视觉可以保存下来，但却无法胜任快速阅读、汽车驾驶或其他对视力要求较高的工作。特别是，这种损伤不可能通过手术治疗来补救。

如果激光能量足够强，则辐射将引起视网膜下出血。由于出血在一定程度上阻断了晶状体和黄斑之间的光路，或者血液使视网膜位置升高并与感色表层相脱离，将使视力变得模糊。这种出血属于严重的损伤，并要求立即引起重视。虽然某些处置是可能的，但终将留下永久性视力障碍。

由于激光束的高度准直性和空间相干性，眼睛的光学系统能将其会聚为视网膜上一个直径为数十微米的小点，如果激光束原来的直径为 10mm 量级，则会聚后光斑面积为会聚前的 1/10 万以下，光能量密度相应地提高 10 万倍以上。换句话说，如果激光射入眼睛之前的能量密度只有 $1J/cm^3$（这对身体任何部位不会造成伤害），则视网膜上的光斑能量密度将高达 $100\ kJ/cm^3$，这样高的能量密度足以对人体任何部位造成严重伤害。

如果激光致盲武器攻击的对象正在使用望远镜一类光学放大仪器，则其视网膜上激光光斑的能量密度将进一步提高。假定入射激光束直径大于或等于望远镜口径，则此项提高的倍数就等于望远镜物镜面积与目镜面积之比再乘以光学透过率。例如，设一架 7×50 的望远镜，光学透过率为 50%，物镜直径为 50mm，目镜直径为 7mm，则物镜与目镜面积之比约为 50，而能量密度提高的倍率为 50×50%=25。也就是说，如果仍要在视网膜上得到能量密度为 $1\ kJ/cm^3$ 的光斑，则只需原始激光束的能量密度为 $0.4\ kJ/cm^3$；或者反过来，如果原始激光束的能量密度仍为 $10\ kJ/cm^3$，则将在视网膜上产生能量密度高达 $25\ kJ/cm^3$ 的光斑。如果这种能量密度的辐射照到皮肤上，即使它是 0.5s 长的脉冲，也足以引起 I 度烧伤。不仅是使用望远镜的指战员比裸眼人更容易遭受激光武器的攻击，而且，坦克炮手、任何火控系统的使用者、导弹操纵及指令人员和所有其他在战场上使用光学仪器的战斗人员，以及他们所使用的光学系统，都更容易成为激光辐射的攻击目标。

以上讨论的损伤机制主要限于热效应，在这种情况下激光能量以比热量弥散更快的速度传输到组织上并不断产生新的热量，来不及安全散开的热量便使有关部位温度升高乃至出现如上所述的伤害现象。然而，热效应并非引起激光损伤的唯一原因，离解和光化学作用也可能危害人体组织。但是，毫无疑义的是，波长处于视网膜伤害区的致盲人眼激光武器，即使只依靠热效应也完全可以使人完全丧失视觉。

近紫外波长主要被晶状体所吸收，而远紫外和中红外频段的辐射则被角膜所吸收。因此，这些辐射虽然不会伤害视网膜，但却会对眼睛的其他部位造成不同程度的损伤。

角膜吸收过量的紫外辐射会引起光致角膜炎，受到这种伤害时眼睛会十分难受，特别是眨眼时，眼睑在角膜上移动更是疼痛难忍。虽然这种作用只持续一两天的时间，但在这期间人几乎无法看东西，为减少痛苦，必须闭目静养甚至应该用绷带把眼蒙起来。如果辐射能量进一步加大，则将引起角膜乃至其后晶状体的永久性损伤。

用于伤害角膜的激光器有二氧化碳、一氧化碳、氟化氢、氟化氘等，这些激光器的输出功率一般都在 $10W/cm^2$ 以上，假定眨眼时间为 0.05～1s，则在眨眼前角膜将吸收 0.5～$10J/cm^2$ 的能量，这一能量水平无疑可造成角膜损伤。

2. *视觉疲劳*

长期从事近距离和精细作业的工作者，由于长时间观看近物或细小物体，睫状肌必须持续地收缩以增加晶状体的曲度，这将引起视觉疲劳，甚至导致睫状肌萎缩，使其调节能力降低。

由于光线的刺激，视网膜引起兴奋并将信息传送到中枢神经系统。这种视觉过程能振奋整个机体的活动。高级神经系统的活动也因而加强。当照度不足时，视觉活动过程即开始缓慢，视觉效率便显著下降，这极易引起视觉疲劳，而且整个神经中枢系统和机体活动也将受到抑制。因此，长期在劣质光照环境下工作，会引起眼睛局部疲劳和全身性疲劳。全身疲劳表现为疲倦、食欲不振、肩上肌肉僵硬发麻等自律神经失调症状；眼睛局部疲劳表现为眼痛、头痛、视力下降等症状。此外，作为眼睛调节筋的睫状肌的疲劳，还可能形成近视。

第 3 节　听觉特征及效应

一、听觉刺激

听觉是仅次于视觉的重要感觉，其适宜的刺激是声音。振动的物体是声音的声源，振动在弹性介质（气体、液体、固体）中以波的方式进行传播，所产生的弹性波称为声波，一定频率范围的声波作用于人耳就产生了声音的感觉。对于人来说，只有频率为 20～20 000 Hz 的振动，才能产生声音的感觉。低于 20Hz 的声波称为次声；高于 20 000 Hz 的声波称为超声。次声和超声人耳都听不见。

二、听觉系统

人耳为听觉器官，严格地说，只有内耳的耳蜗起到听的作用，外耳、中耳以及内耳的其他部分是听觉的辅助部分。人耳的基本结构如图 2－7(a) 所示，外耳包括耳廓及外耳道，是外界声波传入耳和内耳的通路。中耳包括鼓膜和鼓室，鼓室中有锤骨、砧骨、镫骨 3 块听小骨以及与其相连的听小肌构成一杠杆系统；还有一条通向喉部的耳咽管，其主要功能是维持中耳内部和外界气压的平衡及保持正常的听力。内耳中的耳蜗是感音器官，它是个盘旋的管道系统，有前庭阶、蜗管及鼓阶 3 个并排盘旋的管道，如图 2-7(b)所示。

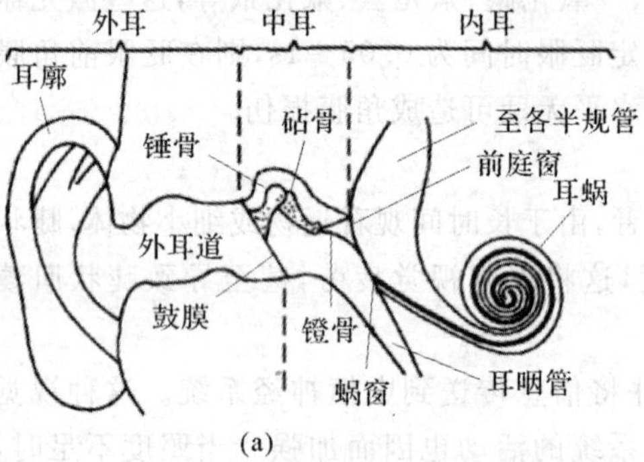

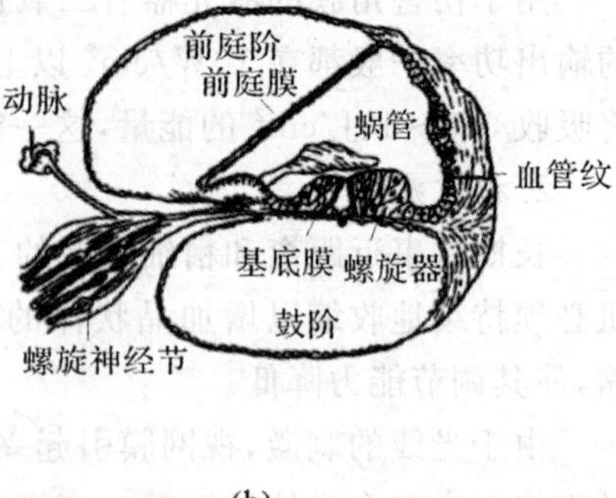

图 2-7　人耳的构造

(a)人耳基本结构；(b)耳蜗

外界的声波通过外耳道传到鼓膜，引起鼓膜的振动，然后经杠杆系统的传递，引起耳蜗中淋巴液及其底膜的振动，使基底膜表面的科蒂氏器中的毛细胞产生兴奋。科蒂氏器和其中所含的毛细胞，是真正的声音感受装置，听神经纤维就分布在毛细胞下方的基底膜中，机械能形式的声波就在此处转变为听神经纤维上的神经冲动，并以神经冲动的不同频率和组合形式对声音信息进行编码，然后被传送到大脑皮层听觉中枢，从而产生听觉。

三、听觉特性

1. 频率响应

可听声主要取决于声音的频率，具有正常听力的青少年(年龄在 12～25 岁之间)能够觉察到的频率范围大约是 16～20 000 Hz。而一般人的最佳听闻频率范围是 20～20 000 Hz，人从 25 岁左右时，开始对 15 000 Hz 以上频率的灵敏度显著降低，当频率高于 15 000 Hz 时，听阈开始向下移动，而且随着年龄的增长，频率感受的上限逐年连续降低。但是，对 $f<1\,000$ Hz 的低频率范围，听觉灵敏度几乎不受年龄的影响，听力损失曲线如图 2-8 所示。

2. 动态范围

可听声除取决于声音的频率外，还取决于声音的强度。听觉的声强动态范围可用下列比值表示：

$$声强动态范围=\frac{正好可忍受的声强}{正好能听见的声强}$$

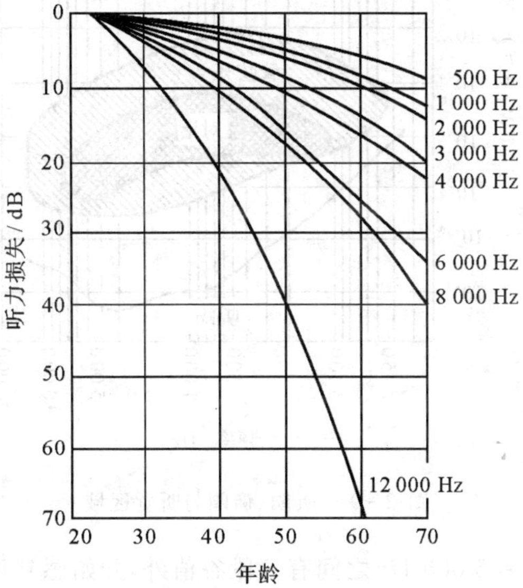

图 2-8　听力损失曲线

在最佳的听闻频率范围内，一个听力正常的人刚刚能听到给定各频率的正弦式纯音的最低声强 $I_{\min}$，称为相应频率下的“听阈值”；对于感受给定各频率的正弦式纯音，开始产生疼痛感的极限声强 $I_{\max}$，称为相应频率下的“痛阈值”；由听阈与痛阈两条曲线所包围的区域称为“听觉区”（影线部分）。由人耳的感音机构所决定的这个“听觉区”中包括标有“音乐”与“语言”标志的两个区域。根据各个频率 f 对应的最低声强 $I_{\min}$ 与极限声强 $I_{\max}$，绘出标准听阈曲线和痛阈曲线，如图 2-9 所示。

由该曲线可以得出下述结论。

(1) 在 800～1 500 Hz 这段频率范围内，听阈无明显变化。

(2) 低于 800 Hz 时，可听响度随着频率的降低而明显减小。

(3) 在 3 000～4 000 Hz 之间达到最大的听觉灵敏度，在该频率范围内，灵敏度高达标准值的 10 倍；

(4) 超过 6 000 Hz 时，灵敏度再次下降，大约在 17 000 Hz 时，减至标准值的 1/10。

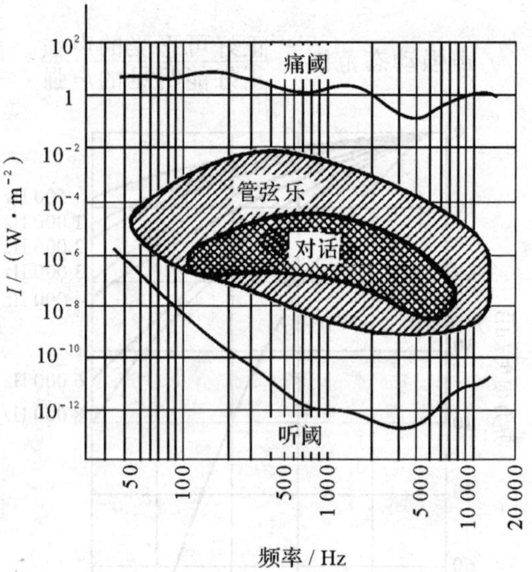

图 2-9　听阈、痛阈与听觉区域

(5)除了2 000～5 000 Hz之间有一段谷值外,开始感到疼痛的极限声强几乎与频率无关。

(6)在1 000 Hz时的平均听阈值 I_0 约为 $10^{-12}\,\mathrm{W/m^2}$。在同一频率条件下痛阈,$I_{max}=10\mathrm{W/m^2}$,由此可以得出人耳能够处理的声强比为

$$\frac{I_0}{I_{max}}=\frac{1}{10^{13}}=1:10\text{万亿}$$

这种阈值虽然是一种"天赋",却非常接近于适合人类交换信息的有用极限。

四、噪声对听觉的效应

1. 暂时性听力下降

在噪声作用下,可使听觉发生暂时性减退,听觉敏感度降低,可听阈提高。当人离开强噪声环境而回至安静环境时,听觉敏感度不久就会恢复,这种听觉敏感度的改变是一种生理上的"适应",称为暂时性听力下降。不同的人,对噪声的适应程度是不同的。但暂时性听力下降却有明显的特征,即受到噪声作用后听觉有较小的减退现象,约10dB;回到安静环境中听觉敏感度能迅速恢复;通常以在4 000 Hz或6 000 Hz处比较显著,而低频噪声的影响较小。

2. 听力疲劳

在持久的强噪声作用下,听力减退较大,恢复至原来听觉敏感度的时间也较

长，通常需数小时以上，这种现象称为听力疲劳。噪声引起的听力疲劳不仅取决于噪声的声级，还取决于噪声的频谱组成。频率越高，引起的疲劳程度愈重。

3. 持久性听力损失

如果噪声连续作用于人体，而听觉敏感度在休息时间内又来不及完全恢复，时间长了就可能发生持久性听力损失，听力阈值就不能完全恢复到原来的数值，便造成耳感受器发生器质性病变，进而发展成为不可逆的永久性听力损失，临床上称为噪声性耳聋。噪声性耳聋的特点是，在听力曲线图上以 4 000 Hz 处为中心的听力损失，即所谓“V”字形病变曲线。噪声性耳聋的另一特点是，先有高音调缺损，然后是低音调缺损。噪声性耳聋听力损失的一般发展形式如图 2－10 所示。

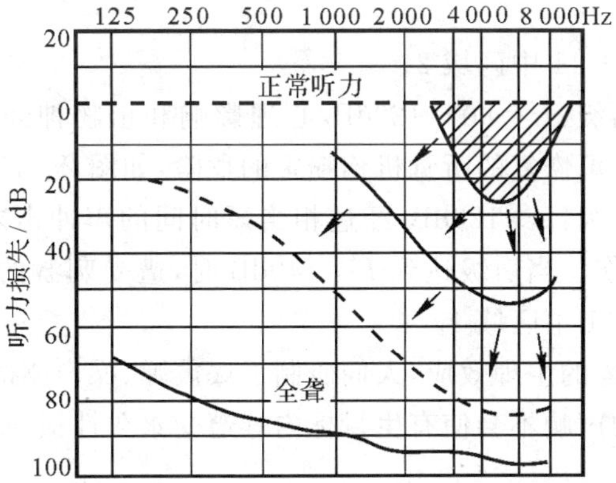

图 2－10　噪声性耳聋的进展形式

4. 爆震性耳聋

如果人突然暴露于极其强烈的噪声环境中，如高达 150dB 时，人的听觉器官会发生鼓膜破裂出血，迷路出血，螺旋器（感觉细胞和支持结构）从基底膜急性剥离，一次刺激就有可能使人双耳完全失去听力。这种损伤称为声外伤，或称爆震性耳聋。

5. 噪声品级

不同声级的噪声对人体器官的主要影响可分为 4 个“噪声品级”，该分级方式相当精确，足以对所有实际应用分析提供信息。图 2－11 为 4 个噪声品级所造成的影响程度（按％计）与声级（单位为加权分贝）之间的关系。

（1）第一噪声品级：$L=30\sim65$ dB，其影响程度仅限于心理的，如图 2－11 中区域 1。

（2）第二噪声品级：$L=65\sim90$dB，心理影响大于第一品级，另外还有植物神经

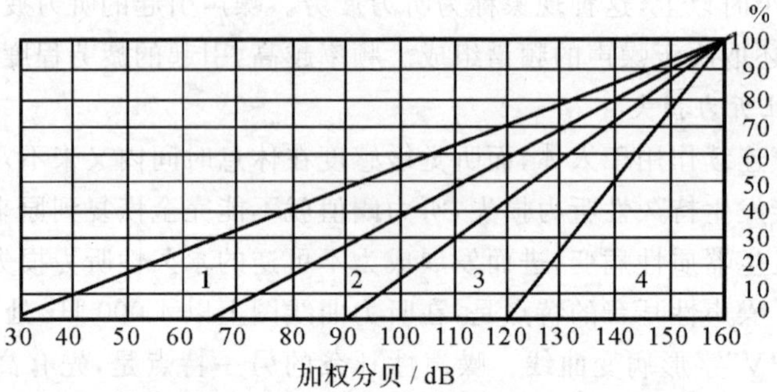

图 2-11 四个噪声品级所造成的影响

方面的影响,如图 2-11 中区域 2。

(3)第三噪声品级:$L=90\sim120$dB,心理影响和植物神经影响均大于第二品级,此外还有造成不可恢复的听觉机构损害的危险,如图 2-11 中区域 3。

(4)第四噪声品级:$L>120$dB,经过相当短时间的声冲击之后,就必须考虑内耳遭受的永久性损伤。当声级达到 $L>140$dB 时,遭受刺激的人很可能形成严重的脑损伤,如图 2-11 中区域 4。

利用噪声对人体的生理效应,人们研制了爆震弹、噪声驱散器,用于威慑、驱散群体目标,其产生的声响不会使有生目标内耳遭受永久性损伤,只是暂时性耳聋。

五、冲击波对听觉器官效应

爆炸产生的冲击波超压对人员能造成严重损伤,这种损伤直接与冲击波阵面的峰值超压有关。冲击波到来时,伴随有急剧的压力突跃,该压力通过压迫作用损伤人体,如震破耳膜、震击心脏,造成肺部出血,破坏中枢系统等。一般说来,人体组织密度变化最大的区域,尤其是充有空气的器官更易受到损伤。

关于人体对爆炸波超压的耐受程度有两点结论极其重要:第一,瞬时形成的超压比缓慢升高的超压会造成更严重的后果;第二,持续时间长的超压比持续时间短的超压对人体的损伤更严重。动物实验结果表明,人员对 20~150 ms 内升至最大值的长时间持续压力的耐受程度明显高于急剧升高的压力脉冲。缓慢升高的超压对肺部损伤明显减轻,对耳膜、窦膜和眼眶骨的损伤依然会发生。

对各种动物的实验数据可用来使人致死的急剧升高的峰值超压的量级。就短时间(1~3 ms)超压而言,可利用下式进行计算,有

$$P_{50}=0.00165\,m^{2/3}+0.163 \qquad (2-3)$$

式中,P_{50} 为造成 50% 死亡率所需的超压(MPa);m 为人体质量 (g)。

由式(2－3)算得，对于体重分别为 54.4kg 和 74.8kg 的人造成 50%死亡率的超压 P_{50} 分别为 2.53MPa 和 3.09MPa。

对于长时间(80～1 000 ms)超压动物实验结果表明，致死超压比上述值低得多。急剧升高的长时间持续压力脉冲对人员的损伤作用大致见表 2－4。

表 2－4　持续压力脉冲对人员的毁伤

超压/MPa	毁伤程度	超压/MPa	毁伤程度
0.013 8～0.027 6	耳膜失效	0.13 8～0.241	死亡率为 1%
0.027 6～0.041 4	出现耳膜破裂	0.276～0.345	死亡率为 50%
0.103 5	50%耳膜破裂	0.379～0.448	死亡率为 99%

第 4 节　皮肤特征及效应

人体皮肤内分布着多种感受器，能产生多种感觉。主要的感受器是：触觉感受器、温度感受器和痛觉感受器。皮肤感觉主要有四种，触一压觉、冷觉、热觉和痛觉。用不同性质的刺激仔细检查人的皮肤感觉时发现，不同感觉的感受区在皮肤表面呈相互独立的点状分布。

一、触觉

1. 触觉特征

触觉是微弱的机械刺激触及了皮肤浅层的触觉感受器而引起的；压觉是较强的机械刺激导致深部组织变形而引起的感觉，两者在性质上类似，故统称为触压觉。触觉的刺激信号主要有机械振动刺激、电刺激和吹气刺激三种形式，根据对触觉信息的性质和敏感程度的不同，分布在皮肤和皮下组织中的触觉感受器有：游离神经末梢、触觉小体、触盘、毛发神经末梢、梭状小体、环层小体等。不同的触觉感受器决定了对触觉刺激的敏感性和适应出现的速度。

对皮肤施适当的机械刺激，在皮肤表面下的组织将引起位移，在理想的情况下，小到 0.001mm 的位移，就足够引起触的感觉。然而，皮肤的不同区域对触觉敏感性有相当大的差别，这种差别主要是由于皮肤的厚度、神经分布状况引起的。研究表明，女性的阈限分布与男性相似，但比男性略为敏感，还发现面部、口唇、指尖等处的触点分布密度较高，而手背、背部等处的密度较低。

与感知触觉的能力一样，准确地给触觉刺激点定位的能力，因受刺激的身体部位不同而异。研究发现，刺激指尖和舌尖，能非常准确地定位，其平均误差仅 1mm

左右。而在身体的其他区域，如上臂、腰部和背部，对刺激点定位能力比较差，其平均误差几乎有 10mm 左右。一般说来，身体有精细肌肉控制的区域，其触觉比较敏锐。

如果皮肤表面相邻两点同时受到刺激，人将感受到只有一个刺激；如果接着将两个刺激略为分开，并使人感受到有两个分开的刺激点，这种能被感知到的两个刺激点间最小的距离称为两点阈限。两点阈限值因皮肤区域不同而异，其中以手指的两点阈限值最低，这是利用手指触觉操作的一种“天赋”。若使用压力作为手指触觉的刺激参数，则在 99%的概率下，小于 0.83N 的压力就能引起皮肤的变形而产生触觉。这就意味着，设计弹簧按钮时，使用手指的启动压力必须超过 0.83N。

2. 电流对人体效应

电流对人体的伤害有三种类型：电伤、电击和电磁场生理伤害。电伤是电流对人体外部造成的伤害，如电灼伤、电烙印、皮肤金属化等，这是由电流的热效应和化学效应引起的。电击，俗称触电，是指电流流经人体内部，对呼吸器官、心脏等人体脏器以及神经系统等造成的伤害，这是由电流的生理效应引起的。电磁场生理伤害是指电磁场的辐射能量导致人头晕、乏力、记忆力减退、失眠、多梦等，对人神经系统造成的伤害。

人体各种组织的电阻不同，其大小依次递增为：神经、血液、肌肉、皮肤、肌腱、脂肪、骨骼。当电流通过人体皮肤表面流入人体时，电流主要流过导电性好的肌肉等含水组织，而脂肪和骨骼基本没有电流流过，因此电流不仅对人体皮肤有极敏感的触觉效应，而且对血管、肌肉软组织及神经损伤较重。试验表明，通过人体的电流越大，电流引起人体的生理反应越明显，对人体的刺激作用越强烈，致命的危险性也越大。按照电流通过人体时的生理反应，可将电流分为下述 3 个层次。

(1)感知阈。感知阈指通过人体能引起任何感觉的最小电流值。当通过人体的电流小于感知阈时，人体不能感知。感知阈由人体与电极接触的面积、接触的状态(干、湿、压力、温度)以及个人的生理特点等因素决定。对于 15～100Hz 的正弦交流电流，一般公认的通用值为 0.5mA。直流电流的感知阈，只有在接通或断开时有感觉，而电流流动期间不会有其他感觉。直流电流的感知阈为 2mA。

(2)摆脱阈。摆脱阈指手握电极的人凭借人体的本能尚能自主摆脱电极的最大电流值。摆脱阈对人来说是一个危险的界限。这是因为当电流稍稍高于摆脱阈时，由于强烈的肌肉收缩，人体已不能对电击做出反应。摆脱阈由接触面积、电极的形状和大小、个人的生理特点等因素决定。一个人的体重越大，肌肉越发达，他的摆脱阈就越大。通常男子的摆脱阈比女子高。对于 15～100Hz 的正弦交流电流，摆脱阈的平均值为 10mA。

直流电流没有确定的摆脱阈，只有在直流接通和断开时，才会引起肌肉疼痛和痉挛似的收缩。

(3)心室纤颤阈。心室纤颤阈是指通过人体能引起心室纤颤的最小电流值。一般公认心室纤颤是电击引起死亡的主要原因。当有电流通过人体时，其中部分电流会流经心脏，若通过心脏的电流超过一定界限时就会引发心室纤颤。当心室发生纤颤时，心脏失去其协调一致的收缩舒张能力，各部心肌自行蠕动，血液循环功能陷于停顿。发生心室纤颤后，如不及时进行正确的抢救，将导致死亡。

心室纤颤的第一个原因是，当电流较大(超过几百毫安)，超过 500ms 时，电流直接影响心肌，破坏心脏正常工作，引起心室纤颤。在心搏周期的易致颤期，只要通电时间超过 10ms，即可能由这个原因引起心室纤颤。心室纤颤的第二个原因是，当通电时间较长(超过一个心搏周期)时，心脏传导系统受刺激而破坏心脏正常工作，引起心室纤颤。只要数 10mA 的电流，即可能由这个原因引起心室纤颤。由此可知，电流愈大，通电时间愈长，发生心室纤颤的危险性就愈大。

与交流电流相同，直流电流的心室纤颤阈由直流电流强度和通电时间确定。

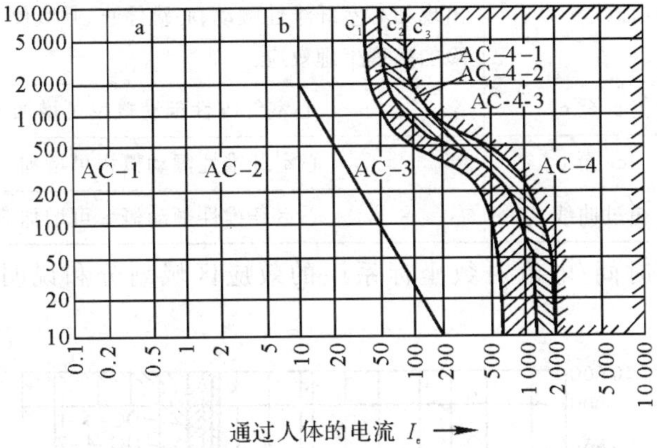

图 2－12　15～100Hz 正弦交流电的时间/电流效应区域的划分

(4)电流对人体效应的时间/电流对数坐标曲线图。电流对人体的效应，现在可用于参考的有关标准主要是 GB/T13870《电流流过人体的效应》(参照采用 IEC60479)。标准中对直流电、交流电的感知阈、摆脱阈和心室纤颤阈做了规定。图 2－12 是交电流对人体效应的时间/电流对数坐标曲线图，其说明见表 2－5。图中，曲线 c_1 是不会发生心室纤颤的区域与有发生心室纤颤危险的区域之间的分界线，称为心室纤颤域曲线，心室纤颤域的数值，是指流经整个人体的电流值，而纤颤只是由直接影响心脏的电流量所引起的。由图可以看出，心室纤颤阈不是仅由电流强度决定的,而是由电流强度和电流持续时间共同决定的。通电时间延长时,电流对人体的电击伤害作用显著增加。交流电对人体产生肌肉收缩效应且不会产生不可逆损伤应该在 AC－2,AC－3 区域内。据 1985 年美国国家标准学会报告,只要 15 μA 的电流流经心脏就会引起心室纤颤。

表 2-5　15～100 Hz 正弦交流电的时间/电流区域说明

区域代号	区域界限	生理效应
AC－1	一直到线 a	通常无反应
AC－2	从线 a 至线 b	通常无有害生理反应
AC－3	自线 b 至曲线 c_1	通常不会发生器质性损伤,可能发生肌肉痉挛似的收缩,当通电超过 2 s 时呼吸困难。随着电流量和通电时间增加,使心脏内心电冲击的形势和传导有可以恢复的紊乱,包括心房纤维性颤动和心脏短暂停搏。但不发生心室纤维性颤动。
AC－4	在曲线 c_1 以右	电流量和通电时间再增加,除出现区域 3 效应外,还可以出现如心室纤维性颤动、心跳停止、呼吸停止、严重烧伤等危险的病理生理效应。
AC－4－1	c_1 至 c_2	心室纤维性颤动概率可增加 5%
AC－4－2	c_2 至 c_3	心室纤维性颤动概率可增加 30%
AC－4－3	超过曲线 c_3	心室纤维性颤动概率可增加 50%

直流电在时间/电流对数坐标系中的效应区域划分和说明见图 2-13 和表2-6。

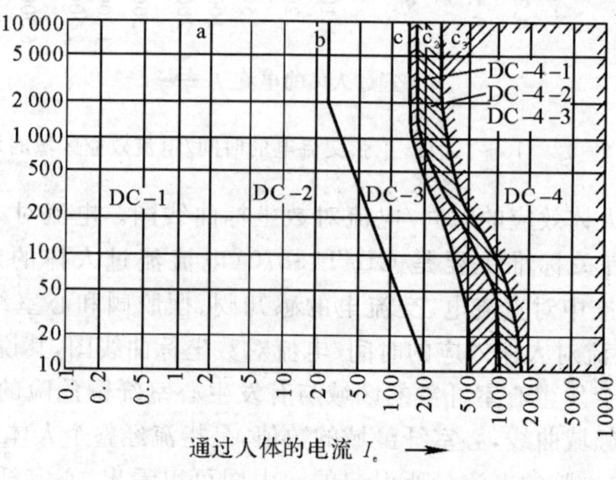

图 2-13　直流电的时间/电流区域说明

图中 c_1 为心室纤颤阈曲线，c_2，c_3 的纤颤概率分别为 5%，50%。直流电对人体产生肌肉收缩效应且不会产生不可逆损伤应该在 DC－2、DC－3 区域内。

表 2－6　直流电的时间/电流区域说明

区域代号	区域界限	生理效应
DC－1	一直到线 a	2mA 通常无反应。在开关接通或断开时，有轻微针扎痛。
DC－2	自线 a(2mA)至线 b	通常无有害生理反应。
DC－3	自线 b 至曲线 c_1	通常不会发生器质性损伤。随着电流量和时间的增加，可能发生心脏内心电冲动的形成和传导可以恢复的紊乱。
DC－4	在曲线 c_1 以右	电流量和通电时间再增加，除出现区域 3 效应外，还可能发生如心室纤维颤动、严重烧伤等危险的病理生理效应。
DC－4－1	c_1 至 c_2	心室纤维颤动概率可增加至 5%
DC－4－2	c_2 至 c_3	心室纤维颤动概率可增加至 50%
DC－4－3	超过曲线 c_3	心室纤维颤动概率可增加至 50%

对于直流电流，只有纵向电流(纵向通过人体躯干)才有心室纤颤危险，横向电流(从手到手)不大可能发生心室纤颤。当电击持续时间大于一个心搏周期时，直流电的心室纤颤阈比交流电高好几倍；当电击持续时间小于 200ms 时，两者大致相同。

(5)电源频率对 3 个阈值电流的影响。交流电对人体电击伤害的程度与其频率有密切的关系。诸多研究者的大量试验表明，在电流强度、通电时间和电流通路等条件均相同的情况下，50～60Hz 的工频交流电对人体的电击伤害程度最为严重。频率偏离工频越远，交流电对人体的伤害越轻。在直流和高频的情况下，人体可以耐受更大的电流。

为什么 50～60Hz 的工频交流是最危险的电击频率呢？这是因为人体细胞内的离子在人体被电击后将随交流电的频率在细胞内往复运动。当电源频率为 50～60Hz 时，在电流的一个交变周期内离子刚好来得及由细胞的一端到另一端往复运动一次。因此，离子在细胞内引起的骚动最大，破坏作用最强。当频率低于 50Hz 时，离子往复运动的次数少，当频率高于 60Hz 时，离子往复运动的距离小，所引起的破坏作用都要小些。

为了描述交流电流的频率对人体作用效应的影响，引入频率因数的概念。频

率因数 F_f 是指频率为 f 时产生相应生理效应的阈电流值与 50 ～ 60Hz 时的阈电流值之比。感知阈、摆脱阈和心室纤颤阈的频率因数各不相同，如图 2-14，图 2-15 所示。

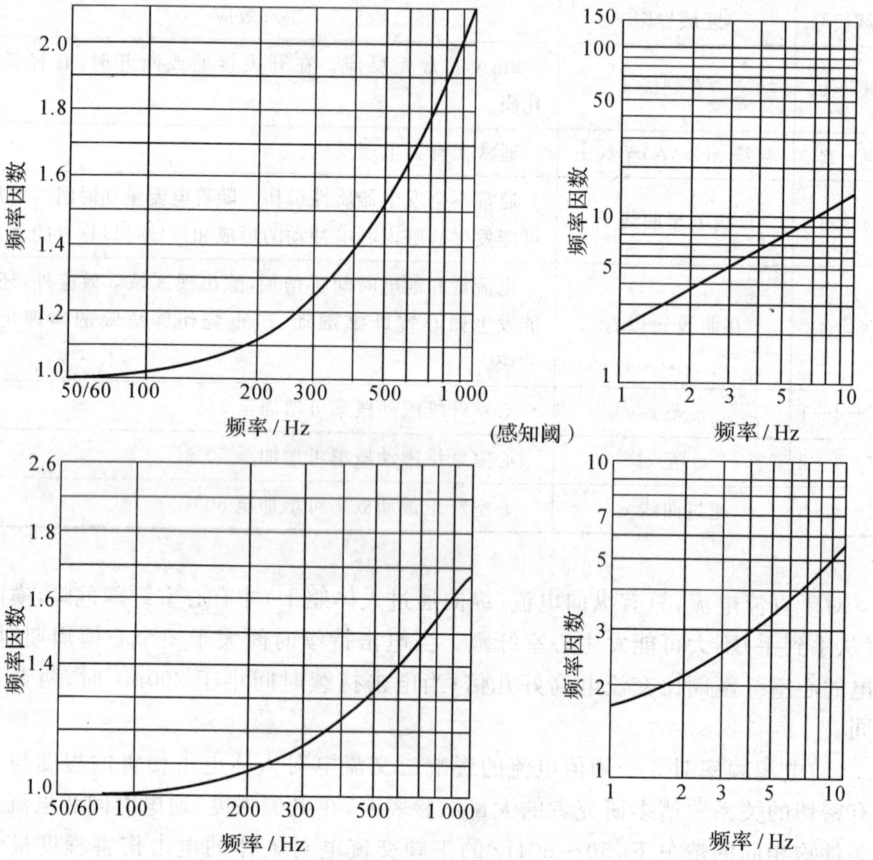

图 2-14 频率因数曲线

任意频率的交流电的感知阈，摆脱阈和心室纤颤阈等于 50～60Hz 的工频交流电的同各阈值乘以相应的因数，即

$$I_{pf} = F_P \times I_P$$

$$I_{lf} = F_l \times I_l$$

$$I_{Vf} = F_V \times I_V$$

式中，I_{pf}，I_{lf}，I_{Vf} 分别为任意频率交流电的感知阈、摆脱阈和心室纤颤阈；

I_P，I_l，I_V 分别为 50～60Hz 交流电的感知阈、摆脱阈和心室纤颤阈；

F_P，F_1，F_V 分别为感知阈、摆脱阈和心室纤颤阈的频率因数。

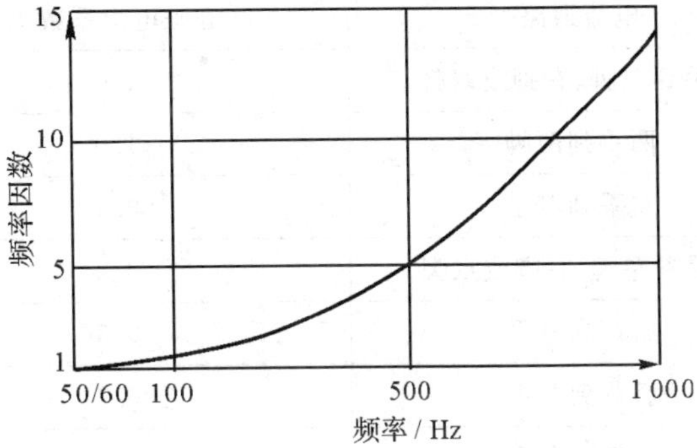

图 2－15　心室纤颤阈的频率因数

（电击持续时间大于一个心动周期，电流流经整个躯体

（6）电流流经人体的路径。电流流经人体的路径，对于电击的伤害程度影响甚大。这是因为电流流经人体的路径直接影响通过人体重要脏器和中枢神经系统的电流量的缘故。一般认为，通过心脏、呼吸系统和中枢神经系统的电流越大，电击的危险性也越大。电流通过头部会使人立即昏迷，若电流过大，会对脑产生严重的损害，甚至不醒而死亡；电流通过心脏可能引起心室纤颤。较大的电流还会使心脏停止跳动，这都会使血液循环中断而导致死亡；电流通过中枢神经系统的呼吸控制中心，可使呼吸停止；当电流引起肌肉收缩时，胸肌、膈肌和声门肌强烈收缩会阻碍呼吸，使人窒息而死；电流通过脊髓，会使人半截肢体瘫痪。日常触电的实践证明，从左手到双脚是最危险的电流通路，因为在这种情况下，心脏直接处于电路中，电流通过心脏、肺部、脊髓等重要脏器。

为了计算不同电流通路时引发心室纤颤的电流值，引入心脏电流系数的概念。心脏电流系数是指电流通过某一通路在心脏内所产生的电场强度（电流密度）与该电流通过左手到双脚时在心脏内产生的电场强度（电流密度）之比。不同电流通路的心脏电流系数见表 2－7。

应用表 2－7 的心脏电流系数 F，可算出某一通路的心室纤颤电流 I_h，这个电流与中从左手到双脚通路的电流 I_{ref} 有相同的心室纤颤危险。即

$$I_h = \frac{I_{ref}}{F}$$

式中，I_{ref} 为从左手到双脚的心室纤颤电流；I_h 为任一通路的心室纤颤电流；F 为与 I_h 相应通路的心脏电流系数。

表 2－7　不同电流通路的心脏电流系数

电流通路	心脏电流系数 F
左手到左脚、右脚或双脚	1.0
两手到两脚	1.0
左手到右手	0.4
右手到左脚、右脚或双脚	0.8
后背到右手	0.3
后背到左手	0.7
胸部到右手	1.3
胸部到左手	1.8
臀部到左手、右手或双手	0.7

心脏电流系数用以对各种电流通路引起心室纤颤的相对危险作大致估算。

电击器作用于人体时，电流在人体上相距很近的两点间流过，因此，对作用点附近重要脏器的影响较大。而每个重要脏器的损伤都会使人致伤、致残或致死，因此，电击器在使用时，最好作用于人体四肢部位，尽量避开头部、五官、后颈部、心胸部和脊椎部位。

二、温度觉

1.温度特征

温度觉分为冷觉和热觉两种，这两种温度觉是由两种不同范围的温度感受器引起的，冷感受器在皮肤温度低于 30℃ 时开始发放冲动；热感受器在皮肤温度高于 30℃ 时开始发放冲动，到 47℃ 时为最高。人体的温度觉对保持机体内部温度的稳定与维持正常的生理过程是非常重要的。

温度感受器分布在皮肤的不同部位，形成所谓冷点和热点。每一平方厘米皮肤内，冷点有 6 ～ 23 个，热点有 3 个。温度觉的强度，取决于温度刺激强度和被刺激部位的大小。在冷刺激或热刺激不断作用下，温度觉就会产生适应。

2.热环境(温度)效应

热环境影响条件的主要因素有空气温度、空气湿度、空气流速和热辐射。这四个要素对人体的热平衡都会产生影响，而且各要素对机体的影响是综合的。人体具有较强的恒温控制系统，可适应较大范围的热环境条件。但是，人处于远远偏离热舒适范围、并可能导致人体恒温控制系统失调的热环境中，将对人体造成伤害。

(1) 低温冻伤。低温对人体的伤害作用最普遍的是冻伤。冻伤的产生与人在低温环境中暴露时间有关，温度越低，形成冻伤所需的时间越短。例如，温度为 5 ～ 8℃ 时，人体出现冻伤一般需要几天时间；而在 －73℃ 时，暴露时间只需 12s 即可造成冻伤。人体易于发生冻伤的部位是手、足、鼻尖或耳廓等部位。

(2) 低温的全身性影响。人在温度不十分低的环境(－1 ～ 6℃) 中依靠体温调节系统，可使人体深部温度保持稳定。但是在低温环境中暴露时间较长，深部体温便会逐渐降低，出现一系列的低温症状。首先出现的生理反应是呼吸和心率加快，颤抖等现象；接着出现头痛等不适反应。深部体温降至 34℃ 以下时，症状即达到严重的程度，产生健忘、呐吃和定向障碍；降至 30℃ 时，全身剧痛，意识模糊；降至 27℃ 以下时，随意运动丧失，瞳孔反射、深部腱反射和皮肤反射全部消失，人濒临死亡。

(3) 高温烫伤。高温使皮肤温度达 41 ～ 44℃ 时即会感到灼痛，若高温继续上升，则皮肤基础组织便会受到伤害。高温烫伤在生产中并不少见，一般以局部烫伤为最多，全身性烫伤见于火灾事故等。

(4) 全身性高温反应。人在高温环境中停留时间较长，体温会渐渐升高，当局部体温高达 38℃，便会产生不舒适反应。人在体力劳动时主诉可耐受的深部体温(通常以肛温为代表) 为 38.5 ～ 38.8℃，高温极端不舒适反应的深部体温临界值为 39.1 ～ 39.4℃。深部体温超过这一限度，汗率和皮肤热传导量都不再上升，表明人体对高温的适应能力已达到极限。如果温度再升高，即会出现生理危象。全身性高温的主要症状为：头晕、头痛、胸闷、心悸，视觉障碍(眼花)、恶心、呕吐、癫病样抽搐等。温度过高还会引起虚脱、肢体强直、大小便失禁、晕厥、烧伤、昏迷直至死亡。

应该指出的是：人体耐低温能力比耐高温能力强。当深部体温降至 27℃ 时，经过抢救还可存活；而当深部体温高到 42℃ 时，则往往引起死亡。

(5) 火焰和热辐射烧伤。人员对火焰和热辐射的易损性，可分为闪光烧伤和火焰烧伤两种。闪光烧伤通常发生在人体未受衣服遮蔽的小面积部位上；火焰烧伤则能在身体的大部分区域出现，因为衣服也会起火燃烧。

闪光烧伤的程度随接受热能的多少和热能传递的速率而异。闪光烧伤不会导致皮下积液，其烧伤深度也比火焰直接烧伤显著减小

皮肤的灼伤程度直接与辐照量和辐射能量的传递速率有关。在垂直照射条件下，皮肤变红为一度烧伤；局部皮层坏死和起泡为二度烧伤；皮肤完全坏死为三度烧伤。服装能反射和吸收大部分热辐射能量，所以可保护皮肤免遭闪光烧伤。但

在一定辐照量条件下，服装发热或被点燃将会增加向皮肤传递热量，造成比裸露皮肤更严重的烧伤。

着装起火生成的次生火焰可导致手部、面部烧伤。爆炸引起的火灾也易导致人员伤亡。因为火或火焰作为使人员丧失战斗力的手段，首先火或火焰不是纯粹的电磁辐射，它能绕过拐角伤及后面的人员；其次，它能消耗现场的氧气，使人员窒息而死；第三，它会使人极度惊恐，以致休克；此外，它还可毁坏人们赖以生存的生活资料。

(6) 温度的安全限度。若以不出现生理危象或伤害作用的温度作为极限标准，则称为温度的安全限度，如图 2-16 所示。图中范围 1 为低温安全限度，范围 2，3，4，5 分别为空气相对湿度为 100%，50%，25%，10% 时的高温安全限度。当温度超过安全限度时，将出现高温或低温生理危象或伤害。

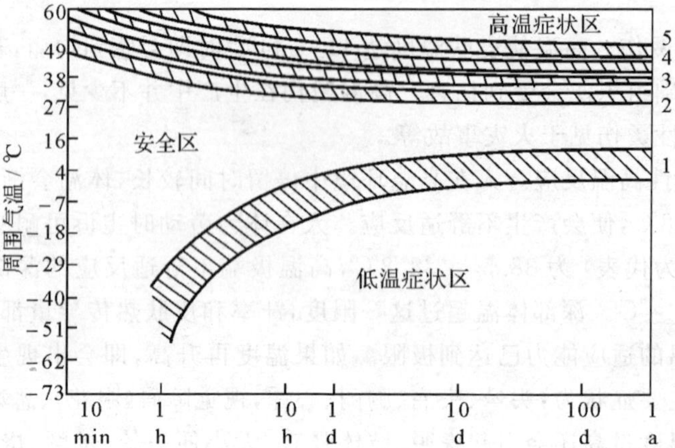

图 2-16 温度的安全限度

三、痛觉

1. 痛觉的生理过程

疼痛是人类受到伤害性刺激时产生的一种不愉快的主观感觉，以提供躯体与内脏受损的信号。疼痛包括痛觉与痛反应。前者常与其他感觉混杂，主要发生在高级脑部位；后者表现出躯体运动和自主神经活动的系列改变，伴有情绪心理活动，可发生在中枢神经系统的各级水平。

痛觉的机能是保护性的，几乎不产生适应，在有害刺激作用的时间内一直发生反应，直到刺激停止。痛刺激引起机体产生一系列保护性反射，如肾上腺素分泌、血糖增加、血压上升、血液凝固加快等。

(1) 痛觉与痛反应。痛觉可分为三类。一是快痛(刺痛),在伤害性刺激作用下快速形成,去除刺激则立即消失,定位明确,却反应不明显,如刺激剂作用于人的视神经和嗅觉器官的开始阶段,由周围神经中 Aδ 纤维传导;二是慢痛(灼痛),多由病变引起,痛觉形成和消退均缓慢,性质变化多端且定位不清,伴有较强的痛反应,如在较高浓度的刺激剂的气体环境中较长时间或皮肤接触刺激剂一定时间后引起的皮肤溃烂,由周围神经中 C 纤维传导;三是钝痛,由躯体深部组织与内脏受损引起,定位较差,伴有强烈的痛反应和情绪色彩,由 Aδ 与 C 纤维传导。

痛反应也可分为三类。一是局部反应:受到伤害性刺激的局部出现血管扩张、组织水肿等现象,是由于神经末梢受刺激后释放出某些化学物质,直接或间接地刺激局部所引起。二是全身反应:在中枢神经系统参与下,机体对伤害性刺激做出的有规律应答反应,如骨骼肌收缩、心率加快、血压升高等躯体与交感神经兴奋反应。三是行为反应:在高级脑部位参与下,机体对伤害性刺激做出的躲避、反抗、攻击等整体行为反应,带有强烈的情绪色彩。

(2) 痛觉适宜刺激与痛觉感受器。痛觉的适宜刺激不是单一的,电、机械、过热、过冷和化学刺激等都可以引起痛觉。这些刺激的共性是都能使机体发生损伤,所以英国生理学和神经学家查尔斯·斯科特谢灵顿在感觉分类中把痛觉叫做损害感受性,也就是对有害因素的敏感性。

痛感受器是广泛分布于皮肤各层、小血管与毛细血管、腹膜及黏膜下层的游离神经末梢。肤觉感受器接受不同的物理和化学的刺激,而引起痛觉,组织学的检查证明,各个组织的器官内,都有一些特殊的游离神经末梢,在一定刺激强度下,就会产生兴奋而出现痛觉。这种神经末梢在皮肤中分布的部位,就是所谓痛点。每一平方厘米的皮肤表面约有 100 个痛点,在整个皮肤表面上,其数目可达 100 万个。

除了皮肤痛以外,还有来自肌肉、肌腱、关节等处的深部痛和来自内脏的内脏痛。内脏痛有时难于准确地定位,它常常牵涉到身体的其他表面,叫牵涉性痛,心绞痛是牵涉内脏痛的典型例证。深部肌肉痛也可牵涉到身体表面。

(3) 致痛物质。电镜下观察到痛觉传入神经末梢轴突外包裹着一层施万(SchWann)细胞的胞浆,其末梢与组织细胞或组织液接触,是化学物质的易感区域。伤害性刺激使受损组织细胞释放致痛化学物质。这些致痛物质来自以下几个方面:① 直接从损伤细胞溢出,如 K+、组织胺、ACH,5-HT,ATP 等;② 在损伤细胞释放物中酶的作用下,在受损局部合成或通过血清蛋白及白细胞游走带入,如缓激肽、前列腺素等;③ 由伤害感感受器本身释放,如 P 物质。

图 2-17 表示周围致痛物质作用途径,有直接作用和继发作用两种。前者指损

伤造成 K＋、缓激肽、前列腺素的释放，直接刺激伤害性受器，使其过敏。后者指伤害性传入冲动可经分叉纤维向另一神经末梢传递，引起 P 物质等释放，造成血管舒张、组织水肿，使组织胺进一步堆积；P 物质还可刺激肥大细胞释放组织胺和 5－HT，激活邻近伤害感受器，造成持久疼痛与痛过敏。

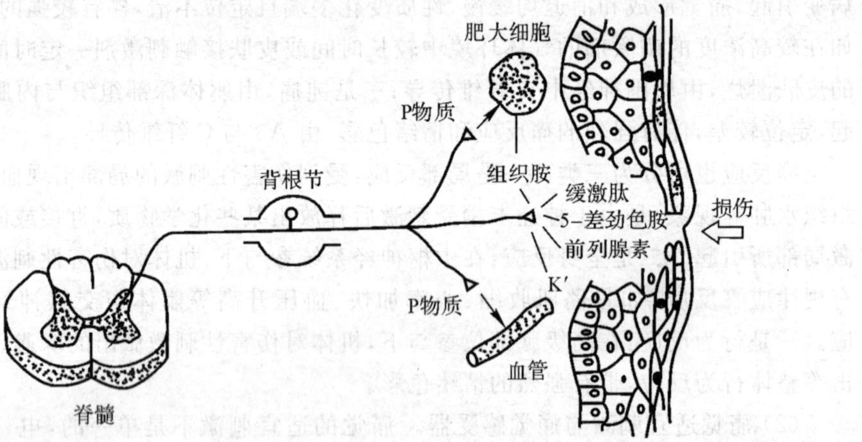

图 2－17　致痛物质作用途径

(4) 痛觉中枢。痛觉的中枢部分，位于大脑皮层，机体不同部位的痛觉敏感度不同。皮肤和外黏膜有高度痛觉敏感性；角膜的中央具有人体最痛的痛觉敏感性。痛觉具有很大的生物学意义，因为痛觉的产生，将导致机体产生一系列保护性反应来回避刺激物，动员人的机体进行防卫或改变本身的活动来适应新的情况。

2. 痛觉效应

引起痛觉效应的环境因素很多，如飞行破片对人体的撞击就是其一，这种形式常见于枪弹、爆炸破片、动能弹等对人员的打击，致伤效应如下。

(1) 动能效应。破片、枪弹击穿靠动能完成，所以通常以破片动能 E_d 为评判标准，有

$$E_d = \frac{1}{2} m V_0^2 \tag{2-4}$$

式中，m 为破片、枪弹或小箭的质量(g)；V_0 为破片、枪弹或小箭与目标的着速(m/s)。

对于人员，杀伤概率的标准定为 78.4 J，动能小于 78.4 J 的破片、枪弹，不能使人致命，大于 78.4 J 就能使人致命。

(2) 比动能效应。由于破片的形状很复杂，飞行过程中又是不稳定的，因此，

破片与目标遭遇时的面积是随机变量，故用比动能 e_d 来衡量破片的杀伤效应较动能更为确切

$$e_d = \frac{E_d}{A} = \frac{1}{2}\frac{m}{A}V_0^2 \tag{2-5}$$

式中，A 为破片与目标遭遇面积的数学期望值。

1968 年斯佩拉扎(J. Sperrazza) 等人用不同直径的子弹对皮肤进行射击实验表明，穿透皮肤所需的最小着速(弹道极限)V_1 在 50m/s 以上，侵入肌体 2～3cm 时，所需弹道极限在 70m/s 以上，并提出其速度与断面比重的如下关系式

$$V_1 = \frac{125}{\bar{S}} + 22 \tag{2-6}$$

式中，$\bar{S} = m/A$。

这时，穿透皮肤所需的最小比动能关系式可表示为

$$e_1 = \frac{1}{2}\frac{m}{A}V_1^2 \tag{2-7}$$

显然，对于一定厚度的皮肤，其 e_1 值是一定的。在惯用的杀伤标准中，对人员一般取 $e_1 = 160\ \mathrm{J/cm^2}$。有关人员通过对创伤弹道学的研究，提出擦伤皮肤的最小比动能为 $e_1 = 9.8\ \mathrm{J/cm^2}$。

(3)破片质量效应。为直观地表示破片对目标的杀伤概率，过去还曾采用过破片质量杀伤标准。对一般以 TNT 炸药为主的弹药，其壳体形成的破片初速往往在 800～1 000m/s，这时杀伤人员的有效破片质量一般取 1.0g，随着破片速度增大，也有取 0.5g 甚至 0.2g 为有效破片。

爆炸波驱动的飞行物打击人体会对人员第二次杀伤。根据实验结果推断，可将质量为 10g，着速为 35m/s 的玻璃碎片作为玻璃或其他易碎材料破片有效杀伤人员的近似值。较大物体打击人体时同样能造成死亡，大约 4.57m/s 的着速就能造成颅骨破裂。为便于研究，对非侵彻飞行物，通常以质量为 4.54kg，着速为 3.05m/s作为杀伤人员的暂时标准。

(4)平移力的冲击效应。当人体受到冲击波效应后，会造成目标整体位移而受伤。这类损伤依据身体承受加速和减速负荷的部位、负荷的大小以及人体对负荷的耐受力来决定。人员在最初受到加速随后产生平移及最后的磕碰都可能受伤，但严重损伤多发生在于坚硬物体相撞的减速过程中。人体与坚硬物体相撞时，其损伤情况大致如下：人体以 3.66m/s 左右的速度运动时，重伤率约 50%；以 5.18m/s左右的速度运动时，死亡率约 50%。

第5节　本体感觉及效应

人在进行各种操作活动的同时能给出身体及四肢所在位置的信息，这种感觉称为本体感觉。本体感觉系统主要包括两个方面。一个是平衡觉系统，其作用主要是保持身体的姿势及空间位置的变化；另一个是运动觉系统，通过该系统感受并指出四肢和身体不同部分的相对位置。

一、平衡觉

平衡觉系统的外周感受器官是前庭器官，前庭器官由位于内耳迷路中的3个半规管和椭圆囊、球囊组成，是人体对运动状态和头部在空间位置的感受器。当机体进行旋转或直线变速运动时，速度的变化会刺激三个半规管或椭圆囊中的感受细胞；当头部的位置与地球引力的作用方向出现相对关系的改变时，会刺激球囊中的感受细胞，这些刺激引起的神经冲动经传入神经纤维传到大脑皮层，就引起相应的感觉和其他效应。

前庭器官中的3个半规管的形状大致相同，各处在一个互相垂直的平面上，每个半规管约占2/3个圆周，一端有一个相对膨大的壶腹，壶腹内有壶嵴，它的位置与半规管的长轴成垂直，两侧水平半规管在同一平面上，当人直立且头部前倾30°时，该平面正好与地平面平行；当两臂平举而肘关节呈半屈状态时，其方位即与水平半规管一致，拳的位置就相当于两侧壶腹的位置。水平半规管的结构特点，使得它能够感受人体以身体长轴为轴线所作的旋转变速运动。旋转开始时，管腔内的内淋巴因惯性作用，它的起动将落后于人体和管壁的运动，因此，当人体向左旋转时，左侧水平半规管中的内淋巴将压向壶腹方向，而右侧水平半规管中的内淋巴将远离壶腹方向，当旋转变为匀速时，管腔与内淋巴同时运动，于是两侧壶腹中的毛细胞都恢复自然状态；到旋转停止时，毛细胞又受到刺激，但压力在两侧壶腹中的作用方向则与旋转开始时正好相反。其他两对半规管的工作情况与水平半规管类似，可接受和它们所处平面相一致的旋转变速运动的刺激。

人体前庭器官受到刺激时，可能引起某些躯体调节反应。例如，人乘车，当车突然加速时，会因背肌紧张性增强而后仰；当车突然减速时，会因背肌紧张性减弱而前屈。人乘电梯，当电梯突然上升时，会因肢体伸肌紧张性减弱而腿屈；当电梯突然下降时，会因肢体伸肌紧张性增强而肢体伸直。

前庭器官受到刺激时，最特殊的反应是旋转运动引起的眼球的特殊运动，称为眼震颤。眼震颤主要由半规管的刺激所引起，而且眼震颤的方向也因受刺激半规管的不同而不同。当人直立、头部前倾 30°绕人体垂直轴旋转时，主要是两侧水平半规管所受的刺激发生变化，这时出现的眼震颤也是水平方向。通常检查眼震颤的实验方法是，被试者坐在转椅上，头部前倾 30°，以每 2s 一周的速度旋转 10 周，然后突然停止，这时正常人眼震颤约持续 15～40s。若震颤时间过长或过短，则说明前庭功能有过敏或过弱的可能。

前庭器官受到过强或过长的刺激时，常会引起恶心、呕吐、眩晕、皮肤苍白等症状，称为前庭植物神经性反应，严重时称为晕车、晕船或航空病。有些人的前庭机能非常敏感，前庭器官受到微弱的刺激就会引起种种不适。

二、运动觉

在身体组织中，可找出 3 种类型的运动觉感受器。第一类是肌肉内的纺锤体，它能给出肌肉拉伸程度及拉伸速度方面的信息；第二类位于腱中各个不同位置的感受器，它能给出关节运动程度的信息，由此可以指示运动速度和方向；第三类是位于深部组织中的层板小体，埋藏在组织内部的这些小体对形变很敏感，从而能给出深部组织中压力的信息。在骨骼肌、肌腱和关节囊中的本体感受器分别感受肌肉被牵张的程度；肌肉收缩的程度和关节伸屈的程度，综合起来就可以使人感觉到身体各部位所处的位置和运动，而无需用眼睛去观察。例如，综合从手臂上双头肌和三角肌给出的信息。操作者便了解到自己手臂伸张的程度；再加上由双头肌、三头肌腱，肩部肌肉给出进一步的信息，就会使人意识到手臂需要给予支持，换句话说，信息说明此时手臂的位置处于水平方向。

三、振动对本体的效应

人体对振动的反应往往是组合性的。研究指出，人体对振动敏感范围如图 2－18(a)所示，表明人体暴露在振动环境中分为高频区和低频区，同时又分为整体敏感区和局部敏感区。

人体可视为一个多自由度的振动系统。由于人体是具有弹性的组织，因此，对振动的反应与一个弹性系统相当。人体对 4～8Hz 频率的振动能量传递率最大，其生理效应也最大，称作第一共振峰。它主要由胸部共振产生，因而对胸腔内脏影响最大。在 10～12Hz 的振动频率时出现第二共振峰，它是由腹部共振产生，对腹部内脏影响较大，其生理效应仅次于第一共振峰。在 20～25Hz 的频率时出现第三共振峰，其生理效应稍低于第二共振峰。以后随着频率的增高，振动在人体内的传递逐步衰减，其生理效应也相应减弱。显然，对人体影响最大的是低频区。当整体处于 1～20Hz 的低频区时，人体随着频率不同而发生的不同反应，如图 2－18

(b)所示。

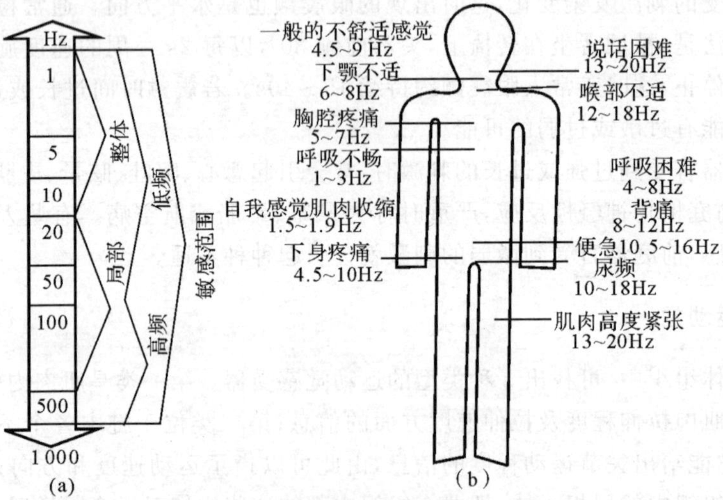

图 2-18　人体对振动的敏感范围

振动对人的影响主要取决于振动的强度，而振动强度一般是用加速度有效值来计量的。除了振动强度外，还有两个十分重要的因素。其一是振动频率，实验证明，人对 4～8Hz 的振动感觉最敏感，频率高于 8Hz，或低于 4Hz，敏感性就逐渐减弱。其二，对于同强度、同频率的振动来说，振动的影响还同振动的暴露时间有关。短暂时间内可以容忍的振动，时间一长就很可能变成不能忍受。

振动对人的影响，大致有下述 4 种情况。

(1)感觉阈。人体刚能感受到振动的信息，即是通常所说的"感觉阈"，如图 2-19所示。人们对刚超过感觉阈的振动，一般并不觉得不舒适，即多数人对这种振动是可容忍的。

(2)不舒适阈。振动的振幅加大到一定程度，人就感到不舒适，或者作出"讨厌"的反应，这就是"不舒适阈"。不舒适是一种生理反应，是大脑对振动信息的一种判断，并没有产生生理的影响。

(3)疲劳阈。振动振幅进一步增加，达到某种程度时，人对振动的感觉就由"不舒适"进到"疲劳阈"。对超过疲劳阈的振动，不仅有心理的反应，而且也出现生理的反应。这就是说，振动的感受器官和神经系统的功能在振动的刺激下受到影响，并通过神经系统对人体的其他功能产生影响，如注意力的转移，工作效率的降低，等等。对刚超过"疲劳阈"的振动来讲，振动停止以后，这些生理影响是可以恢复的。

(4)危险阈。振动的强度继续增加，就进入到“危险阈”。超过危险阈时，振动对人不仅有心理、生理的影响，还产生病理性的损伤和病变，且在振动停止后也不能复原，这一界限通常称为“痛阈”。

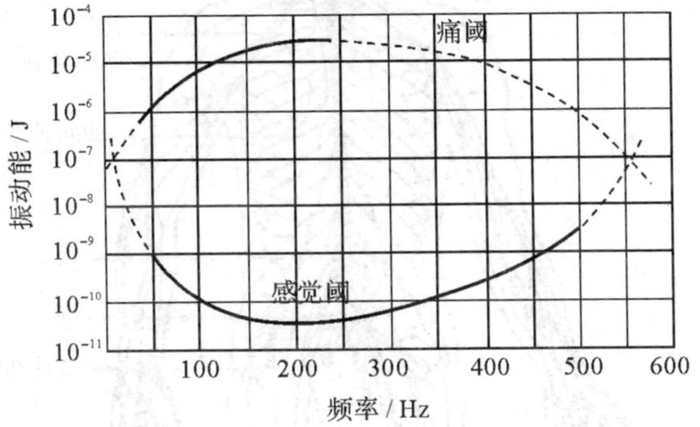

图 2-19　振动的阈值

利用振动对人体的生理效应，人们研制了次声波(频率为 0.000 1～20 Hz 声波)武器，它所辐射的次声波可以使敌方人员产生昏晕，恐慌，呼吸困难，心率失常，神经疲劳，注意力不集中等不良身体反应。这种武器主要使敌方人员暂时失去战斗力，并不造成人员死亡。次声波武器可分为两种类型，即神经型和器官型。前者主要是利用与人脑内阿尔法波同频率(5Hz)的次声刺激脑神经，后者主要利用次声造成体内器官共振，使人感觉不舒服，或致使器官损坏。

第 6 节　神经系统特征及效应

一、神经系统

神经系统是人体最主要的机能调节系统，人体各器官、系统的活动，都是直接或间接地在神经系统的控制下进行的。神经系统可以分为中枢神经系统和周围神经系统两部分，如图 2-20 所示。

中枢神经系统包括脑和脊髓。脑位于颅腔内，脊髓在椎管内，两者在枕骨大孔处相连，覆在左、右大脑半球表面的灰质层称大脑皮质，它控制着脊髓和脑的其余部分，是调节人体活动的最高中枢所在部位。脊髓则是初级中枢所在部位，它通过上、下行传导束与脑部密切联系，其功能受各级脑中枢的制约。

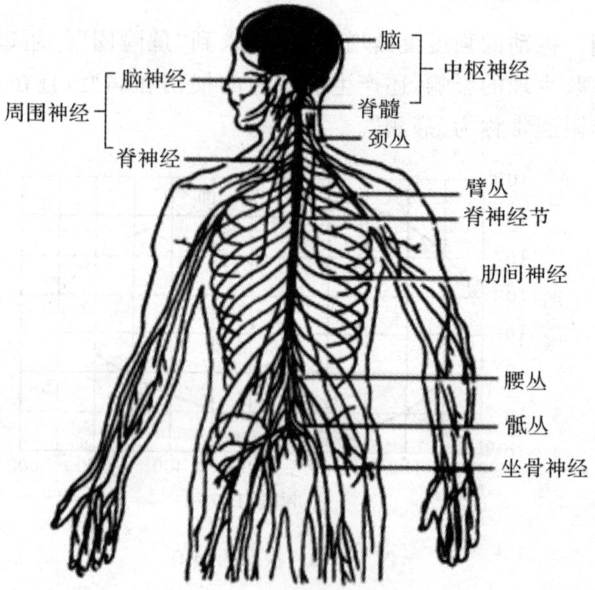

图 2-20　人体神经系统

周围神经系统是指中枢神经以外全部神经的总称。它起始于中枢神经，分布于周围器官。按起始于中枢部位可分为脑神经和脊神经；按分布器官结构分为躯体神经和内脏神经。其基本形态呈条索状和细丝状，周围神经的基本功能是在感受器与中枢神经之间以及中枢神经与效应器之间传导神经冲动。组成周围神经的纤维按其分布的器官结构和传导冲动方向分为四种功能成分，即躯体传入纤维、躯体传出纤维、内脏传入纤维和内脏传出纤维。

二、大脑皮质功能定位

大脑皮质是神经系统的最高级中枢。从人体各部经各种传入系统传来的神经冲动向大脑皮质集中，在此会通、整合后产生特定的感觉；或维持觉醒状态；或获得一定情调感受；或以易化的形式贮存为记忆；或影响其他的脑部功能状态；或转化为运动性冲动传向低位中枢，借以控制机体的活动，应答内外环境的刺激。大脑皮质的不同功能往往相对集中在某些特定部位，其主要有下述功能定位。

(1)躯体感觉区。对侧半身外感觉和本体感觉，冲动传动此区，产生相应的感觉。身体各部分在此区更精细的代表区是倒置的，身体各部分代表区的大小，取决于功能上的重要性，如图 2-21(a)所示。

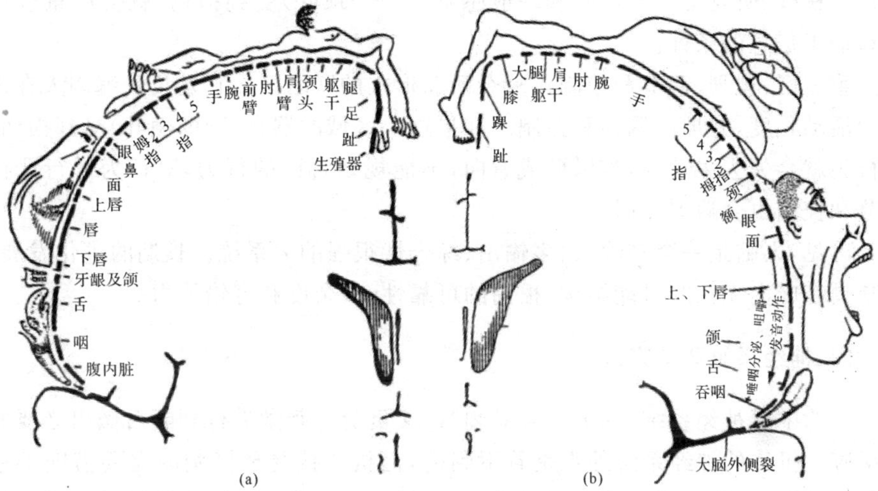

图 2－21　躯体感觉区和运动

(a)躯体感觉区；(b)躯体运动区

(2)躯体运动区。躯体运动区接受来自肌、腱和关节等处有关身体位置、姿势以及各部运动状态的本体感觉冲动，借以控制全身的运动。如图 2－21(b)所示，身体各部分在此区更精细的代表区基本上是倒置的，但头面部仍是正的，运动愈是精细的部位，如手、舌、唇等，代表区的面积愈大。

(3)其他功能区。除了感觉区和运动区外，还有视区、听区、嗅区，可接受相应的神经冲动。语言代表区是人的大脑皮质所独有的，该代表区又分为书写中枢、说话中枢、听话中枢和阅读中枢。

三、大脑皮质联络区

大脑皮质单项感觉区和运动区之外的部分，具有更广泛更复杂的联系，它们可将单项信息进行综合分析，形成复杂功能，且与情绪、意识、思维、语言等功能有密切关系，这些部位称为联络区。3 个基本联络区是：

第一区，保证调节紧张度或觉醒状态的联络区。它的机能是保持大脑皮层的清醒，使选择性活动能持久地进行。如果这一区域的器官(脑干网状结构、脑内侧皮层或边缘皮层)受到损伤，人的整个大脑皮层的觉醒程度就下降，人的选择性活动就不能进行或难以进行，记忆也变得毫无组织。

第二区，接受、加工和储存信息的联络区。如果这一区域的器官(如视觉区——枕叶、听觉区——颞叶和一般感觉区——顶叶)受到损伤,就会严重破坏接受和加工信息的条件。

第三区,规划、调节和控制人复杂活动形式的联络区。它是负责编制人在进行中的活动程度,并加以调整和控制。如果这一区域的器官(脑的额叶)受到损伤,人的行为就会失去主动性,难以形成意向,不能规划自己的行为,对行为进行严格的调节和控制也会遇到障碍。

可见,人脑是一个多输入、多输出、综合性很强的大系统。长期的进化发展,使人脑具有庞大无比的机能结构,很高的可靠性、多余度和容错能力。

四、神经系统活动方式

人的中枢神经系统,既负责接受刺激,又负责对刺激进行判断后做出必要的相应反应。机体的神经系统外观是看不到的,而机体接受环境刺激需要借助于感觉器官,健康的正常人感觉器官,包括眼、耳、鼻、舌、皮肤、内脏,直接同外界环境相接触,成为接受外界刺激的桥梁。神经系统调节机体活动一般都通过以下基本环节,即感受器—传入神经元—中间神经元—传出神经元—效应器,如图 2-22 所示。有些反应并不都需经过中枢神经系统,在机体外围还存在周围神经系统,可将环境刺激经传入神经系统直接传递给传出神经系统,如图 2-22 中虚线所示。机体同时存在复杂的反应器官,由肌肉、腺体完成反应动作,做出明确的反应。

人体受到一些外界环境过度刺激,就会破坏神经系统功能,如毒物、电流等。

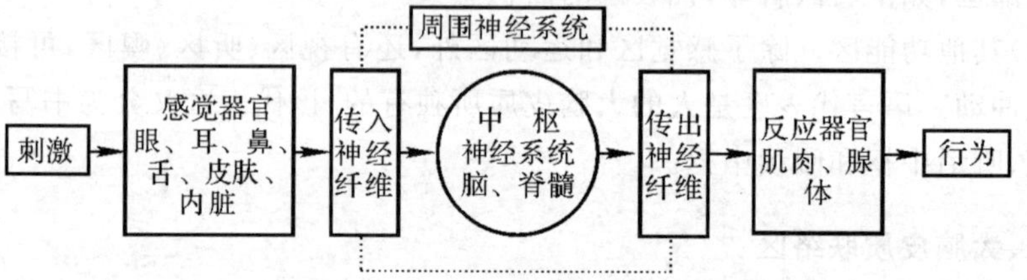

图 2-22　刺激与行为关系示意

五、毒物对神经的效应

毒物通过感官器官侵入人体,严重损伤神经系统。毒物常以固体、液体、气体或气溶胶的形态存在,而对环境的空气造成污染的主要物质是有毒气体、蒸气、工业粉尘、化学刺激剂以及烟雾等有害物质。

1. 有毒气体和蒸汽

有毒气体是指常温、常压下呈气态的有害物质。例如,由冶炼过程、发动机排放的一氧化碳；由化工管道、容器或反应器逸出的氯化氢、二氧化硫、氯气等。有毒蒸气是指有毒的固体升华、液体蒸发或挥发时形成的蒸气。例如，喷漆作业中的苯、汽油、醋酸酯类等物质的蒸气。当空气中含有过量的有害气体或蒸气，可使人产生中毒或导致职业性疾病，几种有害气体与人体的关系见表 2－8。

表 2－8　几种有毒气体与人体的关系

有毒气体	浓　度	对人体产生的影响
一氧化碳浓度/10^{-6}（体积的百万分比率）	100	数小时内对人体无影响
	400～500	1h 内无影响
	600～700	1h 后有时会引起不快感
	1000～1200	1h 后会引起不快
	1500～2000	1h 后会有危险
	4000 以上	1h 后即有危险
二氧化碳浓度/%	45	数 h 内无症状
	54	呼吸的深度会增加
	72	有局部症状，头痛、耳鸣、心跳、昏迷、意识丧失
	108	呼吸显著地增加
	144	呼吸明显困难
	180	意识丧失，死亡状态
	360	生命的中枢完全麻痹，死亡
氯气浓度/10^{-6}	0.02	嗅觉阈浓度
	0.5	有气味
	1～3	有明显气味，刺激眼、鼻
	6	刺激咽喉咳嗽
	30	引起剧咳
	40～60	接触 30～60min，可能引起严重损害
	100	可能造成致命损害
	1 000	可危及生命
二氧化硫 24h 平均浓度/($\mu g \cdot m^{-3}$)		中年以上或慢性病患者出现超出预计的死亡呼吸道病人的病情恶化

2. 工业粉尘和烟雾

工业粉尘是指能较长时间飘浮在作业场所空气中的固体微粒，其粒子大小多在 0.1～10um。固体物质经机械粉碎或辗磨时可产生粉尘，粉状原料、半成品和成品在混合、筛分、运送或包装时有粉尘飞扬。例如，炸药厂的三硝基甲苯粉尘，干电池厂的锰尘等。

烟(尘)为悬浮在空气中直径小于 0.1 μm 的固体微粒。某些金属熔融时所产生的蒸气在空气中迅速冷凝或氧化而形成烟，例如，熔炼铅时产生的铅烟，熔铜铸铜时产生的氧化锌烟。有机物质加热或燃烧时也可产生烟，例如农药熏蒸剂燃烧时产生的烟。

雾为悬浮于空气中的液体微滴，多由于蒸气冷凝或液体喷洒而形成的。例如，喷洒农药时的药雾；喷漆时的漆雾；电镀铬时的铬酸雾；金属酸洗时的硫酸雾等。

粉尘在进入呼吸道后，根据其物理性状，在呼吸道各部位通过不同方式沉积、储留以及最后清除。生产性粉尘根据其理化性质、进入人体的量和作用部位，可引起不同的病变。粉尘主要引起职业呼吸系统疾患，如尘肺、支气管哮喘、职业性过敏性肺炎、呼吸系统肿瘤等。

此外，粉尘还会引起中毒作用，如吸入铅、砷、锰等有毒粉尘，能在支气管和肺泡壁上溶解后吸收，引起中毒表现。

3. 化学失能剂

化学失能剂分为精神失能剂和躯体失能剂，能够造成人员的精神障碍及躯体功能失调，从而丧失能力，主要有呕吐剂、镇定剂、迷幻药、蒙蔽剂等。有些失能剂将强效镇痛剂与皮肤助渗剂合用，能迅速渗透皮肤，使人员中毒而失能。化学刺激剂是以刺激眼、鼻、喉和皮肤为特征的一类失能性药剂。在野外浓度下，人员短时间暴露会出现中毒症状，脱离接触后几分钟或几小时症状会自动消失。若长时间大量吸入可造成肺部损伤，严重的可导致死亡。化学失能剂用来制造催泪弹、臭弹、迷昏弹等非致命弹药。

4. 有毒环境卫生标准

我国《工业企业设计卫生标准》(TJ36—1979)规定空气中有毒气体、蒸气及粉尘等共 120 种有毒物体的最高允许浓度。表 2-8 是部分有毒物质的最高允许浓度值。这些数据均以单种有毒物质、稳定发生量及 8 h 工作作为前提，若情况不同，可按下述方式进行换算，即

$$C_8=\frac{C_1T_1+C_2T_2+\cdots+C_iT_i}{8}\leqslant[M] \tag{2-8}$$

式中，C_8 为相当于 8 h 内的当量浓度；$C_1,C_2,\cdots,C_i$ 为不同作业时间内的浓

度；T_1，T_2，…，T_i 为不同作业时间(h)；$i=1,2,3\cdots$ 为对应的作业环节数；$[M]$ 为某有毒物质的最高允许浓度。

当计算结果 $C_8 \leqslant [M]$，表示此环境符合卫生标准；当其结果 $C_8 > [M]$，则表示此环境不符合卫生标准。

当工作地点存在两种以上毒物时，应考虑其联合作用，可用下式进行评价：

$$\frac{C_1}{M_1}+\frac{C_2}{M_2}+\cdots+\frac{C_n}{M_n}\leqslant 1 \tag{2-9}$$

式中，C_1，C_2，…，C_n 为各种有毒物质的实测浓度；M_1，M_2，…，M_n 为各有毒物质的最高允许浓度。

若计算结果≤1，表示有毒物质浓度低于最高允许浓度，表示此环境符合卫生标准；若计算结果>1，则表示有毒物质超过最高允许浓度，此环境不符合卫生标准。

第3章 非致命化学技术

非致命化学技术是利用化学药剂使人员暂时失能或使装备不能正常发挥作用的一类非致命武器，由于应用效果明显、作用面积大、成本低廉，因此得到了广泛的使用和快速的发展。非致命化学武器主要有反人员和反物质两大类。反人员非致命化学武器作用于有生目标，使人员丧失抵抗能力，主要用于驱散闹事人群、平息骚乱、抓捕暴徒等任务，所使用的化学制剂主要有刺激剂、失能剂；反物质非致命化学武器主要用于作战装备和军事设施上，使对方的装备、设施、环境受到破坏和损毁，打击对方赖以战斗的物质基础，所使用的化学制剂有黏性泡沫、腐蚀剂、黏合剂、金属脆裂剂、阻燃剂、润滑剂等等。本章主要介绍反人员非致命化学武器。

第1节 闪光爆震弹

一、概述

闪光爆震弹是利用爆炸时产生的强烈声响和眩目闪光，刺激有生目标的耳朵和眼睛，使其暂时致聋、致盲、失去活动能力的一种非致命弹种。该弹可用于在有限的场地，使劫持人质的恐怖分子和罪犯晕头转向，逃离现场；也可用来对付群体性暴乱、骚乱等暴力活动，使有生目标产生眩晕、诧异和惊恐的感觉，达到驱散人群，控制、制服对方等防暴目的。

闪光爆震弹有多种不同的结构形式，但其基本作用原理都是通过爆炸的方式产生巨大的声响和耀眼的闪光，瞬间闪光强度达到 $1.5\times10^7\sim3.5\times10^7$ cd，5 m 处声强峰值达到 160～180dB；为防弹片伤人，常用塑料、橡胶和金属薄片做弹体材料，结构上有一源单体，也有多源子母结构式，子弹分别装声、光、刺激、动能等发生剂，当从母弹体抛射后，起爆时间不一致，可产生连续的闪光和巨响，伴随白热、吆吆作响如阵雨般火星降落的综合效应，能使暴徒晕头转向。闪光爆震弹从形状上有圆柱形、卵形，一般常用保险片飞离式击发引信，投掷后，经过延期引爆弹体。

闪光爆震弹爆炸后，不仅产生震耳的声响和刺眼的闪光，还会产生爆炸破片和冲击波。所以，强闪光、声响、爆炸破片、冲击波可对有生目标产生多种终点效应。随着非致命武器在处置群体性事件中的安全性应用要求日益增高，闪光爆震弹的结构及性能也在不断改进，控制弹体破片飞散、将爆炸声强、强闪光、冲击波对人体效应控制在安全阈值范围之内，是闪光爆震弹发展的主要方向。目前，发展中的安全型闪光爆震弹设计有钢制外壳体，壳体上均匀开设泄爆孔，产生的爆炸声响和耀眼闪光的能量以放射状均匀扩散，平衡输出，内弹体破片滞留在钢制壳体内，爆炸声强峰值控制在 140dB 左右，以确保对有生目标不会造成致命性伤害。

二、闪光爆震药剂

1. 闪光药剂技术要求

(1)闪光烟火药燃烧发出的能谱分布要与被干扰的目标相一致。光辐射对眼睛、光电传感器和红外导引头等的破坏程度依辐射性质（如强度、波长等）而异，只有闪光烟火药燃烧发出的能谱分布与被干扰的目标相一致时，才有可能实施有效干扰。例如，就强光辐射对眼睛的损伤而言，0.4～1.4 μm 波段的强光辐射会穿透角膜落到视网膜上，因而是危险带；而 0.4～1.4 μm 波段以外的近、中、远紫外波段(0.35～0.4 μm，0.28～0.35 μm，0.01～0.28 μm)以及中、远红外波段(1.4～3.0 μm、3.0～1 000 μm)的强光辐射不会穿透眼睛的屈光介质，认为它对眼睛是安全带。

(2)单位质量闪光烟火药应产生最大辐射强度。只有闪光辐射强度足够高，才可能成功干扰人眼、光电探测器材和制导武器等。如果考虑到照射距离、持续时间、聚光孔径等综合因素，光辐射对目标的干扰都会存在一个损伤阈值。只有烟火药闪光辐射强度超过此损伤阈值，才能实施有效干扰。

(3)干扰形成时间要快。干扰形成时间是指形成有效光辐射强度源的时间。鉴于现代战争的快速反应，战术使用时无论是干扰人眼，还是干扰光电探测器材和制导武器等，都希望干扰形成时间越快越好。

(4)干扰持续时间要长。显然，闪光烟火药闪光持续时间越长，对作用对象的干扰效果越好。现报道的烟火药闪光时间一般可持续到几十到数百毫秒。为保证长时间内具有较好的干扰性，期待着长脉冲闪光致盲弹药的问世。

2. 闪光药剂的配制原则

闪光药剂主要由氧化剂、可燃物和黏合剂组成。氧化剂提供燃烧时所需要的氧，可燃物在烟火药燃烧时释放所需的热量，黏合剂则起到调节烟火药感度及装药性能的作用。合理地选择氧化剂、可燃剂和黏合剂，并确定最佳比例，将决定着闪光烟火药的特种效应。

(1)氧化剂。氧化剂的选择原则是：①含氧丰富且易释放；②具有较小的生成热；③是可见光区和红外波段辐射分子或原子的载体；④机械感度低，吸湿性小，物理化学性能安定，与金属可燃物相容。烟火药中含氧氧化剂很多，有氯酸盐、高氯酸盐、硝酸盐等。其中，敏感度最高的是氯酸盐，一般不宜采用。高氯酸钾感度适当(分解温度为610℃)，有效氧含量比氯酸钾大且易放出，可优先选用。硝酸盐中KNO_3，$NaNO_3$和$Ba(NO_3)_2$也可选用，因为Ba和K在近红外波段辐射能力较强，Na在可见光波段对辐射有较大贡献。

(2)可燃物。可燃物的选择原则：①氧化生成物的热值要高；②耗氧量小、易被氧化；③燃烧温度要高。众所周知，金属可燃物是影响烟火药热效应和燃烧温度的主要因素。其中最有效的金属是铝、镁和镁铝合金。稀土金属特别是镧及其合金与氧化剂的混合燃烧时可产生很亮火焰，然而这些混合物对机械作用非常敏感，不可能大量使用。Li，Ca易吸湿；Be热值虽大但稀有，价格较贵且有毒；B燃烧性好，但耗氧大且产物软化点过低；Zr和Ti燃速快、耗氧少、易于保存，但价格昂贵，且细粉对静电比较敏感，因此这些物质在烟火药中也较少使用。

(3)黏合剂。闪光药剂常用的黏合剂有清油、酚醛树脂、环氧树脂、虫胶和沥青等。选择黏合剂的原则是：工艺简单，机械敏感度小，生产安全，并能获得较好的强光效果。黏合剂的加入会降低闪光烟火药的辐射强度，实际使用时一般不超过10%。

3. 闪光药剂作用过程

闪光药剂被点燃后，在壳体约束下迅速燃烧，壳体内压力急剧增大，达到破壳压力时，壳体破裂迸发出剧烈的爆炸声响，对周围空气强烈压缩产生冲击波效应并形成发光火球，火球在空气中迅速膨胀，随着爆燃产物膨胀速度的衰减，邻层空气压强也相应下降，当爆燃产物膨胀到极限体积时，邻层空气压强相应降至P_0，结果达到空气冲击波正压区的末端，接着，爆燃产物由于惯性效应，形成过度膨胀，这种膨胀一直延续到惯性消失为止，此时，爆燃产物膨胀的体积最大，相应火球体积最大，辐射能力最强。在膨胀过程中，火球温度不断降低，当火球温度降至某临界温度时，火焰熄灭，发光过程结束。

4. 闪光药剂光辐射模型

(1)基本假设：

1)闪光烟火药在壳体内已均匀完全燃烧，其热力学参数和反应产物与装药密度无关，且气相产物均视为理想气体。

2)壳体在各个方向上均匀破裂，忽略破壳后燃烧产物的膨胀过程，认为烟火药燃烧产物在环境压力下瞬间完成，形成一定体积的火球。

3)烟火药爆燃火球为均匀发光体，球体表面与内部温度一致，辐射主要来自于火球表面的凝聚相粒子。

4）闪光火球表面为余弦辐射体，将爆燃火球表面辐射近似为灰体辐射，表面发射率 ε 对于某种特定产物来说为小于1的常数。

5）忽略火球内部粒子的辐射对火球辐射的贡献及大气传输中辐射能量的衰减。

（2）闪光辐射数学模型。对于不同辐射波段，凝聚相粒子辐出度有所不同，凝聚相粒子在某一波段（$\lambda_1 \sim \lambda_2$）的辐射度数学模型为

$$M_{S(\lambda_1,\lambda_2)} = M_{S(\lambda_2)} - M_{S(\lambda_1)} = [F_{(\lambda_2 \cdot T)} - F_{(\lambda_1 \cdot T)} - F_{(\lambda_1 \cdot T)}] \cdot \bar{\varepsilon}_{\Delta\lambda} \cdot \sigma T^4 \quad (3-1)$$

则凝聚相粒子的辐射通量为

$$\Phi_S = A_S \cdot M_{S(\lambda_1,\lambda_2)} = [F_{(\lambda_2 \cdot T)} - F_{(\lambda_1 \cdot T)}] \cdot \bar{\varepsilon}_{\Delta\lambda} \cdot A_S \sigma T^4 \quad (3-2)$$

式中，$F_{(\lambda \cdot T)}$ 是黑体辐射函数，可由黑体辐射函数表查到。

根据基本假设可以认为火球的辐射主要来自表面层凝聚相粒子辐射，故燃烧发光火球的辐射通量为

$$\Phi = [F_{(\lambda_2 \cdot T)} - F_{(\lambda_1 \cdot T)}] \cdot \bar{\varepsilon}_{\Delta\lambda} \cdot A \cdot \sigma \cdot T^4 \quad (3-3)$$

式中，A 为火球的表面积，$\bar{\varepsilon}_{\Delta\lambda}$ 为火球中凝聚相粒子在某波段范围的平均发射率，其计算公式为

$$\bar{\varepsilon}_{\Delta\lambda} = \int_0^{\infty} \frac{\left[N_{D_1}\left(1 - \frac{\lambda^2}{2\pi^2 D_1^2}\right) + N_{D_2}\left(1 - \frac{\lambda^2}{2\pi^2 D_2^2}\right) + \cdots + N_{D_n}\left(1 - \frac{\lambda^2}{2\pi^2 D_n^2}\right)\right]\varepsilon_\lambda M_\lambda \mathrm{d}\lambda}{\sigma T^4 \sum_{i=1}^{n} N_i} \quad (3-4)$$

式中，N 代表同粒径的粒子数；D_i 代表第 i 种粒子的直径。

则火球的辐射强度为

$$I = \frac{\Phi}{4\pi} = \frac{[F_{(\lambda_2 \cdot T)} - F_{(\lambda_1 \cdot T)}] \cdot \bar{\varepsilon}_{\Delta\lambda} \cdot A \cdot \sigma \cdot T^4}{4\pi} \quad (3-5)$$

由式（3-5）可以得出，火球的辐射强度与火球的表面积、火球中凝聚相粒子的平均发射率及火球的燃烧温度有关。火球燃烧温度越高、表面积越大、凝聚相粒子的平均发射率越强，火球的辐射强度就越大。

5. *配方理论设计*

以燃烧火球温度 T、凝聚相质量分数 M_{cond} 和火球体积 V 为考察目标，利用高温高压复杂化学反应计算程序对高氯酸钾/铝粉、高氯酸钾/铝粉/3%黏合剂、高氯酸钾/三氧化二铁/铝粉/3%黏合剂、高氯酸钾/铝粉/3%黏合剂/三氧化二铝、高氯酸钾/铝粉/3%黏合剂/石墨、高氯酸钾/铝粉/硼粉/3%黏合剂等六种系列配方用上述模型进行仿真计算，仿真计算结果确定了六种系列最佳配方的各种性能参数见表3-1。

表 3-1 各种系列最佳配方参数比较

配方系列	最佳配比	T/K	V/ $m^3\cdot kg^{-1}$	M_{cond}	凝聚相产物
$KClO_4$/Al	65/35	3862.26	4.41	0.42975	
	50/50	3719	4.01	0.336584	
$KClO_4$/Al/Fe_2O_3/黏合剂	65.67/33.95/0.375/3	3774.23	4.845	0.4143	
$KClO_4$/Al/Al_2O_3/黏合剂	49.75/49.75/0.5/3	3248	4.058	0.284215	Al_2O_3
$KClO_4$/Al/B/黏合剂	50/49.5/0.5/3	3071	4.06	0.23997	
$KClO_4$/Al/黏合剂	66/34/3	3775.84	4.86286	0.41688	
	50/50/3	3264.8	4.14586	0.284114	
$KClO_4$/Al/黏合剂/C	50/50/3.5/0.5	3024.59	4.0295	0.2462	

计算机仿真结果表明烟火药爆燃火球中辐射的主要物质为凝聚相的Al_2O_3。根据上述辐射模型的假设，在忽略温度和凝聚相产物粒径发射率影响条件下，对上述6种系列最佳配方的辐射强度进行了理论计算(计算时，配方均按1kg装药量为标准)。

可见光 $\varepsilon_{0.4\sim0.7}=0.5\times M_{cond}$

给定温度下黑体在规定波段内的辐射度为

$$M(T)=[z(x_2)-z(x_1)]\cdot\sigma\cdot T^4 \tag{3-6}$$

其中

$$z(x)=\int_0^x f(x)\mathrm{d}\lambda\Big/\int_0^\infty f(x)\mathrm{d}\lambda;x=\lambda/\lambda_m;\lambda_m\cdot T=2\ 898 \tag{3-7}$$

$z(x)$ 可由黑体函数表查得。

燃烧火球在可见光波段(0.4～0.7μm)辐射强度为

$$I_0=[z(0.7/\lambda_m)-z(0.4/\lambda_m)]\varepsilon_{(0.4\sim0.7)}\cdot r_0^2\cdot\sigma\cdot T^4\cdot\overline{V_\lambda} \tag{3-8}$$

$\overline{V_\lambda}$ 是无量纲量视见函数，取值683。计算结果见表3-2。

(1) 在6种系列的配方中，配比为65/35的$KClO_4$/Al二元配方光辐射强度最大。

(2) 与相应三元配方相比，少量的高热值氧化物Fe_2O_3或可燃物硼粉的加入使闪光剂的辐射强度降低。

(3) 与相应二元配方相比，Al_2O_3的加入使闪光药各波段辐射强度有所降低，计算时没有考虑凝聚相产物粒径对发射率的影响。

(4) 与相应元配方相比，黏合剂的加入使闪光剂各波段的辐射强度不同程度下降。所以在保证闪光烟火药机械强度的前提下尽量少加。

(5) 润滑剂石墨的加入使强闪光辐射强度降低很大，计算时加入的石墨全部转化成气体，这与实际情况可能有些差异。

表 3-2　6 种最佳配方各波段的辐射强度

配方系列	最佳配比	I_0/cd
$KClO_4/Al$	65/35	3.62×10^8
	50/50	2.04×10^8
$KClO_4/Al/Fe_2O_3$/黏合剂	65.67/33.955/0.375/3	3.2×10^8
$KClO_4/Al/Al_2O_3$/黏合剂	49.75/49.75/0.5/3	6.81×10^7
$KClO_4/Al/B$/黏合剂	50/49.5/0.5/3	3.58×10^7
$KClO_4/Al$/黏合剂	66/34/3	3.23×10^7
	50/50/3	7.05×10^7
$KClO_4/Al$/黏合剂/C	50/50/3.5/0.5	3.24×10^7

6. 光辐射强度

(1)配比不同的 $KClO_4$ 和 Al 二元配方的辐射强度。以 FLQT2[#] A1 为可燃物、$KClO_4$ 为氧化剂组成二元闪光药基本配方，采用不同配比混合均匀后装弹，测试了各配方散装药在可见光区的发光强度，测试结果见表 3-3。其中理论最高温度是在 p_0 定压下计算机计算的结果。

表 3-3　同组分不同配比 $KClO_4$ 和 Al 二元配方的测试结果

$Al/KClO_4$	可见区发光强度/cd	平均发光强度/cd	理论最高温度/K
20/80	1.07×10^7	0.98×10^7	3431
	0.9×10^7		
30/70	6.2×10^7	5.9×10^7	3825
	5.6×10^7		
40/60	8.2×10^7	8.25×10^7	3861
	8.3×10^7		
50/50	8.9×10^7	9.6×10^7	3719
	1.03×10^8		
60/40	5.1×10^7	6.25×10^7	2338
	7.4×10^7		

由表 3－3 可以得出，理论计算的最高温度在铝含量 40％附近，而实验测得的辐射强度最高点在铝含量 50％处，造成这种差别的原因主要是由于空气中的氧参加了反应的结果，使得装药的效能比得到了提高。对于二元配方，当高氯酸钾/2＃球形铝粉为 50/50 时，可见光波段发光强度最大。以下不同配方测试数据中高氯酸钾和铝粉配比都为 50/50。

(2)$KClO_4$和不同粒度铝粉组成二元配方的辐射强度。为了考察可燃物铝粉的粒度对强光辐射效果的影响，由高氯酸钾和不同粒度球形铝粉组成二元配方，各配方散装药的辐射强度测试结果见表 3－4。

表 3－4　$KClO_4$和不同粒度铝粉二元配方的辐射强度测试结果

二元配方	$D[V,50]/\mu m$	可见光波段	
		发光强度/cd	持续时间/ms
FLQT－0# Al/$KClO_4$	30.32	7.95×10^7	0.22
FLQT－2# Al/$KClO_4$	20.37	8.32×10^7	20.75
FLQT－3# Al/$KClO_4$	10.50	9.80×10^7	21.33

由表 3－4 可得，对于同本比 $KClO_4$ 和不同粒度球形铝粉组成的二元配方，其光波段辐射强度随铝粉粒度的减小而增大，作用时间也随着铝粉粒度的减小而增大，这与前面理论分析的结论是一致的。

(3)$KClO_4$/Al/不同含量黏合剂三元配方的辐射强度。分别用虫胶、酚醛树脂和环氧树脂做黏合剂，与铝粉、高氯酸钾组成三元闪光药配方，各三元闪光配方散装药辐射强度的测定结果见表 3－5。

表 3－5　$KClO_4$/Al/不同含量黏合剂三元配方的测试结果

三元配方		发光强度/cd	持续时间/ms
不加黏合剂		7.95×10^7	20.22
虫胶	3％	5.65×10^7	19.02
	5％	5.24×10^7	18.75
酚醛树脂	3％	6.49×10^7	20.45
	5％	6.24×10^7	19.33
环氧树脂	3％	6.35×10^7	20.45
	5％	6.17×10^7	19.25

由表 3-5 可得,加入黏合剂后,光辐射强度均不同程度降低。从作用时间来看,加黏合剂的配方光作用时间比没加黏合剂的短。这是因为同等药量装药时,热值高、对温度贡献大的金属粉相对减少的结果。所以实际使用中尽量少加黏合剂。另外酚醛树脂和环氧树脂对辐射强度的影响较小,而环氧树脂固化速度比较快,所以配方中可选用环氧树脂做黏合剂。

(4)$KClO_4$/Al/3%黏合剂/三氧化二铝四元配方的辐射强度。为了提高燃烧产物中大粒径凝聚相产物的比例,在闪光烟火药配方中加入了三氧化二铝。测定$KClO_4$/Al/3%黏合剂/2%三氧化二铝四元配方的光辐射强度,压药密度为 2.0 g·cm^{-3},装药量 900g,壳体厚度 1.5mm,并与相应三元闪光药配方的辐射强度进行了对比,测定结果见表 3-6。

表 3-6 $KClO_4$/Al/3%黏合剂/三氧化二铝四元配方的测试结果

配 方	可见区	
	最高电压/mV	发光强度/cd
三元闪光药	16 900	8.54×10^7
四元闪光药	17 000	8.59×10^7
	17 200	8.69×10^7

由表 3-6 可以得出,三氧化二铝的加入使强闪光药光辐射强度有所提高。产生这种差异的可能原因是,大粒径凝聚相产物辐射能力较强,理论计算时往往忽略了凝聚相产物粒径对辐射能力的影响。所以应继续深入研究燃烧产物中凝聚相粒径及可燃物粒径对辐射强度的影响,这可能是提高闪光药辐射强度的有效途径之一。

(5)$KClO_4$/Al/3%黏合剂/三氧化二铁四元配方的辐射强度。三氧化二铁和铝粉组成铝热剂,铝热剂具有燃烧温度高、热值大的特点。在强闪光剂配方中加入高热值的三氧化二铁氧化物,测定 $KClO_4$/A1/3%黏合剂 2%三氧化二铁四元配方的辐射强度,压药密度为 1.9g·cm^{-3},壳体厚度为2.5mm,并与相应三元闪光药剂的辐射能力进行了对比,测定结果见表 3-7。

表 3-7 $KClO_4$/Al/3%黏合剂/2%三氧化二铁四元配方的辐射强度

配 方	装药量/kg	可见光区/cd	持续时间/ms
三元配方	1.665	1.2×10^8	81
		1.178×10^8	83
四元配方	1.698	1.2×10^8	80
		1.077×10^8	102

由表3-7可得,三氧化二铁的加入对闪光烟火药辐射强度影响不大,这与理论计算的结果是一致的。

(6)$KClO_4$/Al/3%黏合剂/不同含量石墨四元配方的辐射强度。石墨是一种润滑能力很好的无机材料,常作为润滑剂加入烟火药配方中,以降低烟火药的机械感度。测定$KClO_4$/Al/3%黏合剂/不同含量石墨四元配方的辐射强度,压药密度为2.0g·cm^{-3},装药900g,壳体厚度1.5mm,并与相应三元闪光药剂的辐射强度进行了对比,测定结果见表3-8。

表3-8 $KClO_4$/Al/3%黏合剂/石墨四元配方的辐射强度

配方	可见区	
	最高电压/mV	发光强度/cd
三元闪光药	16 900	8.54×10^7
三元闪光药+1%石墨	16 200	8.18×10^7
三元闪光药+2%石墨	16 000	8.08×10^7
三元闪光药+3%石墨	15 400	7.78×10^7

由表3-8可得,三元配方中加入少量石墨后,其可见光辐射强度略有下降。这可能是由于石墨的加入,在燃烧高温下以凝聚态存在的石墨粒子发出可见光能力较差。

(7)$KClO_4$/Al/3%黏合剂/硼粉四元配方的辐射强度。硼粉是一种燃烧热很大的可燃物,在闪光剂配方中加入硼粉,希望能够提高燃烧温度,达到提高闪光剂辐射强度的目的。测定$KClO_4$/Al/3%黏合剂/3%硼粉四元配方的可见光波段发光强度,散装药量600g,钢壳体厚度2.5mm,并与相应三元闪光药剂进行了对比,测定结果见表3-9。

表3-9 $KClO_4$/Al/3%黏合剂/3%硼粉四元配方的辐射强度

配方	最高电压/mV	可见光波段发光强度/cd	平均发光强度/cd	持续时间/ms
三元闪光药	6 600	3.33×10^7	3.31×10^7	40
	6 500	3.28×10^7		38
三元闪光药	5 000	2.53×10^7	2.73×10^7	49
	5 800	2.93×10^7		48

由表3-9可以得出，硼粉的加入使闪光药可见光波段发光强度下降了17.5%，但持续时间增加近10ms。

7. 装药条件的影响

(1)装药量。测定压装药量与辐射强度的关系，实验条件为：闪光烟火药装药密度1.9g·cm^{-3}，中心点火药量35g，钢壳体厚度2.5mm，测试结果见表3-10。

表3-10 压装闪光烟火药量对辐射强度影响

装药量/kg	可见光波段发光强度/cd	持续时间/ms
0.9	7.42×10^7 7.39×10^7	80 82
1.665	1.18×10^8 1.21×10^8	95.6 100

由表3-10得出，装药量越大，闪光烟火药的光辐射强度越高。对于相同装药密度的闪光烟火药来说，光辐射强度与其装药量的2/3次方基本符合线性关系。

(2)装药密度。闪光烟火药装药密度对发光强度影响很大，进行不同装药密度闪光药的辐射强度测试，装药量为900g，壳体材料为4mm铝，测试结果见表3-11。

表3-11 装药密度对各波段辐射强度的影响

编号	装药密度/g·cm^{-3}	可见区最高电压/mV	可见光波段发光强度/cd
1	1.03	19 100	9.65×10^7
2	1.24	18 400	9.29×10^7
3	1.33	18 200	9.19×10^7
4	1.87	17 600	8.86×10^7
5	1.96	17 000	8.69×10^7

(3)壳体厚度。壳体壁厚的选择至关重要，直接影响闪光药辐射强度与持续时间。研究不同壳体厚度对辐射强度的影响，实验条件：壳体材料为无缝钢管，点火药为黑药加双基药，烟火药装药量900g，装药密度1.95g/cm^3，测试结果见

表3-12。

由表3-12得出，闪光烟火药的辐射强度随壳体厚度增加而降低。壳体太厚，破壳需要的能量增加，不利于闪光弹的强光辐射效果

表3-12 壳体厚度对闪光药辐射强度的影响

弹壳厚度/mm	可见光区发光强度/cd
3	4.68×10^7
	4.57×10^7
2.5	5.63×10^7
	5.82×10^7
1.5	7.88×10^7
	7.79×10^7

8. 混制工艺流程

闪光烟火药主要用于反恐和防暴等，且为低密度装药。闪光药主要由氧化剂、可燃物和黏合剂组成。其中氧化剂大多选用高氯酸钾，可燃物为镁粉和铝粉，黏合剂为虫胶、清油或酚醛树脂等。闪光药剂制备工艺流程如图3-1所示。

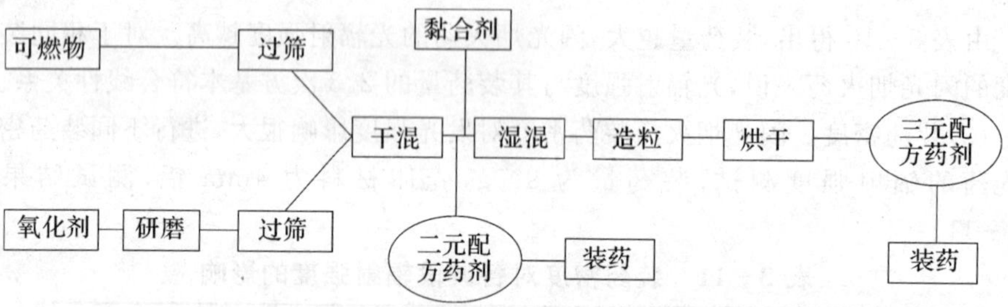

图3-1 闪光药剂制备工艺

所有烟火药在制备过程中，都要经历混药、造粒、烘干3道基本工序，工作中充满了危险性，需要予以特别注意。

(1)混药。混药是将两种以上的固体颗粒通过外力使它们靠近并均匀地排列，并用黏合剂使这种状态固定下来。目的是药剂燃烧时产生均匀的物理和化学变化。混药质量的优劣，直接影响到烟火制品的效应和性能。鉴于氧化剂和可燃物混合成一体，即构成了易燃易爆烟火药，在一定条件下就有可能着火和爆炸，所以这是一道既危险又关键的工序。

混合方法有手工混合和机械混合两种，混合形式分为干混和湿混。湿混是在干混基础上加入油类或黏合剂再继续混合均匀。干混适用于无黏合剂的药剂混合，如蒽系发烟剂、红色发烟剂；也适用于以虫胶、酚醛树脂、环氧树脂、骨胶、淀粉等黏合剂湿混前的混药，如发光信号剂、引燃药、发烟手榴弹摩擦火具用的摩擦药。

含有过氧化钡、硝酸钾等机械感度较高的药剂(如引燃药),干混采用转速约 25r/min 的木(纸)转鼓,每次混药 2kg,混合 6～8min。逆时针转动为混药,顺时针转动为倒药。混药时转鼓转速不宜太快,低转速时颗粒被鼓壁的阻力牵制作圆运动,上升到一定高度后脱离圆运动,沿粒堆表面成混乱状流下,流下的颗粒再随鼓壁作圆运动,如此反复达到混合均匀。若转速太快,颗粒脱离圆运动而成独立的抛物线运动,在短时间内不易达到混合均匀。

对于含有硫磺等这类与氧化剂极易摩擦着火的可燃物药剂,干混时只有当其他组分混合均匀后再加入硫磺,减少硫磺与氧化剂的摩擦接触时间,防止爆炸事故。

对于机械感度不高的药剂,干混和湿混用同一设备,每次 20kg,干混时间一般为 5～7min。

湿混多采用混药机,每次混合 20kg,一般为 7～10min。这种结构的混药机适于粉状和轻糊状物料的混合。搅拌器旋转时对物料进行翻转、揉压和掺合,达到混合均匀。混药后机体翻转倒出药剂。以清油为黏合剂含镁粉的照明剂,根据生产实践,湿混是镁粉和清油二元物先混合 5～7min 后,再加入其他组分混合 7～10min。镁粉与清油混合后,可在镁粉表面均匀覆盖一层油膜,主要使镁粉能均匀地黏附在其他组分颗粒表面,以保证药剂的均匀性。

干混和湿混都是危险工序,必须在抗爆小室内进行,抗爆小室的抗爆门与混药机应有联锁装置,即抗爆门没有关闭的情况下不能启动混药机。

(2)造粒。造粒是迫使湿混后药剂通过一定孔径的筛网,成为形状规整密实的颗粒。本工序适用于引燃药、照明剂和发光信号剂等。造粒用振动造粒筛,药剂在振动筛网上受往复运动的作用,迫使其通过筛孔。筛孔的大小是根据颗粒散布均匀性来选定。筛孔大颗粒分散不均匀,筛孔小造粒时易堵塞筛孔。照明剂用 1.25～1.5mm 筛孔;引燃药和过渡药用 0.75～1.0mm 筛孔;发光剂用 1.4～1.25mm 筛孔。通过造粒,可以将药剂制成粒状,便于装填,避免药剂各成分的分层,加速药剂中易挥发溶剂挥发,消除烘干后药剂的结块。

(3)烘干。将造粒后药剂烘干的目的是:加速有机溶剂的挥发;加速清油黏合剂氧化聚合;加速水性黏合剂中的水分汽化;使药剂内的黏合剂干固,提高颗粒强度,压药时使颗粒结合牢固,增加装药强度。

烘干时药剂平铺在铝盘内,送入烘干室(柜)内,表 3-13 所列是部分烟火药烘干的工艺条件。含虫胶、酚醛树脂黏合剂的药剂,一般先在室温下预温,以减少烘干时颗粒黏结成块。清油主要成分是亚麻油酸及其他有机脂肪酸(如软脂酸、硬脂酸),含清油药剂烘干是清油的氧化、聚合过程,其干燥性能主要由亚麻油酸含量确定，含量愈多干燥愈快。亚麻油酸属于十八碳二烯酸。它有强烈的吸氧能力，由低分子聚合反应成大分子时，在药剂各组分颗粒表面形成薄膜。根据生产实践，含清油药剂烘干初期，吸收大量的热，但在聚合反应过程中则放出大量热，使药层温度升高到90℃，从生产安全考虑，烘干温度不宜太高，经试验确定为30℃～55℃，烘干24 h。

表 3－13　烘干工艺参数表

药剂名称	预温			烘干		
	药层厚度/mm	温度/℃	时间/h	药层厚度/mm	温度/℃	时间/h
照明剂	—	—	—	50～70	35～45	约24
引燃药	50～70	18～35	2～4	20～30	50～60	约8
过渡引燃药	50～70	18～35	2～4	20～30	60～70	约8
发光信号药	50～70	18～35	2～4	20～30	60～70	约8

三、延期药

1. 延期药概念

闪光爆震弹投掷时，要先点火，这是第一次爆炸，然后延期药燃烧数秒钟(在此期间，弹体飞行了一定距离)，引爆弹体内装药，这是第二次爆炸。弹体在连续两次爆炸间有一时间间隔，这被称为“延迟期”，它从数 ms 到数 s 不等，延期药广泛用于各种各样的弹药中。

延期药的组分有：①燃料(含碳材料或无机物)；②氧化剂；③黏结剂；④如果需要，还需抑制剂。燃料和氧化剂是延期药的基本组分。但某些氧化剂和燃料的混合物，在点火后会发生剧烈的放热反应，这是不期望出现的情况；因此，为了控制放热反应，需要加入抑制剂，抑制剂必须是惰性的并且不参与放热反应。

广义上，根据燃烧产物的性质，可将延期药分为不生成气体的和生成气体(无渣)两类。要根据弹药主要部件的几何形状选用延期药配方。无排气孔的、不能排放所产生热气的弹药需要优先选用不生成气体的延期药。由于生成气体(无渣)的延期药的燃烧总是生成大量气体，必须为生成的气体提供合适排气通道，如果没有排气通道，会产生附加压力，这会导致延期药燃烧加快以及延期不确定。延期药不希望生成大量气体，尤其装填引信时。

为实现在相当长时间内的可控稳定燃烧，延期药的燃烧必须是稳定均衡地逐层地从装填药柱的一端到另一端，线性燃速是延期药柱的最重要特征，通常用

$s \cdot cm^{-1}$表示。

按照延期药配方燃速的倒数(IBR),延期药分类见表3-14。

表3-14 延期药的分类和应用

配方	$IBR/s \cdot cm^{-1}$	应用
极快速	>0.04	用于毫秒延期药
快速 中速	0.4 2.0	作为起爆配方,即点燃延期系
慢速 极慢速	4.0 >12.0	根据延期药装填的有效长度、所需时间和环境对其作用,来选用这三类延期药

2. 生成气体(无渣)的延期药

这类配方通常用于带有排气孔的系统,产生的气体通过排气孔排出。这类配方的燃料可进行以下分类。

(1)天然物质类,如淀粉、糖、木炭、树脂和胶等。

(2)有机酸钾盐类,如水杨酸钾、磺酸钾、硝基苯酚钾、甲基苯酚钾及其衍生物等。

(3)含氯材料类,如聚氯乙烯(PVC)、氯化橡胶(氯丁橡胶)等。

(4)硝基有机聚合物衍生物类,如四硝基咔唑(TNC)、四硝基乙酰替苯胺(TNO)等。

以硝酸钡为氧化剂的延期药燃速低。要根据高燃速或低燃速的要求来选用燃料。燃烧反应极其复杂。生成气体的延期药越均匀密实,由于火焰蔓延和热空气进入未燃烧部分所需要的孔隙少,燃烧越慢。

3. 不生成气体的延期药

该配方在高原的低压条件下性能不稳定。

许多不生成气体的延期药的最基本反应是Goldschmidt反应或铝热反应,即金属粒子与金属氧化物以氧化—还原反应的方式互相作用,伴随着生成大量的热,而不生成/或生成少量的气体。因此,这类延期药常用于没有/或极少排气孔的弹药中。不生成气体的延期药越均匀密实,由于燃料和氧化剂的接触点增多,其燃烧越快,因为在此情况下,燃烧是固相扩散反应。

延期药燃料通常是钛、锆、锰、钨、钼和锑等金属的细微粒子(2.0～10.0μm);有时,硼、硅等非金属粒子用作燃速快的延期药燃料。还有硅铁、锆—镍、铝—钯等二元合金粒子以及硫化锑、硅化钙等金属化合物粒子也用作延期药燃料。

延期药氧化剂包括重金属的氧化物[如红铅(Pb_3O_4)、二氧化铅(PbO_2)、三氧化二铁(Fe_2O_3)、三氧化二铋(Bi_2O_3)、铬酸铅和铬酸钡等]、重金属的过氧化物(如过氧化钡)以及钾和钡的各种含氧酸盐。

某些组分(如硫磺)即使用量很少(1%~2%),也能改变燃速。一般而言,延期药系统要能承受比环境温度高的温度,但燃速还要较低。因此研发延期药时,要充分考虑各种因素。为了制得彩色的延期药,需要利用钡、铅等物质,但这些物质致癌,因此,全世界的烟火药从业人员都在寻找能替代钡、铅等的无毒物质。下面列出了某些重要的不生成气体的延期药配方。

(1)硅和氧化铅。硅和氧化铅/二氧化铅/红铅的粒子混合物,燃烧剧烈,生成金属铅和熔融的硅化铅,其反应式为:

$$2\,Si + Pb_3O_4 \rightarrow 3Pb + 2\,SiO_2 \rightarrow 3\,Pb_2\,SiO_2 \quad (3-9)$$

硅与其他氧化物的反应,基本上与反应式(3-9)相似。燃速从1s到10s不等,这取决于燃料和氧化剂的配比。

(2)无定形硼和氧化铋。无定形硼与氧化铋反应剧烈,生成熔融的金属铋和挥发性的三氧化二硼,其反应式为:

$$2\,B + Bi_2O_3 \rightarrow B_2O_3 + 2Bi \text{(化学配比混合物含硼的理论值为4.4\%)} \quad (3-10)$$

硼的含量从8%降到3%,燃速从0.68s降到0.24s。

比较著名的燃速低的延期药配方为:20%三硫化二锑(Sb_2S_3)、8%高氯酸钾($KClO_4$)、72%铬酸钡($BaCrO_4$),以NC为黏结剂,其燃速为0.43s:如用铬酸铋代替铬酸钡,燃速则下降到0.23s。这些配方的感度数据值表明可以对其安全加工。

人们设计和评估了由多种氧化剂(如高锰酸钡、锰酸钡、高锰酸铷、二氧化锰、氧化铋和三氧化钼等)与多种金属燃料(如Ti,W,Ta,Nb,Mn,B和Al等)组成的延期药配方,所得的结论是:锰酸钡/钨体系和二氧化锰/钨/高氯酸钾体系,性能比较令人满意。但上述两体系在实用之前,还需要进一步研究其长期储存性和低生成气体量的标准。

四、闪光爆震弹结构原理

1. 手投闪光爆震弹

图3-2所示为手投闪光爆震弹结构图,主要由击发机构、弹筒及装药等三部分组成。为防止弹体爆炸后破片对目标造成致命性伤害,击发机构、弹筒均用塑料制做,配有保险片飞离式引信。

击发机构由击发座、击针体、击针片、击针簧、击针轴、延期点火管和保险片组成。其作用是控制击发、发火和实现保险。击针在击针簧的作用下绕轴旋转继而针刺火帽发火，平时靠保险销强制锁住保险片，见图 3-3。

弹筒将全弹各零部件结合成一体。为便于生产和装配，弹筒由上下两部分塑料体通过胶粘连接而成，筒壁厚度一般在 2mm。上部分连接座与击发座通过螺纹旋接，螺纹封口涂树脂胶密封。该弹可用套在自动步枪枪口上的杯形发射器发射。发射时，拔掉保险销，弹体装入发射器的同时，保险片插入发射器插口，枪内装空包弹，扣动板机即可将弹发射出去。为确保枪射时弹体底部不被发射药击穿，可在下部分弹体底部粘一厚度为两毫米的橡胶垫，以起到安全效果。

使用时，一手握住弹体和保险片，一手拔掉拉环和保险销，弹体出手后，保险片松开，击针体在击针簧的作用下向前翻转，使保险片飞离弹体，击针刺燃点火管的火帽，引燃延期药，经过 1.5～2.5s 延时，引燃点火管内的扩燃药，扩燃药向下输出火焰引燃弹筒中部装置的点火药，在点火药的火焰作用下，闪光剂被引燃，瞬间产生大量的热量和气体炸开壳体，产生炫目的闪光和爆炸声响。可使人眼立即致盲，头脑发晕，从而削弱反应能力。但这种作用是暂时的，不会对人眼造成不可恢复的损伤。周围环境越暗，空间越小，致盲和致晕效果越好，故该弹特别适宜在黑暗处和密闭空间使用。

2. 枪发闪光爆震弹

枪发闪光爆震弹可用专用防暴枪发射，也可通过枪挂式或车载发射器发射，发射初速约在 75～85m/s，射程一般在 70～120m，弹体直径有 35mm，38mm 等，其弹体的结构原理基本都是相同的。

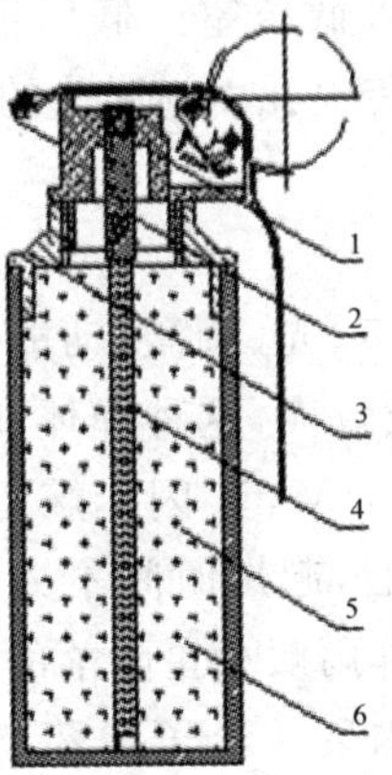

图 3-2　闪光爆震弹结构图

1—击发结构；2—延期点火管；3—连接座；
4—传火药；5—闪光爆震剂；6—弹筒

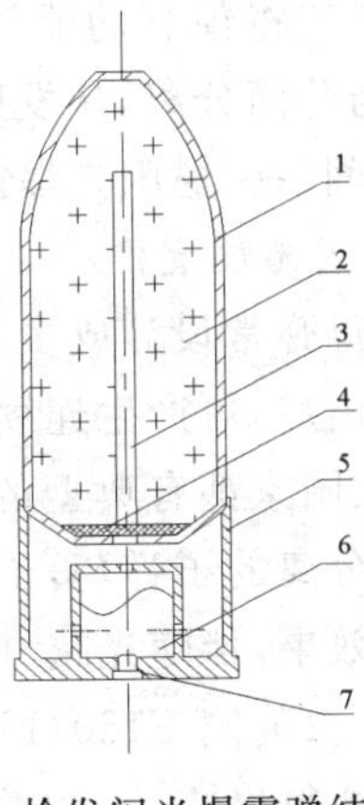

图 3-3　枪发闪光爆震弹结构原理图

1—弹壳；2—装药；3—传火药；
4—延期药；5—药筒；6—发射药；7—底火

图 3－3 所示为枪发闪光爆震弹结构原理图，主要由药筒、发射药组件及战斗部等三部分组成。为防止弹体爆炸后破片对目标造成致命性伤害，战斗部常用塑料材料制做。药筒可用铝金属制作，用防暴枪发射时，战斗部在发射药压力作用下脱离药筒，从枪膛飞出，药筒则留在枪膛内。通过枪管卡笋机构，使枪管与枪身分开，发射时装入弹体或发射后取出药筒。

药筒主要是将发射药组件及战斗部各部件结合成一体。药筒与战斗部采用紧配合压装在一起。药筒底座内设计有药室（高压室），以承装发射药，底座中央开设圆孔，用以铆装火帽。药筒与战斗部底部及药室外壁形成的空间成为低压室，弹体发射时采用的是高低压原理。

战斗部壳体从加工工艺和装配考虑设计成两部分，弹壳壁厚一般 2mm，为减少弹体飞行空气阻力，弹头设计成锥形状；有的战斗部也设计成圆柱体（平头弹），这种结构药筒较长，战斗部全部装配在药筒内。战斗部壳体内装闪光爆震药剂、延期药等。

发射药组件由火帽、发射药、药盒组成，是用来将战斗部从药筒推出并点燃闪光爆震剂装药。火帽有撞击火帽和电击火帽两种类型，枪发弹体采用撞击火帽，多管发射器发射多用电击火帽。药盒用塑料做成，内装发射药（3 号黑火药），起到高压室作用。在药盒体上有几个预制的泄气孔，用易溶胶密封起来。当药筒与药盒、发射药、火帽装配完毕，就形成了一个完整的高压室空间。

发射时，弹体火帽被击发，火帽发火引燃药盒内的发射药，高压室内的压力迅速升高，高压燃气将预制的泄气孔易溶胶冲开，进入低压室。低压室的压力升高后，推动弹头与药筒分离，从发射管飞出，同时通过传火孔引燃弹头的延期药，使弹头飞经预定时间后引燃闪光爆震剂装药。

3. *子母式闪光爆震弹*

爆炸型子母弹常设计成多源结构，子弹分别装声、光、刺激、动能等发生剂，当从母弹体弹射出后，可产生连续的闪光、巨响及刺激效应，这种弹体在国外有很大的发展，大多数国家都有典型的产品。如美国 M450/M451 闪光震昏防暴手榴弹装有 7 个互相分离的子弹药，子弹从手榴弹中抛出后，起爆时间不一致，可产生连续多次的爆炸效果，伴随光眩、白热、吡吡作响的如阵雨般火星降落的综合效应，能使暴徒晕头转向；英国 E180/181 震昏防暴手榴弹内装 4 个子弹药，弹体投出后，子弹从母弹体弹射出来，飞离弹体 1～1.5m，伴有连续的闪光和巨响，声强可达 187dB，闪光在 10ms 内达到 2200 万 cd；德国 NICO 声光烟手榴弹采用保险片飞离式引信，延期 2.5s 后，弹盖从弹体上炸掉，从母弹体弹射 8 个小的闪光雷，不规则且不同时爆炸，发出明亮的闪光和巨响，但是没有破片，产生的声强 175dB，光度

150 万 cd,浓烟能够加强声光弹的效果;以色列 21 型闪光震昏防暴手榴弹配有保险片飞离式引信,投掷后延期 2s,到时弹底先被吹掉,有 8 个震昏子弹药弹射出来,散布在 5～8m 的距离上。每个子弹产生 175dB 的声响和 100 万 cd 的闪光。在国内,子母结构的弹体仅在燃烧型防暴弹中应用,还没有爆炸型子母弹产品。

子母式闪光爆震弹结构原理如图 3-4 所示,该弹由击发机构、母弹体、子弹体三大部分构成。为防止弹体爆炸破片对有生目标造成伤害,这些构件均采用塑料制做。击发机构与手投闪光爆震弹基本相同,采用保险片飞离式引信;子弹体由子弹、切割体、开仓药、子弹装药组成。

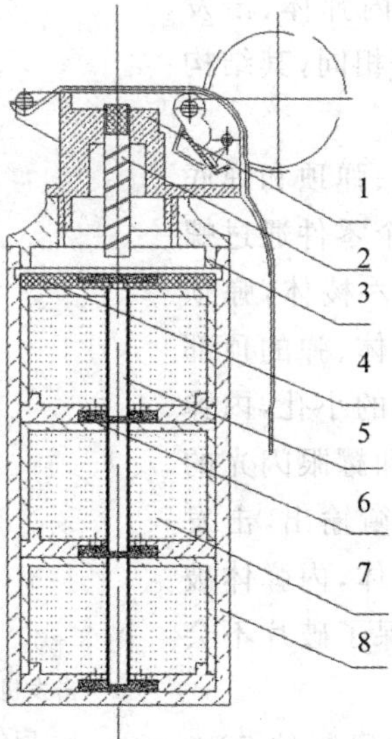

图 3-4 子母式闪光爆震弹结构原理图

1—击发机构;2—延期点火管;3—连接座;4—切割体;
5—传火管;6—分离药;7—子弹装药;8—弹筒

母弹体由弹筒与连接座组成,其结构与手投闪光爆震弹基本相同。只是在弹筒与连接座结合处预制刻槽,延期药引燃开仓药后,在子弹体与连接座、击发机构形成的密闭空间产生高温高压气体,使弹体在预制刻槽处破裂,子弹向前抛出,散布在弹体 5～8m 的距离上,产生连续的爆炸声响和闪光。

子弹是实现终点效应的单元,子弹壳体由筒体和封盖组成,内装闪光爆震装药,其数量一般在 3 枚以上。传火管从子弹中间体贯穿而过,封盖上装有子弹分离药。当传火药点燃分离药时,子弹分离,同时通过封盖上的传火孔,引爆子弹装药。

作用时，击针刺燃点火管的火帽，引燃延期药，延期药管向下输出火焰点燃切割体中部装置的开仓药，开仓药产生的火药气体膨胀做功，瞬间产生大量的热量和气体使弹体从预制刻槽处炸开，母弹开仓。同时通过子弹中间的传火药点燃子弹分离药，子弹从弹体中弹射而出，产生爆炸声响和闪光。依次可实现子弹的连环爆炸效应。

4. 安全型闪光爆震弹

闪光爆震弹爆炸后，壳体产生的破片会对目标造成致命性伤害，为有效防止破片扩散，产生了一种功能多，安全性高的闪光爆震弹。这种弹体由钢制金属外壳、内弹体、击发机构等组成。内弹体、击发机构与手投闪光爆震弹基本相同，其结构原理如图 3-5 所示。

钢制金属外壳由弹筒体、弹顶和弹底组成，弹筒体壁厚 3mm。3 个零件通过螺纹连接，弹顶和弹底外形成六棱体，弹顶与击发座通过螺纹连接。筒体、弹的顶部和底部都均匀分布数量不等的小孔，内弹体爆炸后，产生的爆炸声响和耀眼闪光的能量以放射状均匀扩散，平衡输出，击发座与金属壳体仍保持为一整体，内弹体破片则滞留在金属弹壳内，确保了破片不会飞散，弹体使用可回收利用。

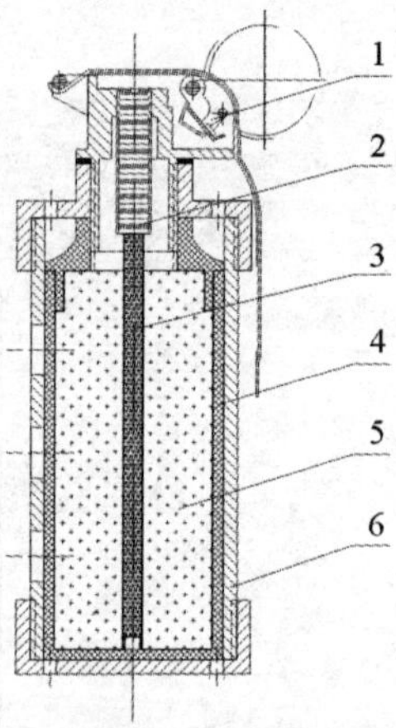

图 3-5　安全型闪光爆震弹结构原理图

1—击发机构；2—延期点火管；3—传火药；4—内弹筒；5—闪光药剂；6—外弹筒

美国联合战术系统公司研制的 7290 系列闪光爆震弹是在弹的顶部和底部各有 10 个与弹体轴线成 15^{0} 角的小孔，在 8.5ms 内 20 个小孔释放 50%的能量，在炸点 1.5m 处发出 175dB 巨响，6～8 百万烛光亮度，该弹的钢质弹体表面经黑色氧化，弹的顶部和底部用阳极氧化的铝合金制作，使用后弹体还可回收利用。另外该弹的底部有一个特制的螺孔，可装配夹子、柱桩、磁铁等多种附件做成绊网装置，以满足多种战术需要，扩大使用范围。

图 3-6 所示为美国陆军装备的 M42 闪光震晕弹，主要由金属壳体和内弹体两部分组成。金属壳体上均匀分布 15 个泄光孔，其上端与内弹体通过螺纹装配在一起；内弹体由击发座、延期点火管、抛射药、闪光药剂组成，结构上设计了上下两个腔室，上下腔室隔层有小孔作为传火通道。击发座装有保险片飞离式引信、延期点火管等发火零部件，通过螺纹旋入上腔室中。延期点火管由击发火帽、延期药及抛射药形成传火序列；下腔室装有闪光爆震药剂。火帽击发后，经延期点燃抛射

药，在弹体爆炸前，先将击发座从弹体上抛射掉，以防击发座、引信体变成一个大的破片。

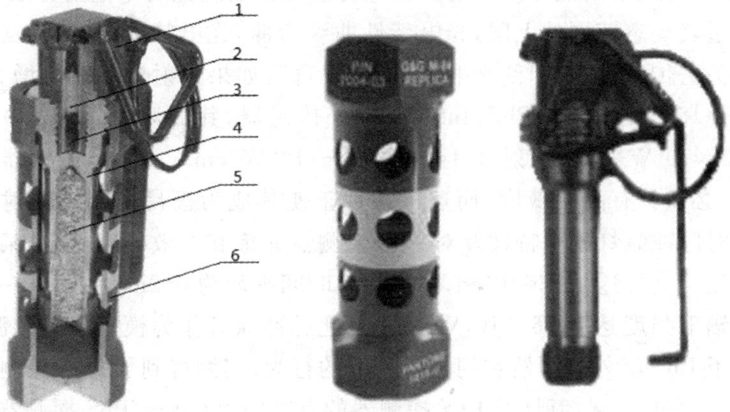

(a)　(b)　(c)

图 3-6　美国 M42 闪光震晕弹

(a)整体结构；(b)金属壳体；(c)内弹体

1—击发座；2—延期点火管；3—抛射药；4—内弹体；5—闪光药剂；6—金属壳体

五、闪光爆震弹效应分析

1. 闪光辐射的破坏机制与效应

(1)对眼睛的损伤。闪光爆震弹爆炸后产生强光辐射，从国内外产品看发光强度一般在 $2\times10^6\sim4\times10^7$cd 之间，持续约 10ms 多，光强度低的闪光爆震弹可达几十毫秒。就强光辐射对眼睛的损伤程度而言，依次是单纯发红、辐射性致盲、永久失明、烧坏视网膜、造成爆裂、眼底大量出血等。考虑到照射距离、持续时间、聚光孔径等综合因素，强光辐射对眼睛的作用存在一个损伤阈值，不同的损伤等级，有不同的损伤阈值。对闪光手榴弹进行了生物致伤试验研究，通过对闪光手榴弹不同爆炸点放置动物(如豚鼠、兔子)，可测试出强光对生物的损伤情况。

生物试验表明，装药量 50g，发光强度 4.2×10^7cd，作用半径 10～15m，不会对人和动物眼睛造成永久性伤害。进入人眼的光能密度大于 1 J/cm^2 时，人眼视力完全丧失，落到人眼角膜上的能量密度为 0.5mJ/cm^2 时，可使视网膜受损，引起致盲。还有一种情况是，人眼被强光照射时，由于能量不太高，虽未造成视网膜组织损伤，但引起人眼在数 s 到数 10s 内看不清或看不见。这种短时视觉功能障碍称为闪光盲，照度为 5×10^4lx 的光源，照射 0.15s，可造成 12～48s 的闪光盲。

(2)对传感器的损坏。随着光电技术的迅速发展,光电传感器已成为战场上各种军事装备和武器系统的“眼睛”。不同的传感器工作波段不同,要对传感器造成破坏,需用相应波段的强光束辐射。光电传感器的响应光功率范围有限,如果入射光功率超过其动态范围的上限,光电特性曲线弯曲,光电特性饱和。在饱和区,光电传感器失去传感作用,即使光电传感器“致盲”,如果入射光功率再增大,传感器本身将被烧坏。HgCdTe,PbS,InSb 等红外传感器,其破坏阈值照射 0.01s 时为 $5\times10^2\sim3\times10^3\,W/cm^2$;照射 0.1s 时为 $30\sim10^2\,W/cm^2$。另外,传感器要探测极微弱信号,必须具有高灵敏度,而这一特性正使其成为极易受强光辐射伤害的目标。通过对脉冲氙灯光学特性及对 PbS 探测器光饱和失效研究得出,某型高压脉冲氙灯闪光强度可达 $1.3\times10^7\,cd$,闪光持续时间平均约 0.2ms,在 0.8~3.2μm 波段的红外辐射强度达 $1.16\times10^6\,W/sr$。以此脉冲氙灯作为模拟闪光光源,在实验室内研究了 PbS 红外探测器在闪光作用下的行为,实测得到了 PbS 探测器的光饱和阈值为 $6.79\,W/cm^2$,氙灯对 PbS 探测器的有效距离 850m,PbS 探测器被强光深度饱和后,当饱和深度为 2.56ms 时,恢复时间约为 16ms,饱和度越深,恢复时间也越长。强光辐射在战场上攻击光电传感器的方式主要有以下几种。

1)用适当能量的强光辐射束将传感器“致盲”使其无法继续跟踪已经探测到的目标。

2)对引爆导弹和炸弹战斗部的传感器进行干扰或诱骗,要么使其在离目标尚远时早爆炸而不会伤害预定目标,要么使其根本不会爆炸。

3)破坏传感器或有关电子装置的关键元件,导致武器系统失灵并脱靶。

4)引起传感器本身,或有关光学系统热损伤或物理损伤,同样导致武器系统失灵并脱靶。

(3)对光学器件的损坏。光学材料表面受强光照射时也存在损伤阈值问题。用脉冲激光照射,其损伤特征是光学表面产生龟裂,出现磨砂现象,使玻璃变得不透明;用 $300\,W/cm^2$ 的激光连续照射 0.1s 时,光学表面就开始熔化。通过对光电传感器的永久性损伤效应研究得出:硅光电二极管和硅雪崩管的能量破坏阈值与其型号(或材料、结构)有关,其值为 $10^5\sim10^9\,W/cm^2$。

选择配比为 40:60 的 $Al/KClO_4$ 配方,添加 3%酚醛树脂作黏合剂,药量为 55g,可见光 0.38~0.78μm、近红外 0.725~1.05μm 的光强度分别为 $4.0\times10^6\,cd$ 和 $2.25\times10^3\,W/sr$;把某型二代微光夜视仪放置在距爆燃点 40m 处,试验得出,当强光过后,夜视仪受干扰后完全恢复需要 20s 左右时间,强光致盲弹对二代微光夜视仪实行干扰作用成立,干扰作用时间与强光致盲弹发光强度及持续时间有关。

2. 爆炸声响对人耳的作用

实验表明，当声强大于120dB，经过相当短时间的声冲击之后，就必须考虑内耳遭受的永久性损伤；当声级大于140dB时，遭受刺激的人很可能形成严重的脑损伤；如果人突然暴露于极其强烈的声响环境中，如高达150dB的弹药爆炸声响时，人的听觉器官会发生鼓膜破裂出血，迷路出血，螺旋器（感觉细胞和支持结构）从基底膜急性剥离，这种爆炸一次刺激就有可能使人双耳完全失去听力。这种损伤称为声外伤，或称爆震性耳聋。

我国生产的闪光爆震弹，在距炸点5m处的声压级一般为150～170dB，有的甚至超过180dB；国外典型的闪光震昏弹爆炸声强也是如此，如英国E180震昏弹巨响声强达187dB；德国NICO声光烟手榴弹爆炸产生的声强达175dB，这种强声响无疑会对人耳造成永久性伤害。所以，从安全应用出发，减少爆炸声强是闪光爆震弹发展的一种趋势，如美国2013年布置的改进型闪光爆震弹能够产生强而持久的闪光效应，声压减弱到143dB。

3. 爆炸破片对人体的作用

爆炸破片形成后，将以相当高的速度侵彻人体，对人体组织形成冲击，造成伤害，致伤效果跟破片侵彻速度有关。低速破片（340m/s）向前的冲击，对人体组织施加压力，当达到组织所能承受的最大应力时，形成伤道或撕裂。如果没有直接损伤重要器官或血管，创伤与动能武器造成的损伤相似；高速破片（782m/s）迅速将能量传递出来，在人体组织形成瞬时空腔，对伤道周围的组织造成损伤。破片传递给组织的能量越多，瞬时空腔就越大，造成创伤的程度也就越严重。

闪光爆震弹装药一般为烟火剂 $Al/KClO_4$ 配方，爆炸产生的能量较小。筒体材料和击发座基本上是选用ABS工程塑料，这种材料破片对目标的伤害虽然要比金属材料小得多，但对有生目标仍会造成伤害。

现在以国产某型闪光爆震弹为例，分析其破片效应。

(1)破片质量及效应。测试闪光爆震弹有关参数：弹径37mm，弹长130mm，弹重150g，闪光剂装药65g，弹体材料为ABS工程塑料。

设计边长为2 000mm、厚度为10mm的7层胶合板正立方体箱体，胶合板硬度为 $3.5kN/cm^2$，箱体各面通过横木密封固定。闪光爆震弹通过12号铁丝水平固定于木箱内正中处，引爆后观察破片分布及爆炸效应。

弹体爆炸后，箱体被完全炸开，木板断裂，有7个破片击穿试验箱10mm厚的木板（见图3-7），击穿试验箱弹破片的最小质量0.807 1 g，最大破片质量4.8 g，也就是在离爆心1 m处，弹片对有生目标能造成致命性伤害；通过对破片以及破片弹着点的观察，共收集到破片24枚，质量小于1 g的破片16枚，占破片数的66.7%；质量大于1 g的破片8枚。

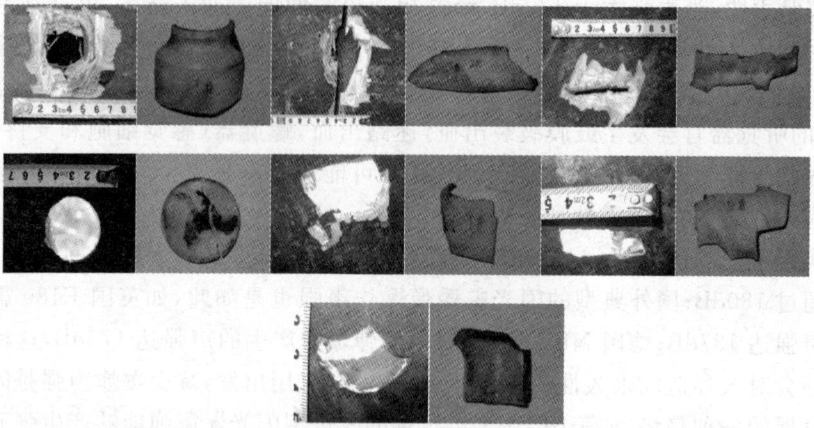

图 3－7　箱体击穿点及对应破片

(2)破片速度分析。通过高速摄影仪，对爆炸后破片飞散情况进行测定，其中编号为 3 号的破片速度数据见表 3－15。

表 3－15　3 号破片速度表

时间 t/s	飞散距离 s/m	速度 V/(m/s)	破片飞散角 θ
0.0125	3.16	220	
0.013	3.27	220	
0.0135	3.37	210	
0.014	3.5	210	39°
0.015	3.7	200	
0.0155	3.8	200	
0.016	3.89	180	

弹体爆炸后大量破片向四周分散，在离爆心某一距离 x 处，破片飞行速度 V_x 服从正态分布的随机变量，V_x 对变量 x 存在以下关系：

$$V = V_0 \exp(-Kx) \tag{3-11}$$

式中，K 是破片速度衰减系数，单位为 m^{-1}，V_0 为破片的初速。

试验中，通过高速摄影仪记录不同距离的时间值，取每个距离的时间平均值计算出一组(x,V)值，再运用回归方法求得速度衰减系数 K 和破片的初速 V_0，利用回归分析法做以下推算：

$$\ln V = \ln V_0 - Kx \tag{3-12}$$

则可得

$$K = \frac{\sum x_i \sum \ln V_i - n\sum x_i \ln V_i}{n\sum x_i^2 - \left(\sum x_i\right)^2} \tag{3-13}$$

$$\ln V_0 = \frac{\sum x_i^2 \sum \ln V_i - \sum x_i \sum x_i \ln V_i}{n\sum x_i^2 - \left(\sum x_i\right)^2} \tag{3-14}$$

现取试验中 3 号破片的测试结果代入公式(3 - 11)中进行计算,求得破片速度衰减表达式为

$$V = 580\exp(-0.3x) \tag{3-15}$$

通过高速摄影测量在离爆心 3 m 处,弹片飞行速度在 200 m/s 左右。在此距离,最大破片的动能和比动能分别达到了 96 J 和 29.17 J/cm^2,高于美国军标(MEL－STD－2105C)破片致伤最低标准 79 J 和擦伤皮肤的最小比动能为9.8 J/cm^2。

(3) 破片安全性分析。在评价弹药破片的杀伤性时,一般采用动能标准、比动能标准、破片质量标准等。美国军标(MEL－STD－2105C)规定,动能大于 79 J 就能使人致命。国内研究表示,擦伤皮肤的最小比动能为 9.8 J/cm^2 左右,借鉴以上研究成果,对于非致命防暴弹,非致命标准确定为比动能不超过 9.8 J/cm^2。比动能表示式为

$$e_1 = \frac{1}{2}\frac{m}{A}V_1^2 \tag{3-16}$$

根据上式,速度 V_m 与比动能 e_m 的关系式:$V_m = \sqrt{\frac{2Ae_m}{M_t}}$

式中,$e_m = 9.8\ J/cm^2$,$M_t = 4.8 \times 10^{-3}$kg,对应的 $A = 5.2cm^2$,可得 $V_m =$ 142m/s,即破片擦伤皮肤的速度标准,若 $V > V_m$,破片会对人员目标造成伤害,若 $v < v_m$,破片则不会造成伤害。根据破片的速度衰减规律式(3 - 15),求得 x 为 4.85m。爆震弹在 4.85m 内,破片会对目标造成一定伤害。

4. 冲击波对人体的作用

弹体爆炸时,会在炸点周围空气产生高温高压气体,空气受压缩而发生扰动,其压强、温度、密度等物理性质发生跳跃式改变,这种扰动就成为冲击波。当冲击波作用于目标时,目标内部与外部的压力值骤然改变,超过目标所能承受的最大压力差时,就会产生病变或损坏。当冲击波达到一定阈值后可引起肌纤维撕裂、血管破裂、内脏破损等情况。最新研究成果显示,冲击波还能对血液、神经等产生影响。

闪光爆震弹由于弹体较小，一般弹径是 37/38 mm，最大 64 mm，装药量 60 g，药剂一般选择烟火剂 A1/$KClO_4$配方，添加酚醛树脂作黏合剂，所以相对烈性炸药其爆炸产生的冲击波效应较小。

现在以同样的国产某型弹为例，分析其冲击波大小及效应。

(1)试验条件。闪光爆震弹有关参数：弹径 37mm，弹长 130mm，弹重 150g，闪光剂 65g，共测量 3 枚爆震弹。

试验设备：美国 PCB 公司 ICP 型 113A 系列 A21 与 A26 传感器。与传感器配套的装置有美国 HBM 公司 Nicolet Genesis 数据采集系统，包括信号适配器、数据采集器以及数据处理系统等。

(2)测试数据。表 3－16 为其中的 3 号弹测试数据，图 3－8 为冲击波超压曲线。

表 3－16 冲击波超压

距离/m	线号	传感器号	测试通道	传感器灵敏度 $V \cdot s^{-1}$	峰值电压 V	峰值压力 MPa	电压冲量 $V \cdot s^{-1}$	压力冲量 $Pa \cdot s^{-1}$
地面 1	A1	21—22805	A1	3677	0.272	0.073 973	9.810E—005	26.7
地面 2	A2	21—20619	A2	3483	0.157	0.045 076	5.697E—005	16.4
地面 3	A3	24—22853	A3	736.6	0.0198	0.026 88	6.165E—006	8.37
自由场 1	B1	21—20617	B1	3525	0.220	0.062 411	6.274E—005	17.8
自由场 2	B2	21—22806	B2	3630	0.0995	0.027 41	4.253E—005	11.7
自由场 3	B3	21—17345	B3	3535	0.040	0.011 315	2.411E—005	6.82

综合 3 枚弹药的超压测试结果，不同位置冲击波超压的最大值及平均值见表 3－17。

从表 3－17 可以看出，冲击波作用于地面的超压要高于空间自由场的超压，这是因为自由场传感器所测得的压力主要为入射压，而地面传感器测得的压力除入射压外，还接收到了空间其他物体接触面对原始超压的反射压，因此测得压力值要大。对于闪光爆震弹，主要是在大规模群体性事件，暴(骚)乱事件及解救人质等行动中运用，而这些事件多发生在房屋众多、不明物体纷繁复杂的街道和建筑物内等地点。从实际考虑，弹药爆炸后的冲击波超压对于人员的作用不会是简单的入射压，而会叠加不同平面所形成的反射压。因此在计算中，取地面传感器测得的数值，这样才会符合闪光爆震弹应用的实际特性。

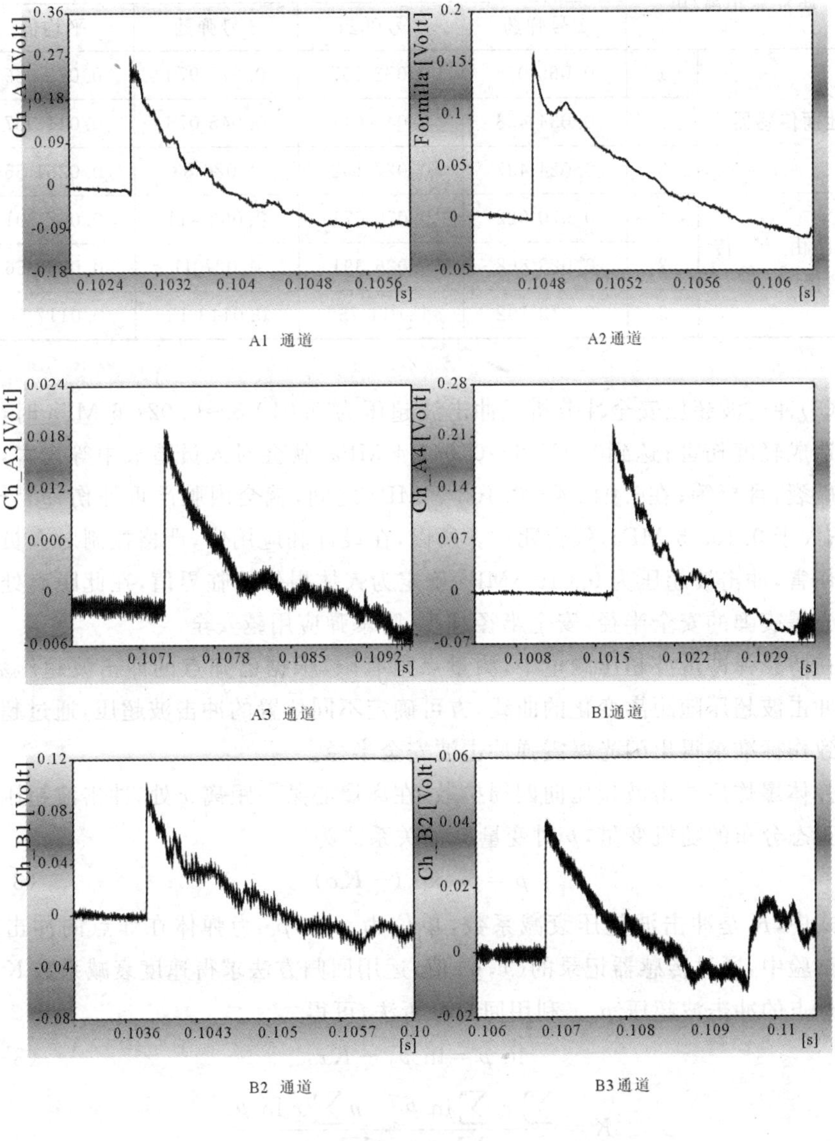
Ch_A1[Volt]
Formila [Volt]
A1 通道
A2 通道
Ch_A3[Volt]
Ch_A4 [Volt]
A3 通道
B1通道
Ch_B1 [Volt]
Ch_B2 [Volt]
B2 通道
B3 通道
[s]

图 3-8　冲击波超压曲线

表 3-17　超压平均峰值

距炸点距离/m		超压峰值/MPa			
		1号弹药	2号弹药	3号弹药	平均值
地面传感器	1	0.069 078	0.073 157	0.073 973	0.072 069
	2	0.034 453	0.043 641	0.045 076	0.041 057
	3	0.024 437	0.027 152	0.026 88	0.0261 56
自由场传感器	1	0.070 922	0.070 071	0.062 411	0.067 801
	2	0.025 868	0.026 391	0.027 41	0.0265 56
	3	0.012 192	0.011 75	0.0113 15	0.0117 54

(3)冲击波超压安全性分析。冲击波超压为 0.019 8～0.027 6 MPa 时，会对人员造成轻度伤害；达到0.027 6～0.041 4 MPa，就会对人员造成中等伤害，出现耳膜破裂，骨折等；在0.041 4～0.103 5 MPa 之间，就会内脏严重挫伤，50%耳膜破裂；大于 0.103 5 MPa，就会死亡。所以，在设计和应用中，严格控制对人员造成中等伤害，冲击波超压为 0.019 8MPa 确定为人体损伤的临界值，在此距离处确定为闪光爆震弹的安全半径，安全半径越小，防暴弹应用越安全。

在防暴弹冲击波超压测量中，测量点很有限，根据已知点的冲击波超压数值，拟合冲击波超压随距离变化的曲线，方可确定不同位置的冲击波超压，通过超压对人体致伤标准求得出闪光爆震弹冲击波安全半径。

弹体爆炸后冲击波超压向四周扩散，在离爆心某一距离 x 处，冲击波超压 p 是服从正态分布的随机变量，p 对变量 x 的关系式为

$$p = p_0 \exp(-Kx) \tag{3-17}$$

式中，K 是冲击波超压衰减系数，单位为 m^{-1}，p_0 为弹体在炸点的冲击波超压。试验中，通过传感器记录的(x,p)值，运用回归方法求得速度衰减系数K和弹体在炸点的冲击波超压 p_0。利用回归分析法，可得

$$\ln p = \ln p_0 - Kx \tag{3-18}$$

$$K = \frac{\sum x_i \sum \ln p_i - n \sum x_i \ln p_i}{n \sum x_i^2 - \left(\sum x_i\right)^2} \tag{3-19}$$

$$\ln p_0 = \frac{\sum x_i^2 \sum \ln p_i - \sum x_i \sum x_i \ln p_i}{n \sum x_i^2 - \left(\sum x_i\right)^2} \tag{3-20}$$

将表 3－17 中的数据代入到公式(3－19) 与公式(3－20) 中，解得 $K=0.5$，$p_0=0.117$。则冲击波超压曲线方程为

$$p=0.117\exp(-0.5x) \tag{3-21}$$

在 $x=0$ 即在炸点处，冲击波超压值最大；在 $x\to\infty$ 时，函数值无限接近于 0。即离炸点越远，冲击波超压值越小。冲击波超压为 0.019 8 MPa 时是人体损伤的临界值。因此，取 $p=0.019\,8$ MPa，由公式(3－21) 计算出 $x=3.55$。闪光爆震弹在 3.55m 范围内，产生的冲击波会对目标造成一定伤害。

第 2 节　催泪弹

一、概述

催泪弹是以燃烧或爆炸的方式，将装填在弹体内的催泪剂释放出来，刺激有生目标的眼睛和上呼吸道等，使之暂时失去抵抗能力的一种非致命防暴弹。催泪弹是非致命弹药中作用效果最好，使用最广泛的一个弹种。它主要用于驱散群体性有生目标，如非法集会、游行、示威以及聚众闹事和暴乱等；也可用来对付容身于封闭或半封闭空间中的单个目标，使其伏法就范。

催泪弹按刺激剂施放方法分为燃烧型和爆炸型。燃烧型催泪弹是将催泪剂和烟火剂混合后装于弹体中，借助烟火剂燃烧产生的热量把催泪剂加热气化，通过弹体上的排烟孔释放出来，催泪剂蒸气在空气中遇冷凝结成极小的固态微粒，悬浮在空气中起刺激作用。这种催泪弹的特点是催泪剂的释放要持续 20s 左右的一段时间；在催泪剂释放的整个过程中，弹体不产生爆炸和破裂；爆炸型催泪弹是把催泪剂和炸药一起装于弹体中，借助于炸药的爆炸能将弹体炸开并将催泪剂释放出来。这种催泪弹的特点是催泪剂的释放是在瞬间完成的；在催泪剂释放的瞬间，弹体炸裂并伴有爆炸声。两者相比，燃烧生成的微粒比爆炸生成的微粒小而均匀，沉降速度也较慢。同时，燃烧型催泪弹由于弹体不发生爆炸，因而比爆炸型催泪弹更偏于安全，使用也更为广泛。

另外，还有一种碰碎型催泪弹，这种催泪弹多用玻璃或玻璃头部的小型容器内装 CN，CS，OC 液体，无需引信等装置。投掷时，碰击到硬物表面即可破碎，液体刺激剂直接挥发成气体，弥漫对方空间。其主要用于封闭的场地或室内，使其中的人不能停留，将其逐出或使其丧失战斗能力。

催泪弹按其投射方式可分为手投、枪发(用防暴枪发射或用步枪发射) 和专用发射器发射，使用的刺激剂有 CN，CS 及 OC 等。

二、刺激剂

1. 刺激剂的概念

(1)刺激剂效应。刺激剂是对人的眼睛、上呼吸道和皮肤有强烈刺激作用的一类物质，当人员接触刺激剂时，它能迅速引起人员的刺激反应，使之暂时失去战斗能力。

刺激剂对眼睛、粘膜和皮肤等传入神经末稍的痛觉感受器具有选择性刺激作用，直接引起沾染部位疼痛等不适感觉，反射性地引起流泪、流涕、喷嚏、咳嗽、呕吐等刺激反应。任何一种刺激剂，均能或多或少地引起所有这些反应。根据各部位组织敏感程度的差别，按其对上呼吸道或眼睛作用强度的不同，刺激剂可分为喷嚏剂和催泪剂两大类。

喷嚏剂对上呼吸道粘膜特别敏感，强烈地引起不能控制的喷嚏、咳嗽、流涕和胸痛，兼有恶心、呕吐和全身不适，同时对眼睛也有刺激作用。因能致吐，故又称呕吐剂。其主要代表有亚当氏剂(DM)。

催泪剂以刺激眼睛为主，在极低的浓度下即能引起眼睛剧烈疼痛，大量流泪、怕光和眼睑痉挛等。高浓度时对上呼吸道和皮肤也有刺激作用。主要代表有西恩(CN)、西埃斯(CS)、西阿尔(CR)及辣椒素(OC)。其产生的主要刺激症状见表3-18。

表 3-18　刺激剂的主要刺激症状比较

刺激剂	眼刺激催泪	喷嚏咳嗽胸痛	皮肤刺激作用	恶心呕吐	全身吸收作用	离开沾染区后症状持续时间
亚当氏剂	弱	极强	弱	有	重	长(数 h～数 d)
CN	极强	弱	强	一般	轻	较长(数 10mm～数 h)
CS	极强	强	强	有	轻	短(数 mm～数 10mm)
CR	极强	弱	强		轻	短(数 mm～数 10mm)
OC	极强	强	强	一般	轻	短(数 mm～数 10mm)

四种催泪剂的刺激作用和两性比较

眼刺激作用：OC＞CR＞CS＞CN

上呼吸道刺激作用：OC，CS 较强，CR 和 CN 差不多

皮肤刺激作用：OC＞CR＞CN＞CS

毒性：OC＜CR＜CS＜CN

在刺激剂中，亚当氏剂含有砷，毒性较大，后效应时间长，非致命武器中没有采用；CN在20世纪60年代已停止使用。目前常用的刺激剂主要有CS，CR和OC。

(2)刺激剂特点：

1)刺激强烈。刺激剂在很低的浓度下，就能对人员产生无法耐受的刺激作用，但要引起人员死亡的剂量却很大。如在CN中暴露1min的不可耐受浓度为$10mg/m^3$，而半数致死剂量为11 000 $mg/min \cdot m^3$，两者相差1 000倍以上；在CS中暴露1 min的不可耐受浓度为5 mg/m^3，半数致死剂量为62 000 $mg/min \cdot m^3$，两者相差12 000多倍；CR溶液使人失能的浓度为3.3×10^{-6} mol/L，而引起人体伤害的浓度为0.256 mol/L，两者相差77 500倍。

2)效应迅速。除喷嚏剂亚当氏剂有几分钟的潜伏期外，各种催泪剂通常只有几秒钟，最多不超过1min，就会感到刺激作用。

3)副作用小。脱离接触(离开沾染区域或戴上防毒面具)后，刺激症状会迅速缓解而后逐渐自行消失，只有在严重中毒时，才需较长的恢复时间；皮肤上沾染上刺激剂可用肥皂和清水冲洗，一般无须专门用药。

(3)刺激剂形态。刺激剂的形态通常有蒸气态、气溶胶态、液滴态和微粉态四种。

蒸气态——刺激剂蒸发或升华成气体分子分散在空气中。它只造成空气沾染。

气溶胶态——刺激剂分散成液体微粒悬浮在空气中称为雾态；刺激剂分散成固体微粒浮在空气中称为烟态；刺激剂以雾态或烟态分散在空气中所形成的染毒空气体系称为刺激剂气溶胶。气溶胶是刺激剂最常用的战斗状态，它主要造成空气沾染。刺激剂气溶胶有以下特点。

①能造成很高的浓度。挥发度小的刺激剂呈气溶胶态使用时，通常以1～70μm的微粒分散于空气中，故能造成比自然蒸发时大得多的空气浓度。

②不同大小的气溶胶微粒，其作用效应各具特色。就吸入效应而言，直径为1～5μm的微粒，最易通过呼吸道为机体吸收。因为从鼻腔到肺泡这一途径上，气流方向要经过多次改变，气溶胶微粒随气流进入呼吸道时，即按其大小分离开来。直径60μm的大颗粒被阻于鼻腔内；直径大于15μm的微粒，由于惯性作用，大部分碰撞，沉积在上呼吸道；直径大于10μm的微粒，大部分停留在气管、支气管、细支气管壁上，不能进入肺泡；而直径小于0.5μm的微粒，虽能进入肺泡，但由于在肺泡内常保持悬浮状态，不易沉降，会被呼出；而直径1～5μm的微粒，既能随气流进入肺泡，又能沉积在肺泡壁上，故最易被吸收。就皮肤接触刺激剂时，较大的微粒由于惯性作用比较显著，易碰撞物体表面，造成皮肤刺激效应和物体沾染，而较

小的微粒由于能随气流绕过物体并不易附着在物体表面，故皮肤、物体不易沾染。

③气溶胶具有一定的稳定性，能保持较长时间，而且微粒越小，越易保持悬浮状态。但由于气溶胶微粒在重力作用下会向地面沉降，微粒越大，沉降速度越快；气溶胶微粒的布朗运动会使微粒之间发生碰撞而凝并成大的微粒，随着微粒的增大，沉降也加快。这些因素会使刺激剂气溶胶逐渐消失。

液滴态——刺激剂分散成细小液珠散布在地面和物体上，或以细小珠状、射流状喷射到人的面部。刺激剂液滴主要造成地面和物体沾染，其蒸发出来的蒸气也能造成空气沾染。

微粉态——指分散后既能沉降于地面，又能扬起飘浮于空气中的刺激剂细小粉粒。刺激剂微粉能造成地面沾染，车辆和人员通过沾染区时能将微粉扬起使空气沾染，车辆和人员通过后，微粉又沉降于地面，时间很长。

(4)刺激剂释放。刺激剂的施放方法主要有爆炸分散法、热分散法、喷射法3种。

1)爆炸分散法是把刺激剂和炸药一起装于弹体中，借助于炸药的爆炸能将弹体炸开，并将刺激剂分散成各种战斗状态的方法。爆炸型催泪弹就是基于此种原理制成的。

2)热分散法是把固态刺激剂和烟火剂一起装于弹体中，利用烟火剂燃烧产生的热量把刺激剂加热气化，从弹体的排烟孔中喷射出来的施放方法。热分散法从弹体内喷射出来的刺激剂蒸气，在空气中遇冷而凝结成为极微小的固体粒子，悬浮在空气中造成烟态。燃烧型催泪弹就是基于此种原理制成的。

3)喷射法是把刺激剂溶液或微粉装于喷射器中，刺激剂在压力作用下与气流混合并经喷嘴喷出的施放方法。各种化学喷射器都是基于此种原理制成的。

(5)刺激剂防护。

①防毒面具可以完全防止刺激剂对眼睛和呼吸道的刺激作用。各种就便器材如风镜、多层纱布口罩等可以不同程度地保护眼睛和呼吸道。在使用时，注意要站在上风处。

②任何掩盖物遮住裸露的皮肤，都可减少或减轻对皮肤的损伤范围和程度。

③如果刺激剂微粒落入眼内，用净水或2%的碳酸氢钠溶液冲洗掉微粒，切勿用手揉眼。

④上呼吸道刺激症状严重时，可吸入抗烟剂，使症状缓解。抗烟剂处方为：氯仿40ml，酒精40ml，乙醚20ml，加氨水5～10滴，混合均匀，分装成100支安瓿，每支1 ml。每次吸入1～2支，必要时隔5～10 min再吸入1支。

⑤皮肤上沾染有刺激剂烟尘时，先用干布、棉花或纸张等将其轻轻掸去，再用

大量净水或肥皂水把残留在皮肤上的催泪剂微粒冲洗干净。由于用水冲洗时皮肤刺痛感会暂时加重，所以，最好用 6%的碳酸氢钠溶液或 3%的碳酸钠溶液冲洗，效果较好。必要时，可涂抹芦甘油溶液。

⑥离开沾染区后，用净水洗眼、洗鼻和漱口；对刺激剂沾染的衣服和装具，可用肥皂水浸泡后进行清洗；对武器及其他技术装备，先用布擦净，然后用肥皂水清洗、擦干、上油。

2. 西埃斯(CS)

西埃斯是美国的科森(Corson B. S.)和斯托顿(Stroughton R. W.)于 1928 年合成的一系列芳香醛和丙二腈的缩合产物之一，后来，取二人姓氏的第一个字母作代号，故名 CS。20 世纪 50 年代，经过试验，认为其刺激作用比 CN 强 10 倍，但又和含砷的喷嚏剂不同，不致引起完全的失能。1959 年作为一种新的军用扰乱剂装备美军后，CS 就成为正式的代号。随后，它又作为“控暴剂”装备了世界上许多国家的警察部门。

(1)物理性质。纯净的西埃斯为白色片状结晶，有胡椒气味。学名邻氯苯亚甲基丙二腈，分子量 188.6，分子结构式为

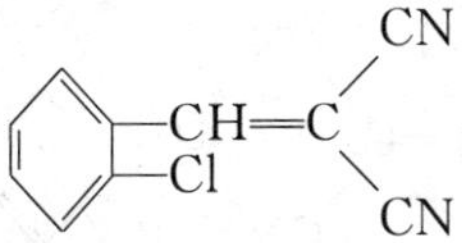

西埃斯的熔点为 95℃，沸点为 310～315℃(常压)。蒸发热为 224 J/g。固体结晶密度为 1.04 g/cm³。挥发性很小，25℃时的挥发度仅为 0.71 mg/m³。当空气中的浓度达到 0.05 mg/m³ 时，眼、鼻、喉均有刺激感。

西埃斯难溶于水，在水中的溶解度约为 10^{-5} mol/L。略溶于乙醇，易溶于丙酮、苯、二氧六环、氯仿、二氯甲烷和乙酸乙脂等有机溶剂中，有机溶剂中的溶解度见表 3-19。

表 3-19　西埃斯在有机溶剂中的溶解度

溶　剂	溶解度(重量/容量)/%	溶　剂	溶解度(重量/容量)/%
丙酮	42	吡啶	46
二氧六环	33	二氯甲烷	39
乙酸乙酯	25	氯仿	32

(2)化学性质。西埃斯是很稳定的化合物，加热和爆炸时均不易分解，但用火焚烧可使其破坏而失去刺激性。

西埃斯在中性和酸性条件下水解很慢，但在碱性条件下易水解，即

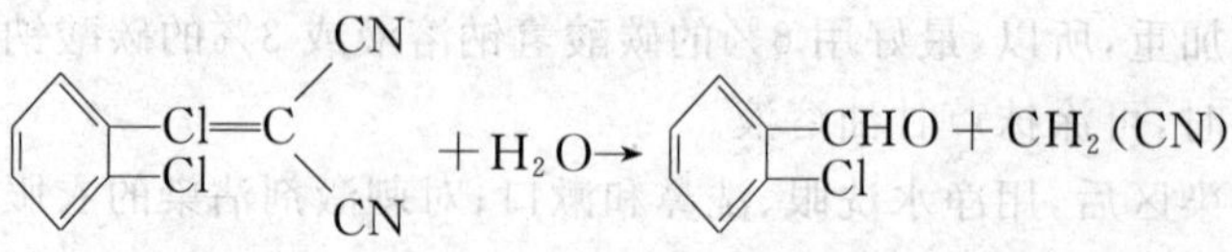

西埃斯　　水　　邻一氯代苯甲醛　丙二腈

因此，西埃斯可用碱性物质消毒。如使用10%～15%的氢氧化钠溶液或氢氧化钙的饱和溶液，也可和5%的氢氧化钠1:1酒精水溶液进行消毒。

西埃斯与高锰酸钾作用生成无刺激作用的氧化产物，可以达到消毒的目的。

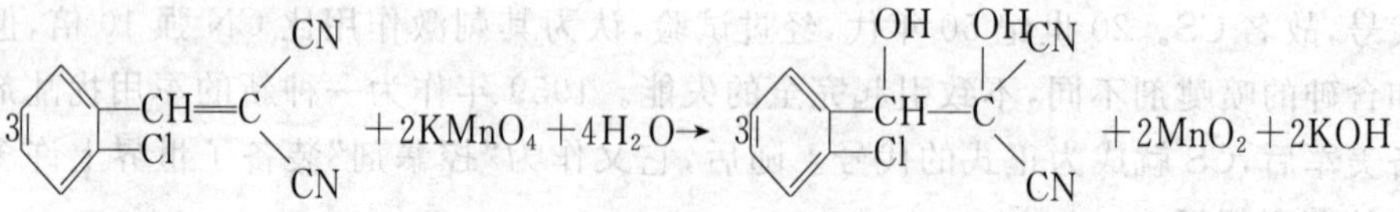

西埃斯　　高锰酸钾　　水　　邻氯苯基二羟基丁二腈　二氧化锰　氢氧化钾

西埃斯还可被强氧化剂氧化成邻一氯代苯甲酸，即

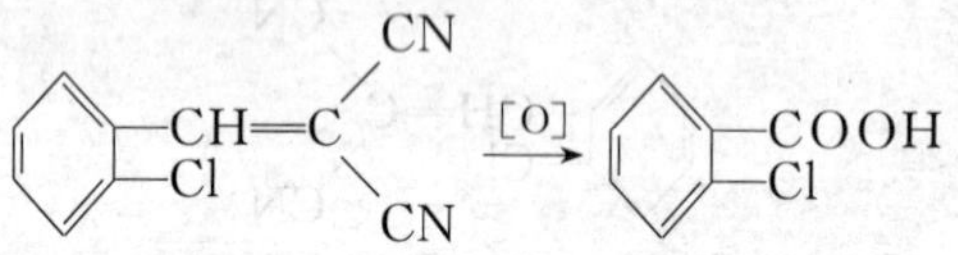

西埃斯　　邻氯代苯甲酸

西埃斯与次氯酸盐作用时生成如下结构的环氧化合物：

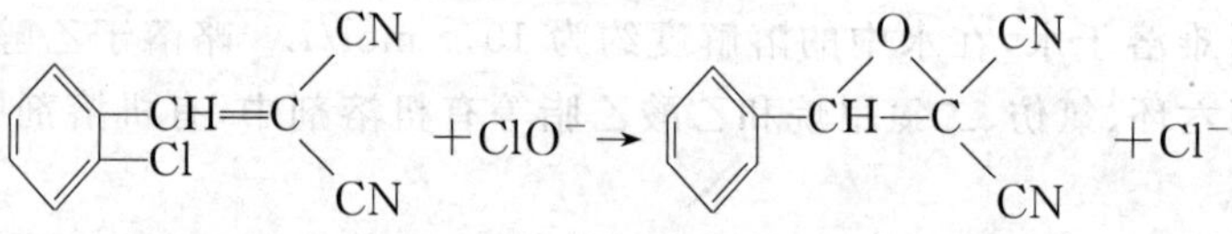

西埃斯　　次氯酸根　邻氯苯基环氧丙二腈　　氯离子

氧化产物无毒，故西埃斯也可用漂白粉、次氯酸钙等消毒。

(3)刺激症状。西埃斯既有强烈的催泪作用，又有较强的喷嚏作用，其刺激症状主要表现在眼、呼吸道、皮肤及各部位的粘膜。在接触CS后20～60s内引起失能，离开沾染区后症状迅速缓解，过5～10 min后，大部分症状基本消失，视力也恢复。

眼睛接触西埃斯气溶胶后，立即引起双眼灼痛、大量流泪、眼睑痉挛、结膜炎和怕光等，严重影响视力。烧灼、疼痛持续约2～5 min，大量流泪可持续12～15

min,结膜炎可持续 25～30 min,眼睑红斑可持续 1h,眼睛疲劳感可达 24h,事后恢复正常。

鼻,咽喉有烧灼感和疼痛感,引起接连的喷嚏、咳嗽、流涕、流涎和呼吸紊乱,还可引起胸部紧束感,胸骨后疼痛。高浓度下有窒息感,以及恶心、呕吐等症状。长期暴露在高浓度沾染的空气中可出现全身症状:神情淡漠,剧烈头痛,颈部胀痛,可造成严重的肺水肿甚至死亡。

皮肤接触西埃斯后约在几分钟内发生刺痛。对出汗、潮湿的皮肤有强烈的烧灼感。严重时可引起红斑、水肿,甚至起疱、溃疡。西埃斯还能引起皮肤过敏反应,多次接触西埃斯的人员,以后只要接触较低剂量的西埃斯,就可引起皮肤湿疹样症状:发痒、发红,甚至起泡。

环境温度愈高,刺激症状愈重。

(4)作用阈值。西埃斯呈气溶胶态使用,以刺激眼和呼吸道为主。对人的最低刺激浓度为0.05 $mg/m^3 \cdot min$;1 min 的不可耐受浓度为 1～5 mg/m^3;暴露于 10 mg/m^3的浓度中,大部分人员几乎立即不可耐受。使吸入中毒人员半数失能的剂量(ICt_{50})是 20 $mg/m^3 \cdot min$;半数死亡的估计剂量(LCt_{50})是 62 000 $mg/m^3 \cdot min$(或 25 000～150 000 $mg/m^3 \cdot min$),两者之比,即 LCt_{50}/ICt_{50} 相差 3 000 多倍。

(5)制备为

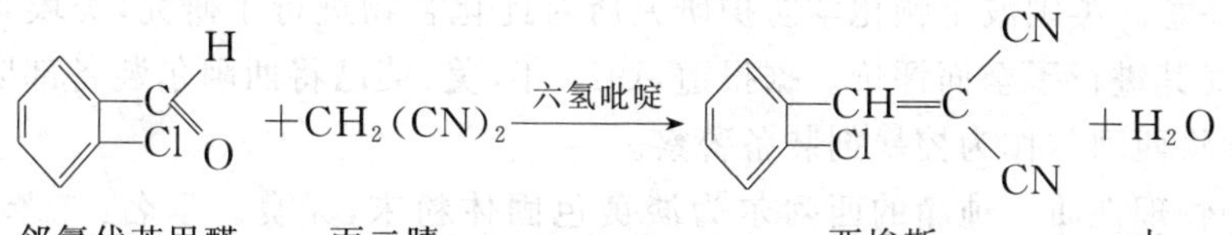

邻氯代苯甲醛　　丙二腈　　　　　　　　西埃斯　　　　水

西埃斯较易生产,可由邻氯代苯甲醛和丙二腈制取,用六氢吡啶(氮乙环)作催化剂。

(6)检定方法。

1)1,2－萘醌－4－磺酸钠法。西埃斯在碱性溶液中与 1,2－萘醌－4－磺酸钠的饱合醇溶液反应生成紫红色产物,即

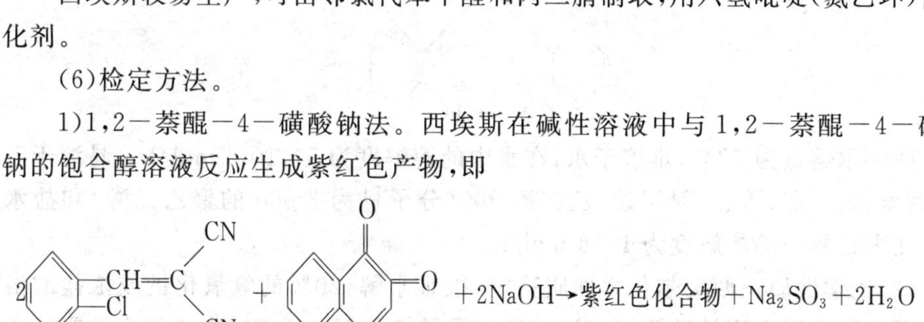

亚埃斯　1,2 萘醌—4—磺酸钠　　　　氢氧化钠　紫红色化合物　亚硫酸钠　　水

操作方法：试管中加入 1 ml 西埃斯的醇水试液，加入 1 小勺碳酸钾，充分摇匀使之溶解。再加入 1 滴，2－萘醌－4－磺酸钠的饱合乙醇溶液，充分摇匀，溶液呈紫红色，表示有西埃斯存在。

2）亚硝基铁氰化钠法。西埃斯在碱性溶液中水解生成丙二腈，在碱性条件下丙二腈与亚硝基铁氰化钠反应，酸化后得红色产物，即

$$Na_2[Fe(CN)_5NO] + H_2C(CN)_2 + 2NaOH \rightarrow Na_4[Fe(CN)_5ON{=}C(CN)_2] + 2H_2O$$

亚硝基铁氰化钠　　丙二腈　　氢氧化钠　　亚硝基丙二腈亚铁氰化钠　　水

操作方法：置一滴西埃斯醇试液于磁反应板上，加 1 滴 1% 亚硝基铁氰化钠试液和 1 滴 30% 氢氧化钠溶液呈红色，表示有西埃斯存在。

此外，西埃斯还可用茚三酮法检定它含有的氰基。

3. 西阿尔（CR）

西阿尔是继西恩和西埃斯之后的第三代催泪剂。由英国人 R. Higginbotton 和 H. Suschitzky 在 1962 年首次合成。由于这种化合物有强烈催泪作用和皮肤刺激作用，并且对酸碱性溶液有强稳定性，在水中难水解，且毒性低，安全范围大，因而引起注意。英国波士顿化学防护研究所对此化合物进行了研究，美埃其伍德兵工厂曾对其进行了全面评价。据报道，1973 年，美、英已将西阿尔装备部队。1974 年，美国将西阿尔作为控暴剂装备警察。

（1）物理性质。纯净的西阿尔为淡黄色固体粉末，无臭。学名：二苯并[b，f][1，4]氧杂吖庚因，分子量 195，分子结构式为

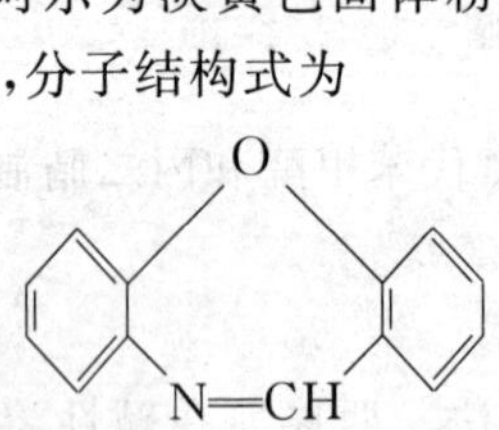

西阿尔熔点为 72℃，难溶于水，在水中的溶解度为 5×10^{-4} mol/L。易溶于乙醇、丙酮、丙二醇、苯、二氯甲烷、乙二醇 300（分子量为 3 000 的聚乙二醇）和盐水中。在丙二醇中的溶解度为 1.18 mol/L。

（2）化学性质。西阿尔化学性质稳定，很难水解，20% 的氢氧化钠或浓盐酸溶液中煮沸数小时亦不被破坏。与过醋酸作用可打开 N=C 双键生成相应的酮。乙醇钠可破坏其醚键（—O—），即

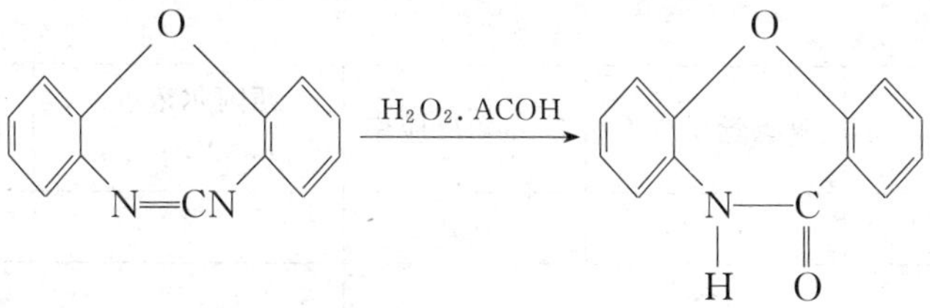

CR 的热稳定和储存稳定性都很好。可用热分散法释放。1%西阿尔的丙二醇、水溶液，在常温下放置一年也没有多少变化。

(3)刺激症状。西阿尔具有催泪、喷嚏和皮肤刺激作用。

人眼接触西阿尔 30 s 即发生如沙砾引起的刺痛，大量流泪和眼睑痉挛，约持续 20 min；同时出现结膜充血和眼睑水肿，约 3～6 h 症状逐渐消失。还有鼻刺痛，阻塞感，流涕。同时产生口腔烧痛，异样味觉，流涎等症状。暴露皮肤有疼痛和红斑。与其他刺激剂一样，对薄嫩、潮湿的皮肤作用更为强烈。

上述症状在在离开沾染区域和消除西阿尔后很快消失。

(4)作用阈值。当西阿尔呈气溶胶态使用时，它对人眼的刺激浓度为 0.01 mg/m^3，当浓度降低到 0.001 mg/m^3，则无刺激作用。

0.5 mg 西阿尔能使潮湿皮肤产生刺激状态，5 mg 西阿尔能使干燥皮肤产生刺激状态。

西阿尔溶液对人眼和舌的刺激反应测试见表 3-20。可知，引起人眼感觉的 TC_{50}(50%受试者产生刺激反应的浓度)为 4.9×10^{-7} mol/L。引起眼睑痉挛的 TC_{50} 值是眼感觉的 TC_{50} 值的 1.75 倍；引起人舌感觉值的 TC_{50} 值是眼感觉 TC_{50} 值的 4.3 倍。

表 3-20　人眼和舌对西阿尔溶液的刺激阈反应

西阿尔浓度/($mol\cdot L^{-1}$)	眼感觉反应率	睑痉挛反应率	西阿尔浓度/($mol\cdot L^{-1}$)	舌感觉反应率
1.13×10^{-6}	8/10	8/10	8.00×10^{-6}	13/16
1.00×10^{-6}	8/10	5/10	5.66×10^{-6}	11/16
8.00×10^{-7}	11/14	4/14	4.00×10^{-6}	10/16
5.66×10^{-7}	6/10	5/10	2.83×10^{-6}	11/16
4.00×10^{-7}	4/10	1/10	2.00×10^{-6}	9/16
2.83×10^{-7}	2/11	1/11	1.41×10^{-6}	2/6
2.00×10^{-7}	1/11	0/10	1.00×10^{-6}	1/6

续表

西阿尔浓度/($mol\cdot L^{-1}$)	眼感觉反应率	睑痉挛反应率	西阿尔浓度/($mol\cdot L^{-1}$)	舌感觉反应率
1.00×10^{-7}	1/18	0/8		
5.00×10^{-8}	0/8			
TC=(95%可信度)	4.9×10^{-7} mol/L	8.6×10^{-7} mol/L	$2.1(0.7\sim3.1)\times10^{-6}$ mol/L	

西阿尔溶液对人眼产生刺激作用的最高阈浓度为 1.13×10^{-6} mol/L；推算的最小失能浓度为 3.3×10^{-6} mol/L；对人眼可引起轻度损伤的浓度为 0.256 mol/L(5%的溶液)。伤害浓度与刺激浓度之比为 226 500 倍，伤害浓度与失能浓度之比为 77 500 倍。

西阿尔溶液和西埃斯溶液对人的刺激作用比较见表 3-21。

表 3-21 人眼和舌对西阿尔、西埃斯溶液刺激阈反应比较

器官反应	TC_{50}(95%的可信度)		效价比 CR/CS
	西阿尔/($mol\cdot L^{-1}$)	西埃斯/($mol\cdot L^{-1}$)	
眼感觉	$4.9(3.8\sim6.5)\times10^{-7}$	$7.3(4.2\sim11.2)\times10^{-7}$	1.5
睑痉挛	$8.6(6.8\sim12.5)\times10^{-7}$	$3.2(2.1\sim6.1)\times10^{-6}$	3.7
舌感觉	$2.1(0.7\sim3.1)\times10^{-6}$	$6.8(5.0\sim10.6)\times10^{-6}$	3.2
推算最小失能浓度	3.3×10^{-6}	2.7×10^{-6}	8.2

由表 3-21 可知，西阿尔对人眼的最小失能浓度是西埃斯的 8.2 倍。而 0.5 mg西阿尔所引起的皮肤刺激作用换用 CS 时，在同样条件下需用10 mg才能产生。

(5)制备方法。西阿尔的合成方法较多，但以邻酰氨基环化法应用较普遍，且原料易得。此法是以邻位硝基氯苯和苯酚为原料制得邻位硝基二苯醚，而后将硝基还原成氨基制得邻位氨基二苯醚，经甲醛酰化得邻位甲酰胺基二苯醚，再经环化后生成二苯并[b,f][1,4]氧杂吖庚因。其反应过程为

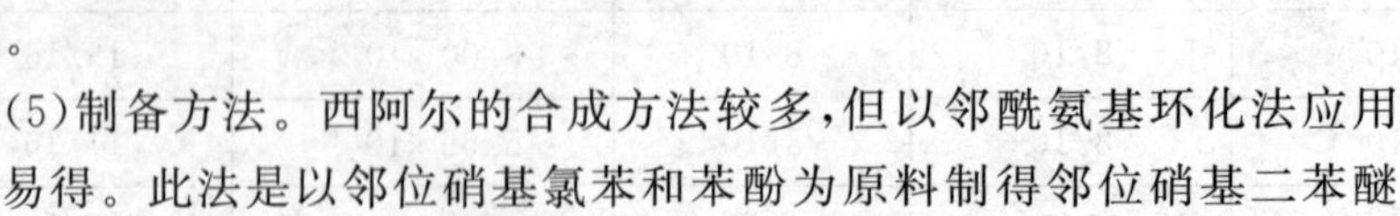

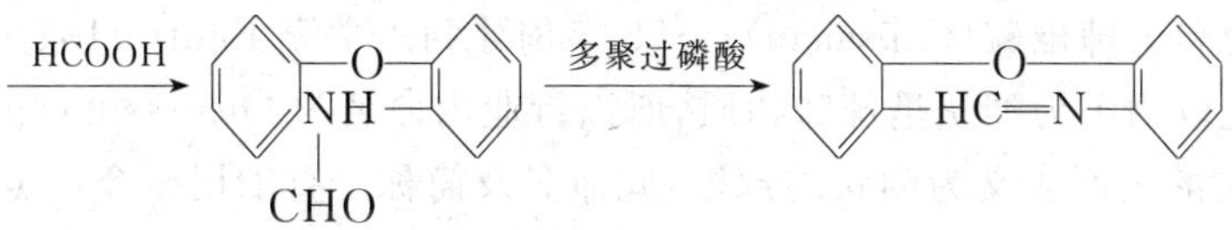

1976 年国外又报道以邻位硝基氯苯和苯酚钠在有铜作接触剂的情况下加热进行制备，与上述四步反应产物相同，只是反应条件略有不同。其合成步骤如下：

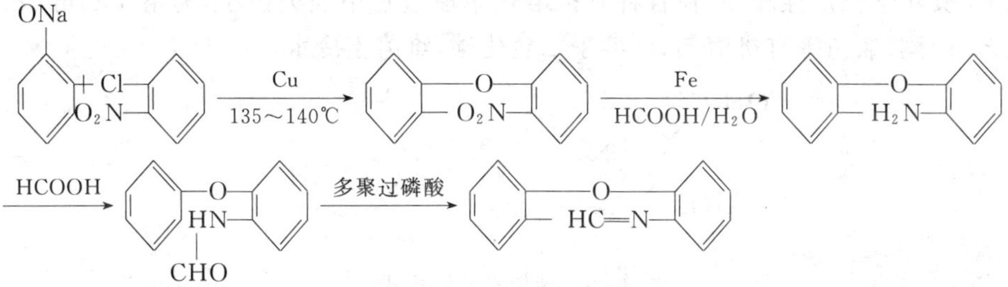

西阿尔一般配置成溶液使用喷洒器施放，也可以气溶胶态或烟态使用。据国外报道，美国是将西阿尔溶于 100%的丙二醇或溶于 80%的丙二醇和 20%水的混合液中，制成 1%的西阿尔溶液进行喷洒使用。这种溶液为胶沫状，布洒时覆盖目标的性能良好，受气象条件影响小。英国是将西阿尔溶于聚乙二醇 300 与 50%水的混合液中，也配置成 1%的西阿尔溶液。

(6)侦检。1976 年美埃基伍德兵工厂报道了西阿尔的侦检方法，是采用比色法和紫外分光光度法进行的。比色法的平均收回率为 99.9%，最佳标准偏差是 1.0%，最小检出浓度 0.3 ug/5ml。紫外分光光度法的平均收回率为 100%，最佳标准偏差为0.7%，最小检出浓度 0.2 ug/ml。上述方法适用于西阿尔的薄板色层分析的鉴别和侦检。

4. 欧西(OC)

20 世纪 80 年代末，在美国出现了一种新的警用刺激剂 OC(Oleoresin Capsicum，辣椒油树脂)，它是从天然辣椒中提取的一种油性树脂，其主要成分是一种无色的晶状物，称辣椒素，对人有强烈的刺激性。当它在溶液中的体积浓度达到十万分之一时，就会使人感到刺激作用。

(1)物理化学性质。辣椒素是一种含香草酰胺结构的生物碱，辣椒素主要从辣椒中分离获得，是由一系列同类物组成，辣椒素类物质到目前已发现 20 余种，其主要成分有：辣椒碱(Capsaicin，C)、二氢辣椒碱(Dihydrocapsaicin，DC)、降二氢辣椒素(Nordihydricapsaicin，NDC)、高辣椒素(Homocapsaicin，HC)、高二氢辣椒素(Homodihydrocapsaicin，HDC)等，其中辣椒碱和二氢辣椒碱之和约占天然辣椒素类似物的 90%。辣椒碱中的辣味成分最早由 Thresh 于 1876 年从辣椒果实中分离出来，并命名为辣椒碱(Capsaicin)；1878 年匈牙利医学家 Endre Hogyes 也分离出辣椒碱，提取物多为油状呈辣味物质，所以行业内命名为 Oleoresin capsicum(简称 OC)，英文的表面含义为油状的辣椒，此命名及简称一直沿用至今，其分子式为 $C_{18}H_{27}NO_3$，相对分子质量为 305.41，分子结构式如图 3-9 所示。辣椒素纯品为单斜长方形状无色结晶，无毒，但刺激性较强，熔点为 57～66℃，沸点为 210～220℃，其化学稳定性较高，在各种有机溶剂萃取过程中损失极小，易溶于乙醇、乙醚、苯、丙酮、氯仿等有机溶剂，微溶于二硫化碳，难溶于冷水。

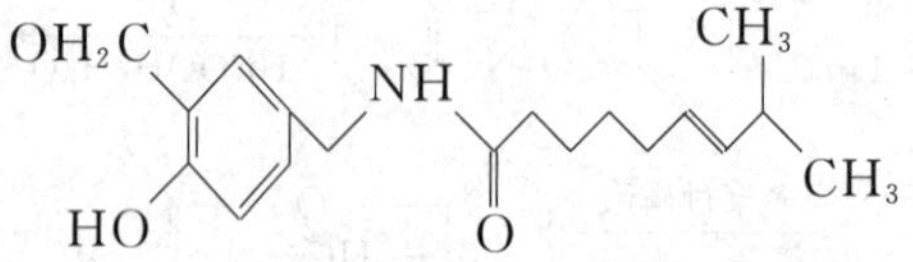

图 3-9　辣椒素的结构式

(2)刺激效应。OC 对人眼睛、呼吸道和皮肤都有强烈的刺激作用，作用时间通常会持续 30～60 min，使人产生咳嗽、呕吐、流泪等症状，甚至迷失方向，但无毒副作用，因此在军事上是制造催泪弹、催泪枪和防卫武器的主要原料，在美国、日本、德国以及东南亚等国家都已广泛应用。辣椒素的刺激效应主要体现在以下几个方面：①作用于皮肤，会使裸露的皮肤有灼伤的痛感；②作用于粘膜，使眼睛灼痛、流泪、不由自主地闭上，鼻子、口腔、口膜会有灼伤和肿胀的感觉，喉咙会感到干渴、灼热、发紧；人的眼睛和呼吸道在接触 OC 气雾后，在 1 s 之内可引起瞬时炎症，看不见东西并伴有窒息感，从而使作用对象丧失进攻或抵抗能力，通常还会跌倒或晕倒在地，但没有永久性效果，在半小时后逐渐恢复。③作用于呼吸系统，辣椒素通过刺激肺部 C－纤维神经而造成急促的浅呼吸，会引起剧烈的咳嗽、呕吐，同时会感觉胸部和喉咙梗塞，偶尔会有眩晕和头昏眼花的感觉。沾染辣椒素的人员还会感觉浑身无力、动作失调、全身颤抖，并失去平衡。

据称，对极度兴奋的人，精神错乱者、刚吸过毒品的人、醉酒的人，OC 比 CN、CS 的效果要好得多。这些人对痛苦的承受能力强，即使受到 CN 或 CS 的攻击，也可能会继续睁眼顽抗到底，而 OC 无论是否让受攻击目标感到疼痛，都会让他们不自觉地闭上眼睛，因为这是他们的眼睛对 OC 刺激必然的生理反应。

(3)制备方法。辣椒素的提取方法主要有溶剂提取、超临界 CO_2 萃取法、超声波提取、微波提取、酶法提取、固相萃取等，其提取方法的原理及优缺点见表3-22。

OC 比传统的刺激剂威力大而副作用小，作为化学喷射器中的充装剂一般以气溶胶的形式使用。OC 喷剂可按不同的浓度配方，一般为体积浓度的 5%～

10%。由于OC被公认为是一种天然化学品，无毒，因而可以减少伤害责任，从而受到美国司法界的青睐，因为既可避免法律麻烦，又不污染环境，并且可以少受指责。20世纪90年代初，OC喷射器已开始装备美国警察，并在民间得到普遍应用，占领了防卫喷射器的大部分市场。

表3-22　辣椒素各种提取方法的原理及其优缺点

提取方法	原　理	优缺点
溶剂提取	相似相溶、溶剂回流及虹吸作用	易于大量生产；但需要高的固液比和较长的提取时间，且所得产品杂质含量高，分离纯化难度较大、生产损耗大
超临界 CO_2 萃取法	CO_2 在超临界条件下具有非极性液体溶剂的溶解能力	提取率高、产品杂质含量低、无污染、附加值极高；但一次性设备投资大，一次性处理量较低，提取压力高、大规模生产比较困难
超声波提取	“空化效应”、超声波振动作用导致辣椒果皮细胞物质的释放、扩散及溶解	提取率高、溶剂用量少、提取温度较低、操作时间段和提取物杂质少，但此法需要一定的设备投入
微波提取	微波的穿透力促使被辐射分子在微电磁场中快速转向及定向排列，从而产生撕裂和相互摩擦引起辣椒果皮细胞内温度升高、压力增大，导致细胞破裂辣椒素流出	萃取速度快、低容积消耗、温度要求低；但目前还仅仅停留在实验室阶段，要使其工业化需要进一步研究
酶法提取	纤维素酶酶解辣椒皮粉表面的纤维组织，促使其纤维组织内部的辣椒素及其它溶性成分释放出来	提取效率高、产率大、无溶剂混入；提取成本较高，后期分离纯化较困难
固相萃取	是液固萃取和柱液相色谱技术相结合的一种新方法	产品纯度高、可减少预处理过程，操作简单、省时、省力

将OC涂在无害的粉末上可以制成OC粉剂。据研究，OC粉用于驱散人群平息大规模骚乱是很有效的。在使用区域内，它不仅能保持为驱散人群所需要的一定时间，而且对环境污染小，清除也很容易，可以用水直接将其冲洗到下水管道中即可。

OC是一种浓缩的油基物质，产生作用的是辣椒素Ⅰ，它含有2个氢原子，可产生的辣椒素热量约为热值的75%。相对于OC刺激剂，佩珀鲍尔技术公司(PepperBall Technologies，Inc.)生产了一种刺激性更强的辣椒素PAVA，称为辣椒素Ⅱ(capsaicinⅡ)。PAVA是一种纯净无油的非二个氢原子辣椒素，其产生的辣椒素热值接近100%，它的刺激性和纯度比OC更好。

5. 其他刺激剂

(1)臭味剂。臭味剂是一种独特的非致命气味武器。神经学家认为，任何气味都可能会引起某些人的恐慌甚至惊惧，如果空气中充满了粪便中常有的硫醇等易挥发性物质，附近的人就会受到强烈、集中的嗅觉攻击，会尽力逃离"沾染"地段。

臭味剂可以从自然物质中提取活性臭味成分，也可以是通过硫磺、氯、硫化氢、氨等元素人工合成。国外现在已经成功合成出一种超臭剂(Malodorant Compounds)，在30m^{2}的室内，使用10g超臭剂，室内人员在30s内将感到无法忍受，恶心、呕吐，迫使其离开现场。经试验表明，这种超臭剂并无毒副作用，使用后人员只需要在新鲜空气环境下休息15～20min便可完全恢复。将超臭剂(Malodorant Compounds)装填于弹体即可构成一种化学型非致命武器，通过产生大量的恶臭气体，把怀有敌意的人群或战斗中的士兵熏得四处躲避，使其无法集中精力闹事和战斗。

以色列科学家从臭鼬放出臭气阻止猎食动物的例子中得到启示，采用人工合成的方法提取了这种臭气剂，制出一种新的刺激性武器——"臭鼬"弹(Skunk Bomb)，该弹用来驱散那些向以军投掷石块的巴勒斯坦人。"臭鼬"弹释放出的臭气极有刺激性，它粘住衣服后竟能维持5年。这种弹药对那些虔诚的穆斯林尤其有"杀伤力"，因为他们不能穿着有异味的衣服做礼拜，被污染的衣服只能扔掉。

(2)麻醉镇定剂。麻醉镇静剂(Calmative)是一种对恐怖分子实施有效打击的化学型非致命武器。常用的麻醉剂有氯胺酮、甲苯错噻唑等。麻醉镇静剂可以做成麻醉弹、催眠弹或喷射器，这种炸弹以软质材料或非金属材料为弹体，爆炸时不会伤人，但在很短时间内生效，使之失去抵抗能力。

作为很有发展潜力的反恐手段之一，麻醉镇静剂适用于处置恐怖分子劫持人质的场合。2002年10月23日，车臣非法武装分子闯入莫斯科市中心梅尔科娃街的文化宫大楼，将正在观看演出的观众和大楼工作人员约800人劫为人质，制造了骇人听闻的恐怖事件。为了保护人质的安全和打击恐怖主义嚣张气焰，俄罗斯特种部队先向这座与克里姆林宫相距4 km的建筑物内释放了麻醉性气体芬太奴(Fentany)，使恐怖分子丧失战斗力，而且避免了人质出现混乱局面和误伤情况，一桩震惊世界的超大规模绑架案就此结束。可以说，使用麻醉剂这种非致命武器，对此次反恐怖行动的成功起到了极其关键甚至是决定性的作用。

芬太奴是一种强力麻醉剂，20世纪60年代作为静脉注射麻醉剂被进入医疗系统。目前工业制药开发了芬太奴类似物如 Alfentanil（商标 Alfenta）、Sufentanil（商标 Sufenta）等。芬太奴被广泛地使用为麻醉药剂及镇痛药剂。曾有一些海洛因经销商把芬太奴粉末混入海洛因中贩卖。它比海洛因更容易致瘾，属于专业用途的违禁药品，过量服用可导致死亡，其分子式如图3-10所示。麻醉镇静剂是处置这种场合的一种很有效的非致命武器，但在使用时还需要严格选择麻醉剂的种类及控制其用量。既要求它迅速发挥作用，又要求它不能致人于死地；并且还应注意从事发现场扩散出来的麻醉剂雾气可能会被包括人质在内的其他非打击目标吸入，有时甚至会造成不必要的伤亡。因此，麻醉药剂定量和传送手段依然需要进一步完善。同时，还应该朝着开发更好的速效解药的方向发展。

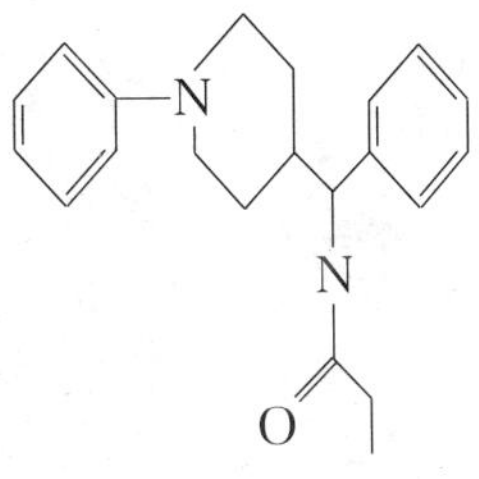

图3-10　芬太奴分子式

三、催泪弹的结构原理

1. 燃烧型催泪弹

燃烧型催泪弹是将刺激剂粉末与烟火剂混合，压装于弹内，通过点火管引信，引燃催泪剂混合装药，大量燃气从弹壳上预制的排气孔中高速喷出，很快形成烟雾，覆盖较大空间。烟火剂一方面是为了易于点火燃烧，进行热分解，形成大量烟雾，将催泪剂高速喷出；另一方面可用烟火剂调剂催泪剂浓度。有的烟火剂可产生不同色彩烟雾，也可迷惑对方，恐吓人群，使之逃离。还可利用高速喷出的燃气在喷孔处产生的反作用力，使弹体高速旋转窜动，防止弹被捡起返投。有的催泪剂装药在燃烧时可将金属弹壳烧红，也可达到同样目的。

燃烧型催泪弹产品种类很多，结构尺寸大小不一，但弹径基本在37～64mm之间，弹体一般采用圆柱形薄金属弹壳，内装CS或CN刺激剂和烟火剂混合物，排气孔开在弹体上下两端或侧面，配机械击发发火或摩擦发火定时延期点火引信，延期时间1.5～3 s。发射方式有手投型，也有枪发型，现在分别予以介绍。

（1）手投燃烧型催泪弹。手投燃烧型催泪弹主要由发火机构、保险机构、弹体和装药四大部分组成，其结构原理图如图3-11所示。

发火机构的作用是击发点燃延期点火管，经一定延期时间后引燃点火药，进而点燃主装药。由击发座、击针体、击针簧、击针轴、针刺延期点火管组成。

保险装置是控制击发和防止意外撞击发火，装在击发座上，由保险柄、保险销组、拉环组成。保险销为开口销形式，装好后，将其尾部分开成一定角度，使其不能自行脱落。

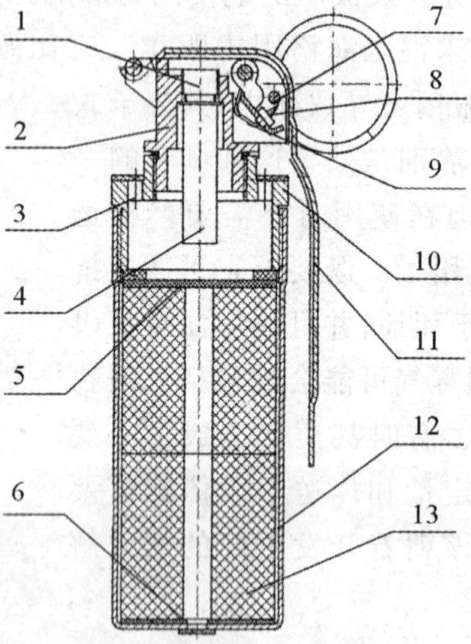

图 3-11 手投燃烧型催泪弹结构原理图

1—火帽 2—击发座 3—发烟孔 4—延期点火管 5—点火药片 6—发烟孔
7—保险销 8—击针 9—击针簧 10—连接座 11—保险片 12—弹体 13—催泪药柱

弹体是盛装药剂、连接各部件的主体零件，一般是用 1 毫米厚的铝制薄金属制成，主要包括弹筒和连接座。连接座的作用是将击发机与弹筒连接成一体，其圆周面上有 3 个斜形喷烟孔用以排放催泪剂烟雾，平时用热熔密封胶密封。

主装药是燃烧型催泪弹的主要部分。主要成份为催泪刺激剂、氧化剂、可燃剂、阻燃剂等成分，均匀后用胶粘合造粒，将其压制成带中心孔的药柱。为使燃烧过程稳定，上下两块药柱采用不同的配比，上面的一块较敏感，下面的一块较钝感。在主装药的上面有引燃药片，其主要成分为氧化剂、高热可燃剂，用以引燃主装药。四周的隔纸和上端的支承垫用以紧固药柱并与弹筒隔离。

使用时，一手握住弹体和保险片，一手拔掉拉环和保险销，弹体出手后，保险片松开，击针体在击针簧的作用下向前翻转，使保险片飞离弹体，击针刺燃点火管的火帽，引燃管中的延期药，延期药管向下喷出火焰点燃点火药片，将主装药引燃，当弹体到达目标区域后，热气流即熔化并吹掉热熔胶，弹体内急速喷出催泪烟雾，以气溶胶的形式向四周施放，喷烟时间一般为 15～30s。斜形喷烟孔使得弹体在喷烟过程中能快速旋转窜动，不易被对方抓住反投。

(2)枪发燃烧型催泪弹。枪发燃烧型催泪弹射程一般在70～120m,急速喷烟时间20～30s,可用专用防暴枪发射,也可通过枪挂式或车载发射器发射,其结构原理都是相同的。

图3-12是防暴枪用催泪弹结构原理图,主要由弹筒、弹芯、发射药组件组成。弹筒、弹芯材料有塑料体,也有铝金属制作,塑料弹体通过注塑成型,铝金属弹体通过冲压成型。弹体装配时,先将药盒压装入弹筒底部,与弹筒圆柱面紧配合;从弹筒底座中央底火孔装入发射药,铆上火帽;装入弹芯,压上密封盖,弹体装配完毕。用防暴枪发射时,弹芯在发射药压力作用下脱离弹筒,从枪膛飞出,弹筒留在枪膛内。拇指按下枪管卡笋,向下掰开枪管,即可取出弹筒。

弹筒主要是将全弹各部件结合成一体,弹筒底座中央铆有火帽,全弹结合好后,在上端口部压有密封盖并用防潮清漆涂抹。

弹芯是全弹的战斗部,内装催泪药柱和一片点火药,底端靠带有中心传火孔的连接盖封闭,连接盖有3个斜形喷烟孔并用热熔胶密封。混合药剂由刺激剂、氧化剂、可燃剂、阻燃剂等组份构成,均匀后用胶粘合造粒,再压制成药柱。点火药片由氧化剂和高热可燃剂组成,用以提供点燃药柱的能量。药柱通常用纸包覆,以隔开药柱和弹壳。

发射药组件由火帽、发射药、药盒体组成,是用来将弹芯从弹筒推出并点燃其中的催泪剂装药。火帽有撞击火帽和电击火帽两种类型,枪发弹体采用撞击火帽,发射器发射多用电击火帽。药盒体用塑料做成,起到高低压室作用,高压室盛装发射药(3号黑火药),高压室与低压室之间隔层较薄,隔层预制刻槽。火帽被击发后,引燃药盒内的发射药,形成的高压燃气将预制刻槽的隔层冲开,进入低压室,从而将弹芯推射出去,同时通过传火孔引燃弹芯内的点火药片从而点燃催泪剂混合装药。当弹芯到达目标区域后即开始急速喷烟,由于斜孔的作用,弹芯在地面快速旋转窜动,形成大面积的刺激烟雾区。

(3)燃烧型子母催泪弹。燃烧型子母催泪弹可用专用防暴枪发射,也可通过枪挂式或车载发射器发射。弹体有撞击火帽和电击火帽两种击发形式,外径可根据发射管口径设计成38mm、64mm等,但结构原理基本都是相同的。

图3-13为子母催泪弹结构原理图,该弹由药筒、母弹体两大部件构成。其中药筒由药筒体、底火、高压室、发射药组成;母弹体由弹托、弹壳、子弹、延期管、开仓药等组成。

药筒将发射药组件及战斗部各部件结合成一体。药筒与弹托采用紧配合压装在一起。药筒底座内设计有药室(高压室),以承装发射药,药筒底部中央开设圆孔铆装火帽。药筒与战斗部弹托底部及药室外壁形成的空间成为低压室,弹体发射时采用的是高低压原理。

母弹体部件弹壳、弹托、子弹壳体采用高分子工程塑料制件。为减少弹体飞行空气阻力,弹壳头部设计成锥形状,有的也设计成平头状,壁厚为 2 mm。弹托与弹壳形成装置子弹的密闭空间,之间通过螺纹连接,弹托中间装置延期药(延期管),实现对开仓药的预期引燃。子弹是实现战斗部终点效应的单元,内装催泪剂混合装药,其数量一般在 3 枚以上,贯穿子弹弹壳中间的圆孔装置开仓药,既可实现母弹开仓,同时点燃子弹装药。

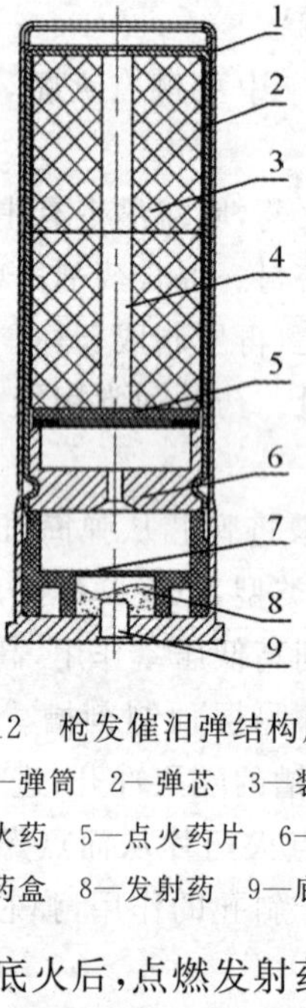

图 3-12　枪发催泪弹结构原理图

1——弹筒　2—弹芯　3—装药　4—传火药　5—点火药片　6—封盖　7—药盒　8—发射药　9—底火

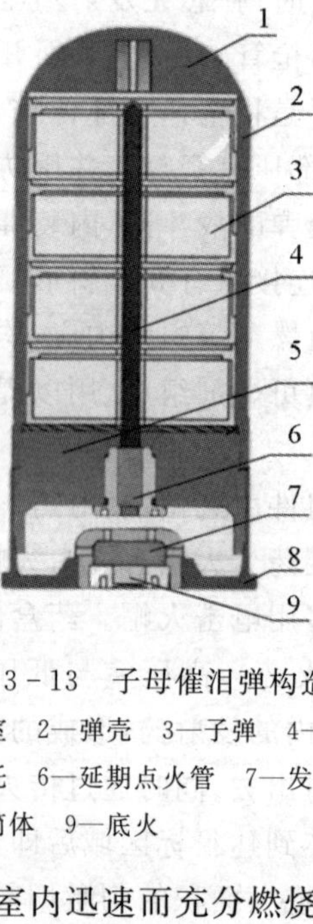

图 3-13　子母催泪弹构造图

1—气室　2—弹壳　3—子弹　4—开仓药　5—弹托　6—延期点火管　7—发射药　8—药筒体　9—底火

当击发底火后,点燃发射药。发射药在高压室内迅速而充分燃烧,产生的火药气体在低压室膨胀做功,推动母弹体沿身管旋转前进飞出身管,同时火药气体点燃弹托中的延期点火管。母弹射出后,经过预定的延时,延期管点燃开仓药。开仓点火药燃烧产生的高温高压气体在母弹气室膨胀,弹壳受力向前,弹托受到向后的作用力,弹壳与弹托螺纹发生剪切破坏,使两者分别向前和向后加速飞行,母弹开仓,同时将子弹内药剂点燃,并抛撒出去。子弹抛射后,点火药片点燃药柱瞬时发烟,构成多点投放,在一定的抛撒范围内形成发烟效果。通过调整开仓点火药来调整分离速度,从而达到终点效应要求的散布。

2. 爆炸式催泪弹

爆炸式催泪弹多采用橡胶、塑料弹壳,内装刺激剂混合药剂,配用定时延期起爆引信，延期时间约在 2～4 s。弹体爆炸后，会产生震耳的声响，对目标产生极大的心理震慑，刺激剂装药迅速分散到对方空间，快速产生暂时刺激性作用，而弹体爆炸不产生致命破片，可以有效地驱散人群，达到控制制服对方等防暴目的。爆炸式催泪弹有手投型，枪发型，还可设计成子母型，结构和子母闪光爆震弹相同，子弹分别装声、光、刺激剂、动能等发生剂，能产生多源终点效应。

(1)手投爆炸式催泪弹。手投爆炸式催泪弹弹体材料一般都是使用工程塑料，弹径有 37mm、48mm 等尺寸，外形有圆柱形、卵球形等，配有保险片飞离式引信。外形尺寸虽有不同，但结构原理和手投闪光爆震弹基本相同，主要由发火机构、保险装置、弹体、装药等部件组成。

图 3－14 是一种不产生破片的爆炸式催泪弹结构原理图，其发火机构、保险装置与手投防暴弹完全相同，但弹体结构和弹筒材料则有很大不同。该弹体结构主要由上下支体、高压管和纸制弹筒组成。

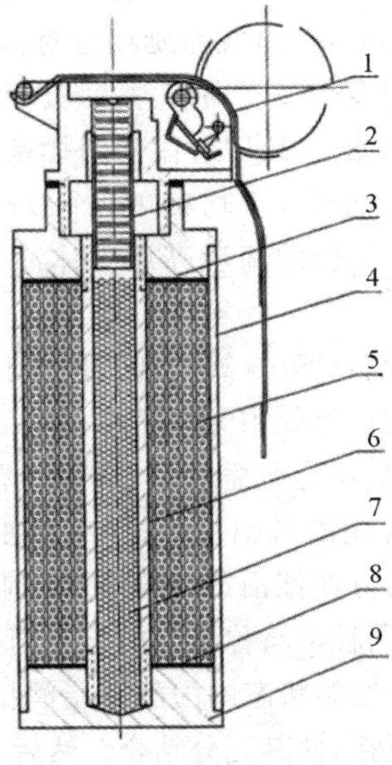

图 3－14　爆炸式催泪弹结构原理图

1—击发机构　2—点火管　3—上支体　4—弹筒　5—主装药

6—高压管　7—引燃药　8—垫片　9—下支体

纸制弹筒选择电力电缆纸（DLZ—A 级；GB7969—1978），电力电缆纸采用 100％优质硫酸盐绝缘木浆制造，在结构上有 5 层，中间是强度层，然后是绝缘层和防潮层，满足弹筒能防潮、绝缘、易成型、强度好的要求。弹筒壁厚设计 1.5mm，成型分三步进行。先在裁纸机上按设计的弹筒高度和壁厚裁纸长，纸宽；在卷管机调整电机转速(转速最大不超过 15 转/min)，挂纸、涂胶、卷制、退下纸筒预干；切管机上按纸筒设计尺寸切断。采用纸制弹筒，实现了弹爆炸后既有巨大的声响威慑力，又使弹筒形成密度小的纸质破片，不会对炸点附近人员造成伤害。

上支体、下支体与弹筒内圆柱面紧配合并加胶粘装配，高压管通过螺纹将上支体、下支体联接成一体，便形成了密闭的装药空间。为保证上支体、下支体与筒体配合严密，上支体、下支体与筒体配合尺寸采用正差(＋0.05)。而传火通道是上支体螺孔在上端面与击发机构螺纹联接，下端与高压管螺纹连接实现的。为减轻弹体质量，上支体、下支体采用铝合金材料。通过高压管对上下支体零件的一体化联接，实现了击发座、上下支体金属零弹在爆炸后保持完整，在炸点附近基本没有跳飞。

高压管是弹体结构的支撑体，在结构中既要连接上下支体，管内又要装填引燃药，与下支体连接的一端为盲孔，开口端与延期管对接。在装配时，受到上下体螺纹联接的轴向预拉力，爆炸时管体呈三向应力状态。所以，高压管材料应有好的综合性能，选用调质处理的 45＃钢。高压管内的引燃药一般为 3 号小黑粒火药，为使传火能量均匀扩散，在中空的管体上均布几十个 2 mm 的传火小孔，平时小孔用热熔胶密封，引燃药点燃后，产生的高温高压气体冲开密封胶，引爆催泪剂混合装药。

催泪剂混合装药由刺激剂(CS)与氧化剂、可燃剂、黏结剂等烟火药以一定的比例混合而成，选择烟火药应以爆炸中无明显的火光和闪光为基本条件，否则会降低刺激效应。氧化剂提供燃烧反应所需的氧，常用的有高氯酸钾、氧化锌等；可燃剂提供燃烧反应所需的热，常用的有铝粉等；黏结剂使混合装药制品有一定的强度，常用的有酚醛树脂等。为方便催泪剂混合装药工业生产，一般都要制成药柱。其工艺程序是混药、造粒、压药柱。将称量好的烟火药剂与 CS 按配比装入混药机内混合 15～20min；将溶解为玻璃状态的酚醛树脂酒精溶液徐徐倒入均匀混合的混合物中，并不断地用木棒搅拌，使其充分粘合。然后，在 8 目的筛网上过滤，放在通风干燥工房的盛具内干燥；将一个药柱的干燥混合药剂量装入压力机模具，调整药柱成型高度，加压并保压 5 min，使药柱密度均匀，表面光滑。压好的药柱放入烘箱烘干，然后封装，保存备用。

手投爆炸式催泪弹作用时，击针刺燃点火管的火帽，引燃延期药，经过 1.5～2.5 s 延时，点燃高压管内的引燃药，产生高温高压气体，使纸质弹体发生爆炸，将催泪剂混合装药抛洒到作用空间，在炸点 3 m 处产生 120 dB 的爆炸声响和强烈的刺激烟雾，刺激有生目标的眼、呼吸道和皮肤，并起到威慑效果。弹筒形成密度小的纸质破片，击发座、上下支体金属零件在爆炸后为一整体，不会对炸点附近人员造成伤害。

(2)枪发爆炸式催泪弹。枪发爆炸式催泪弹射程一般在 70～120m，发射初速约在 75～85m/s，可用专用防暴枪发射，也可通过枪挂式或车载发射器发射，其结构原理都是相同的。

图 3－15 是枪发爆炸式催泪弹结构原理图，主要由弹筒、发射药组件及弹芯等部件组成。为防止弹体爆炸后破片对目标造成致命性伤害，弹筒、药盒及弹芯用塑料体制做。用防暴枪发射时，弹芯在发射药压力作用下脱离药筒，从枪膛飞出，弹筒则留在枪膛内。通过枪管卡笋机构，使枪管与枪身分开，发射时装入弹体或发射后取出弹筒。

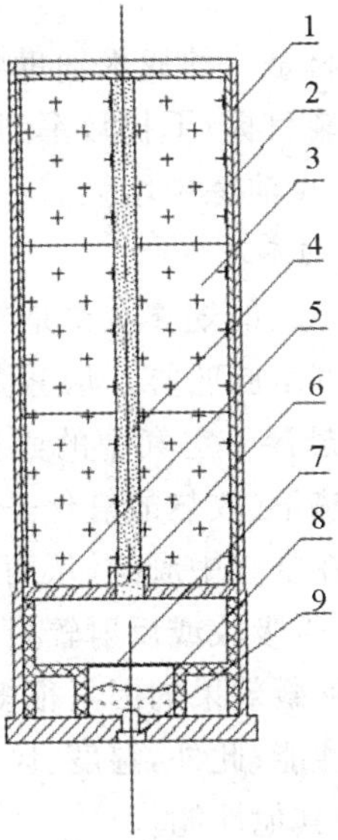

图 3－15　枪发爆炸催泪弹结构原理图

1—弹筒　2—弹芯　3—装药

4—传火药　5—封盖　6—延期药

7—药盒　8—发射药　9—底火

弹筒主要是将发射药组件及弹芯各部件结合成一体，弹筒底座中央开设圆孔铆装击发火帽，底部装配药室(高压室)，以承装发射药，弹芯发射时采用的是高低压原理。全弹结合好后，在弹筒口部压有密封盖并用防潮清漆涂抹。

弹芯壳体内装 2～3 块催泪剂混合药柱，药柱中间空体装置引燃药。弹芯壳体从加工工艺和装配考虑，设计成封盖和筒体两部分。筒体壁厚一般 2 mm，通过冲压成型。封盖较厚，中间装配延期药体。

发射药组件由火帽、发射药、药盒组成，是用来将弹芯从弹筒推出并引燃延期药。药盒用塑料做成，内装发射药(3 号黑火药)，起到高压室作用。在药盒高压室与低压室之间的隔层有预制的刻槽，发射药产生的高温高压气体易于冲开，进入低压室空间。

发射时，火帽被击发，火引燃药盒内的发射药，高压室内的压力迅速升高，高压燃气将预制的刻槽冲开，进入低压室。低压室的压力升高后，推动弹芯与弹筒分离，从发射管飞出，同时引燃弹芯延期药，使弹头飞经预定时间后引爆催泪剂混合装药。

第3节　发烟器材

一、概述

发烟器材是一种战术辅助性防暴装备。其用途主要是利用发烟剂产生的烟幕，遮蔽、伪装目标；干扰敌军的观察和指挥；降低敌军各种武器使用效能；迟滞敌军行动；在军事演练中增强演习效果。烟雾剂在军事上用于屏蔽目标或释放信号。

1. 烟雾的本质

烟火药生成的烟雾主要是气溶胶，一般说来分散相是固体的气溶胶叫烟；分散相是液体的气溶胶叫雾。烟雾微粒的直径约在 10 μm 到 1nm 的范围内。而直径大于 10 μm 悬浮于空气中的固体微粒通常则叫做灰尘。氧化剂与燃料进行化学反应释放的热量（放热的氧化—还原反应）汽化了挥发性的组分或反应产物，随后挥发的物质在空气中凝结，从而产生了烟雾。悬浮在气体介质中的烟雾粒子是否进行扩散、是否吸收或反射辐射，取决于粒子的性质、粒径、形状及其波长。因此，决定烟雾剂屏蔽效果的因素很多。烟雾剂本身、尤其是弹药及其释放方法决定形成的烟雾的性能；此外，湿度、风速、风向和空气稳定性等气象条件也影响烟雾的密度、持久性和其他性能。

2. 烟雾条件

许多化学物质可通过多种方法制造烟雾剂，但是，只有少数物质和方法能满足军用烟雾的特殊要求。理想的军用烟雾剂或烟雾剂材料应具备下述条件。

(1)材料用量少，发烟效果明显。

(2)价廉，供应充足。

(3)即使不利用复杂的装置，烟雾散布也容易，且效率较高。

(4)烟雾散布后能持久，即烟雾的消失、减弱和凝结速度不应过快。

(5)无毒，不刺激眼睛、呼吸道和皮肤，同时不腐蚀装置。

(6)在无害化的前提下适合大规模生产、储存和运输。

3. 烟雾类型

(1)屏蔽烟雾剂。屏蔽烟雾通常为白色，用于隐蔽军事行动、军事装备和军事基地，干扰敌方从地面和空中对这些目标进行观测和攻击。

(2)信号烟雾剂。信号烟雾大多数为彩色，以便与其他烟雾区分。它用于释放信号和联络。因此白色或灰色不适合用作信号烟雾剂。

(3)催泪烟雾剂。催泪烟雾剂用于控制骚乱。这种烟雾是烟火药燃烧产物再经过浓缩和汽化形成的,烟雾粒子的尺寸显著影响其生理效应,而其能见度不重要。

(4)截获并自动跟踪烟雾剂。这类烟雾用于空间飞行器路径的跟踪和适于高原发射的曳光弹。曳光弹是一个能产生光的设备,用于提高自动化武器的瞄准精度和火力控制。

(5)标志烟雾剂。海水可与磷化钙/磷化镁/磷化铝反应,生成能自燃的磷化氢气体。海军标志兵可用磷化钙/磷化镁/磷化铝来标志船舰在海洋的位置。

(6)训练烟雾剂。这类烟雾剂主要用于部队训练、演习或用于拍摄作战场面,所以,这类烟雾剂应无毒和对生态环境友好。

二、烟雾剂

1. 磷

最简单的屏蔽烟雾剂烟火药配方是WP(白磷),WP在空气中可形成五氧化二磷。而五氧化二磷极易吸湿,它很快从大气中吸收水分并形成水合磷酸的气溶胶烟雾。WP由于容易熔融、分散以及被爆炸炸药点燃,并产生屏蔽烟雾,它非常适合装填炸弹、炮弹和手榴弹。其主要的反应式为

$$\left.\begin{aligned}&4P+5O_2\rightarrow 2P_2O_5\\&P_2O_5+3H_2O\rightarrow 2H_3PO_4\\&H_2PO_4+nH_2O\rightarrow H_2PO_4\cdot nH_2O\end{aligned}\right\}\quad(3-22)$$

大气的相对湿度影响WP烟雾剂的屏蔽性能。WP生成的烟雾在低浓度时无毒,但刺激眼睛、皮肤和呼吸道。此外,WP能引发新的燃烧并产生燃烧弹效果。由于生成大量的热,当存在支柱效应时,烟雾会快速上升,降低了有效作用的时间。可以用增塑白磷(PWP:75%WP和25%橡胶)来解决此问题,它能控制生成碎片、减缓燃烧和降低支柱效应。PWP是具有低爆破性的塑性体。

与WP类似,RP(红磷)在空气过量的情况下,生成P_2O_5,P_2O_5经过水合作用得到多种磷酸混合物(取决于大气条件),反应式为。

$$\left.\begin{aligned}&P(\text{固态})\rightarrow P_4(\text{气态})\\&P_4+5O_2\rightarrow 2P_2O_5\\&P_2O_5+H_2O\rightarrow (HPO_3)_2\end{aligned}\right\}\quad(3-23)$$

$$\left.\begin{aligned}&(HPO_3)_2+H_2O\rightarrow H_4P_4O_7\\&H_4P_4O_7+H_2O\rightarrow 2H_3P_2O_4\end{aligned}\right\}\quad(3-24)$$

这些酸从空气中吸收水分生成磷酸和多磷酸系列的亚微粒尺寸的液滴，后者的薄雾形成白色的烟雾云，并辐射出可见光和近红外电磁波。烟雾的生成量取决于空气的相对湿度，在高湿的条件下，生成的烟雾量可为低湿条件下的4倍甚至更多。

一些以环氧树脂包覆的RP为基材的烟火药添加Mg和其他添加剂后能高效地屏蔽红外线(波长为0.82 μm，3.0～5.0 μm，10.6 μm)，适用于现代的烟雾手榴弹。

2. 氯烃

英国研发出一种烟雾剂烟火药配方：HCE，ZnO，$CaSi_2$ 和 KNO_3；美国则是在此配方的基础上用铝粉代替 $CaSi_2$，但点燃困难。下面列出了两类使用了氯烃的基本配方。

配方1：四氯化碳45%；锌粉20%；氧化剂28%；硅藻土7%。

在该配方中，四氯化碳吸附于硅藻土(一种硅酸盐黏土)上。燃烧中发生的反应是非常复杂的。主反应是放热反应，反应产物氯化锌是烟雾的主要物质。其反应式为

$$2Zn + CCl_4 \rightarrow 2ZnCl_2 + C + 160kcal \tag{3-25}$$

在研究烟雾剂配方的初始阶段，以HCE—Zn粉尘为基材的配方用于制造屏蔽效果，但是由于此配方对湿度敏感并引发了事故，后期就用氧化锌代替了锌粉。

配方2：硅化钙/10%；六氯乙烷(HCF)/45%；氧化锌/45%。

主反应是放热反应，反应式为

$$3CaSi_2 + C_2Cl_6 \rightarrow 2C + 6Si + \text{大量的热} \tag{3-26}$$

反应式(3-26)并不生成烟雾。只是由于在随后的反应中生成 $ZnCl_2$，从而形成烟雾，其反应式为

$$\left.\begin{array}{l} C_2Cl_6 \rightarrow C_2Cl_4 + Cl_2 \\ ZnO + C + Cl_2 \rightarrow ZnCl_2 + CO \\ 3ZnO + C_2Cl_6 \rightarrow 3ZnCl_2 + CO + CO_2 \\ 2ZnO + C_2Cl_4 \rightarrow 2ZnCl_2 + 2CO \end{array}\right\} \tag{3-27}$$

以HCE—ZnO为基材的屏蔽烟雾剂配方存在着某些不足，如相对湿度低时的屏蔽性能差，这是因为金属卤化物粒子需要与空气中的水分反应来形成屏蔽烟雾。但是，由于这类烟雾剂具有红外屏蔽性能，在现代战争中得到广泛应用。

3. 金属氯化物

散布在空气中金属氯化物(液态或固态)，与空气中的水分反应，生成水合氧化物或氢氧化物和盐酸，从而达到屏蔽效果。

(1)FM烟雾剂。$TiCl_4$极易与空气中的水分反应生成$Ti(OH)_4$和HCI而发烟,其反应式为

$$TiCl_4 + 4H_2O \rightarrow Ti(OH)_4 + 4HCl \tag{3-28}$$

$SiCl_4$在空气中的反应与$TiCl_4$相同,但反应活性比$TiCl_4$低,腐蚀性比$TiCl_4$低。

(2)FS烟雾剂。配比为45/55的$ClSO_3H/SO_3$,可生成大量的屏蔽烟雾而不会发生火灾危害,其反应式为

$$\left.\begin{array}{l} SO_3 + H_2O \rightarrow H_2SO_4 \\ ClSO_3H + H_2O \rightarrow H_2SO_4 + HCl \end{array}\right\} \tag{3-29}$$

可以通过机械雾化或热雾化使上述配方生成烟雾,但是烟雾腐蚀皮肤和金属。这是一个性价比高的屏蔽烟雾剂配方,尽管屏蔽功效仅有磷的1/2。

(3)固体金属氯化物烟雾剂。固体金属氯化物被烟火反应汽化,并随后与空气中的水分反应,从而生成烟雾,其反应式为

$$CuCl_2 + 2H_2O \rightarrow Cu(OH)_2 + 2HCl \tag{3-30}$$

氯化铁、氯化锌、氯化镉和氯化汞也能发生与氯化铜相同的反应。

(4)有机氯化物烟雾剂。比较著名的这类烟雾剂是:Berger混合物。在锌、铝、硅化钙等存在的情况下燃烧,生成金属氯化物,形成烟雾的机理与同上述各例相同。

4. *蒽混合发烟剂*

蒽混合发烟剂又名A－12发烟剂,曾是大量生产和装备的一种固体发烟剂,该发烟剂的主要成分为粗蒽和氯化胺。

(1)粗蒽的性质。粗蒽含有10%～15%的蒽,20%～30%的菲,15%～25%炭灰及其他杂质。蒽和菲的分子式为$C_{14}H_{10}$,分子量为178。蒽是一种淡黄色的结晶物质,其密度为1.25 g/cm^3,熔点为218℃,沸点为342℃,升华温度约为560℃,燃点约为156℃,在常压下蒽的燃烧热为39.82 kJ/kg;菲的熔点为160℃,沸点为340℃,不溶于水,易溶于有机溶剂中,易升华生成烟,高温时能燃烧,燃烧热为39.8 kJ/kg。

在A－12发烟剂中,蒽起双重作用——燃料作用及发烟剂作用。一部分蒽的燃烧产生热量使其余的蒽及氯化胺升华生成烟。烟按化学凝聚法形成。

(2)氯化铵的性质。氯化铵是白色结晶物质,其密度为1.5 g/cm^3,在水中的溶解度有限。加热NH_4Cl到比较高的温度时则开始分解,生成NH_3和HCl,不同温度分解率不同,加热后生成了NH_4Cl,NH_3,HCl气体混合物。当冷却时,NH_3,HCl又还原为NH_4Cl气溶胶微粒。

氯化铵的蒸气压是由未分离的 NH_4Cl 的蒸气压和气体 HCI,NH_3 的蒸气压组成,蒸气压与温度的关系为

$$\ln P=9.778\,61\ln T-4\,422/T-43.96 \tag{3-31}$$

氯化铵的质量热容为 1.63 kJ/kg·K,蒸发潜热为 163.3 kJ/kg。

(3)几种蒽、萘、氯化铵混合剂的配方。

配方一:见表 3-23。

表 3-23

成分	含量/(%)		
	Ⅰ	Ⅱ	Ⅲ
氯化铵	50	23	—
萘	20	3	41
氯酸钾	20	67	51
碳粉	10	7	8

该配方中,NH_4Cl 和一部分萘为发烟成分,碳和另一部分萘是燃烧剂,而 $KClO_3$ 是氧化剂,Ⅱ,Ⅲ含有量大,燃速很快。

配方二:氯化铵 40%;萘 20%;硝酸钾 10%;氯酸钾 20%;碳 10%。

该配方中,辅助氧化剂 $KClO_3$ 代替一部分 NH_4Cl 使燃速更快。

配方三:见表 3-24。

表 3-24

成分	含量/(%)		
	Ⅰ	Ⅱ	Ⅲ
粗蒽	44	41	15
氯化铵	24	23	45
氯酸钾	32	36	40

配方三中,Ⅰ,Ⅱ是常用的蒽发烟剂配方,Ⅲ是快速发烟剂配方。

配方四:蒽 35%;过氯酸钾 14%;氯酸钾 46%;砂 5%。

5. 彩色烟雾剂

下述两种方法中的任何一种都可以生成彩色烟雾。

(1)炸药起爆致使彩色物质扩散。

(2)彩色物质的汽化和凝结。

上述方法都包含彩色物质的汽化和凝结的过程，并且只适合有机染料挥发形成彩色烟雾。彩色烟雾剂选用合适的染料取决于下述因素：①染料的熔化热、汽化热、升华热和分解热；②平衡蒸气压；③汽化速度；④汽化温度。

蒸气压低的染料需要用高温汽化，而这需要使用大量的燃料和氧化剂，会导致彩色烟雾的质量不高。此外，如果染料的汽化温度和分解温度相差不大，则彩色烟雾的质量随燃料分解程度的增大而下降。

红色、橙色、黄色、绿色和蓝色是最常用的五种颜色。颜色的产生是由于有机染料强烈吸收可见光，而被粒子反射的光中则没有被吸收的波长，于是产生了观察者所看到的互补色。彩色烟雾剂配方是由氧化剂、燃料和染料组成的混合物。通常情况下，氧化剂为 $KClO_3$，燃料为乳糖/蔗糖，其化学反应式为

$$8KClO_3 + C_{12}H_{22}O_{11}H_2O \rightarrow 8KCl + 12CO_2 + 12H_2O + 1.06kcal \cdot g^{-1}$$

$$4KClO_3 + C_{12}H_{22}O_{11}H_2O \rightarrow 4KCl12CO_2 + 12H_2O + 0.6kcal \cdot g^{-1}$$

(3－32)

通过调整 $KClO_3$ 和乳糖/蔗糖的配比来调控烟雾的持续时间以及生成的热。$KClO_3$ 和蔗糖反应生成的热汽化染料，而气态产物又有助于汽化染料粒子的分散，然后汽化染料粒子凝结成彩色烟雾。为了得到高质量的烟雾，染料的汽化部分和非汽化部分的比例大致相等。下面列出了一些重要的染料和它们能产生的颜色：①1—甲胺基蒽醌红色；②1—氨基蒽醌橙色；③喹啉黄/金胺盐酸盐黄色；④1，4—二—P—甲苯醌蒽醌绿色；⑤1，4—二甲胺基蒽醌蓝色。

$NaHCO_3$ 和 $KHCO_3$ 是常用的用于阻止染料过度分解的冷却剂。氯化铵、溴化铵、乙酸铵、碳酸铵、硫酸铵和酒石酸铵的缺点是在凝聚过程中形成白色烟雾，这会降低颜色浓度。碳酸钙、高岭土等惰性稀释剂会降低燃烧速率。可用各种黏结剂来增强烟雾剂的机械强度并控制燃速。

在制造烟雾剂(尤其是有机烟雾剂)的过程中经常遇到的问题是，配方具有燃烧的趋势；这个问题可以通过加入冷却剂和正确设计烟雾排放喷嘴来解决。配比为 50/50 的氯酸钾/乳糖是典型的效率极高的加热混合物，其燃烧反应见反应式(3－32)。烟雾剂的典型配方是：乳糖 25％；氯酸钾 25％；染料 50％。

某些情况下，将染料与 PETN 混合，可以获得持续时间短的瞬时烟雾剂。许多化学物质可以用很多不同方法生成白色烟雾，以基于质量计算，白色烟雾生成效率高于彩色烟雾。

许多种彩色烟雾剂在不同领域有了广泛应用，这些彩色烟雾剂有：飞行器或直升机着陆用烟雾剂(可生成持续时间 120s 的橙色烟雾)；防空武器和空军武器操作

手训练用烟雾剂(可生成持续时间 65s～70s 的高浓度红色烟雾);防御水雷训练用烟雾剂(可生成持续时间为 60s 的高浓度橙色烟雾)等。

6. 环保型烟雾剂

烟雾剂的许多组分具有毒性,因此,研究无毒和环境友好型烟雾剂组分是烟雾剂发展的重要方向。环保型烟雾剂越来越多的用于训练。环保型烟雾剂的配方同彩色烟雾剂一样含有燃料、氧化剂和黏结剂。经过多轮实验筛选,最合适的氧化剂是 $KClO_3$,最合适的燃料是糖/蔗糖。

(1)氯化铵烟雾剂。荷兰授予专利权的一个配方是:56%NH_4Cl,15%精制糖,9.5%松香和 19.5%$KClO_3$。这个烟雾剂生成的乳白色烟雾能持续很长时间,它用于压力容器测试渗漏,也可用于训练。NH_4Cl 粒子的分散形成了烟雾,而 NH_4Cl 基本上是无毒的。ShidloVskiy 报道的另一个配方是:50%NH_4Cl,20%萘/蒽,20%～30%$KClO_3$,0～10%木炭;这个配方生成的烟雾无毒,并可用于训练。HEMRL 的 Pune 开发出一种烟雾剂配方的烟雾生成器,配方是:45%NH_4Cl,40%$KClO_3$,15%蒽和黏结剂;这个烟雾生成器释放出无毒烟雾,主要用于轮船的消防预警以及新兵训练。

(2)NaCl,KCl 型烟雾剂。德国 NICO 烟火药研究所生产了一种名为 KM 的无毒烟雾剂配方,它含有 44%KCl,27%KNO_3,5%$KClO_4$,8%Mg,16%偶氮二碳酰胺。该烟雾包含升华性的 KCl 粒子、钾粒子和 MgO 粒子,这些物质基本上都无毒。

(3)以肉桂酸和对苯二酸为基的烟雾剂。这类配方的主要成分及配比为:29%$KClO_3$,12%蔗糖,47.5%可挥发性的肉桂酸,6.5%$NaHCO_3$(用作冷却剂),5.0%SiO_2,硝化棉用作黏结剂。该烟雾剂能生成大量烟雾,可用于消防训练。另一个配方是:57%对苯二甲酸,14%蔗糖,23%$KClO_3$,3%$MgCO_3$,1%石墨,2%硝化棉(用作黏结剂)。此配方也生成无毒烟雾,并可用于训练。

德国 NICO 烟火药研究所研制成功世界上第一种多谱段烟雾遮蔽剂(命名为 NG90),这种烟雾遮蔽剂不仅能使 IR 波段和可见光波段的电磁谱仪失效,也能使毫米波段雷达失效。因此,绝大多数的勘测和目标搜寻装置不能穿透 NG90 烟雾剂产生的烟雾。NG90 烟雾剂以 $KClO_4$,Mg 和碳为基材,装填于弹药筒、榴霰弹筒或手榴弹筒中,能生成环保型的烟雾。Mg 被 $KClO_4$ 氧化的同时释放出足够的热量,释放的热量将碳转变为气凝胶微粒,后者散射出电磁波。NICO 还宣称 NG90 能将 35GHz～140GHz 信号弹的能量衰减超过 99%。文献报道了一种与 NG90 类似的烟雾剂,这种烟雾剂由 50%～70%蒽/萘和 30%～50%的 $NaClO_4$/$KClO_4$/AP 组成,这种烟雾剂与碳微粒同时使用可生产诱骗烟雾剂,其屏蔽效率主要在 IR 区(尤其是波长为 0.781～14.0μm 波段)。

7. 雾油发烟剂

大分子的脂肪族或芳香族烃类中,可以选出许多适合的发烟剂,用热气流加热喷射发烟,加热时大部分蒸发凝聚成烟雾。这是一种无刺激的中性烟幕。许多大中型发烟装置采用雾油发烟剂。特制的烟雾发生器将油料加热,经喷嘴雾化,送至加热器受热,蒸发,形成过饱和蒸汽,经喷管排至大气中冷凝成雾。使用喷气发动机可以使雾油迅速雾化。

石油是这些化合物的主要来源,以分馏法馏出各组分。在 150℃以下馏出的是汽油,它不能作为发烟剂,在 150～300℃之间馏出的是煤油,在高温时分馏而不分解的部分叫柴油、机油,它们在空气不足而加热时都能产生烟。用 300%水蒸气分馏制得的是凡士林。凡士林是一种液体和固体烃类的混合物.石油的高温蒸馏液结晶时所分离的固体蜡状产物称为石蜡,未经分馏的不分解的石油部分称为重油。重油可以用过热的水蒸气进行分馏,同时制得润滑油。重油是稠的有粘性的黑色液体,其密度为 0.89～0.9 g/cm^3,重油往往作为燃料,但是在进入的空气不足而加热时则产生烟,此烟的分散相是由石油、石蜡和沥青所组成。润滑油易于升华,并且能得到滑油雾,在实验室里常常用加热这种油升华来对雾进行研究。沥青在升华时能发烟。石蜡是无臭无味的白色物质,固体石蜡的密度为 0.89～0.91 g/cm^3,液体石蜡的密度为 0.78 g/cm^3,熔点为 45～60℃,石蜡的化学稳定性很高,并能升华,形成稳定的烟。

8. 信号烟雾弹

以 RP(红磷)为基材的弹药可用作多种军用信号弹,尤其是对海军,可用作"人落水"的信号、标定受损潜艇和反潜的位置、显示驱雷作业和实弹演习的靶标等。肉眼和 IR 定位装置都能发现很远处 RP 燃烧生成的烟雾和火焰。

信号烟雾弹的烟火药性能要求是能生成大量的可见火焰和烟雾,并能持续较长时间。将含 50%～70%RP、20%～40%金属燃料/氧化剂混合物及约 10%聚合物粘结组成的配方装入弹筒,具有可控的燃速,且符合信号烟雾弹烟火药性能要求。另一个以 RP 为基材,用作信号弹的低燃速烟火药配方如下:红磷 51%;二氧化锰 35%;镁 8%;氧化锌 3%;亚麻籽油 3%。

这个配方的燃烧反应非常复杂。燃烧反应表明,在氧存在下,两种燃料(Mg 和 P)发生协同的氧化反应。据认为,Mg 的铝热反应提供的热量使大量的 P 蒸发并在空气中燃烧。燃烧反应为

$$\left.\begin{aligned}&2Mg+MnO_2\rightarrow 2Mgo+Mn\\&Mg+ZnO\rightarrow MgO+Zn\\&Zn+1/2O_2\rightarrow ZnO\\&4P+5O_2\rightarrow 2P_2O_5\\&P_2O_5+3H_2O\rightarrow 2H_3PO_4\end{aligned}\right\}\quad(3-33)$$

以 RP 和硫酸钙为基材的烟火药的燃速大于 0.08 mm/s。为得到可接受的信号，RP 应以足够低的速度挥发，因此，以 Mg，Al 和 MnO_2 为基材的加热配方得到了应用。配方中的 RP 需用有机黏结剂涂覆，而亚麻籽油是最高效的黏结剂，但有时也用聚乙烯醇缩丁醛树脂（PVB）。以 PVB 涂覆 RP 和硫酸钙为基材的烟火药能以可接受的燃速生成所需要的信号。

9. 就便发烟剂

利用发烟材料来源广泛、价格便宜、快速制作特点，将其装填在不同的容器内（如木箱、纸盒、铁桶、水泥袋、土坑等），安上引火装置，即可做成各种形式的就便发烟器材，满足战时或平时训练需要。其原料配方如下：

配方 1：氯酸钾（碾碎）16%；氯化铵（碾碎）23%；蒽（碾碎）20%；煤面（过筛、晒干）14%；锯末（过筛、晒干）27%。

配方 2：锯末（过筛、晒干）50%；煤面（过筛、晒干）20%；硝酸钠（碾碎）23%；煤油 7%搅拌均匀。

配方 3：锯末（过筛、晒干）60%；氯酸钾（碾碎）20%；煤面（过筛、晒干）20%。

配方 4：锯末（过筛、晒干）50%；煤面（过筛、晒干）15%；硝酸钠（碾碎）20%；精萘（碾碎）15%。

配方 5：锯末（过筛、晒干）34%；硝酸铵（过筛、晒干）36%；煤面（碾碎）15%；硫磺 5%搅拌均匀；柴油 10%搅拌均匀。

三、发烟器材简介

发烟器材的种类很多，从构造和发烟方式上可分为三大类：发烟罐、发烟弹、发烟机等。

1. 发烟罐

发烟罐是一种装有混合发烟剂和点火装置的纸筒或金属圆桶，它们的形状、大小、质量各不相同。通常是利用自身燃烧的方法将发烟剂升华成烟，有电动或手动。发烟罐是普遍使用的发烟器材。

（1）发烟罐的装填物。发烟罐中的装填物通常由发烟剂、燃烧剂、消焰稳定剂、松软剂等组成，碾碎、混合压制均匀，以形成完善的发烟条件。

发烟剂一般为固体，加热升华发烟，如蒽发烟剂、金属氧化物发烟剂等，也可为雾油发烟剂。发烟剂不同，其辅助配剂也不同。

燃烧剂通常是用各种碳和含有丰富碳的化合物，有时也用硫。许多发烟剂如重油、沥青、石蜡、地蜡、萘、蒽、茚等可以部分地用作燃烧剂。

氧化剂：碱金属的硝酸盐和氯酸盐通常用作发烟剂中的氧化剂。

消焰稳定剂：当混合发烟剂过猛过快燃烧时，需要一种化学物质抑制燃烧并使燃烧稳定，这就是消焰稳定剂。稳定剂能吸收大量热量并蒸发成气态，如胺盐、草酸、尿素、某些碳酸盐、硫酸盐、盐酸盐等可作为稳定剂。

松软剂可使发烟剂燃烧时保持孔隙，气流畅通。由于发烟混合剂常是一种半流体甚至于很稠的状态，燃烧时它变稀，这种稠状物覆盖氧化剂，燃烧的正常过程被破坏。为防止上述现象，在混合剂中加入多孔的松软剂，这种多孔物质本身能留住大量液体，同时保持孔隙性。

硅藻土、$MgCO_3$、细锯末可作松软剂。硅藻土是一种多孔白色或淡黄色粉末，主要由 SiO_2 组成，硅藻土块的密度为 $2.2g/cm^3$，硅藻土粉末的密度为 $1g/cm^3$。

有时加入一些密实的、化学性质不活泼的填充剂，如白陶土、白垩、硼砂、泥、硫酸盐和氧化铁等，使燃烧更加均匀稳定。

(2)发烟罐的装填方法。发烟剂的各成分都应符合质量标准，应当先将其干燥，碾碎和过筛，严格按配方准确称量。

混合时要特别小心，不允许将氧化剂和燃烧剂混合时发生摩擦，因此混合时要严格按一定顺序进行，并有严格的保安措施。

一种顺序是：把燃烧剂放在一边，将氧化剂和其他各成分混合均匀，然后再将燃烧剂加入混合剂中，搅拌时应在软的储器中进行，如橡胶制品，布或皮制品，木制容器等。搅拌棍也要软性，且动作要轻。

另一种顺序是：把氧化剂放在一边，将燃烧剂和其他各成分混合均匀，然后再将氧化剂加入混合剂中，搅拌时应与前一种方法一样，同样要小心谨慎。

混合好的发烟剂应迅速装入发烟罐中。保证均匀的装填密度是关键工艺。

人工装填的方法是：根据罐体大小称取一定量的混合发烟剂，逐渐加入罐中，边加边用木棒来压紧，保证达到规定的密度。

各成分装填完毕后用隔板将其密封，装上发火装置，要保证装填物与外界隔绝，防氧化和防潮湿。

(3)国产发烟罐及发烟手榴弹。国产部分发烟罐和发烟手榴弹性能见表3－25。

表 3-25　发烟罐及发烟手榴弹

类 别	小型发烟罐	中型发烟罐	5 型发烟筒	大型发烟筒（15 型）	发烟手榴弹	海上发烟筒
发烟剂	蒽混合发烟剂	蒽混合发烟剂	蒽混合发烟剂	蒽混合发烟剂	蒽混合发烟剂	蒽混合发烟剂
发烟罐总质量/kg	2.2～2.3	7.5	40	45～46	0.6	43～45
发烟剂质量/kg	1.9	6.5	32	33～34	0.36～0.35	34
传火时间	30～40	30	25～30	25～30	5～10	25～36
发烟时间/min	5～7	13～15	4～8	12.5～17.5	1～1.5	10～12
烟幕长度	75～100	120～150		100～125	30	
烟幕宽度	10～15					

(4)美军发烟罐及发烟手榴弹。美军发烟罐性能见表 3-26

表 3-26　美军发烟罐

类 别	ABS－M5,30 磅 HC	AN－M7/M7 Al SGF2 漂浮发烟罐	M4A2,HC 漂浮发烟剂	M1,10 磅 HC 发烟剂	AN－MB,HC 发烟手榴弹
发烟剂	六氯乙烷，Zn 等	雾油	六氯乙烷，Zn 等	六氯乙烷，Zn 和 Al	六氯乙烷，Zn 和 Al
发烟罐总质量/kg	15（33 磅）	18（40 磅）	17.2（38 磅）	5.4～6.1（12～13.5 磅）	0.73（1.6 磅）
发烟剂质量/kg	14（31 磅）	5.9（13 磅）	12.5（27.5 磅）	4.3～5（9.5～11 磅）	
发烟时间/min	12～22	8～13	10～15	5～8	1.5～2.5
发烟罐发烟速率 kg/min	0.64～1.2	1.4～2.2	0.83～1.25	1.9～1.2	
每小时在 1km 正面上发烟罐平均消耗总定额(申请总额)			85	220	

2. 发烟弹药

发烟弹药包括手投(枪发)发烟弹、发烟炮弹、发烟航弹，现在还装备了单兵使用的62mm火箭发烟弹和特种烟幕多管火箭系统。

(1)国产发烟弹药。手投(枪发)发烟弹弹径较小，一般在37～60 mm之间，发烟时间在20～30 s。手投(枪发)发烟弹与手投燃烧式催泪弹结构原理相同，发烟剂均压制成药柱装于弹体内。可根据需要装填白色、彩色等发烟剂。

白色发烟剂是以PVC为黏合剂、可燃剂和氯载体的改性HC新型发烟剂。由PVC，ZnO，$NH4ClO_4$和NH_4Cl等组成。彩色发烟剂是由氯化剂、$KClO_3$、可燃物糖和有机染料等组成，蓝色发烟剂的成烟物为酞菁蓝，紫色发烟剂的成烟物为玫瑰精、靛蓝。

发烟炮弹(迫击炮弹)弹体内的装料为黄磷发烟剂，中央有一金属管，装填少量炸药，用以爆裂弹体，分散发烟剂。通常采用瞬发引信，以避免弹坑过深，减少发烟剂的损耗。发烟炮弹能直接在敌人的阵地内构成烟幕，有效地迷盲敌人的观察所和发射点；掩护坦克和步兵冲击；测定风速风向和作信号联络；用以指示轰炸和射击目标等。

在中等气象条件下，发烟炮弹(追击炮弹)爆炸后，经过2～3s后，形成烟幕的宽度和高度见表3-27。

表3-27 烟幕的宽度、高度和持续时间

发烟炮弹口径/mm	与风向成垂直方向时烟幕宽度/m	烟幕高度/m	烟幕持续时间/s
85加农炮弹	20～25	4～6	15～20
100迫击炮弹	25～30	5～7	25～40
120迫击炮弹	30～40	7～9	25～40
82迫击炮弹	10～15	2～3	15～20
122榴弹炮弹	30～40	7～9	25～40

注：①当风速超过10m/s，以及目标地为沼泽地时不便使用炮兵器材释放烟幕。

②任何6门火炮，正面(顺、逆)风时，可迷盲100～150m正面；侧风时可迷盲300～500m正面。

③顺风时，使用发烟炮(追击炮)弹施放烟幕的地区应在目标前面。迷盲点目标时，弹着点在目标前50～100m处；迷盲宽大正面目标时，弹着点在目标前100～400m处。逆风时则弹着点与目标结合在一起。

发烟航弹内装填黄磷发烟剂，用以迷盲敌人火力，妨碍其军队机动，掩护部队的冲击和机动。发烟航弹装料85 kg，黄磷飞散半径15～18 m；烟幕宽度30～50

m;烟幕高度10～15 m;烟幕顺风扩散纵深300～400 m;烟幕持续时间10～30 min。其中4枚发烟航弹在正面风时可构成正面200～300 m的烟幕;侧风时可构成800～1 000 m的烟幕。

坦克上装备的快速烟幕抛射系统用76 mm发烟弹8发齐射,在5 s内完成宽100 m,高20 m,厚度20 m的烟屏,持续2 min遮蔽可见光和干扰1.06 nm的激光探测器;可达到自身防护和掩护步兵的作用。

我国发展的轻便火箭发烟器材有62单兵火箭黄磷烟幕弹和62单兵8管红外遮蔽烟幕火箭系统。后者发射8枚火箭弹用10 s,可将4 kg的红外烟幕剂投射到千米之外,形成宽120 m,高20 m,厚20 m的烟墙,当风速为3 m/s时,遮蔽红外达40～50 s。

国产75式火箭深水炸弹发射发烟弹,弹在离舰200 m处的前方空炸,能在10 s内形成长800 m,厚度50 m的烟墙。

(2)美军发烟弹药。美军的发烟弹药包括发烟迫击炮弹,发烟榴弹。

1)发烟迫击炮弹。发烟迫击炮弹可以在中等距离上对一特定地区实施大面积迷盲烟幕施放,无论是81 mm迫击炮,还是4.2in迫击炮都可以发射黄磷烟幕弹。新的和改进的迫击炮弹都将使用红磷发烟弹,使用红磷可以延长燃烧时间,对红外观察、制导效果进行干扰。4.2in发烟剂质量1.9 kg,成烟时间0.5 min,发烟时间1 min;81 mm发烟剂质量13.7 kg,成烟时间0.5 min,发烟时间1 min。

2)发烟榴弹。利用野战火炮(榴弹炮、加农炮)在较远的距离上快速布设迷盲干扰烟幕。发烟弹有两种装料,黄磷和六氯乙烷。新的改进的发烟炮弹是使用新近发展成功的黄磷浸毡楔的发烟弹,这种新的发烟弹燃烧的时间长,覆盖面积大,并显著改善了储存性能。

坦克发射的发烟弹可在一较小的面积内或选定目标内产生遮蔽烟幕。90mm和105mm坦克炮都可以发射燃烧型黄磷弹。美军发烟炮弹技术指标见表3-28。

表3-28 美军发烟炮弹

火炮口径	发烟剂种类	发烟剂质量/kg	有效烟幕持续时间/min	平均发烟时间/min
155mm	WP	7.1	0.5	1～1.5
155mm	HC	11.7	1～1.5	4
105mm	WP	1.8	0.5	1～1.5
105mm	HC	3.4	1～1.5	3

3)小型发烟榴弹。烟幕榴弹发射器和小型烟幕榴弹是小规模烟幕发生器材，美军有3种类型发射器，安装在坦克或装甲侦察车上，这些发烟榴弹可迅速地伪装或遮蔽军事车辆，使对方捕捉不到目标。车长一般都在敌人一开火射击时便发射烟幕弹，这样车辆驾驶员才有时间在烟幕掩护遮蔽下采取回避动作，使装甲车辆生存能力提高一倍。

这些烟幕榴弹发射器由短发射管构成，安装在炮塔前方两侧，可单发或单侧发射，也可连发或双侧齐射，使小型发烟榴弹在60°～90°扇面上100 m或50 m处迅速发烟，在2～3 s内形成100 m宽、6 m高的烟幕，可持续几十秒至3 min。德国和英国都有类似装备。如英国主战坦克“首领式”两侧安装两个M239榴弹发射器，每个具有6个发射筒，成蜂窝状，配用L8Al烟幕弹，弹体系橡胶制品，内装丁基橡胶涂敷的红磷(红磷占95%)。弹重690 g，弹长18.7 cm，弹径6.6 cm，装料360 g，2 s左右形成35 m长、6 m高的遮蔽烟幕。美国将M239榴弹发射器移植到其主战坦克Ml上，并参加了海湾战争。美军小型发烟榴弹发射器的性能见表3-29。

表3-29　小型发烟榴弹发射器性能

型　号	榴弹数目	烟幕距车距离/m	发射弧度	有效烟幕形成时间/s	平均发烟时间/min
M176HCWP	8	30～40	90°	5	1.5
M226 HC	8	30～40	90°	6	1.5
M239 红磷	12	24～30	110°	2	1～3

3. 发烟机

脉动喷气机械烟幕发生器简称发烟机，它能使雾油气化，气化的雾油施放到大气中凝结成白色烟幕，用于遮蔽大面积的地域，发烟机装载在车辆上，操作需专门训练的技术兵，越野和机动受限制，发烟机只限于在所属地域内应用。

(1)国产发烟机。国产燃气洗消车兼有发烟、大型兵器洗消和吹雪功能。两车一组或单车作业，主车装有涡轮喷气发动机作为洗消、发烟动力源，辅车装有3400 L机油。在涡轮机喷嘴里直径方向有四个燃油喷嘴，发烟时，50号机械油通过涡杆泵泵入喷嘴，在高温、高速气流作用下迅速雾化，冷却成浓密的烟幕。每小时耗油2 t，当风速为3 m/s等温定点发烟时，在10 min内，烟幕长度大于1 000 m，宽度大于100 m，可连续发烟1.5 h，可定点发烟也可行进中发烟。

国产FYC—01，FYC—02，FYC—03型专用发烟车，能形成长时间的雾油烟幕、抗红外烟幕,并已在发展干扰毫米波的烟幕。

(2)美军发烟机。美军 M 系列发烟机有一个脉动式喷气发动机和一个活动部分即 16 瓣发动机阀门。发动机每小时约用 3 USgal(约 11.4 L)汽油,当发动机运转时,雾油喷入发动机管道,发动机燃烧的炽热气体迅速通过雾油喷入喷嘴使雾油气化。发动机每小时汽化 25～50 USgal(95～190 L)雾油,发动机可置于地面操作、使用,也可安装在卡车上、船上,可长时间地连续使用。

另一种使用雾油发烟的方法是:车辆发动机废气烟幕系统(VEFSS)在美军所有 M60 系列的坦克上都装有车辆发动机废气烟幕系统,该系统利用来自发动机油泵的压力,每分钟将大约 1 USgaI(3.8 L)的柴油均等地分配给左右两个格子,通过管子,柴油汇集到管子头部的涡轮式增压器,并进入发动机热废气系统迅速汽化并和废气一道排入大气中,汽化的油料在大气中凝结成浓密的波浪形的白色烟幕。

M52 直升机烟幕发生系统是很有效的烟幕施放手段。该系统由装雾油的容器、雾油输送泵、喷射环及喷嘴组成,喷出的雾油进入炽热的发动机废气流出,在那里升华汽化,导入空气中形成浓密的白色烟幕。当直升机飞行速度小于 170 km/h,高度低于 80 m(50 ft)时,烟幕覆盖范围 30～40 m,宽 6.4 km(4 mile),烟幕施放时间 3～7 min。

第 4 节　照明器具

一、概述

照明器具主要用于夜间或其他能见度差时战地照明和目标照明,也用于观察、射击校准和干扰敌方夜视器材。当前虽然出现了各种红外、微光等夜视器材,但由于它们在战场上的使用受技术、成本等的限制,还不能取代照明弹药。相反,目前国内外的各种照明弹药仍在不断地改进并装备部队。

照明弹是在弹体中装有照明炬和吊伞等部件,在空中按预定时间将其抛出,点燃后的照明炬利用其燃烧发光照亮地面,并靠吊伞来减小照明炬下降的速度,以保证在一定范围内保持一定的照明时间。照明弹有下述要求。

(1)有合理的光谱范围,发光强度要大。具有较大的发光强度(简称光强度),才能在更大范围内识别各种目标(光照度一般需要 1～11 lx)。目前国外照明弹的光强度一般为 1.8×10^5～2×10^6 cd。对人眼观察来说,不仅要求必要的照度,而且还要有合适的光谱。一般来说白光要好些。但由于黄光透射率高,因此,在同样光度下,使用黄光照明弹地面上的照度明显高于白光照明弹。再加上目前的黄光药在等重的条件下要比白光药的光强度大，燃烧时间长，所以目前国外已普遍选用黄光。

(2)要求足够长的发光时间。为了使观察者有足够的时间去搜索并发现和识别目标，一般照明弹的有效照明时间不得少于 20～25 s。目前国外照明弹照明时间一般为 30～120 s。

(3)下降速度要小。吊伞、照明炬系统在空中的下降速度，不但直接影响照明时间，而且还影响着对地面目标照明效果的稳定性，下降速度越小，照明效果越好。目前国外一般 3～5 m/s。

(4)作用可靠。要求照明弹空中点火后，弹体内的装填物能可靠地抛出；吊伞张开要适时、可靠；照明炬可靠燃烧，药剂不脱落等，这些都是保证照明效果的主要环节。

照明弹药一般通过榴弹炮、迫击炮发射，也有操作简单的手持发射式照明弹。榴弹炮照明弹、迫击炮照明弹在有关资料已有详细介绍，本节介绍经过改进的两种单兵使用的照明器具，手持拉发照明弹、手持照明炬。

二、照明烟火药

1. 技术要求

(1)单位质量照明烟火药应产生最大光能。单位质量照明烟火药燃烧时产生的最大光能可用单位质量光量来描述，为保证清晰观察到各类目标，单位质量光量应在 25×10^{4} lm·s/g 以上才属有效照明烟火药。

(2)辐射光谱应适宜于人眼观察目标。好的照明烟火药应有舒适感的光色和较好显色性。照明烟火药发出的光除能保证观察明显外，还必须保证能正确地区别出各种颜色。照度小于 0.2 lx 时，人眼看到的物体是暗淡无色的，只有当照度增大至 1～2 lx 以上时，才能明显观察到各类目标。照明烟火药最理想的辐射应该是光谱辐射强度的分布情况近似太阳辐射，因为肉眼对它已习惯和适应。

光辐射的显色性是人眼观察被照物所呈现的颜色性质，即被照目标颜色的再显示能力，可用显色指数(Ra)来表征其优劣。当显色指数值为 100～75，光源质量为优良；当显色指数值为 75～50，光源质量为一般；当显色指数值在 50 以下时，光源质量为劣。一个好的照明烟火药，其显色指数不应低于 75。

(3)具有适当的燃烧速度。经测试，夜间照明弹照明地形或观察目标所需最小照明时间为：500 m 处需 4.5 s；1 000 m 处需 6.1 s；1 414 m 处需 10.0 s。实际战术使用照明时间均大于这些数值，因此照明烟火药制品应具有适当的燃烧速度。一般大型照明弹的燃烧速度为 1～2 mm/s，小型照明炬制品的燃烧速度为 4～10

mm/s。

2. 配制原则

照明烟火药主要由氧化剂和可燃物组成，其他成分(包括增强力学性能与化学稳定性的黏合剂和改善照明烟火药燃烧性能的附加物等)的总含量很少超过10%～15%。合理地选择氧化剂、可燃物和其他成分，并确定最佳比例，决定着烟火药的照明性能。

(1)氧化剂。其选择原则是：

①含氧量丰富，在较高温度下易分解，分解热不大。表3-30给出了钡盐氧化剂的性能及镁粉和这些盐类二元混合物燃烧时的热效应。

表3-30　几种钡盐的特性及与Mg的二元混合物的热效应

氧化剂	分解出1g氧所消耗的质量/g	氧化剂放出1g氧需消耗热量/J	与Mg的二元混合物	
			Mg含量/%	1g混合物的热效应/J
$Ba(ClO_3)_2$	3.35	1.67	32.4	8 372
$Ba(NO_3)_2$	3.27	−5.02	31.7	7 116
$Ba(NO_2)_2$	5.10	−4.60	29.4	4 186
$BaSO_4$	3.64	−15.47	22.8	5 023
BaO_2	10.59	−2.93	12.6	2 930

②分解生成物应呈灼热的固态或液态微粒，并能产生对人眼敏感的黄绿色光谱。照明烟火药的发光性示数高低是选择氧化剂的重要依据，表3-31给出了利用几种不同氧化剂配制的二元混合物发光性示数，实验时照明炬直径为24 mm且为纸质壳体。照明烟火药中常用的氧化剂是硝酸盐，其中最常用的是硝酸钡，和其他硝酸盐相比没有吸湿性，这是它的最大优点。与硝酸钡相比，硝酸钠做氧化剂时发光强度高，燃烧时间长，照明效果好，但极易吸湿。

(2)可燃物。其选择原则：①有尽可能高的燃烧热。要求照明烟火药应选择其1 g氧化物的生成热不小于9.36 kJ的可燃物。②燃烧生成物应为高熔点、高沸点的物质，这样可使火焰中含有尽可能多的固态或液态灼热微粒。工程上常用Mg，Al及其合金做可燃物。

(3)黏合剂。照明烟火药常用的黏合剂有清油、松香、松脂酸钙、酚醛树脂、环氧树脂、虫胶、亚麻油和蓖麻油等。清油做黏合剂时，制备工艺简单，机械敏感度小，生产安全，并能获得较好的照明效果，许多照明烟火药选用它。黏合剂加入后常使照明烟火药的发光强度降低。

表 3－31　几种不同氧化剂所配制的二元混合物的发光性示数

二元混合物	配比	密度/g.cm^{-3}	燃速/mm.s^{-1}	质量光量/lm.s.g^{-1}
$Ba(NO_3)_2/Mg$	60:40	1.94	8.0	16.24×10^4
$NaNO_3/Mg$		1.71	11.0	19.0×10^4
KNO_3/Mg		1.69	8.7	13.25×10^4
NH_4NO_3/Mg		1.72	1.8	7.0×10^4
$Ba(NO_3)_2/Al$		2.70	4.9	19.5×10^4
$NaNO_3/Al$		2.17	2.6	19.13×10^4
KNO_3/Al		2.18	0.8	1.63×10^4
NH_4NO_3/Al		2.02	1.6	1.03×10^4

(4)附加物。照明烟火药中加入某些附加物将改变照明烟火药的发光性能。如在钡盐照明烟火药加入适量氟硅酸钠和氯化聚醚，不仅可以改变光谱能量分布提高发光强度，还能增加燃烧时间，见表 3－32。加入六次甲基四胺，可以增大火焰面积和气体产物。

表 3－32　附加物对发光强度和燃烧时间的影响

照明烟火药配方/%	发光强度 $I\times10^4$ cd	燃烧时间 t/s
硝酸钡 54，镁粉 40，清油 4，石墨 2	67.3～70.8	46.6～50.3
硝酸钡 47，镁粉 43，清油 4，石墨 2，氯化聚醚 2，氟硅酸钠 2	70.6～80	49.1～52.3

(5)各成分含量的确定。照明烟火药各成分含量的确定可采用经验方法和理论计算法。用计算法确定照明烟火药各组分含量时，可将多组分配方视为由同一氧化剂和不同可燃物组成的多个二元配方。为了提高照明烟火药的有效装药载荷和发光效率，照明烟火药燃烧时常借助空气中的氧燃烧，基于这些，配方确定要以负氧平衡为原则，负氧差大小一般要兼顾发光强度和燃速两方面。根据经验，氧差 n 取值通常为 - 19～－27 g 氧为宜。对负氧差照明烟火药来说，其发光强度在一定范围内随负氧差绝对值的增大而增大，燃烧时间也变长，达到最大值后，随负氧差绝对值的继续增大发光强度反而下降，燃烧时间缩短。表 3－33 给出了不同配

比 $Ba(NO_3)_2/Mg$ 二元配方发光示性数。

表 3-33 $Ba(NO_3)_2/Mg$ 不同配比二元配方的发光示性数

配方/%		氧差	发光强度/	燃速/	燃烧热/	质量光量/	发光效率/	有效光能系数/%
$Ba(NO_3)_2$	Mg	$n/g(O_2)$	$\times 10^4$ cd	$(mm.s^{-1})$	$(kJ.g^{-1})$	$\times 10^4 (lm.s.g^{-1})$	$(lm.W^{-1})$	
68	32	0	5.17	2.9	7.02	27.6	39.0	6.4
57	43	−11	11.6	6.4	9.81	36.25	36.9	5.9
47	53	−20	19.8	7.8	12.93	41.25	32.6	5.0
37	63	−30	24.6	9.8	15.09	44.13	28.5	4.5
28	72	−39	17.2	8.1	17.69	38.0	25.6	4.0

3. 典型照明烟火药配方

钡盐(白光)、钠盐(黄光)照明弹中照明烟火药各成分的含量见表 3-34 和表 3-35。表 3-35 中的 1 号成分是迫击炮照明弹用的黄光照明烟火药,它与表 3-34中同配比的 2 号钡盐照明烟火药相比,光度提高一倍,燃烧时间长1/4 左右。

4. 混制工艺流程

线膛炮和迫击炮用照明剂,有钡盐和钠盐两类。钡盐氧化剂是硝酸钡,钠盐氧化剂是硝酸钠,其余均为镁粉、清油、石墨等。其混制工艺过程如图 3-16 所示。

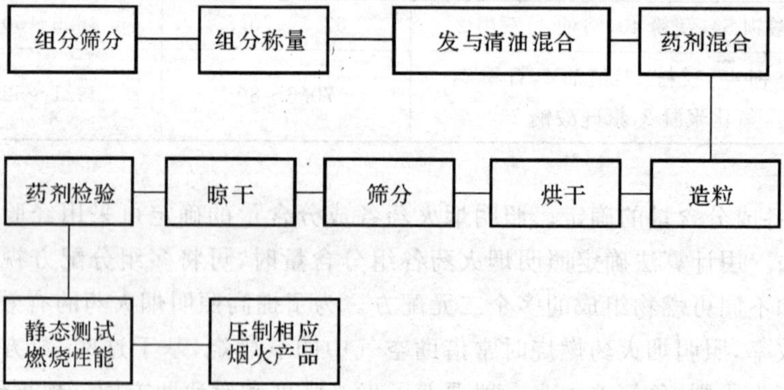

图 3-16 照明剂混制工艺流程

表 3－34　钡盐(白光)照明烟火药配方

序号	成分配比/%							照明星体性能				
	硝酸钡	钝化 2# 镁粉	清油	石墨	铝粉	氟硅酸钠	氯化聚醚	发光强度 /×10⁴cd	燃烧时间 /s	燃速 /(mm.s⁻¹)	面发光强度 /×10⁴(cd.cm⁻²)	质量光量 /×10⁴(lm.s.g⁻¹)
1	55	35	3	2	5			2.3	13.1	2.2	0.6	16.25
2	54	40	4	2				2.7	12.3	2.3	0.6	17.5
3	60	33	5	2				1.9	16.1	1.8	0.5	16.25
4	47	43	4	2		2	2	1.8	16.5	1.9	0.4	15.0
5	48	40	4	2		2	4	1.4	17.6	1.8	0.3	12.5

表 3－35　钠盐(黄光)照明烟火药配方

序号	成分配比/%							照明星体性能				
	硝酸钡	钝化 2# 镁粉	清油	石墨	六次甲基四胺	树脂胶	氯化聚醚	发光强度 /×10⁴cd	燃烧时间 /s	燃速 /(mm.s⁻¹)	面发光强度 /×10⁴(cd.cm⁻²)	质量光量 /×10⁴(lm.s.g⁻¹)
1	54	40	4	2				5.0	16.0	1.7	1.2	50.0
2	51	44	5					5.0	17.3	1.6	1.2	50.0
3	39	53	3				2	5.2	21.8	1.4	1.2	71.25
4	53	40	5		2			3.8	25.0	1.1	0.9	60.0
5	40	54				6		5.1	20.0	1.4	1.2	63.75

三、照明弹结构原理

1. 手持拉发照明弹

手持拉发照明弹结构和有关信号弹相似，内装吊伞照明炬装置，其作用方式是利用火箭发射原理将弹仓发射到空中，弹仓内的照明炬(剂)被点燃并被抛出仓外，在吊伞的作用下徐徐下落并在空中燃烧发出强烈可见光，用于临时照明与通信联络。手持拉发式照明弹采用手持拉发摩擦点火方式，弹筒外径 44mm，发射筒兼做弹筒，无需专用发射装置，便于携带和发射，适合部队紧急围捕、搜救等夜间处置紧急事件。

(1)作用原理。照明弹由发射筒、点火装置、内弹筒组成，其结构原理如图 3-17 所示。发射筒兼作包装筒；内弹筒作为一个抛射体，内装有带降落伞的照明炬、抛射药、火箭发动机；点火装置与发射筒后端通过胶粘固联装配。作用时，操作者一手垂直握紧发射筒，另一手快速拉出摩擦点火器拉绳，点燃点火药，燃气经喷嘴高速喷出，引燃火箭发动机装药，产生的高温高压气体做功，推动内弹体脱离发射筒上升。发动机装药燃烧结束后，点燃抛射药，使照明炬和降落伞从内弹筒中抛射出来，前抛相对速度约为 80 m/s。被抛出的照明炬在空中燃烧，发出强烈可见光并在吊伞作用下徐徐下落，产生照明与信号效应。手持拉发照明弹照明炬质量为 125 g，这种照明弹在高度为 200 m 左右时开始作用，吊伞的下降速度约为 5 m/s，照明直径约 300 m，照明时间 30～60 s，其发光强度达到 10×10^4～15×10^4 cd。

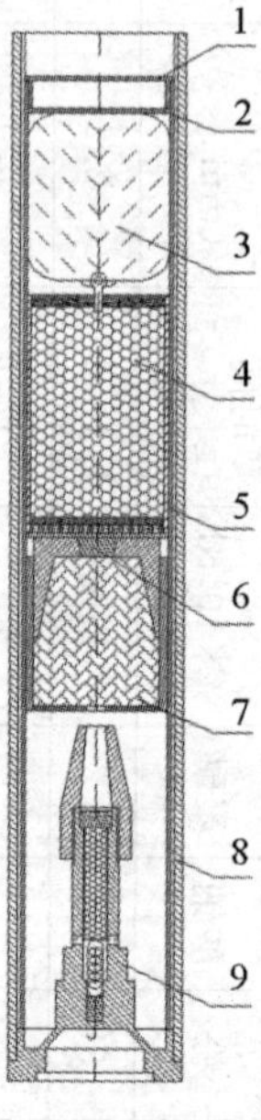

图 3-17　手持拉发照明弹结构原理

1—密封盖　2—垫片　3—降落伞

4—照明炬　5—内弹筒　6—抛射药

7—燃烧室　8—发射筒　9—点火装置

(2)发射筒。发射筒也称定向器，作用有两个：一是赋予弹体射向，提供初速。二是兼作包装筒。发射筒材料选用 ABS 工程塑料，不仅经济轻便，加工性和装配性也好。发射筒直径 44 mm，厚度为 2 mm 适宜着力抓握，便于手持发射。发射筒长度 270 mm，由内弹筒装配的发动机、照明炬及吊伞系统的尺寸和点火装置的长度所确定。

为保证密闭性，发射筒发射端压有锡箔纸和纸板，拉火端与点火装置配合形成密封，两端各有一个封盖。为增大摩擦，方便开启，封盖侧面设计成滚花结构。为便于发射时快速准确识别发射端和拉火端，发射筒设计了两种识别方式：一是发射端的封盖（前盖）平面上设计有“危险端”字样的识别突起；二是前后盖使用不同的颜色，前盖为红色，后盖为黑色。

(3)内弹筒。内弹筒（弹仓）是承载火箭发动机、照明炬、降落伞等装置的仓体。内弹筒在火箭发动机推进剂的作用下，垂直上升到一定高度时，推进剂燃料烧尽，在发动机与照明剂中间的抛射药将照明炬系统向前抛出弹体，照明炬在空中燃烧发出强烈可见光并在吊伞的作用下缓缓下落。

内弹筒设计不仅要考虑零部件可靠和方便地装配，还要考虑弹体的飞行稳定性。其材料要求质量轻，有足够的强度、耐高温，不会被发动机喷出的火焰烧蚀；工艺性好，便于各部件的装配固定，战斗部易于从筒体抛射而出；筒壁尽量要薄。所以，内弹筒壁厚尺寸为 1mm。材料选用 3A21 的铝合金，这是应用最广泛的一种防锈铝，强度适中，有较好的塑性，耐蚀性好。

内弹筒承载火箭发动机、照明炬、降落伞等装置，要在空中飞行。发动机位于筒体中后位置，照明炬、降落伞等置于前部，通过在内弹筒后端体上设计三个均布的小窗口，起到尾翼稳定弹体飞行的效果；这样弹体结构简洁，工艺性好。如图 3-18内弹筒结构原理图。

为减小弹体空中飞行的阻力，内弹筒需要设置一定形状的顶盖。常规火箭弹战斗部头部一般设计成弧形结构，整体外形较细长，能够较大程度地减小飞行阻力。对于照明火箭弹，如果采用细长弧形结构设计，顶盖尺寸会比较大，发射筒尺寸也随之增大，而照明火箭弹弹体速度较常规火箭弹小得多，顶盖形状对空气阻力影响较小。因此顶盖设计成简单的圆弧结构，用冲压工艺加工成型，装配后通过内弹筒收口固定。

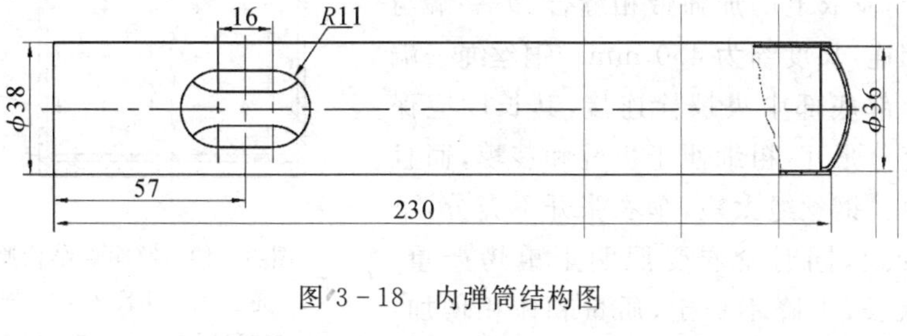

图 3-18　内弹筒结构图

(4)照明炬。它由照明炬壳、照明药剂等组成，其结构如图 3-19 所示。照明炬壳为一圆柱形纸壳，底部较厚，侧面壁较薄，底部中央有一螺孔，用螺栓与吊伞系统连接。照明炬壳内压有照明烟火药。照明剂是由(45～55)%氧化物、(30～40)%金属燃料及(2～10)%黏接剂(钝化剂)所组成。金属燃料一般采用镁粉,因为镁粉燃烧时发光强度大,氧化物主要用以供给燃烧时所需要的氧,同时控制光谱特性常用硝酸钡(白色)和硝酸钠(黄色)。药剂中还要加入一定量的黏接剂,一方面使药剂容易混合均匀并保证药剂的强度,另一方面起缓冲作用,保证照明炬的燃烧时间,常用的黏接剂有酚醛树脂、石蜡等,这些物质同时也是燃烧剂和缓冲剂。由于黏接剂燃烧时吸氧,会使发光强度减弱,所以黏接剂一般应少于5%。为了改善照明剂性能,需要在照明剂中加入少量的附加物。在常用的附加物中有能够改善火焰光谱能量分布的氟硅酸钠、氟铝酸钠;有增加气相产物并由此增大火焰面积的六次甲基四胺;还有增长燃烧时间的氯化聚醚。为了压药和发射时起缓冲作用及照明炬燃烧时起隔热作用,在照明烟火药底部还压有中性药,中性药是石棉、松香等的机械混合物,不起燃烧作用。照明烟火药因不易被抛射药气体直接点燃,所以在照明烟火药上还压有少量的引燃药和过渡药,引燃药(或称点火药)为硝酸钾82%、镁粉3%和酚醛树脂15%的混合物;过渡药为引燃药和基本药按1:1混合而成。

(5)吊伞系统。为了降低照明炬抛出后的下降速度,以保证一定的照明时间,采用吊伞系统,使照明炬缓慢下降。吊伞系统由伞衣、伞绳、钢丝绳等组成。伞衣由丝织品或尼龙织品制成,在上面缝有布条或尼龙带作为加强带,空中张开后成半球形,由于照明炬较轻,伞衣设计成矩形状,展开尺寸约为400mm×400mm。伞绳是用高强度丝绳或尼龙绳制作,一端与伞衣上的加强带相缝合,另一端与钢丝绳相连,长度约为450 mm。钢丝绳一端与照明炬部底部中央螺栓连接,其长度应保证伞衣充分张开,粗细便于折叠和装填,而且要耐高温。钢丝绳太短,伞衣张开不充分,下降速度加快,同时伞衣受照明炬熏烤严重。钢丝绳太长,下降不稳定,质量和体积增加。由于照明剂质量仅125 g,选用一根直径约0.5 mm、长度460 mm的细钢丝绳即可。

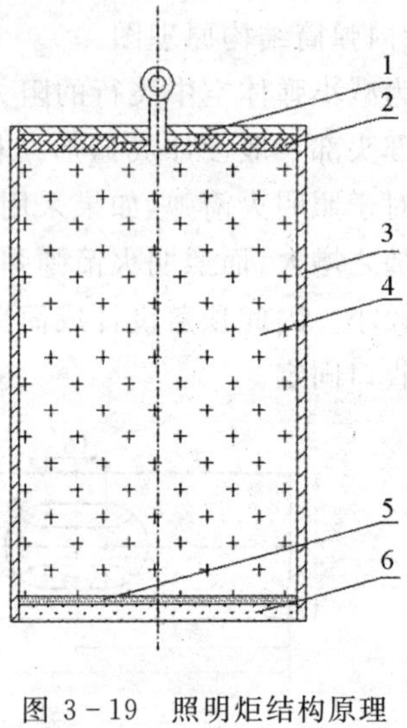

图 3-19　照明炬结构原理

1—壳盖　2—中性药　3—纸壳体
4—照明剂　5—过渡药　6—引燃药

(6)抛射系统。内弹筒内腔中除吊伞、照明炬系统外,还有抛射系统。它包括抛射药、承装体等。其作用是将吊伞、照明炬系统可靠地抛出，不被损坏，并且把照明炬点燃。抛射系统无需专门设计机构，只要将发动机盒盖上的传火孔做成锥形体，装载抛射药，抛射药为 2 号黑火药，其燃烧后的气体压力推动和点燃照明炬，并将吊伞系统上方钢质顶帽密封顶开，把弹体内装填物抛出。抛射药量的多少，对弹体内部零件的强度有影响，所以不宜过多，抛射压力只要克服内弹筒与顶盖之间的收口力即可，一般在 3～5 MPa 范围内。因此，抛射药量设计约为 2 g 左右，就可以实现正常抛射。吊伞系统下面要加粘上木屑或纸圈，以免火药气体窜入吊伞处将伞烧坏，同时使整个装填物压紧不动。

2. 手持照明炬

手持照明炬采用拉发摩擦点火方式，引燃照明剂，通过握把将照明炬高高举起，火炬周围 25 m 范围内地形环境、目标清晰可见。手持照明炬是一种携带方便、操作简单的小型单兵照明示警器材，长度不超过 200 mm，外径 30 mm，重量小于 150 g，发光强度大于 18 000 cd，照明时间超过 65 s。适用于夜间行军、搜捕、巡逻执勤以及抗险救灾的临时照明，还可用于突发事件危险警示以及求救信号。

(1)作用原理。警用手持照明炬主要由发火机构、筒体、照明剂和握把组成，其结构如图 3－20 所示。发火机构装配在照明炬筒体前端，可折叠的握把铰接在筒体后端便于举起照明炬。作用原理如下：将握把翻起 180°至定位槽位置，打开发火机构保护盖，左手握紧握把，右手指扣住拉火环，用力快速向外拉出，发火后迅速举起照明炬，火帽火焰引燃延期药，随即引燃照明剂，依靠延期药柱和照明剂燃烧产生的气体压力，将嵌入装药壳体的发火机构冲出，顺利实现照明剂的照明和信号示警作用。

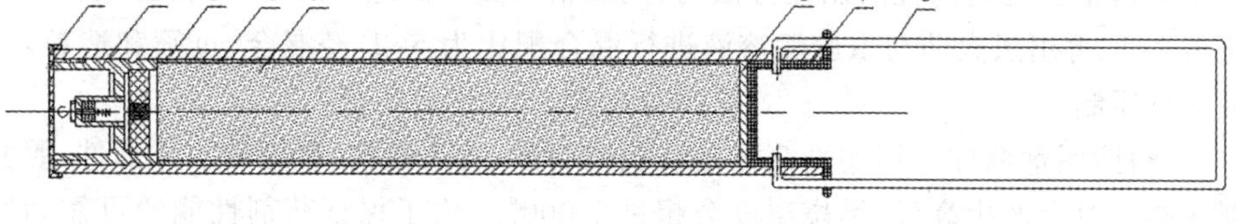

图 3－20　手持式照明炬结构原理图

1—保护盖　2—发火机构　3—壳体　4—衬纸管　5—照明剂

6—隔热挡板　7—握把卡箍体　8—握把

(2)发火机构。发火机构由拉发火帽、延期体、壳体组成，构原理如图 3－21 所示。根据设计要求，发火机构材料要求质量轻，在发火传火序列中不易燃烧，便于被照明剂点燃后产生的气体冲出。考虑到经济性、装配性和加工等因素，照明炬发火机构壳体一般都采用聚丙烯的塑料材料。

发火机构装配在照明炬筒体前端，当照明剂引燃后，产生的高压气体将发火机构冲出筒体。所以发火机构与照明炬筒体采用紧配合压装，在发火机构壳体外壁设计环形沟槽，依靠橡胶圈挤入壳体内，橡胶圈起到固定发火机构的目的，同时还起到防潮作用。

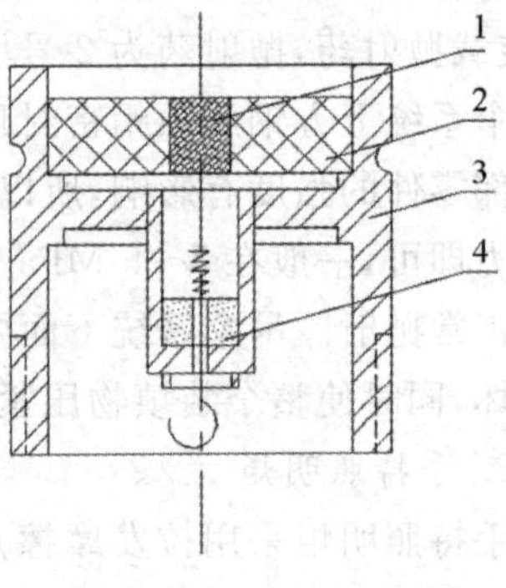

图 3-21　发火机构结构原理图

1—延期药　2—纸壳体

3—发火体　4—拉发火帽

拉发火帽又称摩擦火帽，由火帽壳(由厚度为0.35 mm的紫铜片冲压而成)、铜丝簧和拉火药组成。拉发火帽已成标准化产品，火药压制在火帽壳内，铜丝簧穿过火药中心孔。在铜丝簧快速拉动的过程中，其粗糙的表面与拉发火帽内的拉火药产生摩擦而发火，引燃传火序列装药。

(3)延期体设计。手持式照明炬的设计中，要求延期元件能提供1.7～2 s的延期时间，在点燃照明剂的同时发火机构整体能顺利被气体冲出。为简化结构设计，延期药外壳体由纸质卷成中空的圆柱状，与发火结构装配。延期药压制在柱状孔内，延期药柱体高度和直径根据燃烧速度和设计的延期时间确定。传火顺序为：点火药—延期药—照明剂。

延期药成份选用拟定配比的黑火药和虫胶漆，虫胶漆的作用是对药剂进行钝感，降低燃速，以达到更佳的延时效果，虫胶来自寄生在树木的紫胶虫的分泌物，可溶于酒精中。延期药柱的制作方法为：用酒精将虫胶漆进行溶解，酒精与虫胶漆配比为7:1，再用黑火药与虫胶漆溶液进行混合配比为5:2，经混合、过筛和造粒，然后进行压制。

(4)照明剂筒体。照明剂筒体是装载照明剂、发火机构、握把的主体部件，照明剂在燃烧时会产生高温，燃烧温度会超过1 000℃，为了保证药剂性能的可靠和使用的安全，因此照明剂筒体材料需要有良好的耐锈蚀性、耐高温性和一定的热安定性，一般不锈钢材料可满足使用要求。

照明剂筒体的尺寸受装载的照明剂、发火机构、握把等因素影响。根据人机工程学原理，人手抓握的适宜尺寸在40 mm左右，所以握把直径一般不超过40 mm。握把铰接在筒体后端并在翻起后折叠紧扣在筒体上，筒体外径选择在30～35 mm范围内。照明炬燃烧会产生高温，照明剂筒体要有一定的壁厚不被高温烧蚀融化，壁厚设计最少4 mm。

照明剂在压力机模具上直接压入筒体内，压力一般100 MPa，并进行数秒保压，筒体的长度主要与照明剂药柱高度有关，这由设计的发光强度和照明时间所决定。握把铰接在筒体后端，为使操作者在举起照明炬时的安全，除握把有足够的长度外，与握把配合的筒体后端与筒体装药部应设置一定厚度的绝热隔层，厚度与筒壁相同。后端筒体的长度主要保证筒体有足够的降温过渡区域，使握把有正常的应用环境温度，筒体结构尺寸如图3-22所示。

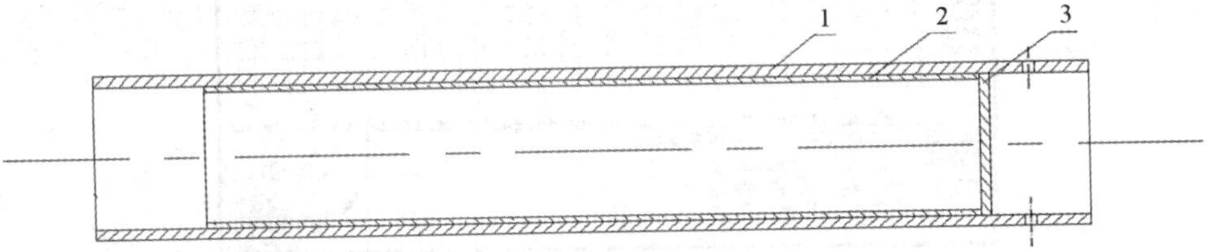

图3-22　壳体

1—壳体　2—衬纸管　3—隔热挡板

(5)握把设计。握把铰接在筒体后端并在翻起后折叠紧扣在筒体上，供操作人员手持使用。为保证使用时操作人员的安全，避免烫伤误伤，握把设计需要保证在使用时稳定牢固，不会左右晃动，图3-23、图3-24、图3-25为握把拉开、收拢及紧固装置的实物图，嵌入装药壳体内在握把拉开时起到固定握把的作用。

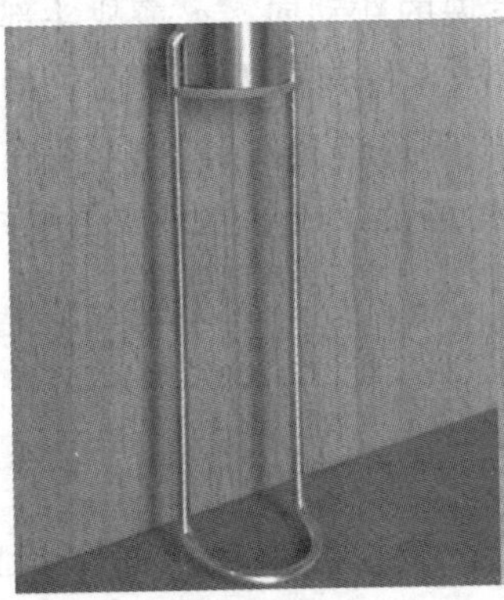

图3-23　握把拉开

图3-24　握把收拢

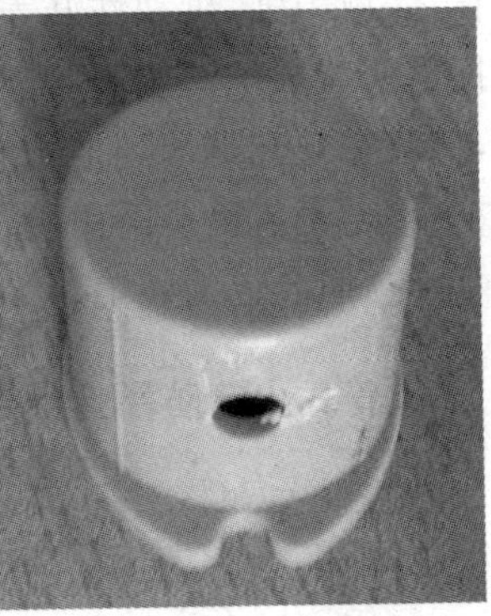

图3-25　握把紧固槽

(6)照明效应。图3-26为某一手持式照明炬光强度和时间曲线，其平均光强20 580 cd，燃烧时间68 s，光亮在30 m的范围内可看见宽度为0.5m的目标。

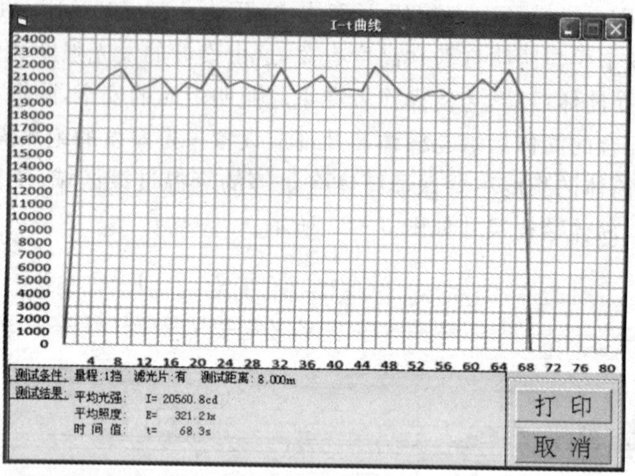

图 3-26 光强度和时间关系

第5节 火箭防暴弹

火箭防暴弹将火箭发射原理应用到防暴弹发射技术中,具有尺寸小、质量轻、射程远、威力强、机动性好等特点,是非致命防暴弹发展的新动向。火箭战斗部可根据需要装载催泪剂、闪光爆震剂、发烟剂、染色剂等,通过调整火箭发动机的功率,能够实现几百米到上千米的射程;火箭防暴弹可以手持单兵发射,也可装在防暴车、小型无人机上采用单管或多管发射器发射,结构可设计成单体式或子母式,以实现预期的战术效果。

一、管式火箭防暴弹

1. 结构原理

非致命火箭防暴弹由弹头、混合装药、弹筒、定心部、发动机、尾翼等部件组成,如图 3-27 为结构原理图。为实现非致命性要求,弹体以选用非金属材料为好,弹头选用橡胶或木质材料,尾翼采用塑料,弹筒及火箭发动机筒体均设计为纸质。发射时,通过管式发射架控制火箭防暴弹的飞行方向及角度,并利用尾翼保持稳定。火箭发动机装配在弹筒底部、采用电点火方式,当推进剂燃烧时,产生的推力使弹体向前运动,推进剂燃烧结束时,点燃混合药剂,产生催泪、声响和闪光等多源作用效果,弹整体设计无金属零件,纸制弹筒对目标不产生致命效果。

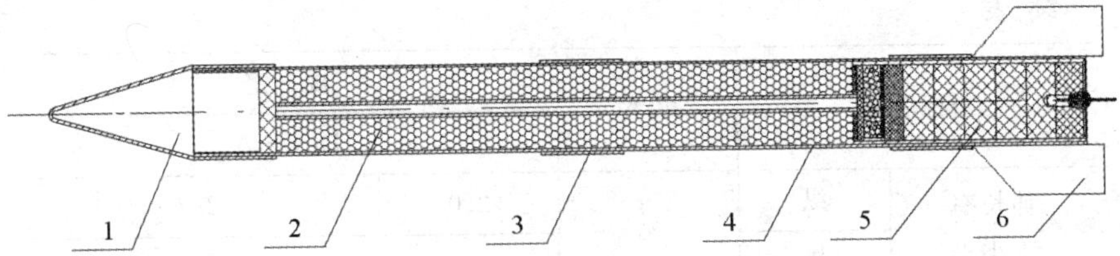

图 3-27　非致命火箭防暴弹结构图

1—弹头　2—混合装药　3—定心部　4—弹筒　5—发动机　6—尾翼

2. 弹筒结构

防暴火箭弹结构尺寸没有绝对的参照标准，一般以火箭弹设计经验总结出的标准弹形为基础，结合火箭防暴弹的非致命要求进行设计，考虑弹体采用纸质等因素，圆柱部弹体的外径一般在 30mm 左右就可满足实际装药和技术指标要求。弹筒为火箭弹的中心部件，起支架作用，其长度应确保弹头、尾翼、装药、发动机等零部件的顺利安装。弹筒长度是根据装药量、发动机长度及头部配合尺寸确定的。目前，大部分 37 mm 手投枪发防暴弹装药量 60 g，为保证火箭防暴弹作用效果，火箭防暴弹装药量一般为普通防暴弹装药量的 2～3 倍即可，考虑到弹筒成形的工艺性，发动机装配在管体内，弹头与弹体配合长度等因素，弹筒长度在 350 mm 能够满足使用要求。

为实现弹体在发射架中发射稳定，在圆柱部弹体外两端及中间部要设计三个定心部，使弹体发射时与弹架有合理接触，减小与弹架间的摩擦阻力。

为保证防暴弹的非致命性要求，火箭防暴弹和发动机壳体都选用纸质材料制作，从防暴火箭弹的可靠性出发，选择绝缘、防潮、易成型且强度适中的纸质材料，电力电缆纸（DLZ－A 型）可满足要求，其主要性能见表 3-36。

表 3-36　电力电缆纸性能

指标名称		单位	规定		
			DLZ－A		
厚度		μm	80 ±5	130 ±7	170 ±8
紧度		$g \cdot cm^{-1}$	0.85 ±0.05		
抗张强度不小于	纵	$kN \cdot m^{-1}$	5.90	10.5	13.0
	横		2.90	4.90	6.50

续 表

指标名称		单位	规定		
			DLZ－A		
伸长率不小于	纵	%	2.0	2.2	
	横		6.0	6.5	
撕裂度横向不小于		mN	540	1 080	1 470
耐折度纵横平均不小于		次	1 000	2 000	
工频击穿电压不小于		V/层	600	950	1 200
电导率不大于		$ms \cdot m^{-1}$		10	

弹体卷制时，纸层要涂胶粘和，从圆柱弹体应力分析得，环向应力是轴向应力的 2 倍，而纸的抗张强度纵向是轴向的 2 倍。所以，实际卷制时，将纸的纵向纤维卷制成壳体的环向，而纸的横向纤维卷制成弹体的轴向，以形成等强度弹体，弹体壁厚 1 mm 能满足使用要求。

对于纸质弹体，其爆破强度可作下述计算：

设弹筒壁厚 1mm，需要 5 层纸卷制，每层纸胶层厚 0.025 5mm，纸环向抗张强度不小于 13 kN/m，弹筒长度设计为 350 mm，则抗张力为

$$F_0 = 13 \times 0.32 = 4.16\text{kN} = 4\ 160\text{N}$$

取 5 层纸时，抗张力为

$$F = 5 \times 4\ 160 = 20\ 800\text{N}$$

弹体厚度 $\delta = 0.17 \times 5 + 0.025\ 5 \times 4 = 0.95\text{mm}$，纸层的横截面积 $S = 0.95 \times 350 = 3.33\text{cm}^2$，抗张强度为

$$\sigma_b = 20\ 800/3.33 \times 10^{-4} = 62.46\ \text{MPa}$$

根据弹体的爆破压强公式：$p = \sigma_b \times \delta / r$，

式中：壳体厚度 $\delta = 1\text{mm}$；壳体平均半径取 $r = 12.5\text{mm}$，代入数值计算得：

$$p = 62.46 \times 1/12.5 = 5.00\text{MPa}$$

这对于装药为刺激剂、爆震剂及发烟剂的防暴弹，完全满足使用要求。

3. 弹头设计

弹顶形状根据经验资料，其半径约为弹径的 0.07 ～ 0.08 倍，防暴火箭弹速度

较低，考虑到非致命性的要求，弹顶应避免设计成尖顶形，弹顶弧形半径相对与经验数据应适当增大，如射程设计 500 m 左右，弹筒外径 30 mm 左右，弹顶圆弧半径可设计为 5 mm 左右。

弧形部长度：弧形部长度对阻力有较大的影响，弧形部长度增长，空气阻力减小，空气阻力最小的弧形部长度可由经验根据火箭弹的最大速度确定，当 V 小于 300 m/s 时，弧形部长度为 1.5D，弧形部母线常用的有圆弧线、抛物线、椭圆弧线或这些线段的组合，在其他条件相同的情况下，抛物线的头部迎面阻力最小，椭圆最大。如弧形部形状对火箭弹飞行速度没有严重影响，而且弧形内腔容积对威力也没有重要意义，则母线可用直线，考虑到防暴弹弹头的形状主要是确保弹体飞行稳定，弧形内腔容积没有装药，飞行距离较近，从工艺性和经济性考虑母线选用直线。考虑到弹头与圆柱部弹体的稳定连接，连接部长取为 10 mm，此外有 5 mm 的母线转换部。图 3－28 所示为某一弹头结构尺寸图。为确保弹头落地非致命要求，其材料可选用橡胶体或木质体，安装时，直接压装入弹筒体前端，并辅之于改性丙稀酸酯胶黏剂进行黏接。

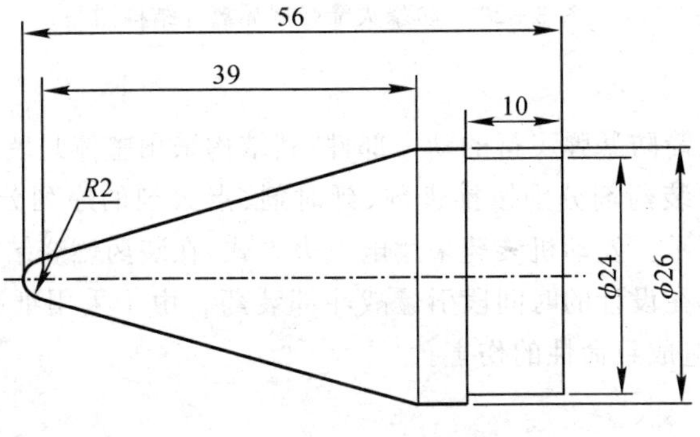

图 3－28　弹头结构图

4. *尾翼设计*

尾翼是使火箭弹能够按预定的姿态及弹道在空中稳定飞行的装置，尾翼的尺寸大小影响着全弹的气动布局，选择尾翼几何参数时，应使其具有良好的气动性能，即在满足飞行稳定性的前提下受到的阻力较小；同时在满足强度、刚度的情况下，其尺寸和质量最小。尾翼的主要参数包括展弦比 λ_w、尾翼后掠角 χ、根梢比 η、相对厚度及翼片对数 N，根据标准弹形，展弦比和根梢比为

$$\lambda_w = \frac{L_w}{b_{av}} \tag{3-34}$$

$$\eta = \frac{b_r}{b_t} \tag{3-35}$$

防暴火箭弹弹形小，射程短，从经济性考虑，防暴火箭弹选用固定式同口径矩形尾翼，如图 3-29 所示，翼片对数为 2，材料为聚乙烯塑料，厚度 1mm。这种类型结构比较轻巧简单，比较适合小型防暴火箭弹的要求，在满足结构设计和飞行稳定性的情况下，尾翼应采用小展弦比 λ_W，大根稍比 η 和小相对厚度，尾翼镶嵌于环筒体预设槽内，环筒体套装在弹筒上，防暴火箭弹若弹体外径 26 mm，展弦比 λ_W 取 0.42，根稍比 η 取 1.27、相对厚度 1mm，尾翼展长 $L_W=30$mm，则经计算得 $b_r=80$mm，$b_t=63$mm，后掠角 $\chi=45°$。

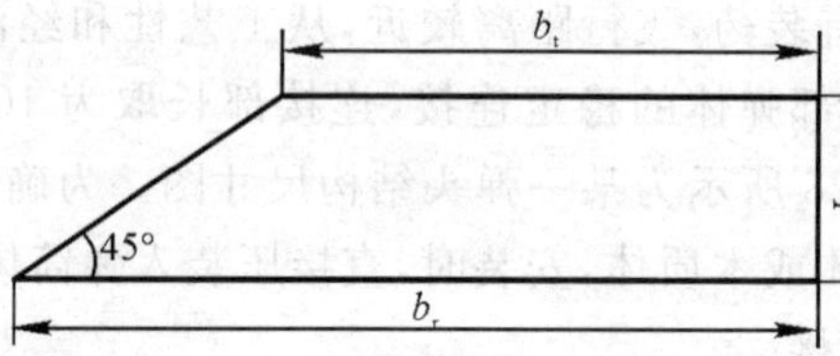

图 3-29　防暴火箭弹尾翼翼片结构图

5. *发动机*

发动机是火箭防暴弹飞行的动力部件，其结构采用整体封装设计，两端分别为喷管和堵盖。内装药剂分别按推进剂、延时剂、点火剂的序列分层压装并依次传火，如图 3-30 所示。发动机装药采用电点火方式，在装药燃烧结束后点燃延时剂，保证火箭防暴弹在设计的时间段引爆战斗部装药。由于采用纸制壳体，弹体爆炸后，不会对目标造成致命性的伤害。

图 3-30　火箭发动机结构图

1— 壳体　2— 喷管 3— 推进剂　4— 延时剂　5— 隔板

6— 点火剂　7— 填充物　8— 堵盖

(1) 壳体成型。为保证防暴弹的非致命性,发动机壳体选用和防暴弹弹筒相同的电力电缆纸制作,其性能参数见表3-36,装配时压装于弹体内,其壳体外径和弹筒内径相同。壳体卷制时,纸层涂胶粘和,壳体壁厚约2mm,卷制层数10层。

(2) 发动机推进剂。防暴火箭弹飞行距离较短,发动机推进剂选用成本低廉的黑火药混合药剂,该药剂由黑火药加适量的糊精组成,糊精起到钝感效果,并且有黏合作用。推进剂装药直接压制到纸质筒体内成型。

表3-37　黑火药的密度与压强的关系

压强 /MPa	170	200	250	325	445	500
密度 /g/cm^3	1.74	1.75	1.78	1.84	1.87	1.89

为避免直接压制时壳体变形及推进剂密度不均匀,推进剂压制一般在压药机上以一定压强分层压制并保压约5 s。黑火药的密度与压强的关系见表3-37,在实验时,当压强超过250MPa时,有时会出现纸制壳体纵向变形开裂,所以选定250MPa压强分层压制。在分层压制中,分层装药量一般3～5g。发动机筒体内径20mm,250MPa压强分层压制,分层装药量3g,压完后的高度约9mm,压制密度1.78g/cm^3。发动机壳体强度计算可参考弹筒强度计算内容。

(3) 喷管设计。喷管选用来源广泛的陶土材料,该材料具有良好的成型性和抗烧蚀性。喷管设计的主要任务是选择喷管的结构形式和设计内型面参数。由于非致命火箭防暴弹尺寸小、结构简单,故设计成锥形喷管(见图3-31),喷管内型面由收敛段、临界段(喉部)和扩张段组成。取扩张半角α为15°,扩张比ε_d为2.5,考虑到电点火的尺寸,喷喉直径$d_t=4$mm。经计算d_e为喷管出口直径6mm,扩张段长度约4mm。

喷管压入壳体后,在尾端需预留收口柱段,取120°锥形过渡到出口截面,这对喷管强度有重要的作用。

喷管被一次性压制在发动机壳体内,压制压强为250MPa,保压时间为5s,质量为11g,压制完成后,退模钻孔,压制后的密度约为2.5g/cm^3。

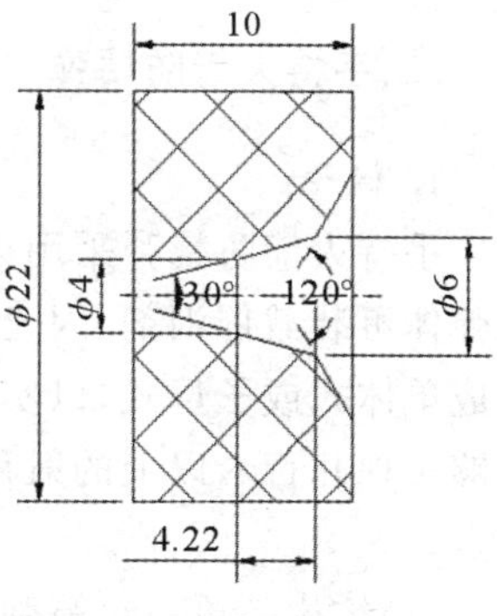

图3-31　喷管结构图

(4)发动机性能参数。火箭防暴弹的射程仅几百米,所以要求发动机的推力在几秒内达到峰值,图3-32为设计射程500 m发动机的推力一时间图。为实现短时间内最大推力的提升和续航时间的减少,必须让推进剂在短时间内快速燃烧,使燃烧室内压强迅速达到较高的值,并减少火药的燃烧时间。为此,采用在药柱中心钻孔的方法增大燃面面积。经过对不同钻孔深度的试验,射程 500 m 时最佳孔深约为 9mm,发动机推进剂质量 15g,此时燃烧速度最大。从图 3－32 可以看出,发动机在 0.5s 左右达到了推力最大值,约为 36N,续航时间为 1.5s 左右,满足发动机短时间内达到较大推力和续航稳定的设计要求。

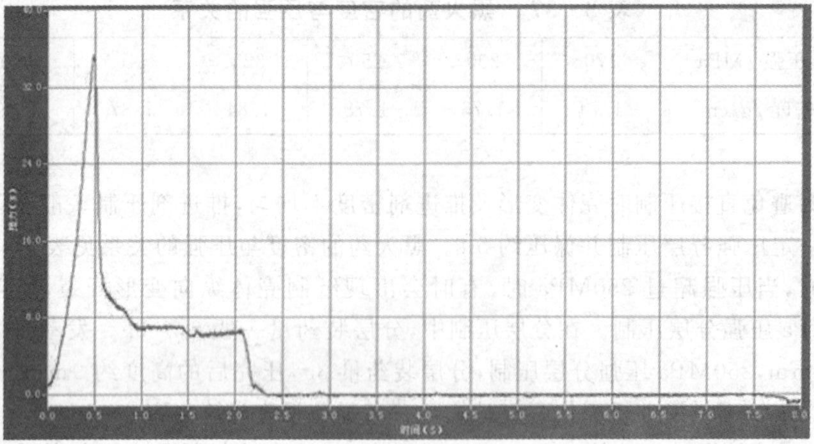

图 3－32　推力-时间图

火箭防暴弹的弹形比例与标准弹接近,但是形体尺寸与常用火箭弹有非常大的差异,弹体质量轻,尺寸小。由于形体小,火箭防暴弹射程受风速等外界空气阻力影响大,同时射程受发射角影响,在实际应用时,应编制不同射角射程表以供参考。

二、手持火箭防暴弹

1. 概论

手持火箭防暴弹采用火箭发射原理和手持发射点火方式,火箭战斗部作为防暴弹体可装载催泪剂、闪光爆震剂、发烟剂、染色剂等不同类型的防暴剂,结构可设计成单体式或子母式,以实现多种非致命终点效应。通过设计火箭发动机的功率,能够实现几百米以上的射程。手持火箭防暴弹作为单兵非致命武器,其具有下述特点。

(1)结构简单。火箭弹包装筒兼做发射筒,点火装置固定在发射筒的后端位置,便于防暴火箭弹手持发射。发动机位于内弹体后部位置,战斗部置于内弹体前部,发动机推进剂燃烧结束时点燃抛射药,产生高温高压气体将战斗部装药引燃并从内弹筒抛射出去。这种结构体现了防暴火箭弹的整体性及传火的可靠性。

(2)操作方便。火箭弹采用手持拉发摩擦点火方式,发射时,只用单手握紧发射筒,另一只手快速拉出点火装置拉绳即可发火,后座力小。拉发式摩擦点火能够使操作手根据发射目标方便调整射角、射向,操作程序简单,使用方便。

(3)发射距离远。火箭弹内弹筒体后端设计3个窗口,以保持火箭体飞行弹道平稳。通过设计小型火箭发动机的功率,能够实现几百米甚至1 000 m以上的射程。

2. 结构原理

手持火箭防暴弹结构同前述手持拉发照弹相近,其原理如图3-33所示,主要由发射筒、点火装置、发动机、抛射药、战斗部、内弹筒等部件组成。为方便使用和携带,火箭弹包装筒兼做发射筒,点火装置固定在发射筒的后端位置,便于手持发射。火箭发动机、防暴弹战斗部装置在内弹筒中,战斗部置于内弹筒发动机上端,内弹筒口部边沿通过机械收紧,保持战斗部在弹筒的位置固定。

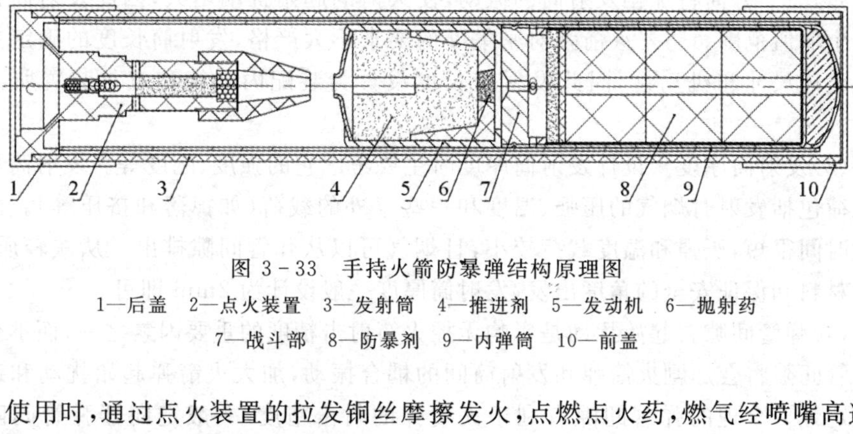

图3-33 手持火箭防暴弹结构原理图

1—后盖 2—点火装置 3—发射筒 4—推进剂 5—发动机 6—抛射药 7—战斗部 8—防暴剂 9—内弹筒 10—前盖

使用时,通过点火装置的拉发铜丝摩擦发火,点燃点火药,燃气经喷嘴高速喷出,引燃火箭发动机装药,推力推动内弹体脱离发射筒飞行。发动机装药燃烧结束后,产生的高温高压气体做功,将战斗部从内弹筒中抛出,同时火焰经传火孔点燃战斗部的延期药柱,战斗部依靠惯性飞行至目标区域后防暴剂被点燃,可以产生发烟、催泪、爆震等效应。

3. 发射筒

发射筒也称定向器,作用有两个,一是赋予火箭弹射向;二是提供初速。手持发射的途径是包装筒兼做发射筒。发射筒设计主要有下述要求。

(1)能够承受一定的温度和冲击载荷,保证发射和携行运输的安全。

(2)在保证强度和刚度的条件下,重量应该尽可能轻。

(3)符合人机工程学原理。

根据设计要求,发射筒材料选用 ABS 工程塑料。ABS 工程塑料是丙烯睛—丁二烯—苯乙烯的三元共聚物,3 个单体量可以变化,制成各种树脂。ABS 工程塑料又称塑料合金,具有很好的机械强度,在各种环境下(如高温、低温、腐蚀、机械应力等)均能保持优良的性能。

发射筒结构设计包括确定它的直径、长度、壁厚和弹管间隙。

(1)发射筒直径。防暴火箭弹发射时需要握紧发射筒,弹体射出时对手臂有后坐力作用,适宜的发射筒直径能够确保发射的安全和稳定。根据人机工程学原理,适宜的握把直径,着力抓握为 30~45mm,考虑到小型火箭弹发射后坐力较小和内弹筒尺寸,发射筒直径设计不宜超过 45mm。

(2)发射筒长度。发射筒长度关系到火箭弹总体尺寸、密集度等。它是影响火箭弹由于起始扰动所引起的角散布的主要因素。发射筒长度增大,火箭弹滑离发射筒的速度增大,速度的增大一方面可以减小火箭弹由于推力偏心和阵风引起的角散布,另一方面将加剧发射筒的振动,使火箭的起始扰动增大,因此发射筒长度有一个取值范围。防暴火箭弹对密集度的要求不太严格,发射筒长度的确定主要考虑整体尺寸和机动性,因此发射筒长度设计为装配内弹筒和点火装置所需的长度。

(3)发射筒厚度。设计发射筒厚度时主要考虑它的强度、刚度等。发射筒承受的载荷包括发射时烟气的压强、温度和一些意外的载荷(如掉落和挤压等)。由于发射时间很短,压强和温度载荷较小,且烟气可以从弹管间隙排出。从减轻质量、节约材料和保证安全的角度出发,发射筒厚度一般设计为 2mm 即可。

(4)弹管间隙。起始扰动是影响无控火箭射击精度的重要因素之一,而不合理的弹管间隙将会加剧火箭弹和发射筒间的耦合振动,加大火箭弹起始扰动和运动不稳定性。合理的弹管间隙有利于火箭弹的射击精度,一般定向器弹管间隙在 1mm 左右,防暴火箭弹发射筒弹管间隙设计为 1mm。

为保证密闭性,发射筒发射端压有锡箔纸和纸板,拉火端与点火装置配合形成密封,两端各有一个封盖。为增大摩擦,方便开启,封盖侧面设计成滚花结构。为便于发射时快速准确识别发射端和拉火端,发射筒设计了两种识别方式:一是发射端的封盖(前盖)平面上设计有"危险端"字样的识别突起;二是前后盖使用不同的颜色,前盖为红色,后盖为黑色。

4. 内弹筒

内弹筒装配战斗部和发动机,其设计不仅要考虑如何可靠和方便地装配,还要考虑弹体的飞行稳定性。

稳定方式分为旋转稳定和尾翼稳定。尾翼的种类很多，从尾翼本身的刚度来看，可分为刚性尾翼和弹性尾翼；从尾翼尺寸和弹径的关系来看，可分为同口径尾翼和超口径尾翼；从翼片和弹体的连接方式来看，可分为固定式尾翼和张开式尾翼。在火箭弹设计过程中，选择哪种类型的尾翼，主要根据飞行稳定性、弹体结构、发射装置以及弹道特性等设计要求来决定。

目前，手持发射照明火箭弹、信号火箭弹普遍采用折叠式尾翼，如英国的谢尔穆利 38mm 信号弹就是其中一种。弹体从发射筒中射出后，尾翼在弹簧力作用下张开起稳定作用。但是，折叠式尾翼零件多，结构复杂，影响其可靠性与工艺性。根据飞行稳定原理，尾翼的作用是使火箭弹压心位于质心之后，形成可以保持弹体稳定的力矩。因此，通过火箭弹质量的适当分布，使质心位于压心之前可以实现飞行稳定。防暴火箭弹稳定性设计就是基于这种原理。结构上，发动机位于筒体中后位置，战斗部置于前部，通过在内弹筒体上设计窗口，起到稳定弹体飞行的效果，与折叠式尾翼设计相比，弹体结构简洁，工艺性好。内弹筒结构图可参见本章第四节手持照明弹内弹筒图 3－18。

为减小弹体空中飞行的阻力，内弹筒需要设置一定形状的顶盖。常规火箭弹战斗部头部一般设计成弧形结构，整体外形较细长，能够较大程度地减小飞行阻力。对于防暴火箭弹，如果采用细长弧形结构设计，顶盖尺寸会比较大，发射筒尺寸也随之增大，而防暴火箭弹弹体速度较常规火箭弹小得多，顶盖形状对空气阻力影响较小。因此顶盖设计成简单的圆弧结构，用冲压工艺加工成型，装配后通过内弹筒收口固定。

内弹筒内外径要综合考虑战斗部及发射筒的尺寸，材料选择应满足以下条件。

(1)弹体质量轻，筒壁尽量要薄；

(2)材料要有足够的强度、耐高温，不会被发动机喷出的火焰烧蚀；

(3)工艺性好，便于各部件的装配固定，战斗部易于从筒体抛射而出。

所以，从质量轻和便于加工考虑，内弹筒壁厚尺寸为 1 mm 即可。材料均选用牌号为 3A21 的铝合金，这是应用最广泛的一种防锈铝，强度适中，有较好的塑性，耐蚀性好。

5. 战斗部

战斗部是在弹道终点发挥非致命效应的关键部件，既可装载发烟剂、催泪药剂，也可装载爆震药剂，通过火箭动力运载到预定区域抛射，实现多种终点效应。战斗部防暴弹结构根据装载内容不同可有所变化，但基本都是由壳体、防暴剂、点火药片、延期药柱、封盖等部件组成，其结构原理如图 3－34 所示。

战斗部工作原理为：发动机工作结束时，抛射药被引燃，产生的能量做功，战斗部冲开顶盖脱离内弹筒，依靠惯性向前飞行，同时抛射药的火焰经封盖传火孔点燃延期药，而后点燃战斗部防暴弹装药，产生发烟、催泪、爆震等效应，对有生目标实施有效的驱散与控制。

战斗部壳体材料根据装载物不同而有所变化，如果战斗部要实现爆震功能，壳体选用无致命性的非金属材料如塑料、纸质体等；如果战斗部要实现发烟等无爆炸性的非致命效应，壳体可选用轻金属材料如铝合金(LY12)等。铝壳体壁厚一般设计为1 mm，封盖与壳体通过预制的滚压槽滚压实现密封装配，可用于发烟弹、燃烧型催泪弹战斗部。

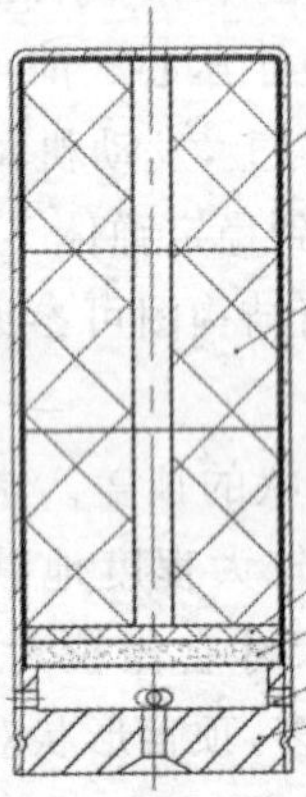

图 3-34 战斗部结构原理图

1—壳体 2—防暴剂 3—点火药片

4—延期药柱 5—喷烟孔 6—封盖

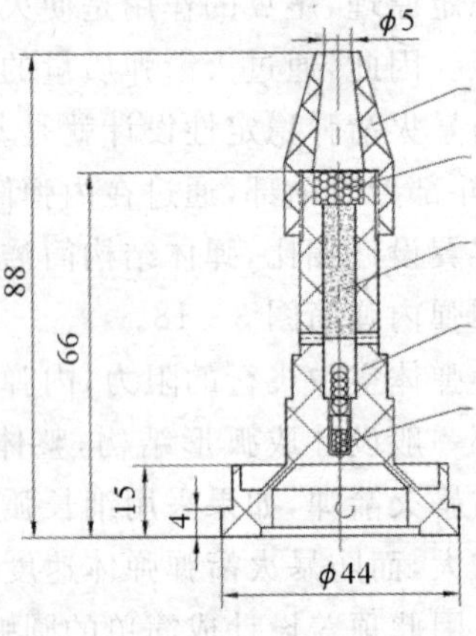

图 3-35 点火装置结构图

1—点火嘴体 2—点火药 3—延期药

4—主体 5—摩擦火帽

6. 点火装置

防暴火箭弹点火装置采用拉发式摩擦点火，结构如图3-35所示，主要由摩擦火冒、延期药、点火药和相应的连接部件组成。点火装置用来提供足够的点火热量和点火压力，点燃火箭发动机中的推进剂装药。

点火装置置于发射筒后端，与发射筒通过胶粘固定连接，材料选用综合性能优良的ABS工程塑料。摩擦火帽由火帽壳体、拉火铜丝和拉火药组成，火帽壳由厚度为0.35 mm的紫铜片冲压制成。拉火药的组分为硫氰酸铅14.5%，氯酸钾43%，硫化锑26%，木炭16.5%，虫胶4%(外加)，药量为0.08g。拉火铜丝一端拴有细绳，细绳连接拉环，便于拉发操作。

点火药选用3号小粒黑火药。3号小粒黑火药粒度细，对火焰敏感度高，易于引燃，燃烧生成相当数量的凝聚相产物，附着在被点燃药剂的表面，有利于将热量传递给被点燃药剂，具有良好的传火和点火能力。为了强化火焰喷射速度和控制喷射方向，点火嘴体设计成圆锥形喷嘴，嘴体出口直径与喷管喉部直径相同。装配时，点火嘴体对准喷管喉部，距离喷管 4 mm。为防止点火药洒落和受潮，喷嘴口粘贴一层薄砂纸密封。

按燃烧后的产物状态，延期药分为有气体和无(微)气体两种。有气体延期药指的是黑火药，而无(微)气体延期药通常是指金属类的可燃剂和氧化剂混合成的烟火剂。黑火药具有较高的火焰感度和点火能力，能够确保传火的可靠性，因此战斗部选用黑火药延期药。

延期药成分由黑火药和虫胶漆组成。虫胶漆用虫胶制成，虫胶由寄生于虫胶树的紫胶虫的分泌物凝结干燥而成，分子式为 $C_{16}H_{24}O_5$，可溶于酒精中。延期药柱制作时，用酒精将虫胶漆溶解，酒精与虫胶漆配比比例为 7：1，再用黑火药与虫胶漆溶液进行混合造粒，配比为 5：2，造粒完成后用压药机以 300MPa 的压强压制为药柱，保压 3～5 s，压药完成后密度约 1.7g/cm^3。在延期药中，虫胶漆既是钝感剂又是黏合剂。

延期药的装药量由所需延期时间确定。延期药的燃烧为线性，可以直接根据药柱的燃烧速度来确定延期药的用量。实际应用时，可通过实际试验测试延期药的燃速，则通过设计的延期时间确定延期药柱长度尺寸，计算出延期药的质量。

7. 抛射系统

抛射系统包括抛射药、承装体等。其作用兼具抛射和传火功能。一方面，抛射药燃烧时要生成大量的气体做功，为战斗部脱离内弹筒和继续飞行提供动力；另一方面，抛射药要易于引燃和具备良好的点火能力，保证发动机主装药和战斗部延期药柱间的可靠传火，抛射药选择 2 号小粒黑火药。

抛射系统无需专门设计机构，只是将发动机盒盖上的传火孔做成锥形体装载抛射药，抛射药为 2 号黑药，其燃烧后的气体压力推动战斗部脱离内弹筒的过程中，抛射药燃烧产生的能量需要克服内弹筒与顶盖的收口力和战斗部与内弹筒的摩擦力。一般在 3～5 MPa 范围内，我国 1979 年式 21 mm 拉发信号弹属于手持发射小型信号弹，推进剂上方装有 0.5 g 的 3 号小粒黑火药，抛射质量为 20 g 的星光体，星光体上方有钢质顶帽密封。防暴火箭弹需要抛射质量为 120 g 的战斗部，需要更大的抛射压力以实现可靠抛射，并适当提高抛射速度。因此，抛射药量设计 2 g，可以实现正常抛射。

8. 火箭发动机

火箭发动机以很高的速度向后喷射出工质，由此获得反作用力，使弹体向前飞行。小型防暴火箭弹射程有限,要求发动机结构简单、性价比高、工作安全稳定,火箭发动机结构原理图如3-36所示,主要由盒盖、壳体、主装药和喷管等部件组成。工作过程是:点火装置喷出的火焰经喷管点燃主装药,燃烧形成的高温高压燃气流经喷管时压强、温度、密度下降,流速增大,在喷管出口截面上形成高速气流向后喷出,产生推力推动弹体向前运动。盒盖中间设置传火孔,盛放抛射药。主装药燃烧结束时,抛射药被点燃,产生高压气体做功,将战斗部抛出。

(1)推进剂。推进剂可采用单基或双基装药铸装成型。装药是装填到燃烧室中具有一定形状和尺寸的推进剂药柱的总称,是发动机的能源。装药的几何形状和尺寸决定了发动机燃气生成率及其变化规律,从而也决定了发动机的推力、压力随时间的变化。同时,装药体积又决定了燃烧室的容积和质量。所以,固体火箭发动机的装药设计在很大程度上决定了发动机的内弹道性能和质量指标的优劣。

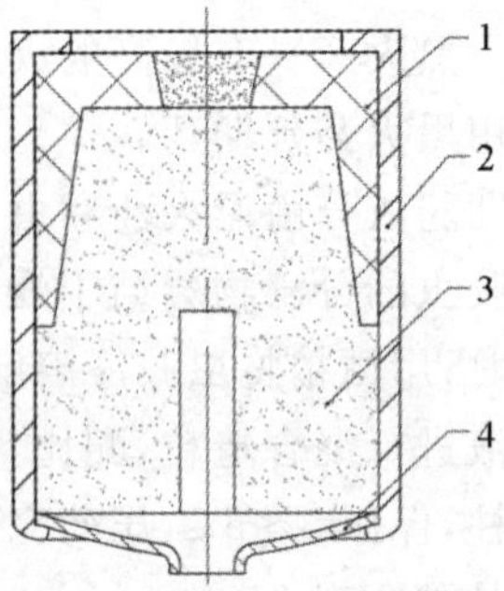

图3-36 火箭发动机结构原理图
1—盒盖 2—壳体 3—主装药 4—喷管

常用的固体推进剂有双基推进剂、复合推进剂和复合双基推进剂三大类。其中,双基推进剂具有如下特点:①可连续、大量生产;②机械强度高;③火焰温度低;④长期储存有良好的安定性;⑤对潮湿环境不敏感;⑥性能再现性好。因此,双基推进剂在各种小型发动机和野战火箭上得到了最广泛的应用。

根据防暴火箭弹的特点,发动机选用双基推进剂,它由硝化棉、硝化甘油、二硝基甲苯、2号中定剂、凡士林、碳酸钙、石墨等组成。推进剂中各组分的作用为:硝化棉,提供能源和机械强度;硝化甘油,既是能源的主要成分,又是硝化棉的溶剂;二硝基甲苯主要作为辅助胶化剂,还可作为增塑剂、减温剂,同时还具有降低硝化甘油感度的作用;2号中定剂化学名为二甲基二苯脲,可减缓双基药的分解速度,提高其化学安定性,吸收热解生成的氧化氮,防止自动催化作用的进行,以延长储存期限;凡士林主要做润滑剂,使火药容易加工,保证压药操作的安全;石墨和碳酸钙都是作为燃烧稳定剂。

端面燃烧药柱具有装填系数大、形状简单、制造容易、强度高等优点。但是该药柱燃烧面积小,推力较小;燃烧过程中发动机重心移动大;高温燃气与燃烧室壁接触,对发动机壳体热防护要求较高。根据设计要求和小型火箭发动机的特点,防暴火箭弹发动机采用端面燃烧药柱。在一些情况下,为了在很短时间产生足够大的推力，通过在药柱中心打孔的方式增大燃烧面积，孔径可与喷管喉部直径相同，孔深根据助推段发动机推力急剧上升的时间确定。

固体火箭发动机采用铸装式，即将推进剂直接浇注到燃烧室内，固化后形成药柱。此时药柱与燃烧室壳体黏结在一起，并互为支撑，无需专门的药柱支撑装置。发动机燃烧室成为药柱的模具，其内部形状设计需符合药柱药形。

根据火箭外弹道学可知，火箭弹的射程主要取决于其主动段末端的飞行参数，特别是飞行速度。根据理想速度公式，火箭弹主动段末端速度与推进剂装药量及发动机比冲有关，所以可以通过调节推进剂装药量达到火箭弹的规定射程。防暴火箭弹战斗部采用前抛式抛射，因此射程应由推进剂和抛射药决定。为得到满足射程要求的装药量，可先根据经验确定装药量，然后通过试飞调整药量，通过试验，一般小型火箭防暴弹，装药量 30 g 火箭弹射程可超过 300 m。

(2)燃烧室。燃烧室是固体火箭发动机的主要部件之一，它为推进剂装药提供了储存和燃烧的场所，主要由筒体、盒盖与喷管等组成。大中型火箭发动机燃烧室内燃气的压力和温度可分别高达数 10 乃至数百个大气压和摄氏二三千度以上。为了保证燃烧室在上述恶劣的工作条件下仍能可靠地工作，燃烧室设计应满足下述基本要求。

①在具有足够刚度和强度的前提下，应尽量减轻重量。这一点对改善火箭的技战术性能具有重要意义。

②连接和密封可靠。为保证发动机在平时能长期储存和战时作用可靠，燃烧室与其他部件的连接和密封应切实可靠。

③工艺性和经济性良好。在达到技战术指标要求的同时，还要兼顾性价比以提高军事经济效益。

目前用作固体火箭发动机燃烧室壳体的金属材料主要有优质碳素结构钢、一般合金钢、超高强度合金钢、高强度铝合金、钛合金等。对于直径小、工作时间短的发动机，壳体材料一般选用铝合金。铝合金密度比合金钢的密度低，对减轻发动机质量有利。此外，考虑到防暴火箭弹发动机装药燃烧面积相对较小，工作压强较低，对筒体材料的强度要求不太高，选用铝合金比较合理，代号为 3A21。选用 3A21 铝材料不仅有效减轻发动机质量，而且便于发动机各部件的连接配合，筒体壁厚 2 mm 可满足要求。

盒盖与喷管一起封闭燃烧室，使发动机工作时建立起压强；与燃烧室筒体一起做发动机装药的模具，使推进剂浇注后得到设计的药形；做传火通道，推进剂燃烧结束时通过盒盖引燃抛射药。

发动机盒盖中间设置传火孔。由于盒盖中间开有传火孔，加上火药烧蚀的影响，需要适当增加顶端厚度以增大其强度，厚度设计为 5 mm。盒盖顶端通过燃烧室壳体收口固定，装配时与壳体通过紧配合压装成型。

盒盖材料选用改性酚醛塑料。酚醛塑料是一种常用的热固性塑料，机械强度高，坚硬耐磨，抗蠕变性能优；耐热性较高于 500 ℃，且在高温下亦不软化变形；成本低廉。选用酚醛塑料不仅能够满足强度和耐热性要求，还可显著降低发动机总质量。

喷管是固体火箭发动机的能量转换装置，它使高温燃气的热能转换为燃气的动能，从而产生推力。同时，它又是燃气流量的控制装置，能使燃烧室内建立一定的工作压力。喷管设计主要有下述要求。

①工作安全可靠，能够承受高温高压燃气的烧蚀和冲刷，保证型面的完整性。

②效率高，要尽量减少喷管中的各种能量损失。

③推力偏心小，减少气动偏心和几何偏心，降低射弹散布。

④选用合适的材料和结构，质量轻，工艺性好，成本低廉。

喷管可分为简单和复合喷管两种。简单喷管一般是指由单一材料制成的喷管，常用于工作时间短的发动机中；复合喷管是指采用几种材料制成、具有良好热防护层的复合结构喷管，用于工作时间长的发动机中。防暴火箭弹发动机工作时间短，且要求结构简单、工艺性好，所以采用简单喷管，并选用合适的喷管材料解决热防护问题。

发动机工作时，喷管内型面要受到燃气的急剧加热及冲刷，尤其是喉部要承受高温、高压、高速，并含有一定量熔融态颗粒的两相流机械冲刷、化学侵蚀和热冲击。因此，喷管材料的绝热性能、抗侵蚀性能、热物理性能要求很高。常用的喷管壳体材料有高强度钢、铝合金和玻璃钢等。选择合金结构钢 30CrMnTi，这种钢添加了硅、锰、铬、钛等合金元素，改善了钢的性能。硅可以提高弹性极限和耐磨性；锰能提高钢的耐磨性、强度和韧性；铬能提高硬度、高温强度、耐腐蚀性。30CrMnTi 强度高，且在高温下不容易变形，可以满足小型固体火箭发动机喷管材料的要求。

喷管型面一般由收敛段、临界段（喉部）和扩张段组成。型面设计主要是确定喷管内表面的形状，它影响喷管的效率、重量、耐烧蚀性和外部尺寸等。根据小型发动机的特点和设计要求，喷管采用减小收敛段长度和无扩张段的结构。如图 3－37为某一火箭防暴弹喷管结构尺寸，收敛段为圆弧形，收敛半角比常用半角大一些。喉部设置短圆柱段，能改善喉部加工性，使喉部尺寸精度易于保证。喉部与收敛段设计半径 2 mm 的过渡圆弧，有利于减小烧蚀和凝固相沉积，这种结构设计使喷管体积减小，重量减轻，易于加工。

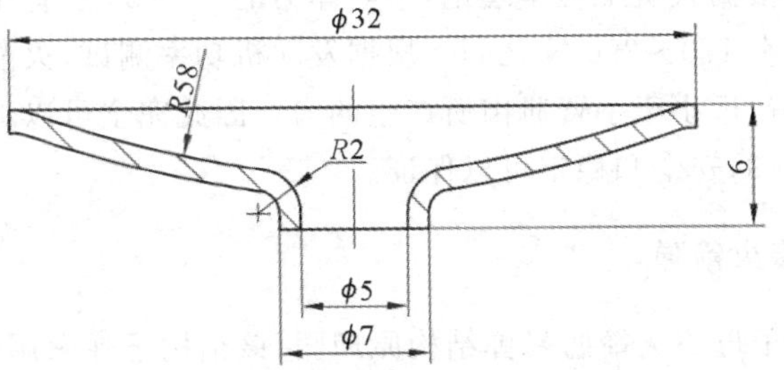

图 3-37　喷管结构图

(3)发动机推力—时间曲线。图 3-38 所示为采用应变式传感器对防暴火箭弹发动机测试推力—时间曲线。传感器量程 5 kg,精度等级 0.05。

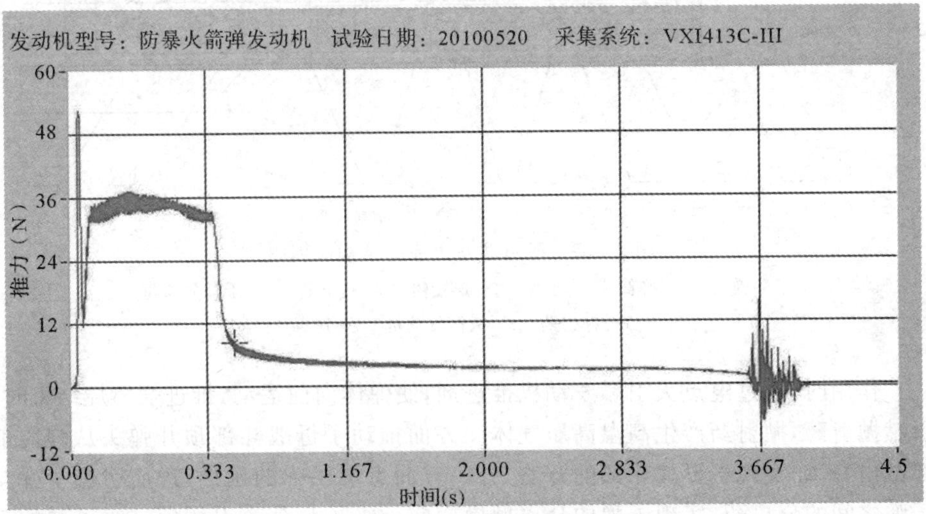

图 3-38　推力—时间曲线

从图中可以看出,推力曲线分为助推和续航两段。助推段,发动机装药瞬间被引燃,推力急剧上升到最大值 35 N,持续时间不超过 0.3 s;续航段,推力迅速下降到 3.79 N,持续时间较长。从测试结果来看发动机短时间内达到推力最大值,能够使火箭弹克服阻力顺利启动和保持良好的射向;此后,燃烧室压力减小,发动机提供的小推力满足火箭弹的续航要求。

根据作用与反作用定律,火箭弹弹体在发动机推力作用下从发射筒射出时,对手臂有后坐力作用。后坐力大小应该在手臂可以承受的范围内,否则将影响发射的安全与稳定。根据人机工程学理论，中等体力的 20～30 岁青年男女工作时手臂肌肉所产生的力在 170～290 N 之间。根据发动机功率测试，火箭弹发射瞬间后坐力最大 35 N 左右，远小于手臂肌肉所产生的力。因此完全可以承受防暴火箭弹发射的后坐力，发射的安全和稳定可以保证。

三、子母防暴火箭弹

图 3-39 为子母式火箭防暴弹结构原理图，该结构子弹采用串联连接方式，主要由弹头、弹筒、子母战斗部、抛射药、火箭发动机和尾翼等部件组成。

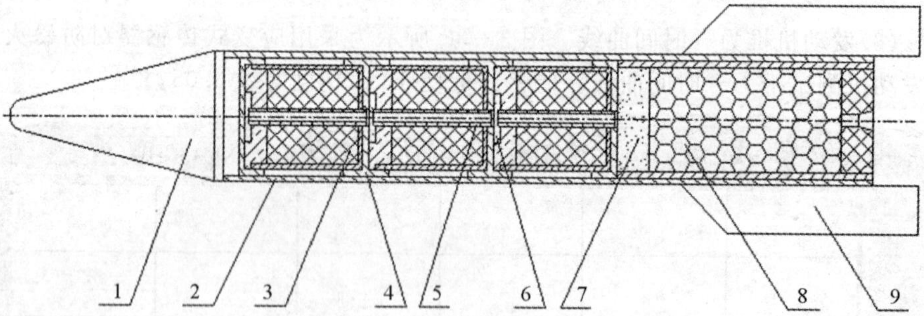

图 3-39　子母防暴火箭弹结构原理图

1—弹头　2—弹筒　3—子弹　4—连接体　5—传火管　6—子弹分离药

7—抛射药　8—火箭发动机　9—尾翼

作用时，通过电点火引燃发动机推进剂，使弹体向前运动，推进剂燃烧结束时，引燃抛射药，抛射药产生高温高压气体一方面推动子母战斗部顶开弹头从弹筒前部抛出，从而实现子母战斗部的开舱，另一方面点燃子弹的延期，进而引燃子弹与子弹之间的分离药，实现子弹的分离抛撒。前一级子弹分离引燃后一级子弹的延期点火药，依次实现后一级子弹分离并引燃。子弹分离后，达到多点投放，形成一个较大的覆盖面，子弹中防暴剂被点燃，可以产生发烟、催泪等多种效果。

子母防暴火箭弹各部分结构组成与管式防暴火箭弹基本相同，在此不再多述。

第 6 节　喷射驱散器

喷射驱散器是通过喷射刺激性的粉末和液体，使作用对象暂时失去抵抗能力的非致命武器装备。喷射驱散器的类型多种多样，但从结构上主要分为手持式喷射驱散器、背负式喷射驱散器、车载喷射驱散器等。美军单兵装备的喷射驱散器有三种型号，近距离的 M36 单兵手持型；中等距离的 M37 型(和普通灭火器相当)，喷射距离大约 10 m；远距离的 M33A1 背负型，喷射距离大约 30～40 m。

一、手持式喷射驱散器

手持式喷射驱散器是单人使用的非致命武器，主要用于近距离内制服犯罪嫌疑人。因其体积小，可以制成手枪状，手电筒状，也可与日常生活用品形状(见图 3-40)相似，具有很大的欺骗性和隐蔽性，便于出其不意地对有生目标实施突然袭击。并且易于与电击器、警棍等其他防暴器械有效组合，形成多功能的非致命武器，根据实际情况灵活运用，增强了攻击的有效性。

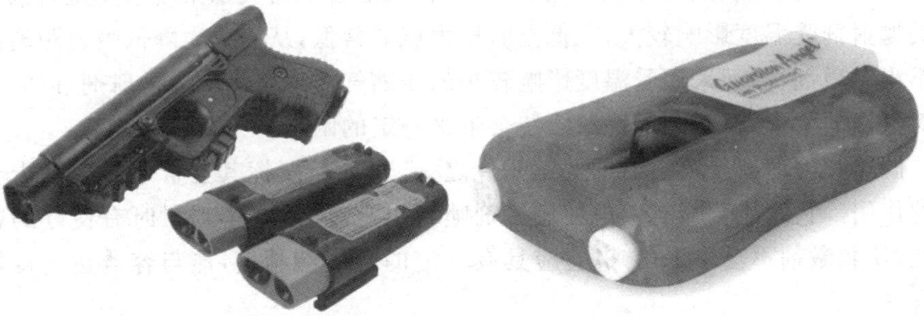

图 3-40　喷射器

手持式喷射驱散器是气雾剂技术在非致命用武器领域的特殊应用，其结构主要由罐体、阀门、促动器、抛射剂、喷射剂和罩盖等几部分组成(见图 3-42)。

喷射剂是产品的核心部分，它一般由刺激剂和溶剂等成分共同组成，目前国内外手持式喷射驱散器所用刺激剂主要有苯氯乙酮(CN)、邻氯苯亚甲基丙二腈(CS)、辣椒素(OC)、胡椒素等几类。由于 CS 的安全性较 CN 要好得多，且刺激性更加强烈，而 OC、胡椒素为纯天然、无毒，使它们成为首选的刺激剂得到广泛的应用。国外有的研究机构认为，复合型刺激剂综合了几种刺激剂的优点且安全性更好，故有时将两种刺激剂复合使用。

溶剂主要用来溶解刺激剂及其他组分，并作为刺激剂喷射使用中的载体。对它的基本要求是，对刺激剂等有效成分溶解性强；与配方中各组分不起化学反应，不会造成破坏或降低其效能；与配方中各组分的相容性好，不会产生沉淀或凝聚；不含有害物质，对人的毒性很低；来源充足，供应稳定。根据当前的发展形势，还要求它对生态环境危害小。目前相当一部分喷射器是采用醇、醚、酯、酮、石油精馏物及含氯成分等有机溶剂，这些溶剂的溶解能力强，但易燃，对生态环境构成危害，所以应限制使用。为解决这个问题，研究人员正试图应用其他水基型溶剂或不燃型溶剂，已取得良好的效果且应用在产品当中。为改善产品的性能防止喷射剂对罐体的腐蚀和刺激剂的分解，有时在喷射剂中加入乳化剂、防腐剂及酸度调节剂。

抛射剂的主要作用是在喷射器罐体内形成一股压力，使刺激剂能通过阀门喷射出去，所以抛射剂是自卫器发射的动力，它应与配方中其他成分具有相容性，不会与其他成分发生化学反应而破坏配方的稳定性及效果。抛射剂应对人无毒，选用的品种、比例应与产品特性相匹配，并保证该产品获得最佳的喷射性能。许多喷射自卫器中抛射剂采用氯氟烃、烷烃、二甲醚等液化或压缩可溶解气体作为抛射剂，这些抛射剂的沸点较低而蒸气压较大，可以使喷射剂在离开喷嘴后起到二次雾化的效果，从而使刺激剂雾流雾化更好，现在喷射自卫器大都采用这类抛射剂。但这类抛射剂受温度影响较大，在低温时压力就非常低，从而大大降低喷射距离甚至喷不出刺激剂，因而采用受温度影响较小的压缩气体或空气作为抛射剂，以满足产品对低温的要求，但对刺激剂的罐装会带来一定的困难。

阀门和促动器是喷射器的关键元件之一，对产品发挥其正常效能起着十分重要的作用。它既能可靠有效地使刺激剂喷射出来，又能在不喷射时有良好的密封性能，使刺激剂不会渗漏出来，它应具有一定的强度和精度，能与容器达到良好的配合。

促动器又称促动钮，它可以由单个喷头构成，也可以由喷头与喷嘴两部分组成一个整体，还可以将喷头与塑料罩装置制成一体形式。当喷射器采用某些溶解度不大的抛射剂做动力源，为使刺激剂喷射时形成具有一定雾化效果的射流，必须应用带有机械粉碎式促动器，否则即使抛射剂的压力再大，喷射出的刺激剂也只能是一股水流。图 3-41 为喷射自卫器工作原理及雾化原理图，容器中抛射剂为气相，是喷射器的动力源，刺激剂混合物为液相。在罐内，气相和液相处于静止平衡状态。

按下促动器即喷射按钮时，阀门打开，罐内的刺激剂液体在压力作用下，通过引液管向上进入阀体内，再通过阀芯计量孔进入促动器，最后从喷嘴高速喷出，与空气撞击粉碎成雾滴。由于包含在雾滴中的易挥发抛射剂蒸发的结果，进一步使雾滴二次粉碎形成许多小雾滴。如果使用压缩气体作为抛射动力源时，促动器一般采用带两次机械粉碎结构的喷嘴，喷出雾滴的细度主要靠喷嘴的机械碎裂作用获得。

手持喷射驱散器尺寸有大有小，一般外径约 35 mm，长度约为 130 mm，容积 90 mL，喷射距离 3～6 m，适合于自卫和制服单个目标。图 3-42 为二款较大型的手持喷射驱散器，容积达到 600 mL，射流型喷射时间大于 25 s，直线型喷射距离达

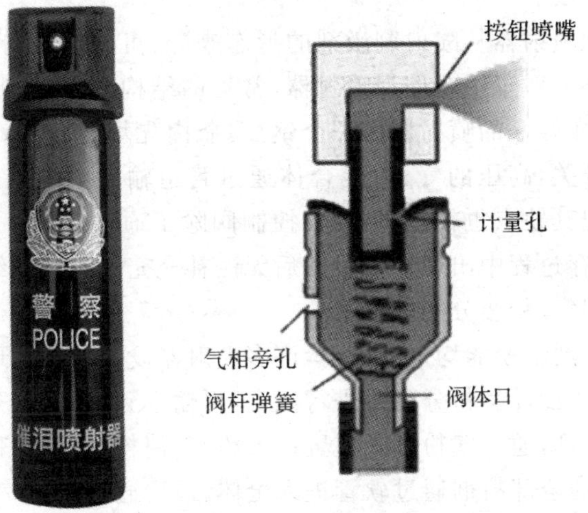

图 3-41　手持喷射驱散器及雾化原理图

到 10 m,适合于群体目标的迅速驱散。

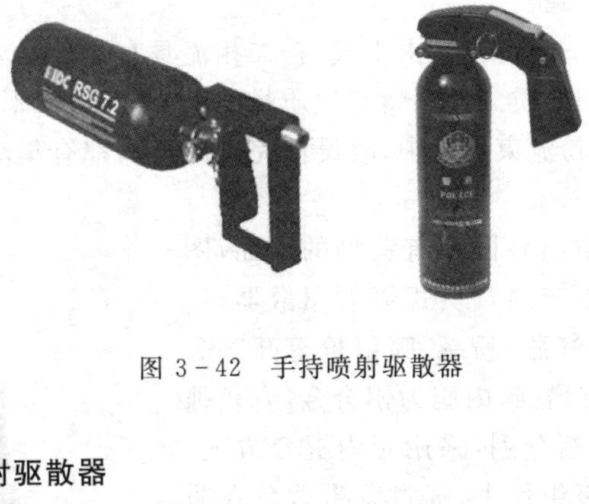

图 3-42　手持喷射驱散器

二、背负式喷射驱散器

背负式喷射驱散器主要是利用高压气体,将刺激剂快速大面积布散在目标区域,用以紧急压制单个或集团目标。喷射驱散器可以使用粉状、液状和凝胶状催泪剂,粉状的 CS 可形成浓云,射程 10～15 m;液状和凝胶状 CS 可施放出有方向的射流,射程 10～25 m,喷射器可由使用者复装。背负式喷射驱散器具有高效、机动、灵活、作用范围大等优点,同时使用两套装备就能控制相当于两个足球场大小的面积,其性能是目前任何一种单兵装备都无法比拟的,可以单兵背负使用,而且可以装备于机动车辆,快速反应,改变内部装填的药剂和相应的结构,能满足特种部队多种战术需要。

背负式驱散喷射器从喷射刺激剂的形态来分，可分为干粉催泪喷射器和液体催泪喷射器两种。对于干粉催泪喷射器，常见的结构有气、粉瓶合一和气、粉瓶分列两种。气、粉瓶合一的喷射器用一个钢瓶，瓶内先填充粉剂，再充气，气、粉在瓶内混合。打开开关，高压的气、粉混合体通过管道输入喷枪。这种驱散器结构简单，造价较低，但其缺点也较明显：开关控制阀除了通过气体外，还要通过于粉，容易造成堵塞，储存过程中出现气体泄漏后无法补充充气。此种结构已极少采用，目前大多数均采用气、粉瓶分列的形式。

为了使刺激剂干粉能均匀地喷射，许多喷射器设计有各种形式的气、粉混合装置，有的在粉瓶内设计气粉分配器进行混合，再输入到喷枪，打开气瓶的截止阀，压缩空气经过输送管，通过气粉分配装置进入粉瓶，使粉剂和压缩空气保持良好的混合状态，从而保证全部粉剂通过软管进入枪体，最后通过喷口喷出枪外形成波状的气粉二相流。有的则是利用高速高压气体流经枪体时产生的负压吸入粉剂进行混合再喷出枪外。后种方式对喷嘴和喷枪结构设计制造要求较高，喷口太大，刺激剂喷出速度得不到保证，从而影响射程；喷口较小时，喷射气流可能反窜到储粉室，从而破坏正常的喷射通道。

喷嘴的设计是至关重要的，由于气、粉二相流具有黏性和湍流横向脉动，使其在流动过程中与周围介质二者不断发生质量和动量的交换，形成锥形流场。为保证较大射程，必须使粉流束更集中，故设计完善的喷嘴都有集流增速段、整形导向段和流束引导段。

背负式喷射驱散器各国都有典型的产品，图 3-43 所示为我国生产的背负式喷射驱散器，属催泪干粉喷射器，由气瓶、粉瓶、喷射枪等几部分组成。气瓶用碳纤维增强，内胆为铝合金，有较强的耐腐蚀性。气、粉瓶分列，采用瓶内混合方式。两瓶平时固定在背板组件上，通过背带背负在防暴人员的身上，粉瓶通过软管与喷枪连接，使用时，打开气瓶上的截止阀，扣动喷枪上的扳机，催泪干粉在高压气体的作用下输送到喷枪，再通过具有增速、整形作用的喷嘴喷出。其喷射距离可达 30 m 以上，使用 CS 为刺激剂，质量 10 kg，喷射时间 20～30 s，可覆盖 2 000 m^2 的面积，适应温度为－30℃～＋50℃。

图 3-43　背负式喷射驱散器

除了以事先填充的高压气体为动力外，有的喷射器还采用其他动力源。如英国 Manroy L86 背负式 CS 喷射器属于发动机驱动系统，它用一个两冲程汽油发动机作动力，全重为 14 kg，由单人背负携行，能够以 300 g/min 的喷射速度，将特制的 CS 微细粒子持续喷射 7 min，射程可达 17 m。发动机功率为 3.675 kW，最大转速为 7 500 r/min，空气流量为 20 m^3/min，风速 125 m/s。发动机还有一个可缩回的启动拉绳和一个 2 L 的燃料桶，可供其运转 90 min，粉瓶内装有 2 kgCS。

三、车载式喷射驱散器

车载式喷射驱散器与背负式喷射驱散器原理相同（见图 3－44），也是利用高压气体，将刺激剂快速大面积布散在目标区域（见图 3－45）。喷射器可以使用粉状、液状刺激剂及染料。所以从喷射刺激剂的形态来分，可分为干粉喷射器和液体喷射器两种。

车载式喷射驱散器将喷射器装在车顶，可根据需要设计一个或多个喷射器。喷射器是一个完全独立的系统，车辆发动机可提供足够的功率喷射粉状、液状刺激剂及染料，具有快速、机动、喷射范围大、距离远、持续时间长等优点，具有很强的威慑作用，是各国警方处置大规模骚乱普遍应用的装备。

车载喷射器可使用车辆发动机，也可设计独立的发动机。喷射器喷射粉状刺激剂时，有较远的喷射距离，可设计动力驱动风扇向装在车顶的喷射管吹风。CS 微粒装在与风扇出风口相连的容器内，并且稍微加压。操作喷射器时，开动发动机，风扇开始转动，通过手动阀门，可使定量的刺激剂混入空气流中，从装在车顶的喷射管喷出，喷射管可根据需求全方位转动。结束时，关闭阀门，继续转动风扇，保证没有剩下的 CS 微粒残留在喷射系统中，而且可将 CS 烟雾吹得离车更远的地方。

车载喷射器除喷射粉状 CS 微粒外，也可在车载水箱中加入 CS 刺激剂或染料，通过喷射系统（水炮）喷射。

图 3－44　驱散器喷射

图 3－45　车载喷射驱散器

车载式防暴水炮工作原理如图 3-46 所示，主要由控制系统、压缩气体供给系统、刺激剂供给系统、水供给系统及喷射系统组成。水、刺激剂可通过瓶内混合器或在输送管道中的压差，形成负压式使其混合均匀，最后从喷射系统（水炮）射出。喷射装置由高压气室、喷射管和电磁阀三部分组成。车载式水炮大多是依靠车辆本身的发动机来提供压缩气体作为动力源，刺激剂、染色剂、水分别控制，以便在需要时，可分别射出水柱、刺激剂液体、染色剂液体。水炮的发射与方向转动是由安装在驾驶室的控制箱电传控制。

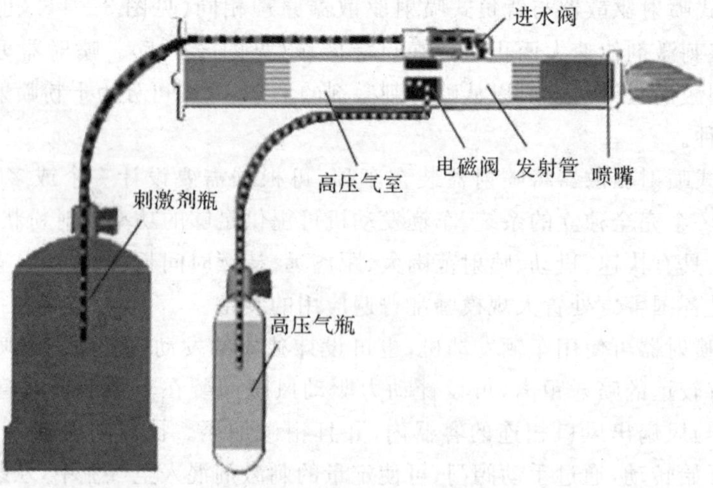

图 3-46　车载防暴水炮结构原理图

车载防暴水炮工作时，高压气瓶内的氮气经减压阀减压和调压阀调压后进入高压气室作为发射的动力，当高压气室内压力达到 2.5 MPa 时停止进气。同时，刺激剂瓶中的水与刺激剂混合液由进水阀注入到水炮的发射管内。发射时，电磁阀的超快排气阀快速开启，高压气室内的高压氮气急速运动，冲击并带动发射管内的静态液柱向前运动，从而实现水与压缩气体的动能传递，发射管内的高速液柱喷出后，在大气中破碎、雾化和扩散，形成具有刺激性的雾幕从而完成一次发射过程。

先进的车载水炮不仅具有高压水枪驱散能力，还能以脉冲、点射、连续发射的方式喷射刺激剂、染色剂、二元麻醉剂（CSL）、泡沫等多种液体，通过调控电子控制系统选择相应的混合比例和发射方式。水炮可水平旋转 360°，射程 60 m，每分钟流量为 750 L/min。为了配合驱散行动，有的还装备有录像监控系统和用以自卫的近距离催泪剂喷雾枪。

第 7 节　碳纤维弹

一、概述

碳纤维弹称为“Blackout Bomb”,直译为“灯火管制炸弹”。美国在 1991 年海湾战争中,在“战斧”巡航导弹上首次使用碳纤维战斗部,由于其装填物和毁伤元素是丝束状的碳纤维,国内将其称为碳纤维弹。1999 年科索沃战争中,尽管美国在风力修正布撒器(Wind Corrected Munitions Dispenser,WCMD)上使用的是装填丝束状镀铝玻璃纤维的子弹药,但人们习惯上仍称其为“碳纤维”弹。由于碳纤维和镀铝玻璃纤维从本质上说均是一种导电纤维,所以国内又将碳纤维弹称为导电纤维弹或石墨炸弹。通常,把采用丝束状碳纤维或其他导电纤维为弹药装填物和毁伤元素,利用高压引弧效应造成架空线路短路,最终使电力系统破坏的非致命弹药统称为碳纤维弹。

碳纤维弹(见图 3-47)最突出的特点是以长丝束状导电纤维为弹药装填物和毁伤元素,弹用碳纤维或导电纤维丝束一般由数 10 根到上百根直径为 10 μm 量级的纤维丝编制而成,长度一般为数 10 米,纤维丝束按一定方式缠绕成丝团或线轴状装填于战斗部中。战斗部在目标上空抛撒出纤维丝团或线轴,纤维丝束在空中展开,当其搭接到高压线路上,造成引弧放电和短路,致使供电终止。

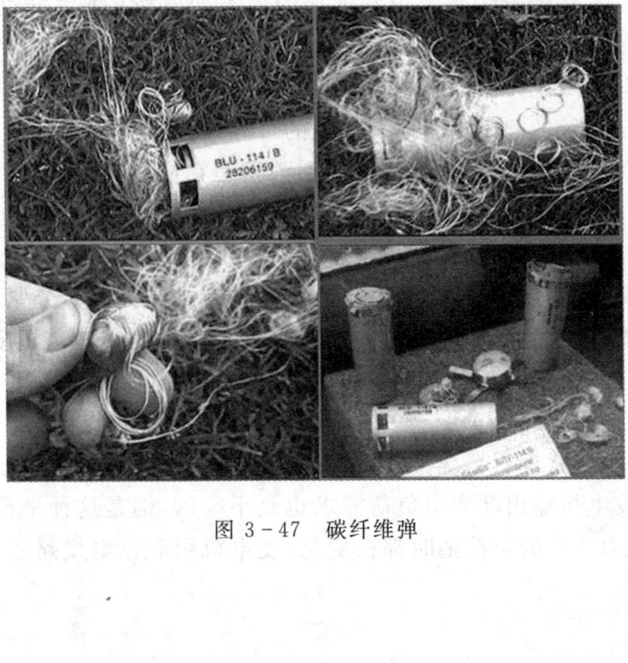

图 3-47　碳纤维弹

碳纤维弹一般采用子母式战斗部结构。该类型弹主要用于打击电力系统的变电站和输配电线路,其导电纤维丝破坏了电力系统的安全绝缘度,使高压电网产生引弧放电,形成巨大的瞬间短路电流,导致自动重合闸保护器跳闸,使电力系统局部供电中断;或者破坏输电枢纽、变电站、输电主干线等设施,使电力系统运行失衡而崩溃。该类型武器的战术目的是通过破坏发电厂、变电站及输配电线路的正常供电,致使对方用电系统如 C^4I 等系统的供电中断,实现打击外围,毁伤核心,瘫痪系统的意图,继而瓦解对方战斗意志、削弱其作战能力。此外,碳纤维弹对电子设备、电子器件也具有干扰和软杀伤效应,能够造成设备故障和失能。

使用碳纤维武器攻击电力系统,不但可以避免大量人员伤亡和环境污染,将附带毁伤减至最低,而且会给对方构成强大的心理压力和生理痛苦,达到瓦解敌方战斗意志、削弱作战能力的战术效果。适应了新时期非致命战争规则,对于打击特定对象和特殊目标具有十分重要的现实意义,必将是未来战争中广泛使用的重要武器和打击手段。

二、毁伤机理

电力系统是由发电厂、输电线路、配电系统及负荷组成,覆盖地域广阔。发电厂将原始能源转换为电能,经过输电线路送至配电系统,再由配电线路把电能分配给负荷,这四个部分组成的统一整体称为电力系统。电力系统和发电厂的原动机部分合并则称为动力系统。典型的电力系统(动力系统)如图 3-48 和图 3-49 所示。电力系统中,输配电线路及由它连接的各类变电所构成了电力网络,简称电网,即电网是输电、变电、配电形成的一个整体。电网按其范围的大小和电压高低分为地方电网、区域电网及超高压远距离输电网络等三种类型。电力系统构成闭环结构,以保证系统的稳定运行以及供电的可靠性、高质量和经济性。

电力系统最主要特点是电能的生产和消费是在同一时间实现的,也就是说电能是不能储存的,每时每刻系统的发电量取决于同一时刻的用电量。从电能不能储存这个特点来看,在运行时就要求经常保持电源和负荷之间的功率平衡;再者,由于发电和用电同时实现,使电力系统的各个环节之间具有十分紧密的相互依赖关系,不论是变换能量的原动机或发电机,或者是输送、分配电能的变压器,还是输配电线路以及用电设备等,只要其中的任何一个部分出现故障,都将影响到电力系统的正常工作。

在电力系统正常运行情况下,大量发电机并联同步运行,原动机与发电机的功率是平衡的,发电机输出功率与负荷需求也是平衡的,但是这种平衡是相对的、暂时的。由于电力系统的负荷随时都在变化,发电机组和输电线路还可能有偶发事故出现，因此这种平衡将不断被打破。

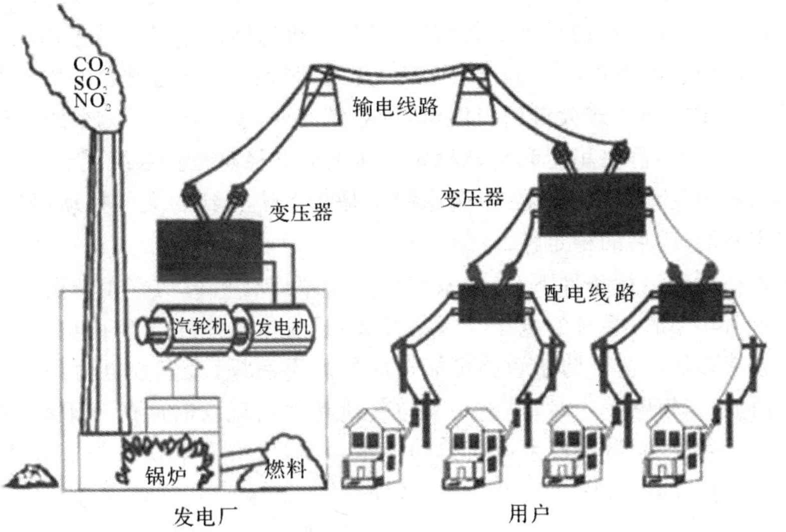

图 3-48　电力系统基本构成示意图

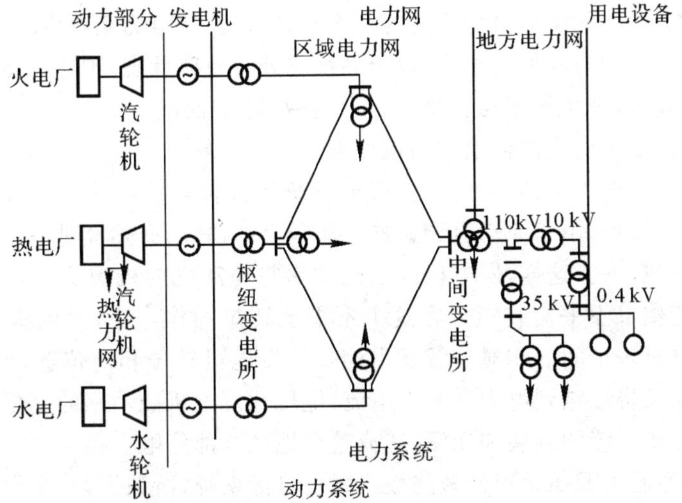

图 3-49　电力与动力系统结构示意图

电力系统正是在这种功率的平衡不断遭到破坏，同时又不断恢复的循环过程中运行的。如果系统在遭受外部扰动后，各发电机组在经历一定变化过程后能重新恢复到原来的平衡状态，或者过渡到一个新的平衡状态下同步运行，且这时系统的电压、频率等运行指标虽发生某些变化但仍处于允许的范围内，则系统是稳定的。反之，如果系统在遭受外部扰动后，各发电机组间产生自发性振荡或转角剧烈的相对运动以致机组间失去同步，或者系统的运行指标变化很大以致不能保证对负荷的正常供电而造成大量用户停电，则系统是不稳定的。电力系统的稳定性包括两方面的内容：静态稳定和暂态稳定。所谓静态稳定是指系统受到小扰动（如负荷波动引起的扰动）后的稳定性；暂态稳定是指系统受到的大的扰动（发电机或输电线路突然故障）后的稳定性。

通常在稳定运行条件下，电力系统发电功率应与负荷功率相平衡。当发电功率大于负荷功率时，系统的电压与频率升高；当发电功率小于负荷功率时，系统的电压与频率降低。为了防备短路可能造成的严重后果，大多数电力系统都具有自动保护功能，当短路发生时，发电功率与负荷功率出现长时间的不平衡，系统的调速保护装置将启动，调整各发电机组的输出功率，以求发电功率与负荷功率平衡，此时若功率损失在15%以内调整是有效的。如果这种不平衡故障通过上述调整保护不奏效，也就是说功率损失在20%以上，那么这种不平衡导致多种参量的振荡（如频率、电压、相位等）持续10 s以上，系统会启动解裂装置，甩掉负荷或发电机组，以断电的方式使系统恢复平衡，保护电力系统。对于偶然原因造成的短路，自动保护开关会在跳闸断电后很短时间内自动合闸，使电力系统恢复正常运行；如果在多次重复自动合闸的尝试中，电力系统仍处于短路状态，则系统将自行判断为不可恢复性故障，开关将不再合闸，直至短路故障被彻底清除。几次反复，将造成电力系统失去平衡而全面供电中断或瘫痪。

当电力系统因为上述某种扰动，表征系统运行状态的各种电磁参数都要发生急剧的变化。但是，由于原动机调速器具有很大的惯性，必须经过一定时间后才能改变原动机的功率。这样，发电机的电磁功率与原动机的机械功率之间便失去了平衡，于是产生了不平衡转矩。在这个不平衡转矩的作用下，发电机开始改变转速，使各发电机转子间的相对位置发生变化。发电机转子相对位置（即相对角）的变化，反过来又将影响到电力系统中电流、电压和发电机磁功率的变化。如果扰动足够大，将导致系统的解裂和崩溃，造成整个地区全部停电。

碳纤维弹通过毁伤元素的短路效应毁伤目标系统，所谓短路，是指正常运行以外的一切相与相之间或相与地之间的短接。在中性点直接接地的系统中，一相对地短路最为常见。在中性点不直接接地的系统中，由于系统的单相接地并不构成短路，所以故障形式主要是各种相间短路。

短路发生在发电厂和各变电站母线，则直接造成系统大的扰动；如果发生在枢组变电站和中间变电站，则导致大的负荷被切除，也造成系统大的扰动。至于由此造成的电力系统的毁伤程度，既和系统本身有关，也和扰动大小有关。作为毁伤元素——导电纤维丝束来说，其基本要求是能够造成线路短路，并使短路维持一定时间以使继电保护装置动作，同时使重复合闸不能成功。

导电纤维丝束作用于高电压、大容量的架空线路，短路是很容易发生的，但自身随之高温汽化、并使空气击穿产生大量等离子体，形成电弧。所以导电纤维的短路机理是利用导电纤维高压引弧，通过电弧实现短路并维持到继电保护装置动作所需要的时间。碳纤维弹的作用方式是，大量的导电纤维在继电保护装置作用的同时不断飘落，重复合闸同时域其他导电纤维不断作用，所以重复合闸难以成功，最终造成电力系统的局部毁伤。

在典型状态下，保护装置调整时间一般不大于 0.12 s，当导电纤维临近或搭接在输电线路上时，将造成下列现象：引弧放电或短路放电→短路故障出现→跳闸(0.7 s 后第一次重合恢复供电)→(若仍有导电纤维丝束造成短路)第二次跳闸(180 s 后第二次重合闸)→(若仍有导电纤维丝束造成短路)永久跳闸。如果导电纤维丝束连续降落，对输电线路至少可以有两次短路效应，造成中断供电最少时间为 3 min。因此，如果导电纤维丝束继续降落或丝束仍然存在，没有清除干净，则第二次重合闸必然失败，将被视为永久性故障，而造成电网较长时间的供电中断或瘫痪。

三、CBU－94 碳纤维炸弹

CBU－94 碳纤维炸弹(见图 3－50)主要由两部分组成 SUU－66/B 次弹药撒布器(tacticol munition dispenser，TMD)与 BLU－114/B 石墨丝次弹药，CBU－94的外形与炸弹相同，其 SUU－66/B 次弹药撒布器的弹体中段是由三段弧形弹壳长板组成的圆柱形容量，内部装载 200 枚 BLU－114/B 石墨丝次弹药。弹体前段装有引信，用以炸开弹壳长板，让次弹药撒出来，弹体后端为折叠式尾翼。

图 3－50　CBU－94 炸弹示意图

CBU－94 碳纤维炸弹投放后，折叠尾翼打开并偏转一定角度，使母弹旋转，飞临目标区域上空一定高度时，SUU－66/B 战术弹药布撒器打开，抛撒出数百个 BLU－114/B 子弹。为利于导电纤维的抛撒，每个子弹都带有一个小降落伞，以使子弹减速垂直降落，下降到目标上方一定高度时，子弹装药爆炸，抛撒出大量经过金属镀膜等化学处理的导电纤维，纤维丝团展开后形成导电纤维云团从空中飘落（见图 3－51）。由于导电纤维丝束具有良好的导电性能，临近或搭接到露天变电站和输配电线路上时，造成引弧放电或短路放电，形成巨大的短路电流，使电力系统供电中断或瘫痪。

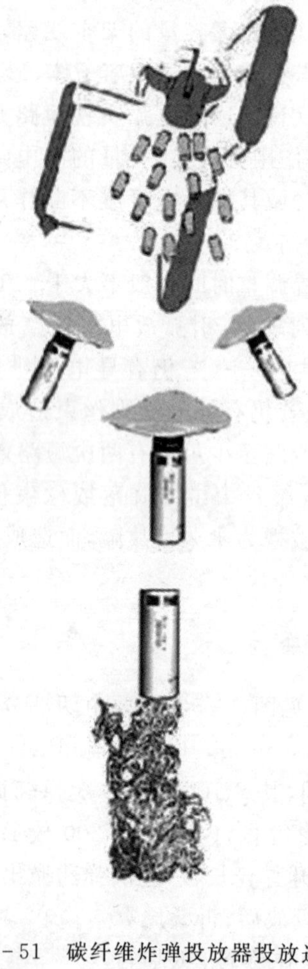

图 3－51　碳纤维炸弹投放器投放过程

（母弹炸出 BLU－114/B 次子弹，带降落子弹下降，射出石墨丝卷）

由于导电纤维丝束数量多、散布面大、坠落时间长，会造成电路短路故障反复发生，且不易被彻底清除干净，从而造成电网长时间的供电中断或瘫痪。

第4章　动能非致命技术

动能非致命技术是以柔性载体的冲击动能打击有生目标，使其产生强烈的痛感，从而失去抵抗能力或行动受到抑制，但不会造成致命性伤害的一种新概念武器。非致命动能武器的致伤物质——弹丸，多采用密度较小的柔性材料如橡胶、塑料、木材制成，而且飞行速度较小，衰减快，与人体的接触面积大，没有穿透能力，通常不产生致命伤害。动能非致命武器可广泛应用于驱散群体性有生目标，阻止暴徒对重要目标的冲击，也可用于缉拿罪犯，追捕逃犯等。

依据动能非致命技术制造的动能非致命武器的种类很多，按其作用原理，动能弹可分为动能枪弹和动能榴弹两种。动能枪弹是借助于发射药或其他能量从枪管射出的低动能柔性弹丸，如橡皮子弹。而动能榴弹则可按一次射出一枚弹丸或多枚弹丸而分为独弹或霰弹，有的借助于炸药的爆炸能把装在弹体内的动能元素——橡胶弹丸或塑料弹丸呈霰状抛洒出去。

按其投射方式，非致命动能武器可分为手投和依靠武器系统发射（如防暴枪、防暴发射器）等种类。根据武器系统的发射原理可分为燃气压力发射、压缩气体发射和电能发射等，其中燃气压力发射主要是利用火药或者可燃气体燃烧爆炸产生的燃气压力发射弹药；压缩气体发射主要利用压缩空气发射弹药；电能发射主要通过将电能转化为机械能，实现对弹药的发射。

第1节　动能武器的非致命效应

一、动能弹致伤判据

自20世纪初以来，各国在致命性武器的研究中，对如何评定投射物（弹丸破片）的致命能力，采用过动能标准和比动能标准等。其中，动能标准是指当投射物的动能达到一定界限时，就能对人员有效地杀伤，否则就不能。但具体规定却不一致，如法国定为39 J；德国和美国定为78 J；我国采用的98 J，是沿用20世纪50年代苏联的规定。比动能标准认为投射物对人员的杀伤能力，不仅决定于它的动能，还与其横截面积有关。军用致命弹头或破片的最小比动能为26 J/cm^2。此外，还有采用贯穿一定厚度的金属板或木板作为判据的，如以贯穿25 mm的松木板作为杀伤判据。

除动能标准、比动能标准外，对人体致伤还与弹体的速度有关。国外通过对动物进行的大量射击试验，测试了手枪弹、汽枪弹等弹头致伤皮肤的最小速度、动能和比动能，见表 4－1。试验表明，弹头射入皮肤的最小弹速应大于 50 m/s，并随弹重的减小而增大；断面比动能必须大于 10 J/cm²。当要求弹头射入肌体 2～3cm 深度时，弹丸的最小弹速必须在 70 m/s 以上；断面比动能约为 20 J/cm²。综合上面试验结果可见，警用动能弹的致伤判据，就断面比动能而言，应大于擦伤皮肤的最小比动能 10 J/cm²，而小于军用杀伤弹头的最小比动能 26 J/cm²。

表 4－1　各种动能弹致伤皮肤的最小速度、动能和比动能表

枪种	平均弹径 mm	弹重 g	弹速 $m \cdot s^{-1}$	动能 J	比动能 $J \cdot cm^{-2}$	致伤程度
手枪	11.2	8.4	60	15.1	15.2	擦伤皮肤
			70	20.8	20.9	侵入皮下
手枪	8.5	4.5	62	8.7	15.4	擦伤皮肤
			71	11.4	20.	侵入皮下 2.9cm
左轮手枪	9.19	7.32	51	9.5	14.3	刚刚侵入皮下
			58	12.3	18.6	全部侵入组织
0.22in 手枪	5.461	1.07	68	2.5	10.7	弹头嵌入皮肤
			75	3.0	12.8	弹头侵入皮肤
			87	4.2	17.5	普通侵入皮肤
0.17in 手枪	4.369	0.54	88	2.1	14.0	弹头嵌入皮肤
			101	2.8	18.7	皮下组织隆起
			111	3.3	22.0	普通侵入皮肤

表 4－1 所列为金属弹头的试验结果。我国有关部门和单位对警用动能弹的橡胶球的撞击试验结果表明，当撞击速度在 200～500 m/s 的范围时，可依次产生下述 4 类伤情。

(1)球粒嵌在毛中，依据毛厚程度不同，皮肤表面无损伤或仅有小面积红肿。

(2)皮肤浅层擦伤，即皮肤浅层开裂，创伤区呈椭圆形，周围有大小不等的出血区或充血区。

(3)皮下浅层嵌入伤，球粒穿破皮肤嵌在皮下层约 0.3 cm，周围有环形出血区，伤口少量出血。

(4)皮下深层嵌入伤，球粒停留肌层筋膜深约 0.5～1.0 cm，伴有中量出血。当球粒侵入皮下深层及肌膜时，已出现邻近体内脏器的损伤。

一般地认为影响打击效果(致伤)主要有下述因素。

①弹丸质量。速度相同时，质量越大，动能越大，杀伤性越强，因此动能弹致伤元素选取中，必须合理确定弹丸质量。

②弹丸速度。质量相同时，速度越大，动能越大，为保证不造成永久性伤害，必须严格控制装药的药量，控制好弹丸抛出后的速度。

③弹丸的形状。球形、立方形、棱形等，在动能相同的情况下，不同形状的弹丸侵彻杀伤效果不同。

④迎风面积。迎风面积越大，弹丸速度衰减越快，到达目标时的动能就可能越小，射程就会越近。

作为非致命武器的动能弹，它的致伤判据是一个很复杂的问题。因为对一个没有装甲防护的人来说，既要使其丧失抵抗能力，而又要不对其造成致命致残的动能量很难把握，它会因个体体质、衣着厚薄、身体部位的不同而相差很大，而这些因素对致命性弹丸来说是无关紧要的。同时，致命性弹丸的致伤机理和非致命性弹丸的作用机理也不尽相同。致命性弹丸的杀伤作用主要是通过金属弹丸对肌体的高速贯穿或深层侵彻来实现的，而非致命弹丸的抑制作用主要是通过柔性弹丸对肌体的钝性撞击或低侵彻来实现的。但另一方面，我们也不能把问题考虑得过于复杂，以致无法解决。应该说，在投射物杀伤能力的评定上，非致命武器与致命性武器是相通的，只不过把非致命武器的威力限制在较小的范围而已。可以设想，对于飞行中的弹丸，存在一个致命与非致命之间的界限，这个界限就是致命性武器的下限，非致命武器的上限。

二、动能弹致伤判据标准

根据动能弹的致伤标准规定，动能弹使用时不得向人体喉部以上部位射击，对人体(不含喉部以上部位)不得造成中度和中度以上的损伤。防暴动能弹的损伤分度见表 4-2。

我国现采用国军标 GJBZG20262－95《防暴动能弹威力标准》中规定了防暴动能榴(霰)弹对人体打击的能量标准和致伤判据，见表 4-3、表 4-4。

目前，我国把动能弹的致伤标准的判据规定为：在离炸点 0.5 cm 处橡胶球不允许穿透 25 mm 厚的红松木靶板，在离炸点 5 m(作用半径 R)处，应能穿透二层 0.5 mm厚的牛皮纸。

表 4-2　防暴动能弹的损伤分度

损伤分度	等级	损伤体征				
		皮肤	皮下层	肌层	骨胳	体腔脏器
无损伤（0）	0	—	—	—	—	—
	1	充血	充血	—	—	—
轻微损伤（Ⅰ）	2	红肿	轻度出血	—	—	—
	3	红肿表皮挫伤	出血	—	—	—
轻度损伤（Ⅱ）	4	红肿损伤	出血	充血	—	—
	5	损伤伴有渗血	出血	浅层出血	—	—
中度损伤（Ⅲ）	6	穿透	穿入	出血	—	—
	7	穿透	穿透	出血	—	—
重度损伤（Ⅳ）	8	穿透	穿透	穿入	—	出血
	9	穿透	穿透形成空腔	穿透	触及或进入	穿入体腔出血
极重度损伤（Ⅴ）	10	穿透入口扩大	穿透形成空腔	穿透周围坏死	骨折	脏器穿破出血

表 4-3　防暴动能榴(霰)弹投射体撞击目标的能量标准

防暴动能榴(霰)弹投射体类型	能量标准
直径大于 10 mm 的球形或圆柱形投射体（邵氏硬度 A<90）	比动能不大于 12.0 J/cm^2 同时其动能小于 120 J
直径小于和等于 10 mm 的球形投射体（邵氏硬度 A<90）	比动能不大于 28.0 J/cm^2

在这里，“不允许穿透 25 mm 厚的红松木靶板”和“能穿透二层 0.5 mm 厚的牛皮纸”可视为动能弹致伤作用的两个临界值，超出上限有发生致命致残的危险，超出下限已失去抑制有生目标的威力。而在这两个界限之间的就是动能弹的致伤作用范围。

表 4-4　防暴动能榴(霰)弹致伤效应

损伤分度	能量范围		
	直径大于 10 mm 的球形或圆柱形投射体(邵氏硬度 A<90)		直径小于和等于 10 mm 的球形投射体(邵氏硬度 A<90)
	比动能/($J\cdot cm^{-2}$)	动能/J	比动能/($J\cdot cm^{-2}$)
0	≤0.5	≤5.0	≤0.5
Ⅰ	>0.5～4.0	>5.0～27.0	>0.5～4.0
Ⅱ	>4.0～12.0	>27.0～120	>4.0～28.9
Ⅲ	>12.0～30.0	>120～300	>28.9～56.0
Ⅳ	30.0～50.0	>300	>56.0
Ⅴ	>50.0		

第2节　非致命动能弹

一、布袋动能弹

1. 概述

布袋动能弹是一种驱散骚乱人群和制服犯罪分子非致命弹药，其作用原理是发射的弹丸装有填充物(铅砂、橡胶粒、塑料粒等)的织物包，利用弹丸的动能对有生目标进行打击，达到驱散闹事人群的战术目的。其特点是布袋弹丸撞击有生目标以后发生变形，与被射击者的接触面积大，比动能小，既能保证对有生目标行为有效制止，又不会造成严重伤害或致命后果，是驱散有生目标的一种有效非致命弹药。

布袋弹类型多样，在国内外都有典型的产品，国外将布袋弹称为豆袋弹、软棍弹等。国内外常见的有 10 mm(见图 4-1)、18.4 mm(国外称 12 号，见图 4-2)，38 mm，40 mm 等不同口径的布袋弹，可用手枪、专用防暴枪、发射筒进行发射，主要用于近距离精确打击，有效射程多为 30 m 以内。

2. 结构原理

布袋弹虽然类型多样，外形尺寸大小不一，但其结构原理基本是相同的。弹体主要由弹筒(壳)、布袋弹丸、推盘、发射药、底火和密封垫等部件组成，其结构原理如图 4-3 所示。弹筒(壳)多用铝合金或塑料制造，用以结合弹丸、推盘、发射药等部件。弹筒底座中央铆有火帽，全弹结合好后，在上端口部压有密封盖并用防潮清漆涂抹。发射药组件由火帽、发射药、药盒体组成，其作用过程是采用高低压原理推动弹丸运动，与其他枪发防暴弹完全相同。发射时，利用发射药的燃气压力，将布袋弹丸发射出去，在飞行中布袋自行展开，撞击面积有几平方厘米，依靠布袋弹丸的低动力冲击打击目标。

图 4-1　10 mm 转轮防暴手枪布袋弹及配枪图

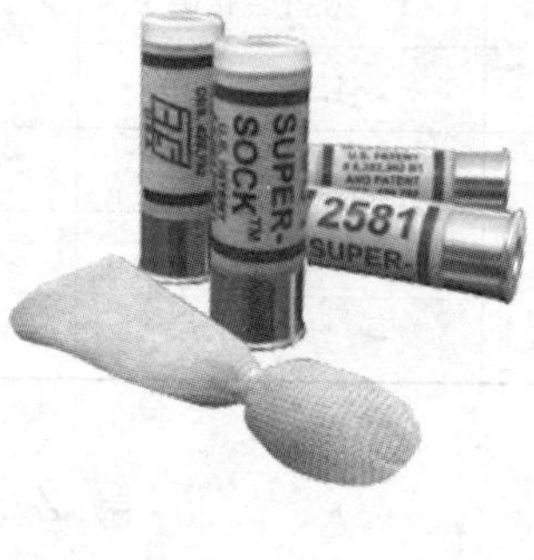

图 4-2　12 号休珀—索克豆袋弹

3. 布袋弹丸结构

布袋弹根据弹筒(壳)的大小可装填一枚弹丸或多枚弹丸。如手枪布袋弹或 18.4 mm(12 号)布袋弹仅有一枚弹丸，可对单个有生目标实施准确打击。38 mm 防暴枪布袋弹有 6 枚弹丸，不仅能对点目标实施准确打击，也能对群体目标实现面打击。弹丸布袋材料选用棉纺布织物或尼龙织物，其布袋既有很好的韧性，又有很好的强度。袋内以密度较小的球状铅砂颗粒、橡胶球、塑料颗粒或刺激剂粉为装填物。常见的弹丸结构有方形布袋弹丸、带尾翼布袋弹丸、筒式布袋弹丸等几种。

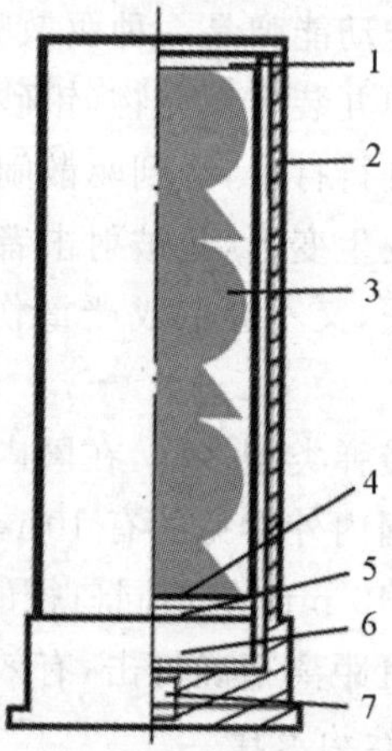

图 4-3　38 mm 布袋动能弹结构图

1—密封垫　2—弹筒　3—筒式布袋弹丸

4—护片　5—推盘　6—发射药　7—底火

(1)方形布袋弹丸。方形布袋弹丸(见

图 4 - 4(a))就是把铅砂装在一个方形的布袋中,再将布袋装在弹壳里,密封后形成一种布袋弹。这种弹的特点是工艺简单、制造方便、价格低廉。存在问题是飞行不够稳定,射程近,弹道一致性差。

(2)带尾翼布袋弹丸。即在圆柱形布袋弹的尾部增加一个稳定装置——尾翼(见图 4 - 4(b))。增加尾翼解决了飞行稳定性问题,提高了射程和射击精度,但又带来了制造工艺复杂和减小战斗部有限空间的问题。

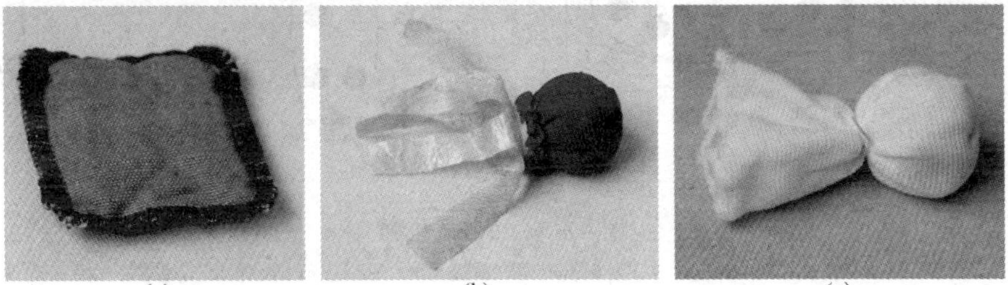

(a)　　(b)　　(c)

图 4 - 4 几种常见的布袋弹丸结构

(a)方形布袋弹丸；(b)带尾翼布袋弹丸；(c)筒式布袋弹丸

(3)筒式布袋弹丸。筒式布袋弹丸(见图 4 - 4(c))是将铅砂装在一个筒式布袋中,铅砂约占布袋容积的 1/3,其余 2/3 左右布袋压缩后装入弹壳内。弹丸飞行时,布袋尾部展开形成一个筒式稳定装置,从而保证了布袋弹的飞行稳定性和有效射程。

根据理论计算和试验结果表明,筒式布袋弹相对其他两种弹丸有以下优点。

①初速低,动能大,比动能小。如 18.4 mm 筒式布袋弹全弹质量为 44g,初速为 75 m/s 左右,动能可达 90 J,而比动能只有 10 J/cm^2,从而起到了作用面积大、致伤小的效果。

②结构简单,制造方便,通用性好。筒式布袋弹主要由弹壳、底火、发射药、弹托、布袋、护片、铅砂、封口识别垫等零件组成,材料来源广泛,制造工艺简单,适于批量生产。

③飞行稳定性好,精度高,有效作用距离远。筒式布袋弹采用了布袋自身的筒式稳定方式,全弹质心前移,飞行姿态稳定,精度好,有效作用距离远,这一特点是其他防暴动能弹难以达到的。

4. 可胀式枪弹

可胀式枪弹,也称弹袋,在这种弹的弹头内装有一个弹袋,袋内装有许多霰弹,如图 4 - 5 所示。该弹发射时,弹袋受枪管膛线的作用而获得一定的转速,离开枪口后，由于袋内霰弹受离心力的作用，使袋在垂直于飞行方向上变成圆盘状。圆盘状的弹袋迎风面积大，在飞行中受到很大的空气阻力，因而在离开枪口后很快便失去致命的作用而成为一种非致命枪弹。

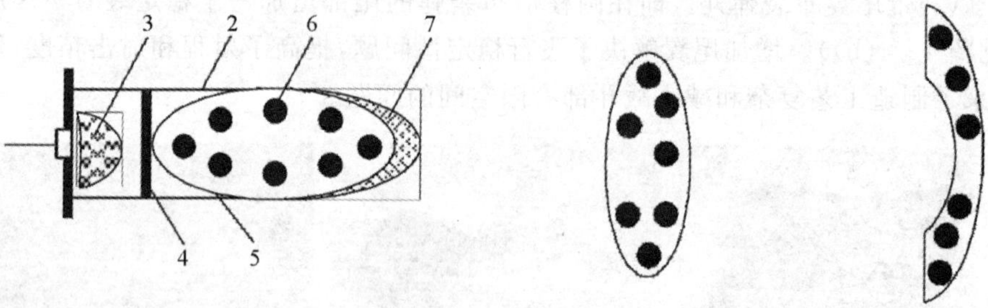

图 4-5　可胀式枪弹

1—底火　2—弹壳　3—发射药　4—隔板　5—弹袋　6—霰弹　7—锥帽

弹袋是一个用帆布类织物制成的盘形袋，其中装有若干霰弹。盘形袋的直径应大于弹壳外径，袋内的霰弹粒数根据所需的射程和弹袋的弹道要求确定。如对于 9 mm 弹壳外径，可选用直径 25 mm 的盘形袋，内装 12 号厚弹 12 粒。袋子装入弹壳前，先将霰弹从任意位置压向袋的中心，使霰弹在盘形袋的轴线方向成圆柱体，再将袋的两侧绕圆柱体卷起来，从弹壳的武器端装入弹壳内，再盖上锥帽。

当扣动枪的板机时，击针撞击枪弹底火，点燃发射药，火药气体将隔板、弹袋和锥帽一起推向枪口方向，弹袋沿枪管运动时在膛线的作用下获得必要的转速。出枪口后，隔板和锥帽因重量轻而偏离弹袋弹道，与弹袋分离。弹袋内的霰弹，由于弹袋的旋转而在离心力作用下沿袋的径向扩散，使袋成为圆盘状。弹袋的弹道特性取决于枪管的直径、弹袋的直径和其中霰弹的重量和数目。

二、橡皮动能弹

橡皮动能弹是以橡胶体作为对目标的打击元素，通常利用防暴枪发射或手投爆炸的方式进行施放。枪发时，可一次射出一枚或多枚橡胶体弹丸；爆炸时，橡胶弹丸呈霰状抛洒出去。橡胶体根据发射方式、弹体结构，做成球体、圆柱体或子弹形等不同形状，以实现预期的动能打击效应。动能弹还可与刺激剂、声光剂相结合，设计成多源防暴弹。

1. 枪发橡皮霰弹

枪发式橡皮霰弹通过枪膛发射，使橡胶体弹丸得到动能打击初速。根据发射器的口径有 18.4 mm(12 号)、38 mm 和 45 mm 等弹径的橡胶弹。如美国 12 号系列刺痛弹(斯廷一鲍尔弹 Sting Ball)有 2552 型(见图 4-6)、2553 型和 2555 型。2552 型橡胶球弹丸质量 0.35 g,初速 122 m/s、有效射程 15 m,每发弹中装 18 个直径 8 mm 的橡胶球;2553 型弹丸初速比 2552 型快 1 倍多,达 274 m/s,有效射程 18 m;2555 型弹丸初速 152 m/s,有效射程 15 m,每发弹中装有 3 个直径 15 mm 的橡胶球,橡胶球邵氏硬度为 A75。

国内某型 18.4 mm 动能橡胶霰弹弹丸初速 315 m/s,每发霰弹可射出直径 5 mm橡胶球 8 粒,弹丸重 0.85 g,35 m 处弹丸的比动能为 23.7 J/cm^2,主要用于 35～100 m 范围内驱散非法聚集的骚乱人群和暴乱分子。可用以打击点目标或小的面目标,大的面目标可通过增加发射弹数来达到威力要求。由于弹丸初速较大,近距离会对人体的外露部分造成一点损伤,所以在 35m 以内应当慎用或禁用。

38mm 橡皮霰弹弹丸初速一般在 80～100 m/s,弹丸根据不同的球体直径少则几枚,多则几十枚。弹丸少时可用以打击点目标,多时用于打击面目标。如巴西 AM—404 38 mm 橡胶霰弹(见图 4-7)有两种类型,其内部分别装有 3 枚或 12 枚橡胶球弹丸;我国 38 mm 橡胶霰弹可提供 3 枚、12 枚、16 枚、24 枚、32 枚等型号橡胶球弹丸,以适应不同的应用场合。

图 4-6　12 号斯廷一鲍尔弹

图 4-7　AM-404 38 mm 橡胶弹

枪发式橡皮霰弹虽然有不同的弹体尺寸,内装橡胶元素数目也不同,但结构原理都相同,主要由弹筒、橡胶弹丸、推盘、发火系统等组成,如图 4-8(a)所示。弹筒为圆柱形,一般用铝合金或塑料制造,用以将弹丸、发射药和底火装配在一起。发火系统由火帽、药盒和发射药组成。药盒内装发射药,采用高压低室结构。这些弹丸装在一个塑料弹托内,如图 4-8(b)所示,弹托使这些弹丸在枪膛内运动时聚在一起并作为闭气塞以得到发射装药的最大效能。当弹托离开枪口,空气阻力即使弹托脱下,落在地上,弹丸则继续以一定的初速飞向目标,给目标痛苦而非致命的打击。

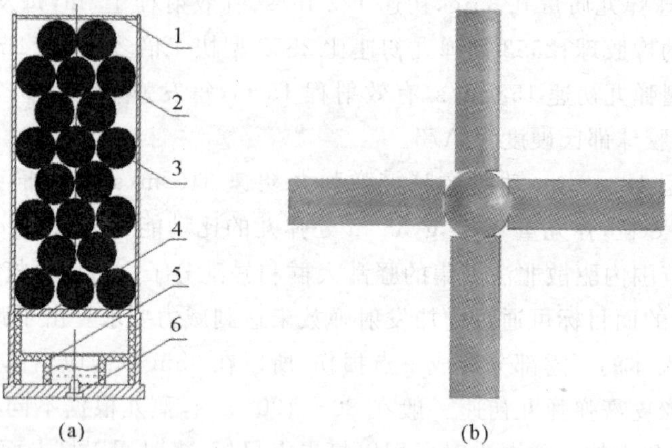

图 4-8　橡皮动能弹结构原理及弹托结构图

1—封盖　2—弹筒　3—橡胶球　4—弹托　5—药盒　6—底火

(a)橡皮动能弹结构图；(b)弹托结构图

弹丸一般为球形，图 4-9 所示为一种扇形块状弹丸，与球形弹丸相比，在相同弹筒体积内增加了动能弹丸数量，提高了弹丸的散布密度，大幅度增强了对目标的面打击能力。通过对直角扇形弹丸的棱角进行钝化（见图 4-9(c)），提高打击的安全性。

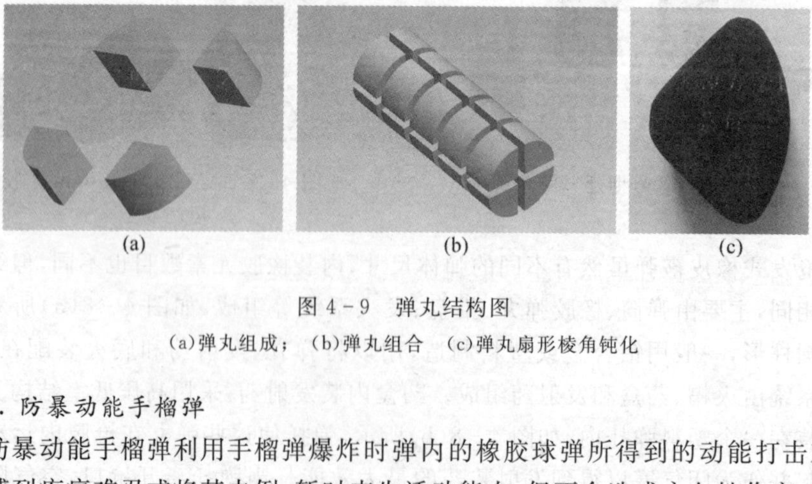

图 4-9　弹丸结构图

(a)弹丸组成；(b)弹丸组合　(c)弹丸扇形棱角钝化

2. 防暴动能手榴弹

防暴动能手榴弹利用手榴弹爆炸时弹内的橡胶球弹所得到的动能打击对方，使其感到疼痛难忍或将其击倒，暂时丧失活动能力，但不会造成永久性伤害。这类弹也可与刺激剂、声、光等效应相结合，成为多源防暴弹。动能弹的主要性能，取决于产生大量打击元素的橡胶球弹。由于打击元素的橡胶球弹在空间的飞行散布是一个不连续的间断面，随着飞行距离的增大，橡胶球间的距离也在加大。这样，要满足非致命效应的动能或比动能的橡胶球弹，在飞行过程中不一定能命中目标。因此，只要求橡胶球弹具有一定的打击动能是不够的，还必须满足于打击概率的要求，即橡胶球弹具有一定的分布密度。显然，打击元素的分布密度愈大，命中目标的概率就愈大，非致命效应愈好。

国内外防暴动能手榴弹，弹体外壳呈球形居多，如美国 M542，M452C 等刺痛手榴弹。这些弹体外壳采用橡胶或硬质塑料制做，球体内橡胶球弹直径有 5 mm，8 mm 等，数量少则 100 多粒，多则 500 粒。其基本结构都是由击发机构、保险装置、弹体和橡胶球弹等四大部分组成，如图 4－10 所示。其中击发机构由击针、火帽、延期管、起爆药柱等组成；保险装置由保险片、保险插销和拉环组成；球形弹体是连接各部件的主体，除装橡胶球弹外，上端连接固定座，将全部的连接件和主体部件牢固地连接成一个完整的弹体。

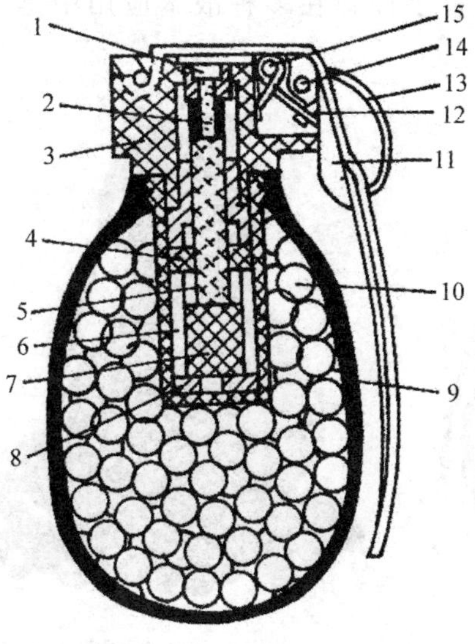

图 4－10　动能弹的构造

1—火帽　2—延期药　3—固定座　4—压紧垫　5—雷管　6—空心药柱　7—弹性垫　8—垫圈　9—弹体　10—橡胶球　11—保险片　12—击针　13—拉手环　14—保险插销　15—反转弹簧

动能弹投出后，保险片飞离，击发装置打击火帽，火帽的火焰点燃延期雷管，雷管延迟一定时间后爆炸并引爆扩爆药(空心药柱),使弹壳炸开并赋予橡胶弹丸以一定的速度向四周飞散。在打击距离之内,这些获得飞行动能的橡胶球以一定的密集度作用有生目标,使之致痛难忍,从而失去抵抗能力或行动受到抑制。

为使防暴动能手榴弹达到更显著的非致命效应,手榴弹将橡胶球动能打击与刺激剂、声、光等效应相结合,形成多源非致命效应,如 M452C 刺痛手榴弹(见图 4-11)。保险机构采用标准拉环,使用时先顺时针使拉环转动,然后拔出保险销。如果保险销没有拔出,拉环可以不费力地放回保险位置。弹体内装有上百枚橡胶球及闪光药剂。弹体引爆后,在距离 1.5 m 处可产生 175 dB 的巨大声响,同时可产生持续 10 ms 的 6~8 百万倍烛光亮度的耀眼闪光,冲击波驱使弹体中的橡胶球在 360°范围散布,飞行速度可达每秒数百英尺,碰击到人身上的效果与近距离被弹弓打上的弹子相似,疼痛而无伤害。为防止弹体破片伤人,除弹体材料采用橡胶体外,还采用了击发座先期抛分技术。在延期管点火后,在弹体还没有爆炸之前,击发机构先被抛离药弹射掉,以防击发机构变为一个大的破片。手榴弹橡皮球之间分散 CS 或 OC 等刺激性粉末,弹体引爆后,刺激性粉末随橡胶球向空间散布,可以得到多源效应。这种手榴弹在多种战术应用中是一种极其实用的非致命弹药。

图 4-11 M452C 刺痛手榴弹

3. 枪用橡皮弹

枪用橡皮弹是为制式杀伤性武器配备的一种非致命枪弹。有手枪橡皮弹、步枪橡皮弹等。枪用橡皮弹可在制式轻武器上使用,无须更换任何零件,既可实现单、连发射击,且在较近距离内对人体不会造成致命性伤害,而其声响与制式枪弹相当，具有很强的威慑效果。

手枪橡皮弹、步枪橡皮弹结构基本相同(见图 4－12)，主要由底火、弹壳、发射药、弹头 4 大部件组成。底火、发射药选用定型的制式枪弹底火和发射药。弹壳为金属壳，使弹头重心后移以改善弹头出枪口瞬间姿态。弹头由塑料弹头壳、高比重金属粉粒和橡胶头组成。橡皮头重心处在圆柱部，弹头重心尽量在此重心位置附近，以减少弹头飞行中翻转力矩，使弹头在膛内作用和外弹道飞行姿势式又与普通弹相同，存速能力大；同时，也能更好地实现枪膛内闭气，赋予弹头旋转作用，保证外弹道飞行姿势。塑料弹头壳有一定的硬度和强度，不仅使弹头形成一定的外形，保证射击时供弹的可靠性，而且是盛装填充物(高比重金属粉粒)的容器，并与橡胶头包覆成一个整体弹头，以满足枪弹勤务性和工艺性要求；出枪口之后又能迅速分裂成小块，使弹头完全解体；弹头壳碎裂后，碎片质量小，速度衰减很快；弹头壳采用注塑成型，工艺简单，材料来源广泛，适于批量生产。

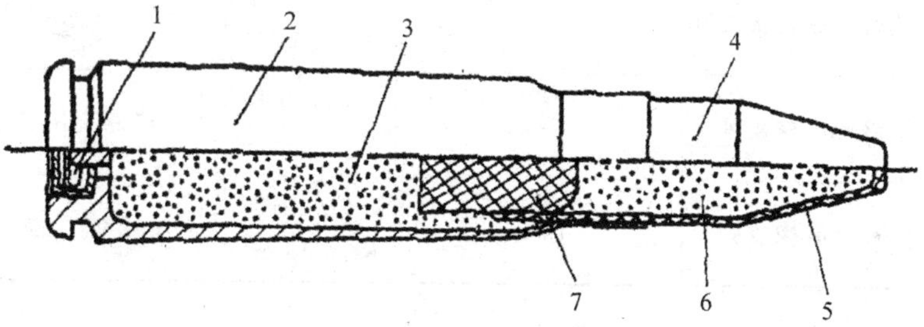

图 4－12 枪用橡皮弹结构

1—底火　2—弹壳　3—发射药　4—弹头　5—塑料弹头壳　6—高比重金属粉粒　7—橡胶头

弹头中采用高比重金属粉粒作为填充物，这种金属粉粒堆集密度大，可达 10 g/cm^3，颗粒小，单粒质量仅为 0.000 55～0.028 g，易分散。采用高比重金属粉粒作弹头填充物是满足枪弹技术要求的关键性措施。首先是能给弹头配重，使得体积有限的弹头具有较大的质量，从而能在制式枪械上通用，满足了枪弹内弹道性能，使枪械射击时具有足够能量，保证机构动作可靠。另外，就是能高度分散弹头的枪口能量，弹头出枪口后完全解体，占弹头总质量 80％的金属粉粒迅速飞散，从而使弹头的能量高度分散，金属粉粒的颗粒极小，速度衰减极快，10 m 以外对人体不存在杀伤作用。

橡胶头质量小，仅占弹头总质量的 10％，材质软，有弹性，速度衰减快，碰击目标后产生弹性变形吸收一部分能量，所以对人体具有低侵彻、非致命的作用效果，可通过模压成型，工艺性好。

我国枪用橡皮弹基本性能见表 4－5。9 mm 转轮手枪橡皮弹（见图 4－13）使用制式 9 mm 转轮手枪发射。该弹药采用增强尼龙与橡胶头相结合的弹头结构，解决了用线膛枪管发射橡皮弹时飞行不稳定的问题；与采用全橡胶头结构的枪弹对目标具有相同的作用效果，同时又兼具极好的射击密集度；经过在不同距离（3 m，5 m，15 m，25 m，35 m，55 m）射击 3 种试验动物（犬、猪、羊）的损伤效应试验显示，3～5 m 距离能造成重度损伤，55 m 处可造成轻微/轻度损伤。表 4－5 说明，9 mm 转轮手枪橡皮弹发射具有小于穿透一个人的能量，可确保不会杀伤目标而又具备一定的能量，可保证对目标发射时具有较高精度。

表 4－5　新型橡皮弹与其他橡皮弹性能对比

产品名称	不穿透 25 mm 厚松木板的射程	散布精度	对 0.1 mm 厚牛皮纸击破率
9 mm 警用转轮手枪橡皮弹	5 m	25 m 距离 $R_{50}\leqslant 5$ cm	50 m 距离击破率≥80％
90 式 7.62 mm 橡皮弹	25 m	25 m 距离 $R_{50}\leqslant 15$ cm	150 m 距离击破率≥50％
91 式 7.62 mm 橡皮弹	10 m	10m 距离 $R_{50}\leqslant 15$ cm	50 m 距离击破率≥70％

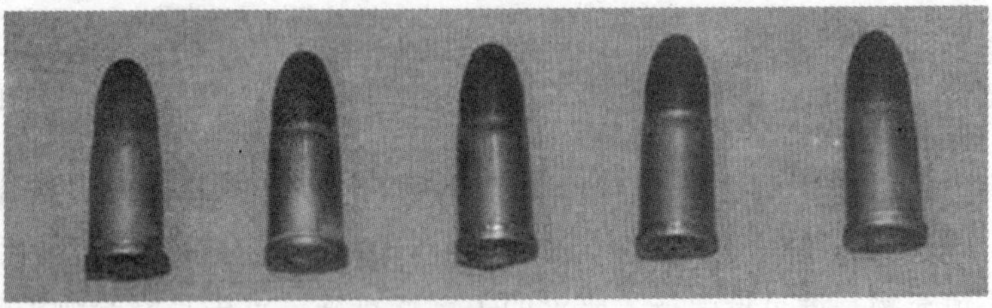

图 4－13　9 mm 转轮手枪橡皮弹

7.62 mm 橡皮弹可在 56 式冲锋枪、56 式半自动步枪、81 式自动步枪等武器上使用。通过对弹头塑料头壳、高比重金属粉粒和橡胶头的科学组合设计，破碎物及金属粉粒的最大飞散距离 15 m，射距 5 m 对 25 mm 厚干红松木板的穿透率小于 50％。实现了大的枪口动能与小的侵彻能量的转换，解决了低侵彻枪弹能用制式枪械实现可靠发射和在较近距离内对人体非致命作用效果之间的矛盾，满足了战技术要求。

4. 其他类型的动能弹

(1)动能棍弹。动能棍弹又称动能棒弹、动能痛块弹、动能短棍弹等。动能棍体采用柔软的橡胶块、木块或塑料块,前端一般呈圆弧形,装在用铝合金或塑料制造的圆柱形弹筒中,使用防暴枪发射。弹体的直径有 18.4 mm(12 号)、38 mm 等。棍弹根据在弹筒中的数量分为单棍弹、多棍弹。单棍弹内装一个动能块体或棍体,多棍弹一般串联装 3 个以上的动能棍体(见图 4-14)。单棍弹可用于准确打击点目标,一般初速在 100 m/s 左右,有效射程达 50 m 或更远,如美国 38 mm 252R 橡皮单棍弹有效射程 25～75 m;英国 AR12 短棍弹初速 62 m/s,有效射程 20～80 m,射击命中概率 20 m,100%;80 m,60%。多棍弹不如单棍弹命中精度高,但也可以用于打击点目标或面目标。如美国 3555R 型橡胶警棍弹,装 5 个橡胶块,初速 99 m/s,有效射程均为 15 m;德国 Feistel 38 mm 多棍弹,内装 3 个互相分离的橡胶短棍弹头,3 短棍重 115 g,射程约 60 m;英国 38 mmH373 多棍弹,内装 3 个塑料棍,射程约 65～90 m;巴西 38 mm AM404 多棍弹,内装 3 个软橡胶短棍,每根棍重 24 g,射程约 30～60 m。

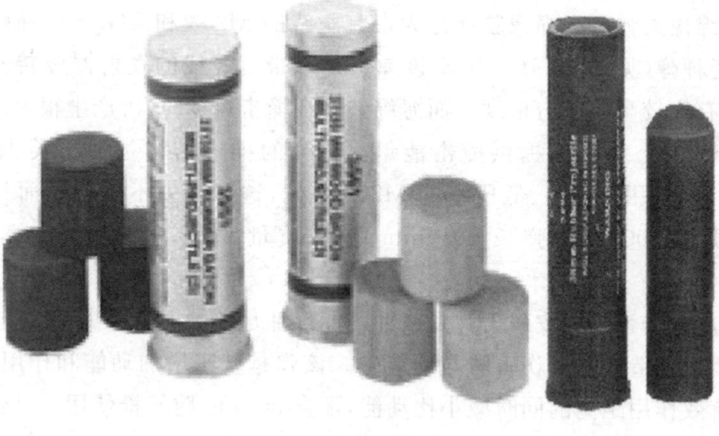

图 4-14　动能棍弹

动能棍弹结构原理如图 4-15 所示。弹筒为圆柱形,一般用铝合金或塑料制造,用以将棍体、发射药和底火装配在一起。发火系统由火帽、药盒和发射药组成。药盒内装发射药,采用高压低室结构。这些棍体装在一个塑料弹托内,用以保护棍体在通过防暴枪的枪管时,不致遭受损坏和变形,当弹托离开枪口,受空气阻力自然脱落在地上,棍体则继续飞行。弹体结合好后,在弹筒上端口部压有密封盖并用防潮清漆涂抹。

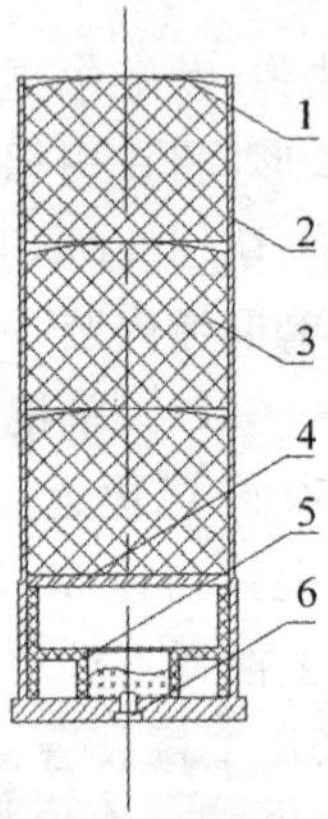

图 4-15　动能棍弹结构原理图

1—封盖　2—弹筒　3—棍弹体

4—弹托　5—药盒　6—底火

图 4-16　40 mm 海绵橡胶弹

(2)海绵橡胶弹。海绵橡胶弹是为带有膛线的 M203 和 TGL－1 榴弹发射器而开发的特种弹(见图 4-16),由于该弹头是以带有膛线的发射器旋转发射出去的,因此具有比较高的射击精度。而海绵弹头在撞击目标时,可产生很大的弹性变形,在较大面积上对目标提供撞击能量。该弹的推进结构类似于美国 40 mm M781 训练弹,采用了带高、低压室的 M212 弹壳,这种弹壳不仅可靠而且成本低廉。全弹质量 100 g,全弹长 101 mm,弹头质量 60 g,初速 76 m/s,有效射程27.4 m。

(3)橡皮碰击弹。橡皮碰击弹是一种既能保证足够的射击距离,又不会在近距离内对作用目标造成严重伤害防暴动能弹。该弹是基于增加动能和作用面积,从而在增大有效作用距离的同时减小比动能,配合 38 mm 防暴枪使用。该弹对人体伤害小、准确性好、弹头可回收利用,具有广泛的应用价值。

橡皮碰击弹主要由两个部分组成:一个标准的 38 mm 高低压药室,内装发射药以及一个碰击弹头。在未拉紧或松开状态时弹头呈直角十字(见图 4-17(a))。将十字的四臂收拢起来,就成正圆柱形(见图 4-17(b)),四臂也就预拉紧了。此时将圆柱插入弹壳中,就可以保持这种形状。采用这种方式和形状,可将弹头的动能分布到较大的面积上,以减少可能造成的严重伤害,但仍能给予对方痛苦的碰击。

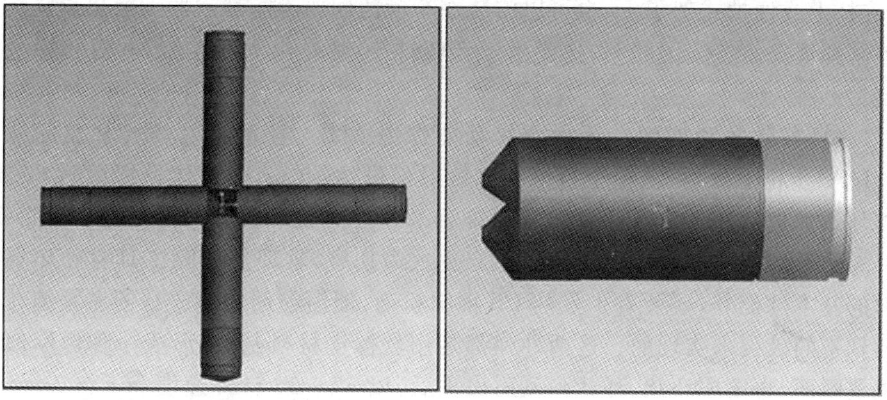

(a)　　(b)

图 4-17　38 mm 橡皮碰击弹结构示意图
(a)弹头松开状态；(b)弹头与弹壳装配状态

(4)模块化骚乱人群控制弹。模块化骚乱人群控制弹(见图 4-18)采用动能打击原理以实现区域控制的一种非致命武器，它是制止冲突行动弹药序列中排在最后的非致命弹药，设计目的是布置军用警戒线。其作用原理与制式克莱摩尔定向地雷相同，结构主要由钢壳及可复装的弹心组成，内装有大约 600 个直径 8 mm 的软橡胶球，橡胶球从壳体中抛出的速度超过 120 m/s，可以定向覆盖一个 45°角的瞄准扇区，不会击穿皮肤，但会产生难以忍受的疼痛、肿胀和瘀伤。

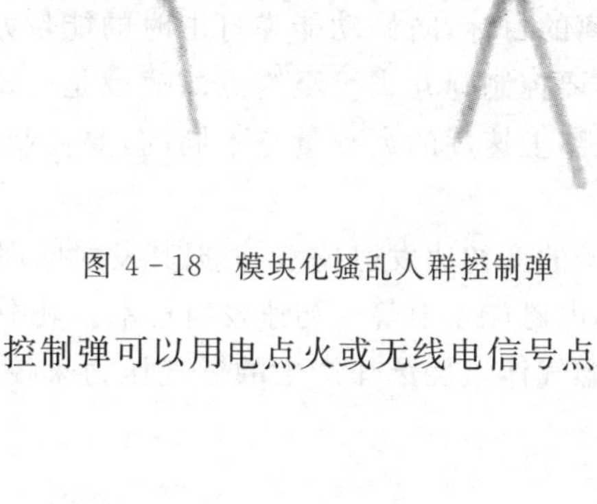

图 4-18　模块化骚乱人群控制弹

模块化骚乱人群控制弹可以用电点火或无线电信号点火。既可以长期装在墙上、支杆上或便携式架子上，也可以安装在车辆两侧作为车载武器。模块化骚乱人群控制弹现已装备美国陆军，主要用于区域封控，禁止出入和控制，并对目标进行压制。

(5)环翼防暴动能弹。环翼防暴动能弹由 M234 轻型发射具安装在标准的 M－16A1步枪上发射，对单个目标的有效射程可达 40 m，对群体目标可达 60 m。这种环状弹包括 M742 硬环翼防暴动能弹和 M743 软环翼 CS 催泪防暴动能弹。硬环翼防暴动能弹可以造成痛苦而不产生致命伤害，软环翼弹除了具有硬环翼防暴弹的基本性能外，还装有少量的 CS 催泪粉剂，催泪粉剂的施放是依靠紧缠在弹上的软带的破裂来实现的。这两种弹都是用软橡皮材料制成，形成一种像厚似的飞机翼断面，再滚成环状，环状弹发射出去后，以 55～65 m/s 速度和 5 000 r/min 的转速获得陀螺稳定飞行，这种重 35 g 的环状弹旋转飞行时，尺寸逐渐扩大，在飞行中可以产生升力，升力可使环状弹产生相对平直的弹道，使射手得以用瞄具直接瞄准目标。弹丸的流线形所产生的低空气阻力，仍能保存大部分枪口动能。当环状子弹命中目标时，撞击面扩大到一个较大的区域，撞击力减小，从而将伤害减少到最低程度，实现非致命效应。

第 3 节　动能弹药的发射技术

非致命动能武器在使用中并非如其概念一样，都能做到非致命。2012 年 10 月 16 日，我国渔民与韩国海洋警察“3009”舰在全罗南道新安郡黑山面红岛西北 90 km 海上发生冲突中，一名船员被韩国海警防暴枪发射的橡皮子弹击中身亡。由于动能弹与目标的作用距离不同，形成了非致命动能防暴弹的作用效果与非致命要求之间的矛盾。动能弹初速过高，会使近距离目标发生致伤、甚至致命的后果；初速过低，对远距离目标则会失去作用。

为了使动能弹药对目标的打击能量可控，达到较好的非致命效果，当前国内外都投入较大的精力开展恒定动能打击武器研究，用于发射动能防暴弹药。恒定动能打击是指对于不同距离的目标，防暴动能弹打击时的能量始终是一定的。动能弹的打击能量一定，则需要控制弹丸飞行至终点的速度是一定的。由于弹丸进入外弹道飞行阶段，不同距离上速度的衰减量是不同的，要控制终点速度一定，只有调节弹丸的枪口速度。

当前发展了多种类型的变初速发射技术，根据其发射原理，主要可分为燃气压力发射、压缩气体发射和电磁能发射等变初速发射技术。其中，燃气压力发射主要是通过调整火药或者可燃气体燃烧爆炸产生的燃气压力来控制发射弹药的初速；

压缩气体发射主要是通过调整压缩空气的气压来控制发射弹药的初速；电磁能发射主要通过将电能转化为机械能，通过对电能的控制实现对弹药发射初速的控制。

一、燃气压力变初速发射技术

1. 燃气压力发射理论

利用火药燃气压力作为枪械的能源是现代枪械发展的一个重要标志，其作用原理是当枪膛中的弹药底火经击针撞击后，火药在弹壳有限的空间内燃烧，使得气体压力和温度急剧升高，压力达到一定值后，弹壳和弹头分离，火药继续燃烧，弹头在高压气体的推动下加速向膛口方向运动。火药气体对弹丸的作用力主要集中在内弹道过程中，下面对内弹道过程中通过调整燃气压力来控制弹丸的运动规律进行分析。

(1)建立坐标系。弹头在内弹道段，火药燃烧伴随着高温高压并且急剧膨胀，赋予了弹头运动的动能，因而内弹道计算中坐标系的建立方法为：取正方向为子弹运动的方向，运动的位移起始点即是子弹上膛时在枪管内的位置，作用时间的起始点即为火药点燃时刻。

(2)内弹道方程组。在内弹道过程中，考虑击发过程中出现的不同物理现象以及内弹道过程所对应建立的数学方程，进行联立方程求解，就可得到各个需要的弹道参数。

①假设火药的燃烧服从几何燃烧定律，几何燃烧定律可表示为

$$\psi=\chi z(1+\lambda z+\mu z^2) \tag{4-1}$$

式中，χ，λ，μ 为药形系数，仅与火药形状和尺寸相关的常量；ψ 为火药已燃烧的百分数。

② 假设火药燃烧速度与压力成正比，则正比燃烧速度方程为

$$\frac{\mathrm{d}z}{\mathrm{d}t}=\frac{P}{I_K} \tag{4-2}$$

式中，P 为膛内平均压力；I_K 为火药燃烧结束瞬间的压力全冲量，$I_K=\frac{e_1}{u_1}$。

③ 在内弹道段，弹丸的运动方程为

$$SP=\varphi m\frac{\mathrm{d}v}{\mathrm{d}t} \tag{4-3}$$

式中，S 为线膛内横截面面积；φ 为次要功系数，考虑到弹丸旋转、摩擦、气体运动及后坐等次要功的系数；m 为弹头质量；v 为弹头速度。

④ 假设在燃烧期间和燃烧结束后，火药的燃烧生成物始终保持不变，即把火药力 f 和余容 α 当作常量处理，则与膛内火药气体相关的弹道基本方程为

$$SP(L_\psi + L) = f\omega\psi - \frac{\theta}{2}\varphi m v^2 \tag{4-4}$$

式中，L_ψ 为药室自由容积缩颈长，其中

$$L_\psi = L_0\left[1 - \frac{\Delta}{\delta_m} - \Delta\left(\alpha - \frac{1}{\delta_m}\right)\psi\right], L_0 = \frac{W_0}{S}$$

W_0 为药室容积；Δ 为装填密度，$\Delta = \frac{\omega}{W_0}$；$\delta_m$ 为火药密度；α 为火药气体余容；L 为弹丸在膛内的行程；f 为火药力；ω 为装药量；$\theta = k - 1 = \frac{C_p}{C_w}$，$k$ 为绝热系数；C_p 为定压比热；C_w 为定容比热。

⑤ 内弹道段弹丸行程和速度关系方程为

$$v = \frac{dL}{dt} \tag{4-5}$$

联立式(4－1) 至式(4－5)5 个方程得到下列基本方程组：

$$\left.\begin{aligned} &\psi = \chi z(1 + \lambda z + \mu z^2) \\ &\frac{dz}{dt} = \frac{P}{I_K} \\ &SP = \varphi m \frac{dv}{dt} \\ &SP(L + L_\psi) = f\omega\psi - \frac{\theta}{2}\varphi m v^2 \\ &v = \frac{dL}{dt} \end{aligned}\right\} \tag{4-6}$$

在上述基本方程组中，5 个方程对应着 6 个变量 P, v, L, t, ψ 及 z，因而需要确定其中一个变量为自变量，其他则为因变量，即可对上述方程进行求解。

(3) 膛内弹丸运动规律计算。对于内弹道五个方程包含的六个变量 P, v, L, t, ψ 及 z，方程组的求解需要以其中一个为自变量，其他均为对应的函数。现在确定自变量为时间 t，建立的坐标系中正方向是弹头运动方向，位移起点位置为子弹进入枪管内开始击发的位置，时间起始点为点燃火药时刻。

设定的初始求解方程的条件为

$$L = 0, v = 0, P = P_0$$

z_0，ψ_0 和 σ_0 的初始值计算公式为

$$z_0 = \frac{2\psi_0}{\chi(1 + \sigma_0)} \tag{4-7}$$

$$\psi_0 = \frac{\frac{1}{\Delta} - \frac{1}{\delta}}{\frac{f}{P_0} + \alpha - \frac{1}{\delta}} \tag{4-8}$$

$$\sigma_0 = \sqrt{1 - \frac{4\lambda\psi_0}{\chi^2}} \tag{4-9}$$

结合给出的初始值，将上述三方程同内弹道方程(4-6)联立求解，即可以计算出弹丸的运动速度 v 与膛内压力 P 之间的关系，因此通过调节膛内的燃气压力即可对弹丸的运动速度进行有效的控制。

2. 燃气压力变初速控制技术

利用燃气压力发射的动能弹，可通过在枪械身管的侧壁开泄气孔的方式来调节动能弹出枪口速度。主要有两种技术方式，一是在身管某一位置处开孔，并在开孔处增加气室以增加火药气体的膨胀空间来降低弹丸的枪口速度；二是采用泄气管将火药气体引至身管外，使得膛内压力降低，从而达到降低弹丸枪口速度的目的。

(1)增加气室的变初速技术。如图 4-19 所示，该武器在身管某一位置开了一个导气孔，并在气孔处外接一个气室。当弹丸在火药气体的压力作用下向前运动，经过导气孔位置后，腔内火药气体便经由导气孔进入到气室内，增加了气体的膨胀空间，而膛内由于气体减少，膛内压力降低，减缓了弹丸的加速过程，使得弹丸的枪口速度降低。在弹丸的运动过程中，气室的压力逐渐增大，气孔处的气体由临界流动逐渐转变为非临界流动；当气室内压力增大到一定值时，气室内的气体开始反流，即气体会重新回流到膛内，膛内压力会在气体回流时增大。

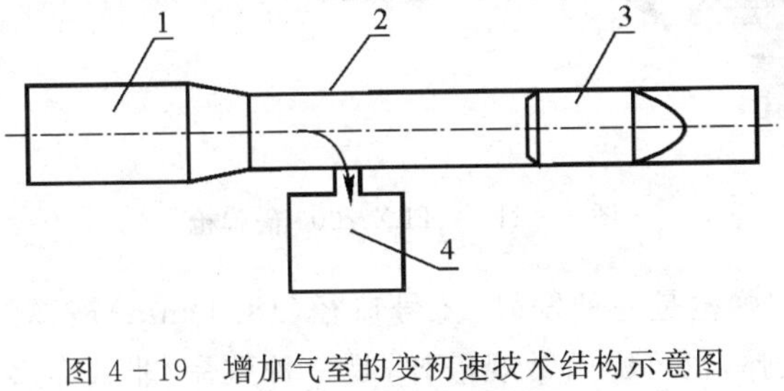

图 4-19　增加气室的变初速技术结构示意图

1—药室　2—枪管　3—弹丸　4—气室

(2)身管开泄气孔的变初速发射技术。如图 4-20 所示，该变初速武器在身管上设有泄气孔、导槽、泄气管、挡板滑块等，泄气管与大气环境相连通，其主要原理是根据泄气孔的面积大小来调节气体的释放量，从而改变膛内压力的大小，使得弹丸初速降低。泄气孔的开孔大小则由导槽和挡板滑块决定,气体从泄气孔流出后,在泄气管内继续燃烧,然后通过泄气管排到大气中。当腔内部分的火药气体从泄气孔流出后,膛内压力降低,弹丸的加速运动被削弱,故弹丸的枪口速度降低,最终以所设定的初速射向目标。

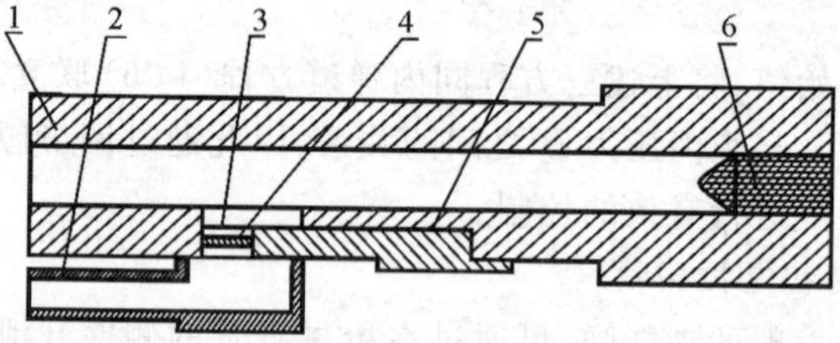

图 4-20　采用泄气孔的变初速发射结构示意图

1—枪管　2—泄气管　3—泄气孔　4—导槽　5—挡板滑块　6—弹丸

3. LTLX7000 霰弹枪

LTLX 7000 霰弹枪是伯莱塔新推出的一种致命/非致命多用途霰弹枪,但其性能具有"质"的提升——采用"恒定动能"设计,发射非致命弹时,能在全射程实现低杀伤性,且这一功能由红点瞄准镜结合联动装置自动实现,如图 4-21 所示。

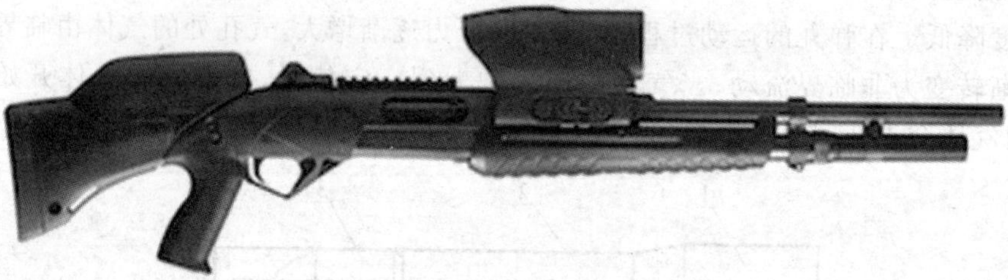

图 4-21　LTLX 7000 霰弹枪

LTLX 7000 霰弹枪是一种发射 12 号口径(18.4 mm)霰弹的唧筒式霰弹枪,既可配用非致命霰弹,也可配用常规霰弹,是一种致命/非致命多用途霰弹枪。其枪管长 508 mm,全长 1067/940 mm(托伸/托折),全枪质量 4.45 kg,枪托 5 档位置可调,瞄具为机械瞄具与红点式瞄准镜组合。全枪经帕克法磷化表面处理,呈亚光黑色,容弹量为 6 发非致命霰弹(弹壳长 76 mm)或 7 发 12 号常规弹药(弹壳长 70 mm)。

(1)采用"恒定动能"系统,实现全射程上的非致命。LTLX 7000 霰弹枪采用一套独特且极具创新性的设计，其核心在于枪管上的排气口装置，可以针对不同射程的需要而保持相应的弹膛压力，使弹丸能根据目标远近而以不同速度发射出来，以此达到在特定距离保持适当的杀伤力。这些排气口分布在弹膛前方，便于射手随时对其进行操作，保持对低杀伤性的准确控制。需要对较远距离的目标射击时，排气口被封闭得多些，反之亦然。

伯莱塔公司将这一设计称为“恒定动能系统”，弹丸向 15～70 m 距离范围内对目标释放的能量约为 60～80 J，对目标而言，其造成的损伤不会危及生命。伯莱塔公司为试验其非致命性，曾用 LTLX 7000 霰弹枪在 3 种不同距离上，对类似人体强度和结构的试验物进行了射击，其造成的钝伤基本相同。因此，只要在指定距离上命中目标，或者不命中眼睛这类脆弱部位，它几乎不会对目标造成致命伤害。

非致命武器也应当具有一定的射击精度。当面对暴动人群，只需要攻击制服其中少量煽动者时，对非致命武器的精确性就提出了更高要求。为此，该枪配备特殊设计的独头橡胶弹丸。其弹头外缘制有螺旋线，以利于发射时旋转保持飞行稳定，满足定向非致命性的要求。该枪的射击精度相当高，6 发橡胶弹射出的散布面积控制得非常小，在 70 m 距离的散布圆直径约为 13 cm。橡胶弹丸尺寸比标准的 12 号霰弹略长，采用金属制弹壳，而非其它非致命弹药采用塑料弹壳，弹头碰击目标时很容易变形。该枪除发射非致命霰弹外，还可发射 12 号口径常规霰弹，实现面杀伤能力。

(2)红点瞄准镜与联动装置结合，自动控制排气孔。该枪出厂时配装有红点瞄准镜，除了用来瞄准外，还可测量目标的距离，便于射手通过排气口设置弹丸在特定距离上的速度。红点瞄准镜内部有 3 个垂直排列且清晰的红点，使用时射手在瞄准镜中将此 3 个红点的长短对比，来判断目标的距离。判读出目标的距离后可手动调节排气孔，也可通过联动装置直接由瞄准镜的调节装置来控制排气孔闭启量。

利用红点瞄准镜判读距离并控制排气孔的操作非常方便。瞄准镜中 3 个红点除中间的红点位置不变外，其上下两个红点的间距可根据目标远近适当调节。上、下两个红点的距离通过瞄准镜两侧的箭头状按钮来调节，使其完全套住目标，联动装置便自动控制排气孔的闭启量，设置完成后便可发射。根据伯莱塔公司的介绍，从举枪瞄准目标，到调节瞄准镜中的红点位置，整个过程可在 3 s 内完成。实际上，射手使用时无需判断目标的距离，只要调节瞄准镜中上、下两个红点的距离，使其套住目标即可。在瞄准镜两侧的箭头状按钮后方，还有一个圆形的开关按钮，以便在不使用时关闭瞄准镜电源。

目前，LTLX7000 霰弹枪系统已开始为军警用户提供生产。由于 LTLX7000

霰弹枪系统基于模块化设计，其枪管和红点瞄准镜可作为一个整体拆卸下来，因此也可将此模块应用到其他类似的霰弹枪组件上，特别是对于一些大量配备并习惯使用某型霰弹枪的执法机构来说，经过适当的改装也能使原来的霰弹枪转换为类似的非致命性枪械。这不仅能极大地减少采购费用，也利于训练和使用。

二、压缩气体变初速发射技术

气动枪械是在普通枪械设计基础上，对发射能源进行变更，利用压缩气体作为发射能量，在弹膛内膨胀做功，推动弹丸或相关物体沿身管实现定向发射。采用压缩气体发射弹丸的变初速技术主要是通过调节压缩空气的释放量来达到改变弹丸初速的目的。压缩气体为发射的动力源，压缩气体采用阀门进行开启和关闭。当阀门打开时，压缩气体直接驱动弹丸运动，气体量越多，弹丸运动得越快。

与普通枪械相比，气动枪械有如下特点：①弹丸结构简单，无需底火、发射药和弹壳，生产成本低；②发射能量可按需要调节，适合变速、变距发射；③发射过程较平稳，对弹体的冲击过载小；④不用发射药，发射时对环境无污染，同时减少了弹丸的危险性。

1. 气动枪械发射原理

普通枪械的发射原理是弹壳内的火药经击针撞击火帽后，在壳内剧烈燃烧，产生高温高压火药燃气，膨胀做功，推动弹丸沿枪管方向作加速运动，在膛口处获得最大的发射速度并射击出膛。与上述普通枪械火药燃气发射原理不同，气动枪械的发射原理有其自身的特点。

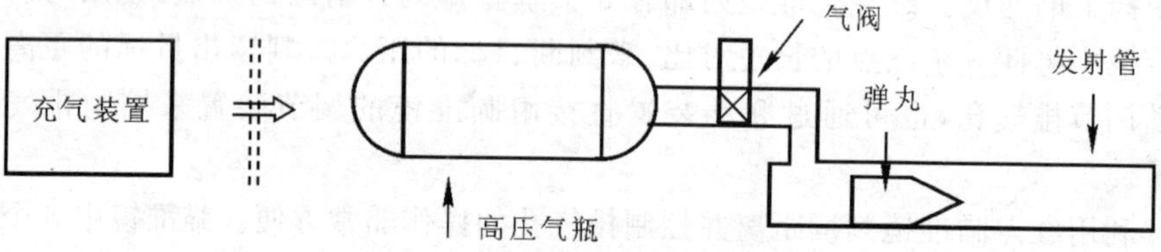

图 4-22　气动发射原理简图

图 4-22 所示为气动发射原理简图。它由充气装置（空气压缩机）、储气装置（高压气瓶）、发射控制装置（气阀）、发射枪体（枪管）等组成，其中充气装置和主发射部分是分离的，只有在储气装置（高压气瓶）内压力低于限定的正常工作压力时，才将充气装置与储气装置（高压气瓶）连接进行补气。其发射原理就是利用压缩气体膨胀对弹丸作功，将压缩气体的内能转换为弹丸的动能，将弹丸或相关物体发射出膛。该过程分为两个部分：①发射准备状态：向储气装置（高压气瓶）内充气至要

求的工作压力值并供弹；②发射状态：开启发射控制装置，即气阀，气阀阀口打开，巨大的压力差使得储气装置（高压气瓶）内的压缩气体经高压通道迅速涌向枪管即弹膛内，压缩气体膨胀作功，推动弹丸沿枪管向前运动，弹后空间不断增大，膛内压力逐渐降低，同时不断对弹丸加速至枪管口，弹丸获得最佳初始速度射击出管，完成发射过程。

2. 气动枪械典型结构

由于发射过程上的相似性和发射能源上的独特性，使得气动枪械在总体构成上与普通枪械相比，既有很多相似处又存在明显的不同点。

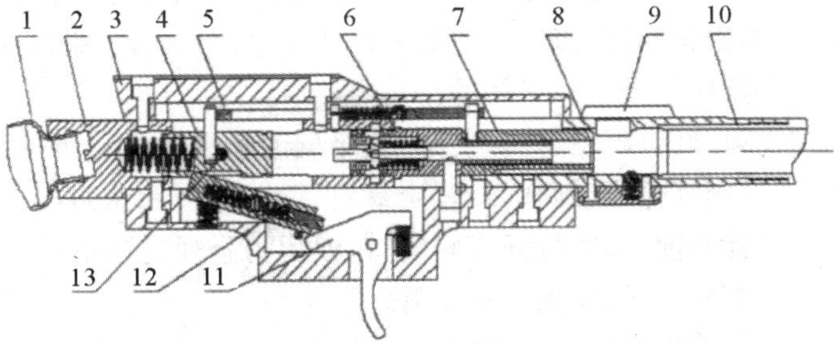

图 4－23　气动枪械的典型结构

1—高压气瓶　2—压力仓组件　3—滑竿盖　4—击锤组件　5—滑竿组件　6—发射阀组件　7—锥筒组件　8—弹膛组件　9—进弹口　10—枪管　11—扳机　12—阻铁组件　13—装填拉柄

（1）结构组成。气动枪械典型结构如图 4－23 所示。该气动枪械即采用压缩气体作为动力能源，在工作机理设计上借鉴普通枪械设计经验，实现与普通枪械不同的射击效果。它包括储气装置：高压气瓶 1；进弹机构：由进弹口 9、锥筒组件 7、滑杆组件 5、装填拉柄 13 和连接销组成；高压通道：压力仓组件 2；气阀：发射阀组件 6；击打机构：击锤组件 4；弹膛：弹膛组件 8 和枪管 10；发射机构：由阻铁组件 12、扳机 11 及其组件组成。

（2）各部分功能。气动枪械典型结构中各部分功能分别是：

①储气装置：即高压气瓶，功能是暂时储存发射能源（压缩气体），为气动枪械弹丸的发射提供动力能源。

②进弹机构：普通枪械的供弹机构一般包括容弹具、输弹机构和进弹机构三部分，其中，输弹机构用来将容弹具中的弹药输送到进弹口，进弹机构的作用是把进弹口的弹药送入弹膛。在自动武器各机构中，供弹机构是最复杂的，而本气动枪械

为了避免过于复杂的机械结构，将整个供弹机构进行了简化，它的容弹具就是与弹丸形状类似的筒形结构弹匣，和与水平位置呈45°夹角的进弹口连接：输弹机构省略，依靠弹丸重力进行输弹；进弹机构由进弹口9、锥筒组件7、滑杆组件5、装填拉柄13和连接销组成，装填拉柄13的作用是通过拉动连接销带动滑杆组件5向后运动，滑杆组件5的作用是在连接销和圆柱拉伸弹簧的合力下带动锥筒组件7来回运动，锥筒组件7的作用是通过在弹膛内的移动让开或堵上进弹口9，几个组件联合运动来实现弹丸由弹仓进入弹膛并做好发射准备的工作。

③高压通道：即压力仓组件，它由压力仓及其固定和密封附件组成，功能是连接储气装置（高压气瓶1）、发射阀组件6和弹膛组件8，为压缩气体提供通向发射阀的通道同时限制击锤组件运动方向，非工作状态时，在压力仓组件通道内仍充满压缩气体，压力仓始终承受压缩气体的高压力。

④气阀：即发射阀组件，发射阀组件是整个气动枪械的核心组件之一，它由顶针、铜套组件、发射阀壳体、气阀弹簧、紧定螺钉、调节弹簧和密封组件等组成。在击锤的击打下，顶针向前运动，打开气阀阀口，使压力仓通道内的压缩气体流入弹膛，构成压缩气体流通通道，实现气动发射。

⑤击打机构：由于发射能源的不同，气动枪械发射的弹丸是无壳弹丸，因此，该气动枪械的击打机构与普通枪械击发机构存在差异，普通枪械的击发机构一般都由击针、击锤、击锤簧等零件组成；而该气动枪械的击打机构无击针，由击锤和击锤簧组成，其功能是发射前，在装填拉柄13的拉动下向后压缩击锤簧，向击锤簧贮备击打能量并将击锤卡入击打阻铁，当扣动扳机后，扳机阻铁脱开，在击锤簧的弹簧力作用下，击锤获得动能，击打发射阀组件中的顶针，实现气阀阀口的开启。

⑥弹膛：指的是弹膛组件8和枪管10，由带进弹口的弹膛体、弹丸定位装置及枪管组成，带进弹口的弹膛体用来引导弹丸进入弹膛等待击打并提供一定的导引作用；弹丸定位装置由定位钢珠、定位弹簧和固定块组成，位于弹丸前方用来对进入弹膛的弹丸进行定位，并防止弹丸射击前在弹膛内来回跑动，影响发射；枪管是弹丸发射过程中的加速通道，同时起到为弹丸定向的作用。

⑦发射机构：发射机构是控制击打机构进行击打或呈待发的机构。气动枪械发射前，必须使击打机构处于待发状态，即由发射机构阻铁组件12中的击打阻铁扣住击锤成待发；射击时，射手扣动扳机，使击打阻铁解脱击打机构即可实施击打；停止射击时，使击打机构回到非工作状态。该气动枪械的发射机构由扳机11、阻铁组件12及其他组件组成，阻铁组件12是发射机构的主要部件，其中的击打阻铁直接与击打机构的击锤相互扣合。扳机11由射击操纵，通过阻铁组件12中的阻铁顶针、复位弹簧、导引销以及阻铁定位销的共同作用使扳机11与阻铁顶针端面

贴合。当射手扣压扳机时，卡住击锤的阻铁头即解脱击锤而实施击打；射击完成，当射手松开扳机时，在复位弹簧的作用下，击打阻铁和阻铁顶针均以阻铁轴为中心顺着导引销发生偏转，这时，击打阻铁的位置使气动枪械处于不能工作的位置，即非工作状态，以保证停射时的安全可靠，只有再次拉动装填拉柄，才能重复射击。

3. 气动枪械发射过程模型

气动枪械射击过程主要涵盖三大阶段：气阀开启—弹丸发射—气阀关闭，实质上包括了两大核心过程：气阀工作过程和弹丸发射过程。气阀的开启和关闭即气阀工作过程实现了发射能量的控制和弹丸发射的有效进行。也就是说，气阀工作过程是完成射击的关键。当气阀保持开启状态时，压缩气体流经高压通道、气阀阀口，进入弹膛，推动弹丸在枪管内加速前进，获得最佳出膛初速度。发射出膛的过程，实质上就是内弹道过程，气阀的关闭就是弹丸发射后气阀复位的过程。

气动枪械的内弹道问题是比较复杂的，因为它涉及高压气瓶、高压通道和弹膛内的压缩气体压力变化以及弹丸的运动。虽然从原理上希望该过程是绝热等熵的，但实际上，由于整个过程中压力、气流的不均匀性，以及由于弹丸运动所产生的冲击波等问题，如果过分细致的考虑各个方面的影响和作用时，就会使得计算工作异常复杂。因此，需要假定工作过程中压力、气流密度等参数均不随位置改变，即某一瞬间各点参数均匀分布，采用平均值来代替不同位置瞬时值，来进行内弹道过程描述，即在经典内弹道理论的基础上对气动枪械的弹丸运动过程中气源及膛内各种运动现象的变化规律进行描述，并在此基础上建立起气动枪械弹丸发射过程模型，即内弹道方程组。

在对气动枪械的内弹道过程进行数学建模时，把压缩气体作为研究对象之一。压缩气体是推动弹丸的能量来源，因此要建立内弹道方程组，掌握射击时的膛内压力变化规律和弹丸运动规律，就必须研究压缩气体的压力 p、温度 T 和比容 ω 之间的关系，也就是压缩气体的状态方程。

在气动枪械射击过程中，压缩气体具有高压的性质。从理论上讲，它的压力 p、温度 T 和比容 ω 之间的函数关系是不能用理想气体状态表达的，而采用克劳修斯(Clausius) 方程：

$$p(\omega-\alpha)=RT \tag{4-10}$$

对于小于 600 MPa 的火药气体，通常采用式(4－10) 来描述火药气体状态，而对于 10 MPa 左右或小于 10 MPa 的压缩气体，为了得到必要简化，可采用理想气体状态方程：

$$p\omega=RT \tag{4-11}$$

同时，在保留关键部位的基础上，对图 4－22 进行结构简化，得到如图 4－24 所示的气动枪械内弹道简化几何模型，利用此简化几何模型建立内弹道方程组。

(1) 基本假设。气动枪械内弹道过程包括高压气瓶、高压通道和弹膛内压缩气体流动、压缩气体膨胀作功、弹丸运动等多种物理现象。为了进行内弹道计算，必须将体现射击现象物理实质的内弹道方程组进行求解，然而，在对这些物理现象进行描述，建立内弹道方程组过程中，由于射击过程的膛内气流问题实际上是非定常的流体力学问题，有些现象的物理本质并不易于定量描述。所以，在这个复杂的变化过程中，首先要确定射击过程的主要现象，而某些次要的因素则进行修正或予以忽略，即做出一些必要的简化假设，假设的性质也就决定了计算的近似性质。

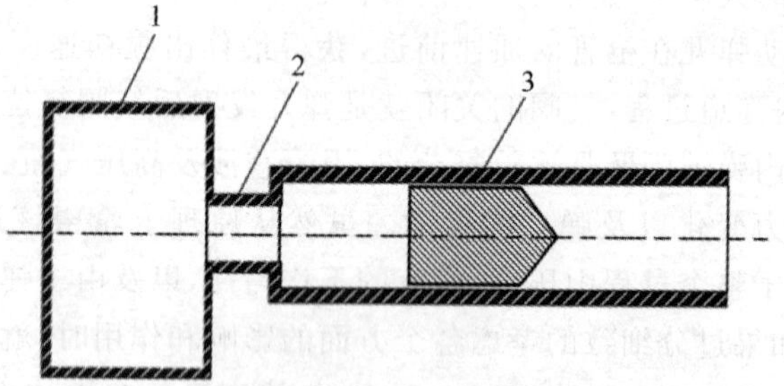

图 4-24　气动枪械内弹道简化几何模型

1— 高压气瓶　2— 高压通道　3— 发射管

在建立气动枪械内弹道方程组时，提出以下假设。

① 假设工作介质为理想气体，气体流动和弹丸运动是一维轴向运动；

② 假定压缩气体在工作过程中某一瞬时的压力、密度、温度都是均匀分布的；

③ 忽略气体余容的影响；

④ 高压气瓶内压缩气体经高压通道流入膛内并推动弹丸出膛的过程在短时间完成，故认为是绝热过程，忽略气体与容器及通道壁面热交换；

⑤ 不考虑气体的粘性，忽略通道壁面摩擦；

⑥ 对弹前空气阻力、膛壁对弹丸的摩擦阻力进行修正，忽略弹丸重力的影响；

⑦ 假定气体比热比（绝热指数）在整个过程中不随之改变，是定值；

⑧ 假定气阀阀口在瞬间完全开启。

(2) 内弹道方程组。采取分段建模的方式，分别建立高压气瓶、高压通道、弹膛、弹丸的数学模型。

① 高压气瓶模型。在弹丸发射过程中，高压气瓶模型实际上就是定容情况下高压气瓶内的气体经高压通道流出的过程，如图 4-25 所示，依据基本假设，它是一

个绝热放气过程，所研究的问题是在该情况时，高压气瓶内的气流参数随时间的变化规律。

设高压气瓶的容积为 V_{g0}，未开启气阀阀口时高压气瓶内的压力为 p_{g0}，温度为 T_{g0}，容积内的气体质量为 m_{g0}。打开气阀阀口，高压气瓶内的高压压缩气体向弹膛内低压空间放气。假设放气时整个容腔都是绝热的，则 $\mathrm{d}Q=0$。由于没有工作介质流入高压气瓶而只有工作介质放出，故 $\mathrm{d}m_i=0$（能量的输入），$\mathrm{d}m_g=-\mathrm{d}m_e$（能量的输出）。因为是定容，对外不作功，故 $\mathrm{d}W_g=0$。在这种情况下，变质量系统热力学第一定律表达式可改写成

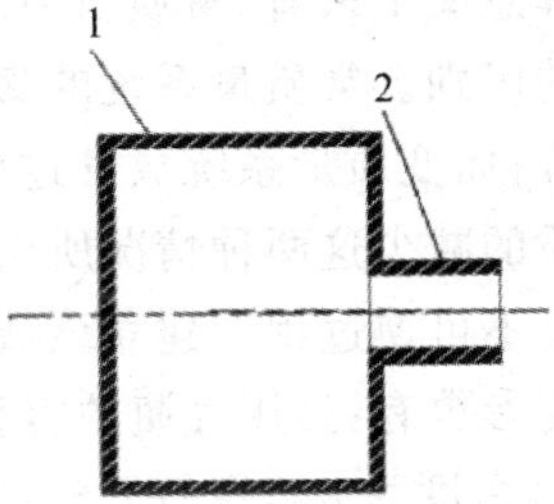

图 4-25　高压气瓶几何模型

1— 高压气瓶　2— 高压通道

$$\mathrm{d}m_e \prod_e + \mathrm{d}U = 0 \tag{4-12}$$

或

$$i_q \mathrm{d}m_g = \mathrm{d}U \tag{4-13}$$

其中 i_q 为某一瞬时高压气瓶内气流的焓值。式(4-12) 和式(4-13) 表明系统内能的减小等于排出气体带走的能量。

对于理想气体，式(4-12) 和式(4-13) 可写成

$$c_p T_g \mathrm{d}m_g = c_v T_g \mathrm{d}m_g + c_v m_g \mathrm{d}T_g \tag{4-14}$$

整理得

$$\frac{\mathrm{d}m_g}{m_g} = \frac{1}{k-1}\frac{\mathrm{d}T_g}{T_g} \tag{4-15}$$

用状态方程，有

$$\frac{\mathrm{d}p_g}{p_g} + \frac{\mathrm{d}W_g}{W_g} - \frac{\mathrm{d}m_g}{m_g} - \frac{\mathrm{d}T_g}{T_g} = 0 \tag{4-16}$$

代入式(4-15)，并注意到 $\mathrm{d}W_g=0$，可以得到压力与温度的变化关系为

$$\frac{\mathrm{d}T_g}{T_g} = \frac{k-1}{k}\frac{\mathrm{d}p_g}{p_g} \tag{4-17}$$

积分后得

$$\frac{T_g}{T_{g0}} = \left(\frac{p_g}{p_{g0}}\right)^{\frac{k-1}{k}} \tag{4-18}$$

由式(4-18) 可以看出，绝热放气过程高压气瓶中气体的状态变化规律恰好与常质量系统的可逆绝热（等熵）过程相同。因此当不考虑压缩气体对高压气瓶壁的传热时，高压气瓶内的状态变化规律可按一般等熵过程处理。这一事实所以存

在是由于虽然通过高压通道放气是一个不可逆的过程，但其不可逆性被排除在所取系统之外，系统内的工作介质进行的则是定比熵的准静态过程。但是需要注意，从物理意义上来看，常质量系统的绝热膨胀过程与变质量系统的绝热放气过程有很大的区别。常质量系统的膨胀过程内能的减少是用于对外作功(膨胀功)，是可逆过程；而变质量系统放气过程，系统内内能的减少是由于系统温度的降低以及工作介质的减少这两种情况所引起的，内能的减少用于排出工作介质作推进功，这个过程是不可逆过程。建立该数学模型，取高压气瓶充好气体后的状态为初始状态，其主要参数有：高压气瓶的容积为 V_{g0}，压力为 p_{g0}，温度为 T_{g0}，容积内的气体质量为 m_{g0}，密度为 ρ_{g0}；取打开气阀阀口放气 t 时刻时为第二种状态，这时，高压气瓶的容积为 V_g，压力为 p_g，温度为 T_g，容积内的气体质量为 m_g，密度为 ρ_g。

两种状态的气体状态方程分别为

$$p_{g0}V_{g0}=m_{g0}RT_{m0} \tag{4-19}$$

$$p_gV_g=m_gRT_g \tag{4-20}$$

两个状态方程左右分别相除，合并为

$$\frac{p_{g0}V_{g0}}{p_gV_g}=\frac{m_{g0}RT_{g0}}{m_gRT_g} \tag{4-21}$$

由于该过程是绝热方程，有

$$\frac{T_{g0}}{T_g}=\left(\frac{p_{g0}}{p_g}\right)^{\frac{k-1}{k}} \tag{4-22}$$

将式(4-22)代入式(4-21)，另外该过程 $V_{g0}=V_g$，得到

$$\left(\frac{p_{g0}}{p_g}\right)^{\frac{1}{k}}=\frac{m_{g0}}{m_g} \tag{4-23}$$

t 时刻，高压气瓶内的气体质量为

$$m_g=m_{g0}-\int_0^t G_{eg}\,\mathrm{d}t \tag{4-24}$$

将式(4-24)代入式(4-23)并整理，得

$$\left(\frac{p_g}{p_{g0}}\right)^{\frac{1}{k}}=\frac{m_{g0}-\int_0^t G_{eg}\,\mathrm{d}t}{m_{g0}} \tag{4-25}$$

两边分别对时间求导，得

$$\left(\frac{1}{p_{g0}}\right)^{\frac{1}{k}}\frac{1}{k}p_g^{\frac{1-k}{k}}\frac{\mathrm{d}p_g}{\mathrm{d}t}=-\frac{G_{eg}}{m_{g0}} \tag{4-26}$$

整理得

$$\frac{\mathrm{d}p_g}{\mathrm{d}t}=-k\frac{G_{eg}}{m_{g0}}p_{g0}^{\frac{1}{k}}p_g^{\frac{k-1}{k}} \tag{4-27}$$

式(4－24)和式(4－25)中，$\int_0^t G_{eg}\mathrm{d}t$ 为由高压气瓶内流出的气体流量，其中 G_{eg} 为高压气瓶向外流出气体的秒流量。理论上，工作过程中由于气体参数的变化，G_{eg} 存在临界流动及非临界流动两种情况。

(a) 非临界流动。当 $\dfrac{p_g}{p_m} < \left(\dfrac{2}{k+1}\right)^{\frac{k}{k-1}}$ 时，高压气瓶内的压力与高压通道压力之差不大，不足以构成临界条件，这时，气体的流量为

$$G_{eg} = A_e\rho_g v_g = A_e\sqrt{\frac{2k}{k-1}p_g\rho_g\left[\left(\frac{p_m}{p_g}\right)^{\frac{2}{k}} - \left(\frac{p_m}{p_g}\right)^{\frac{k+1}{k}}\right]} =$$

$$A_e\sqrt{\frac{2k}{k-1}p_g^{\frac{k+1}{k}}\frac{\rho_{g0}}{p_{g0}^{\frac{1}{k}}}\left[\left(\frac{p_m}{p_g}\right)^{\frac{2}{k}} - \left(\frac{p_m}{p_g}\right)^{\frac{k+1}{k}}\right]} \tag{4-28}$$

式中，A_e 为气阀通流截面积。

(b) 临界流动。当 $\dfrac{p_g}{p_m} \geqslant \left(\dfrac{2}{k+1}\right)^{\frac{k}{k-1}}$ 时，高压气瓶内的压力与高压通道压力之差较大，构成临界条件，这时气体的流量为

$$G_{eg} = A_e\rho_g v_g = A_e\sqrt{k\left(\frac{2}{k+1}\right)^{\frac{k+1}{k-1}}p_g\rho_g} = A_e\sqrt{k\left(\frac{2}{k+1}\right)^{\frac{k+1}{k-1}}\frac{\rho_{g0}}{\rho_{g0}^{\frac{1}{k}}}p_g^{\frac{k+1}{k}}} \tag{4-29}$$

② 高压通道模型。如图 4－26 所示，将高压通道看成一个独立的物理模型后，它就可以近似看作一个典型的气体腔室。发射过程中，气阀阀口打开后，这就是一个同时存在着充气和放气的气体腔室，并且这个气体腔室一端接高压气瓶，另一端接弹膛。高压通道的出口处即为气阀阀口，发射时当气阀阀口打开后，高压通道与弹膛的压力差，使高压通道内的气体状态参数发生着变化。

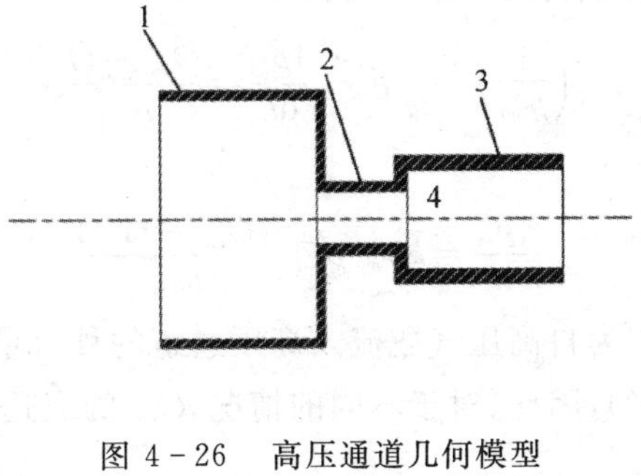

图 4－26　高压通道几何模型

1— 高压气瓶　2— 高压通道　3— 发射管　4— 阀口

取射击前气阀阀口未打开的状态为初始状态，这时高压通道内的参数为：容积为 V_{m0}，高压通道横截面积为 A_e，压力为 p_{m0}，温度为 T_{m0}，容腔内的气体质量为 m_{m0}，密度为 ρ_{m0}；取打开气阀阀口放气 t 时刻为第二种状态，这时，容积为 V_m，压力为 p_m，温度为 T_m，容腔内的气体质量为 m_m，密度为 ρ_m。两种状态的气体状态方程分别为

$$p_{m0}V_{m0}=m_{m0}RT_{m0} \tag{4-30}$$

$$p_mV_m=m_mRT_m \tag{4-31}$$

两个状态方程左右分别相除，合并为

$$\frac{p_{m0}V_{m0}}{p_mV_m}=\frac{m_{m0}RT_{m0}}{m_mRT_m} \tag{4-32}$$

由于该过程是绝热过程，有

$$\frac{T_{m0}}{T_m}=\left(\frac{p_{m0}}{p_m}\right)^{\frac{k-1}{k}} \tag{4-33}$$

将式(4－33)代入(4－32)，另外该过程 $V_{m0}=V_m$，得到

$$\left(\frac{p_{m0}}{p_m}\right)^{\frac{1}{k}}=\frac{m_{m0}}{m_m} \tag{4-34}$$

式(4－34)中，t 时刻高压通道内的气体质量

$$m_m=m_{m0}+\int_0^t G_{im}\,\mathrm{d}t-\int_0^t G_{em}\,\mathrm{d}t \tag{4-35}$$

代入式(4－34)，有

$$\left(\frac{p_{m0}}{p_m}\right)^{\frac{1}{k}}=\frac{m_{m0}+\int_0^t G_{im}\,\mathrm{d}t-\int_0^t G_{em}\,\mathrm{d}t}{m_{m0}} \tag{4-36}$$

式(4－36)两边分别对时间求导，得

$$\left(\frac{1}{p_{m0}}\right)^{\frac{1}{k}}\frac{1}{k}p_m^{\frac{1-k}{k}}\frac{\mathrm{d}p_m}{\mathrm{d}t}=\frac{G_{im}-G_{em}}{m_{m0}} \tag{4-37}$$

整理后

$$\frac{\mathrm{d}p_m}{\mathrm{d}t}=kp_{m0}^{\frac{1}{k}}p_m^{\frac{k-1}{k}}\frac{(G_{im}-G_{em})}{m_{m0}} \tag{4-38}$$

式(4－38)中，G_{im} 为自高压气瓶流入高压通道的秒流量。对于气动枪械而言，由于气体参数是变化的，因此，对于不同的情况，G_{im} 的表达式是不同的，存在两种流动情况。

(a) 非临界流动。当 $\frac{p_g}{p_m}<\left(\frac{2}{k+1}\right)^{\frac{k}{k-1}}$ 时，高压气瓶内的压力与高压通道内压

力之差不大，不足以构成临界条件，这时，气体的流量为

$$G_{im}=A_e\rho_g v_g=A_e\sqrt{\frac{2k}{k-1}p_g\rho_g\left[\left(\frac{p_m}{p_g}\right)^{\frac{2}{k}}-\left(\frac{p_m}{p_g}\right)^{\frac{k+1}{k}}\right]}=$$

$$A_e\sqrt{\frac{2k}{k-1}p_g^{\frac{k+1}{k}}\frac{\rho_{g0}}{p_{g0}^{\frac{1}{k}}}\left[\left(\frac{p_m}{p_g}\right)^{\frac{2}{k}}-\left(\frac{p_m}{p_g}\right)^{\frac{k+1}{k}}\right]} \tag{4-39}$$

式中，A_e 为气阀通流截面积。

(b) 临界流动。当 $\frac{p_g}{p_m}>\left(\frac{2}{k+1}\right)^{\frac{k}{k-1}}$ 时，高压气瓶内的压力与高压通道内压力之差较大，构成临界条件，这时，气体的流量为

$$G_{im}=A_e\rho_g v_g=A_e\sqrt{k\left(\frac{2}{k+1}\right)^{\frac{k+1}{k-1}}p_g\rho_g}=A_e\sqrt{k\left(\frac{2}{k+1}\right)^{\frac{k+1}{k-1}}\frac{\rho_{g0}}{\rho_{g0}^{\frac{1}{k}}}p_g^{\frac{k+1}{k}}} \tag{4-40}$$

式(4-38)中，G_{em} 为高压通道流入弹膛的秒流量。同上所述，理论上，该过程也存在两种流动情况。

(a) 非临界流动。当 $\frac{p_m}{p_d}<\left(\frac{2}{k+1}\right)^{\frac{k}{k-1}}$ 时，高压通道内的压力与弹膛内压力之差不大，不足以构成临界条件，这时，气体的流量为

$$G_{em}=A_e\rho_m v_m=A_e\sqrt{\frac{2k}{k-1}p_m\rho_m\left[\left(\frac{p_d}{p_m}\right)^{\frac{2}{k}}-\left(\frac{p_d}{p_m}\right)^{\frac{k+1}{k}}\right]}=$$

$$A_e\sqrt{\frac{2k}{k-1}p_m^{\frac{k+1}{k}}\frac{\rho_{m0}}{p_{g0}^{\frac{1}{k}}}\left[\left(\frac{p_d}{p_m}\right)^{\frac{2}{k}}-\left(\frac{p_d}{p_m}\right)^{\frac{k+1}{k}}\right]} \tag{4-41}$$

式中，A_e 为气阀通流截面积，p_d 为弹膛压力。

(b) 临界流动。当 $\frac{p_m}{p_d}\geqslant\left(\frac{2}{k+1}\right)^{\frac{k}{k-1}}$ 时，高压通道内的压力与弹膛内压力之差较大，构成临界条件，这时，气体的流量为

$$G_{em}=A_e\rho_m v_m=A_e\sqrt{k\left(\frac{2}{k+1}\right)^{\frac{k+1}{k-1}}p_m\rho_m}=A_e\sqrt{k\left(\frac{2}{k+1}\right)^{\frac{k+1}{k-1}}\frac{\rho_{m0}}{\rho_{m0}^{\frac{1}{k}}}p_m^{\frac{k+1}{k}}} \tag{4-42}$$

③ 弹膛模型。本部分主要讨论气动枪械弹后空间(弹膛)的数学模型。在射击时，高压通道和弹膛之间的气阀阀口打开，高压气瓶中的压缩气体通过高压通道流入弹膛，弹膛内的压缩气体膨胀作功，推动弹丸向前运动，随着弹丸的前进，弹后空间不断增大。这一过程属于典型的变容情况下有充气时的绝热膨胀。在不考虑弹丸与弹膛壁之间有漏气的情况下，假定过程进行得很快(实际上过程就是非常快的)，来不及进行热交换，整个过程按绝热进行。

如图 4-27 所示，设过程开始前弹膛内气流的参数为：容积为 V_{d0}，压力为 p_{d0}，温度为 T_{d0}，弹膛内的气体质量为 m_{d0}，密度为 ρ_{d0} 等；弹丸射击过程开始 t 时刻后，弹膛内的气流参数为：容积为 V_d，压力为 p_d，温度为 T_d，弹膛内的气体质量为 m_d，密度为 ρ_d 等；过程开始前以及过程经过 t 时间后高压通道内的气流参数与前面相同。初始状态和 t 时刻时弹膛内气体状态方程分别为

$$p_{d0}V_{d0}=m_{d0}RT_{d0} \tag{4-43}$$

$$p_dV_d=m_dRT_d \tag{4-44}$$

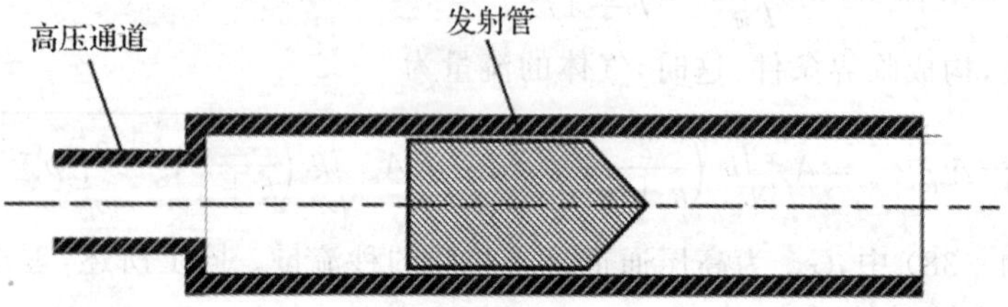

图 4-27　弹膛几何模型

不同时期弹膛内气流参数之间的关系可用两状态方程表示为

$$\frac{p_{d0}V_{d0}}{p_dV_d}=\frac{m_{d0}RT_{d0}}{m_dRT_d} \tag{4-45}$$

由于该过程是绝热过程，有

$$\frac{T_{d0}}{T_d}=\left(\frac{p_{d0}}{p_d}\right)^{\frac{k-1}{k}} \tag{4-46}$$

将式(4-46) 代入式(4-45)，得到

$$\left(\frac{p_{d0}}{p_d}\right)^{\frac{1}{k}}=\frac{m_{d0}V_d}{m_dV_{d0}} \tag{4-47}$$

式中

$$m_d=m_{d0}+\int_0^t G_{id}\,\mathrm{d}t \tag{4-48}$$

$$V_d=V_{d0}+A_dx_d \tag{4-49}$$

将式(4-48) 和式(4-49) 代入式(4-47)，整理后得

$$\left(\frac{p_d}{p_{d0}}\right)^{\frac{1}{k}}\frac{V_{d0}+A_dx_d}{V_{d0}}=\frac{m_{d0}+\int_0^t G_{id}\,\mathrm{d}t}{m_{d0}} \tag{4-50}$$

式(4-50) 两边分别对时间求导，整理得

$$\frac{\mathrm{d}p_d}{\mathrm{d}t} \approx k\left(\frac{G_{id}p_{d0}^{\frac{1}{k}}}{A_d\rho_{d0}}p_d^{\frac{k-1}{k}} - p_d\frac{\mathrm{d}x_d}{\mathrm{d}t}\right)\Big/ x_{d0} + x_d \tag{4-51}$$

式(4－50)中，$\int_0^t G_{id}dt$ 为由高压通道流入弹膛内的气体流量，其中 G_i 为高压通道向弹膛内流入的气体的秒流量，理论上，该过程中可分为临界流动及非临界流动两种情况。

(a) 非临界流动。当 $\frac{p_m}{p_d} < \left(\frac{2}{k+1}\right)^{\frac{k}{k-1}}$ 时，高压通道内的压力与弹膛内压力之差不大，不足以构成临界条件，这时，气体的流量为

$$G_{id} = A_e\rho_m v_m = A_c\sqrt{\frac{2k}{k-1}p_m\rho_m\left[\left(\frac{p_d}{p_m}\right)^{\frac{2}{k}} - \left(\frac{p_d}{p_m}\right)^{\frac{k+1}{k}}\right]} -$$
$$A_e\sqrt{\frac{2k}{k-1}p_m^{\frac{k+1}{k}}\frac{\rho_{m0}}{p_{m0}^{\frac{1}{k}}}\left[\left(\frac{p_d}{p_m}\right)^{\frac{2}{k}} - \left(\frac{p_d}{p_m}\right)^{\frac{k+1}{k}}\right]} \tag{4-52}$$

(b) 临界流动。当 $\frac{p_m}{p_d} \geqslant \left(\frac{2}{k+1}\right)^{\frac{k}{k-1}}$ 时，高压通道内的压力与弹膛内压力之差较大，构成临界条件，这时，气体的流量为

$$G_{id} = A_e\rho_m v_m = A_e\sqrt{k\left(\frac{2}{k+1}\right)^{\frac{k+1}{k-1}}p_m\rho_m} = A_e\sqrt{k\left(\frac{2}{k+1}\right)^{\frac{k+1}{k-1}}\frac{\rho_{m0}}{\rho_{m0}^{\frac{1}{k}}}p_m^{\frac{k+1}{k}}} \tag{4-53}$$

④ 弹丸模型。假定弹丸质量为 m，弹丸初始位置距气阀阀口为 x_{d0}，在射击过程中，气阀阀口开启 t 时刻后，弹丸前进位移为 x_d，由建立气动枪械内弹道假设 6 可知，假定弹丸底部所受到的压力与当时膛内压力一致，均为 p_d，弹丸速度为 v_d，弹丸在行进过程中所受到的弹前空气阻力、摩擦阻力等由次要功系数(弹丸虚拟质量)φ 进行修正。弹丸的运动方程由牛顿第二定律获得

$$A_d p_d = \varphi m\frac{\mathrm{d}^2 x_d}{\mathrm{d}t^2} \tag{4-54}$$

或

$$\left.\begin{aligned} \frac{\mathrm{d}x_d}{\mathrm{d}t} &= v_d \\ \frac{\mathrm{d}v_d}{\mathrm{d}t} &= \frac{A_d p_d}{\varphi m} \end{aligned}\right\} \tag{4-55}$$

通过以上推导，得出气动枪械的内弹道方程组为

$$\left.\begin{aligned}
\frac{\mathrm{d}p_g}{\mathrm{d}t} &= -k\,\frac{G_{eg}}{m_{g0}}\,p_{g0}^{\frac{1}{k}}\,p_g^{\frac{k-1}{k}} \\
\frac{\mathrm{d}p_m}{\mathrm{d}t} &= k\,p_{m0}^{\frac{1}{k}}\,p_m^{\frac{k-1}{k}}\,\frac{(G_{im}-G_{em})}{m_{m0}} \\
\frac{\mathrm{d}p_d}{\mathrm{d}t} &= k\left(\frac{G_{id}\,p_{d0}^{\frac{1}{k}}}{A_d\rho_{d0}}\,p_d^{\frac{k-1}{k}} - p_d\,\frac{\mathrm{d}x_d}{\mathrm{d}t}\right)\bigg/ x_{d0}+x_d \\
\frac{\mathrm{d}x_d}{\mathrm{d}t} &= v_d \\
\frac{\mathrm{d}v_d}{\mathrm{d}t} &= \frac{A_d p_d}{\varphi m}
\end{aligned}\right\} \tag{4-56}$$

其中第一式和第二式中 $G_{eg(im)}$ 的取值需符合以下条件：

$$\begin{cases}
\dfrac{p_g}{p_m} < \left(\dfrac{2}{k+1}\right)^{\frac{k}{k-1}} \text{时，} & G_{eg(im)} = A_e\sqrt{\dfrac{2k}{k-1}\,p_g^{\frac{k+1}{k}}\,\dfrac{\rho_{g0}}{p_{g0}^{\frac{1}{k}}}\left[\left(\dfrac{p_m}{p_g}\right)^{\frac{2}{k}} - \left(\dfrac{p_m}{p_g}\right)^{\frac{k+1}{k}}\right]} \\
\dfrac{p_g}{p_m} \geqslant \left(\dfrac{2}{k+1}\right)^{\frac{k}{k-1}} \text{时，} & G_{eg(im)} = A_e\sqrt{k\left(\dfrac{2}{k+1}\right)^{\frac{k+1}{k-1}}\,\dfrac{\rho_{g0}}{\rho_{g0}^{\frac{1}{k}}}\,p_g^{\frac{k+1}{k}}} \\
G_{eg} = G_{id}
\end{cases}$$

第二式和第三式中 $G_{em(id)}$ 的取值需符合以下条件：

$$\begin{cases}
\dfrac{p_m}{p_d} < \left(\dfrac{2}{k+1}\right)^{\frac{k}{k-1}} \text{时，} & G_{em(id)} = A_e\sqrt{\dfrac{2k}{k-1}\,p_m^{\frac{k+1}{k}}\,\dfrac{\rho_{m0}}{p_{m0}^{\frac{1}{k}}}\left[\left(\dfrac{p_d}{p_m}\right)^{\frac{2}{k}} - \left(\dfrac{p_d}{p_m}\right)^{\frac{k+1}{k}}\right]} \\
\dfrac{p_m}{p_d} \geqslant \left(\dfrac{2}{k+1}\right)^{\frac{k}{k-1}} \text{时，} & G_{em(id)} = A_e\sqrt{k\left(\dfrac{2}{k+1}\right)^{\frac{k+1}{k-1}}\,\dfrac{\rho_{m0}}{\rho_{m0}^{\frac{1}{k}}}\,p_m^{\frac{k+1}{k}}} \\
G_{em} = G_{id}
\end{cases}$$

式(4-56)中包含 p_g, p_m, p_d, x_d, v_d 5个变量，它们都是时间 t 的函数，并有5个相互独立的方程相对应，所以该方程组是封闭的。气阀阀口打开瞬间，即 $t=0$ 时，气动枪械内气流参数的初始值分别为

$$\begin{cases}
p_g = p_{g0} \\
\rho_g = \rho_{g0} \\
p_m = p_{m0} \\
\rho_m = \rho_{m0} \\
p_d = p_{d0} \\
\rho_d = \rho_{d0} \\
x_d = 0
\end{cases} \tag{4-57}$$

式(4-57)即为内弹道方程组获得数值定解的初始条件。当这些初始条件给定后，即可以得到确定解。

4. FN303 霰弹枪

1994 年，比利时 FN 公司启动了名为 XM303 的新式非致命武器研究计划，2002 年公之于众，命名为 FN303 低杀伤发射器(less Lethal Launcher)，武器系统及弹药如图 4-28 所示。该发射器既可以压制足球场的闹事者或者击退持有匕首和棍棒的杀人狂，又可以有目的地向犯罪团伙的头目发射染色弹，从而将其与其他成员区别开来。该武器系统现已在欧洲和美国的警察部门使用。

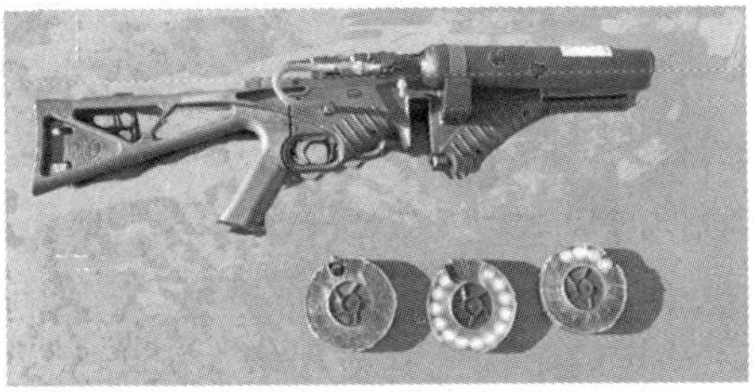

图 4-28　FN303 霰弹枪及发射弹

(1)结构组成。FN303 非致命武器系统是一种由压缩气体提供动力的半自动霰弹枪，采用 12 号口径的滑膛枪管，半自动发射方式，枪上配有可调折叠瞄具、皮卡汀尼导轨、扳机保险、压力瓶、2 个弹匣、2 个快装拉机柄及擦拭工具。结构由上枪托组件、下枪托组件、弹鼓、空气贮罐等四部分组成(见图 4-29)。下枪托组件可以挂在 M16 或 M4 步枪上(或者其他有皮卡汀尼导轨的步枪)，这种布局提供了良好的灵活性。

图 4-29　FN303 霰弹枪不完全分解

FN303采用反转式机械瞄具，发射器的上部装有皮卡汀尼导轨，用户根据需要安装各种瞄准装置；发射器的机匣下方装有可快速拆装的15发容弹量的圆鼓形弹匣，弹匣一侧的盖子由透明塑料制成，射手可以随时检查弹匣内的剩余弹数，此外，各弹丸混合装填时，也能够确认发射弹丸的种类；枪的右侧可安装气瓶，气瓶有两种型号，小型号发射60发弹，大型号发射100发弹。气瓶安装标准金属盖，可拆卸、重复灌装。充满气体的压力瓶压力为2 000 KPa，最多发射110发霰弹；随枪还有一根背带和一件背心作为附件，背心上可挂6个弹匣，还有10个各放15发弹和一个备用压力瓶的口袋。有一个简单的充气联结装置，可以用普通的潜水员充气瓶往压力瓶里充气。

(2)配用弹种。FN303可发射多种非致命弹，弹丸专为FN303设计，不存在装错弹的危险。配用的动能弹的外壳由聚苯乙烯压缩而成，弹径为0.68 in (17.27 mm)，质量不足8.5 g，在碰撞时爆裂，以免过度地侵入人体。弹的头部包含一个装有无毒铋颗粒的配重凸起，正后方是装有乙二醇或其他物质的装填室，弹丸尾部的尾翼用以提高射击精度。这样的结构使其射程增大到了50 m，比塑料弹增大15 m，比豆袋弹增大20 m。无论固体、液体还是粉状物质，都可以作为弹丸的填充物。目前，所用的弹丸有致痛弹、催泪弹、臭气弹、标记弹、照明弹、彩弹6种类型。

为了不对目标造成致命伤害，对弹药的初速进行了必要的限制，控制在85～90 m/s。弹丸在15 m距离上的命中能量达29 J，足以制服作案人。只要不是击中头、颈部位，近距离内不会对目标造成严重伤害。

(3)应用特点。FN303霰弹枪在设计时充分考虑了人机功效，握把圆弧部分由粗糙的黑色聚合物材料制成，手感好；枪体结实轻便可靠，便于携带，带空弹匣和压力瓶质量仅2.7 kg，全枪长740 mm；安全性好，最小安全距离1 m；通过机械瞄具瞄准射击，扳机力只有18 N，命中精度特别好，即便使用塑料弹同样能命中目标。

FN303霰弹枪虽然使用效果不错，但仍然有致命危险。在瑞士，2003年3月，一名警察在5～6 m的距离上用FN303霰弹枪对示威人群发射非致命弹，恰巧命中了一名女示威者的面部，打断了她的颧骨，造成严重后果。因为其发射的豆袋弹或塑料弹在近距离上具有180～220 J的能量，会造成人员严重伤害。所以，FN303绝对不能对人的面部、颈部和喉咙处射击。

三、电磁能变初速发射技术

电磁发射是兵器发射领域中一种新的发射理论与技术。电磁发射不同于传统身管武器发射，本质特征在于它不再利用化学发射药燃烧产生的燃气膨胀做功来加速弹丸，而是利用电磁力来加速弹丸。正是由于电磁发射技术是利用电磁力来加速弹丸，所以它克服了传统化学火药发射的局限性，为实现弹丸的可控发射提供了可能。现在，电磁发射技术已经成为实现超高速发射、可控发射以及电磁弹射的重要技术途径之一，在未来军事领域具有广泛的应用前景。

使用电磁发射技术的电磁防暴枪具有性能稳定、结构简便、利于隐蔽和能源可控等优点，可以有效解决现有防暴枪中后坐力过大，质量偏重，使用不当容易致命等问题。电磁线圈发射的工作原理如图 4 - 30 所示，概括起来就是导体在磁场中受到洛仑兹力的作用而被推动前进。它利用驱动线圈和弹丸之间的磁耦合机制工作，本质上是一种直线电机。首先利用驱动线圈放电产生脉冲强磁场，在弹丸（导体电枢）中感应出电流，感应电流在脉冲强磁场作用下会产生电磁力（洛伦兹力），感应产生的径向力使弹丸保持悬浮以减少与导管的摩擦，轴向磁场力则推动弹丸加速前进，从而使弹丸具有一定的枪口动能，用于打击目标。

电磁线圈发射器具有发射效率高、电枢与线圈之间无直接接触、发射载荷大等优点，目前已经得到了快速发展。通常情况下，单级感应线圈发射器的加速能力有限，要想把电枢（载荷）加速到非常高的速度，必须进行多级驱动线圈连续加速。

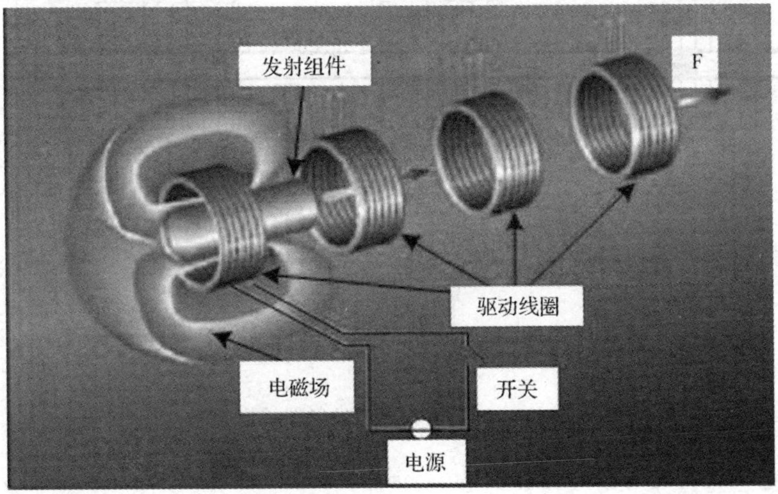

图 4 - 30　多级电磁线圈发射器

1. 电磁线圈发射器的结构组成

电磁线圈发射器的结构组成如图 4 - 31 所示，主要由以下几部分组成。

(1)飞行导管。飞行导管即电磁线圈发射器的枪管,弹丸运动的轨迹,一般为非导磁材料制成的薄壁管。由于电磁线圈发射器在工作过程中其径向力必然对导管产生径向膨胀的作用,如果导管塑性太强,管壁太薄,则导管不能承受,因此飞行导管的强度和厚度应适中。

(2)驱动线圈。每级驱动线圈由一个线圈组成,由电容器供电,其受到的径向力和反向轴向力由周围的加固装置承担。

(3)弹丸。弹丸也就是发射体,由电枢、弹头、弹托等组合而成。其中最重要的就是电枢,因为电枢直接与驱动线圈配合,对系统效率有很大的影响。

(4)电容器组。其主要功能是为各级驱动线圈提供电能,是电磁线圈发射器的动力源。

(5)控制部分。由传感器、单片机组成控制环节,接收光电传感器和速度检测装置的信号。在电磁发射过程中,控制部分通过控制电容的充、放电进而控制驱动线圈的放电回路是否导通。通过实时测量枪口与目标之间的距离等参数,来控制驱动线圈放电级数,从而实现对弹丸初始动能的自动调节。

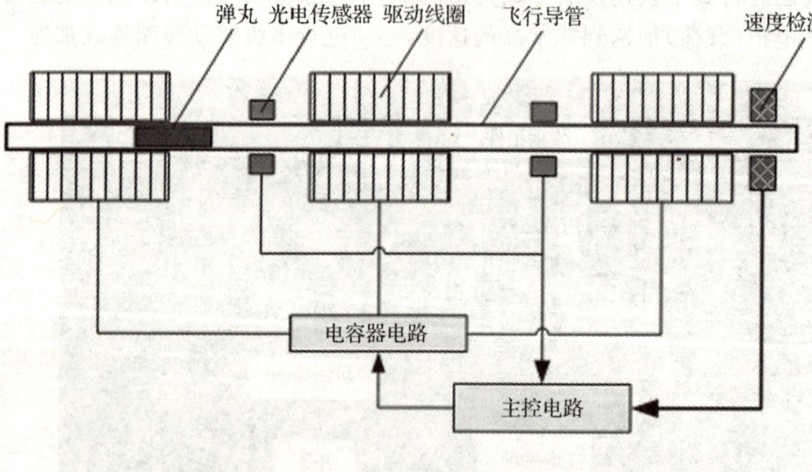

图 4-31　电磁线圈发射器结构

2. 电磁线圈发射器的发射原理

单级感应线圈发射器的发射原理,如图 4-32 所示。其具体工作过程为:首先将直流电源经电压变换器升压后,向电容器组进行充电;充电结束后,当电枢(载荷)位于驱动线圈适当位置时,由感应线圈发射器的控制系统发出控制信号,闭合开关,使得电容器组向驱动线圈放电,驱动线圈通过脉冲大电流时,会在线圈周围产生很强的脉冲磁场。由于电枢是铝制材料制成的，根据楞次定律，脉冲磁场会在铝环中感应出感应电流，带有感应电流的铝环在磁场中就会受到电磁力的作用，将这个电磁力沿着电枢的轴向和径向 2 个方向进行分解，就可以得到 2 个分力。其中径向上的分力会使电枢压缩，称之为电磁压力；而轴向上的力主要是对电枢起到推动作用，在这个力的作用下，电枢(载荷)被加速向前运动。当电枢经过第 1 级驱动线圈加速后，进入第 2 级驱动线圈，在到达第 2 级驱动线圈的合适位置时，第 2 级驱动线圈放电，继续加速，直到将电枢加速到合适的速度。

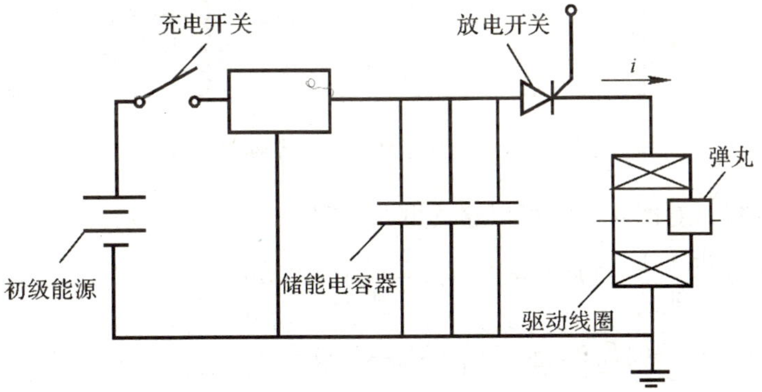

图 4－32　单级感应线圈发射器的发射原理

根据电感储能计算方法，可以最终推导出电枢在单级驱动线圈加速时，所受的电磁推力公式为

$$F_p = M' I_d I_p \tag{4-58}$$

式中，I_d 为驱动线圈的电流；I_p 为电枢中的感应电流；M' 为驱动线圈和电枢之间的互感梯度。

(1) 电路方程。在感应型电磁发射器中，对于导电不导磁的金属圆筒形电枢，因驱动线圈馈电时在其内所感应的电流沿轴向的分布是不均匀的。因此，按连续体离散求解的观点，把电枢分为 m 片，每片为一圆环，并假定其环向电流沿截面均匀分布。而且，在感应型电磁发射器中，驱动线圈是顺序触发的，当某一级驱动线圈馈电时，其它驱动线圈均处于断开状态。多级同步感应型电磁发射器每一级驱动线圈馈电时的系统等效电路如图 4－33 所示。

图中 C 为储能电容器，R 为回路固有电阻，包括电容器电阻、放电开关电阻和接线电阻；L 为回路固有电感，包括电容器电感、放电开关电感和接线电感。R_0，L_0 分别为驱动线圈的电阻和电感。R_1，R_2，…，R_m 和 L_1，L_2，…，L_m 分别为各片电枢的电阻和电感。M_{01}，M_{02}，…，M_{0m} 为驱动线圈和各片电枢之间的互感，U_0 是电容充电电压。

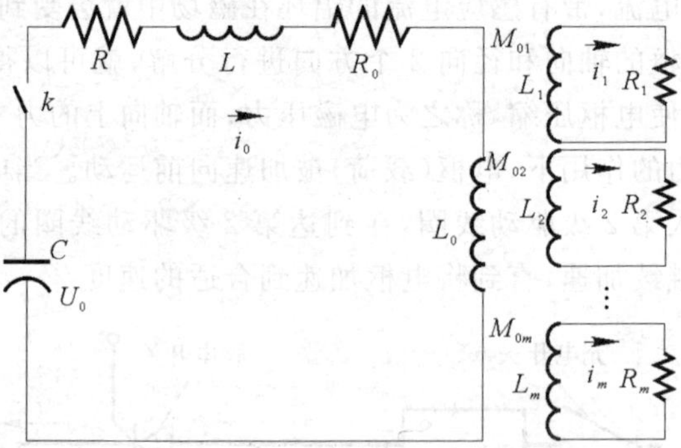

图 4-33　感应型线圈发射器等效电路

某一时刻 t，对图 4-33 可以建立电路方程为

$$(L+L_0)\frac{\mathrm{d}i_0(t)}{\mathrm{d}t}+(R+R_0)i_0(t)+\frac{1}{C}\int_0^t i_0(t)\mathrm{d}t=$$

$$U_0+\frac{\mathrm{d}}{\mathrm{d}t}(M_{01}i_1(t))+\frac{\mathrm{d}}{\mathrm{d}t}(M_{02}i_2(t))+\cdots+\frac{\mathrm{d}}{\mathrm{d}t}(M_{0m}i_m(t)) \quad (4-59)$$

$$L_1\frac{\mathrm{d}i_1(t)}{\mathrm{d}t}+R_1i_1(t)-\frac{\mathrm{d}}{\mathrm{d}t}(M_{01}i_0(t))=0 \quad (4-60)$$

$$L_2\frac{\mathrm{d}i_2(t)}{\mathrm{d}t}+R_2i_2(t)-\frac{\mathrm{d}M_{02}i_0(t)}{\mathrm{d}t}=0 \quad (4-61)$$

……

$$L_m\frac{\mathrm{d}i_m(t)}{\mathrm{d}t}+R_mi_m(t)-\frac{\mathrm{d}M_{0m}i_0(t)}{\mathrm{d}t}=0 \quad (4-62)$$

(2) 推力方程。采用电感法对弹丸所受推力进行计算，计算依据是：力是储存能量在运动中的变化率，即在运动方向上的能量梯度。储存在系统载流导体中的磁能与系统的电感有关，而电感是电路中每单位电流交链的磁通。故理想情况下感应型电磁线圈发射器的总储能为

$$W_m=\frac{1}{2}\sum_{i=1}^{m}L_iI_i^2+\frac{1}{2}L_0I_0^2+\sum_{i=1}^{m}M_{0i}I_iI_0 \quad (4-63)$$

如果以弹丸所指方向为 x 方向，那么弹丸仅沿 x 方向运动(内弹道运动忽略重力和空气阻力的影响)，自感项磁能不变化，只有互感项磁能随 x 变化。若不计其它能量损失，t 时刻作用在弹丸上沿 x 方向的力为

$$F(t)=\frac{\mathrm{d}W_m}{\mathrm{d}x}=\sum_{i=1}^{m}\frac{\mathrm{d}M_{0i}(t)}{\mathrm{d}x}I_i(t)I_0(t) \quad (4-64)$$

由式(4-64)可以看出,要得到弹丸沿 x 方向的推力,还需要计算驱动线圈与电枢各片沿 x 方向上的互感梯度。在感应型电磁线圈发射器中,驱动线圈和电枢各片均可以等效为理想的轴对称空心圆柱线圈,两个空心圆柱线圈之间的互感和互感梯度,可以使用等效圆环线圈法进行计算。

(3) 运动方程。设弹丸的质量为 m_p,t 时刻的加速度为 $a(t)$,根据牛顿第二定律,t 时刻作用于弹丸上的推力为

$$F(t)=m_p a(t) \tag{4-65}$$

将式(4-64)代入式(4-65),可得弹丸加速度为

$$a(t)=\frac{F(t)}{m_p}=\frac{1}{m_p}\sum_{i=1}^{m}\frac{\mathrm{d}M_{0i}(t)}{\mathrm{d}x}I_i(t)I_0(t) \tag{4-66}$$

由此可推出 t 时刻的弹丸速度为

$$v(t)=v_0+\int_0^t a(t)\mathrm{d}t=v_0+\int_0^t \frac{1}{m_p}\sum_{i=1}^{m}\frac{\mathrm{d}M_{0i}(t)}{\mathrm{d}x}I_i(t)I_0(t)\mathrm{d}t \tag{4-67}$$

弹丸 t 时刻的位移为

$$x(t)=x_0+\int_0^t v(t)\mathrm{d}t \tag{4-68}$$

3. 电磁能变初速发射控制系统

通常情况下,单级驱动线圈的加速能力有限,要把弹丸加速到较高速度,需要利用多级驱动线圈对弹丸进行连续加速。研究表明,每一级驱动线圈都对应一个最佳触发位置,驱动线圈在弹丸运动到最佳触发位置时同步放电。可以使弹丸得到更好的加速性能。因此每一级驱动线圈都需要自己独立的触发控制系统。光电触发具有抗电磁干扰能力强、作用可靠方便,因此防暴电磁枪的触发系统采用光电触发方式。当弹丸通过第一级驱动线圈加速后,以一定初速进入第二级驱动线圈,光电传感器用于测量弹丸的位置,并将位置信息传递给触发控制板,触发控制板发出触发信号驱动第二级放电,弹丸受到电磁力继续加速。依次类推,通过多级驱动线圈连续加速,弹丸可以达到理想的速度,具有一定的初始动能,以满足战术技术指标要求。

如果要实现对弹丸初始动能的调节,需要在多级电磁线圈驱动的基础上,控制驱动线圈的触发级数、减小弹丸加速时间就可以改变弹丸的枪口初速。电磁枪初速控制系统就是基于该原理研制,通过实时测量枪口与目标之间的距离等参数,来控制驱动线圈放电级数,从而实现对弹丸初始动能的自动调节。电磁线圈发射器对弹丸速度的控制灵活方便,发射过程环保,且武器的结构较紧凑。

4. 电磁线圈发射器的应用

电磁枪又称为高斯枪,英文名 Gauss rifle,高斯是电磁单位。电磁枪是利用电

磁发射技术制成的又一种新概念动能武器，弹丸初速的大小可通过调整磁场的大小和触发线圈的数量来进行控制。

当前电磁枪还处于实验阶段，如图 4-34 所示。它的能量来自电磁线圈，当线圈里面瞬间流过强大的电流时，产生的磁力就会将铁磁性子弹弹射出去。其子弹威力巨大，实验中可击穿数层钢板。

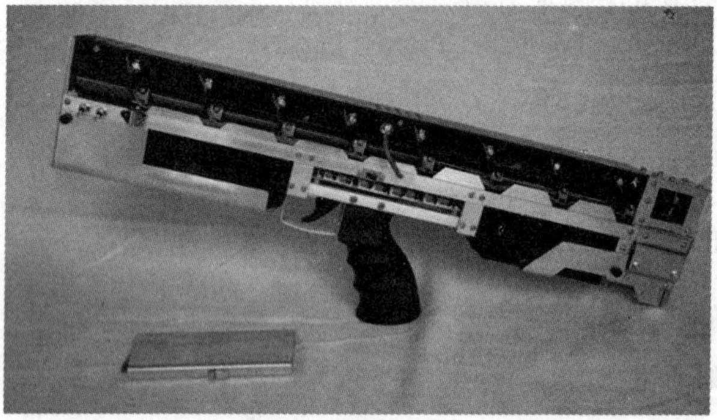

图 4-34 研制中的电磁枪

通过控制弹丸出枪口速度，可以将电磁枪制成非致命防爆枪械，成为恒动能打击武器，有效地解决非致命动能防暴弹的作用效果与非致命要求之间的矛盾，达到较好的打击效果。

第5章　电击非致命武器技术

电击武器属于能量传递武器，它是通过释放高电压低电流使目标在短时间内失去抵抗能力或行动受到限制的一种非致命武器。目前电击武器在世界各国警务部门已经得到了较为广泛的应用，并陆续成为许多国家警方的必配装备。以美国Taser公司的电击枪为例，截至2011年3月，Taser公司已经向16 200个执法机构和军方售出543 000把电击枪，这其中包括105个不同国家。美国官方机构承认：和其他武力相比，使用电击枪可以降低警察和嫌疑人在冲突中的总体伤亡率，但关于电击枪安全性的争议一直没有停止过。近年来，随着技术的进步，新型电击武器不断涌现，人们对电击失能机理有了更为深入的了解，对电击武器的使用风险也做了大量的试验与评估。

第1节　电击非致命技术概述

一、电击非致命武器特点

1. 非致命效果好

人被电击后，会立即出现颤抖、惊跳、肌肉痉挛、关节剧痛等刺激反应，甚至会出现肢体麻木、僵直、呼吸困难等症状，从而使被电击者行动受到抑制或丧失抵抗能力而束手就擒。

2. 作用迅速

电击枪平均每秒产生约20个脉冲，每次电击持续时间5 s，流过人体的电量在10～20 mC范围内，这使得目标肌肉一直处于收缩状态，从而被电击者迅速失去抵抗能力。

3. 安全性强

电击武器通常会产生非常高的电压，但仅有高电压并不危险，电击武器是否安全和有效，主要是由其输出的电流决定的，电击武器输出的能量很低，平均电流只有几毫安，所以不会使人致残或致死。当电极接触人体时间较长时，电击效果明显下降。因此在使用时，电极和人体似触非触时效果最佳。正确使用电击器，既能迅速可靠地制服罪犯，又不会对其造成致命伤害。

4. 准确性好

电击非致命武器体积较小，操作方便，在近距离能够快速瞄准打击目标并实施射击，只要击中身体任何部位，都足以使目标瘫倒在地。

二、电击非致命武器类型

电击武器通过释放高电压、低电流的电脉冲致使目标失能，这种电脉冲输出干扰人体的传递系统，引起肌肉发生不能控制的收缩。电击武器从作用效应可分两种：电击致晕型武器和电击致肌肉收缩型武器。

1. 致晕型

电击致晕型武器一般使用 7～14 W 的电能来干扰被打击目标的感官神经系统中的通信信号。就像是大脑和肌肉之间通信线路上的静电干扰一样，电击武器干扰人的指挥和控制体系，因此，它们是用电干扰来压倒神经系统，从而产生电击致晕效应的。由于电能的过分刺激头脑发生眩晕，被打击者一般就失去了对自己身体的控制，由于不能协调身体的动作而倒卧在地，失去反抗能力。

电击致晕武器外观上看两个电极距离短，一般只有 10～40 mm，可使人产生惊跳、局部疼痛、痉挛等生理反应，被电击人方向感、意识混乱，痛苦不堪，从而失去抵抗能力。但对于某些意志力和耐受力极强的人来说，可以经受住这种打击。

2. 肌肉收缩型

电击致肌肉收缩型武器指较高功率的电击，不仅使被打击目标眩晕，而且还能控制肌肉引起不能自制的收缩反应，这种武器一般要求电击功率在 14 W 以上，它的作用是引起肌肉组织发生不能控制的收缩，使被打击者不管有多大的疼痛承受力或者精神多专注都会导致身体衰弱，失去反抗能力；它同电击致晕型武器的差别在于它不只是简单地干扰大脑和肌肉之间的联系，而是直接引起肌肉收缩，直到目标倒卧在地上。如美国 Taser 公司的电击枪，电击人体后，两个电极之间的距离可达 45 cm(电击枪距人体 3 m 处)以上，由于电流在目标人体中流经的路径较长，从而提高了肌肉收缩的效果。

对以上两种类型武器研究发现，电击致肌肉收缩型武器作用效果明显高于电击致眩晕武器，但电击致肌肉失能武器所要求的功率要大于电击致眩晕武器。电击武器采用电击致肌肉失能形式，这对电击武器的功率提出了一定的要求，对于大功率的非致命电击武器，打击效果和非致命性又是对立的，在考虑打击效果的同时，为了达到非致命目的，就需要重点考虑电击对人体的效应。

三、电击非致命武器的电压

电击非致命武器的输出电压，可分为以下 3 种类型。

1. 直流型

输出的是直流脉动电压，如图 5-1 所示。

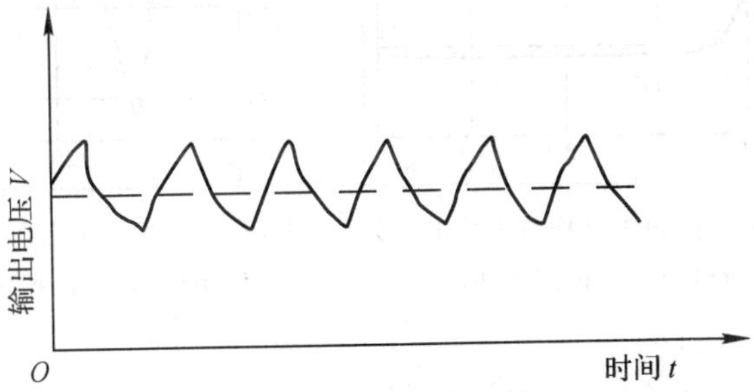

图 5-1　直流非致命电击武器输出的直流脉动电压

2. 交流型

输出的是交流电压，如图 5-2 和图 5-3 所示。

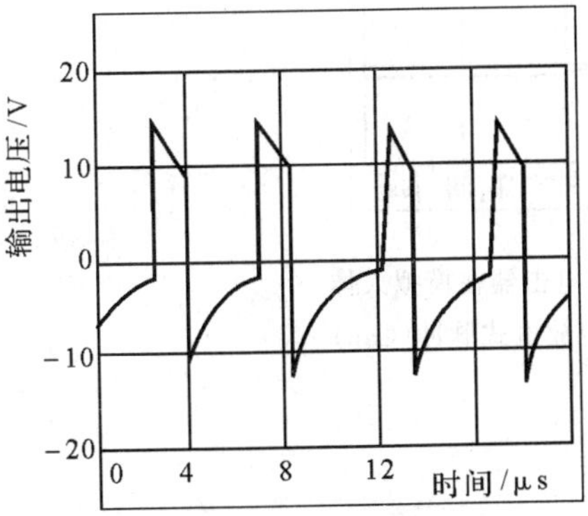

图 5-2　Picador 电刺棒在模拟人体电阻为 500Ω 时输出的锯齿波(ST)

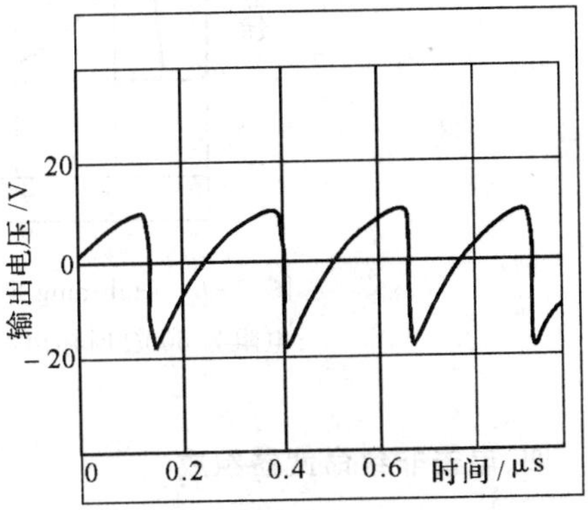

图 5-3　Hot Shot 电刺棒在模拟人体电阻为 500Ω 时输出的时间失真矩形波(TDSW)

3. 脉冲型

输出的是脉冲电压，如图 5-4、图 5-5 和图 5-6 所示。

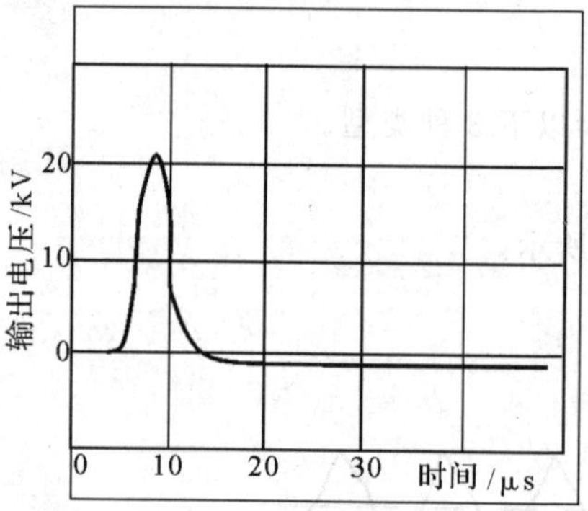

图 5-4 Omega 电击器模拟人体电阻为 10KΩ 时输出的单一正弦脉冲(Sin)

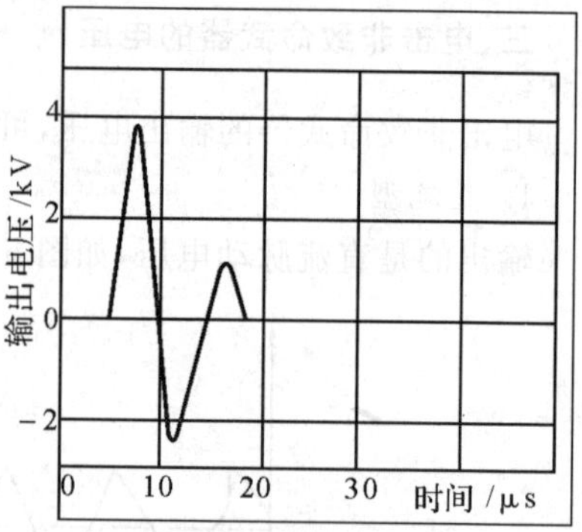

图 5-5 NoVa 电击器在模拟人体电阻为 500Ω 时输出的振荡脉冲(Os. n)

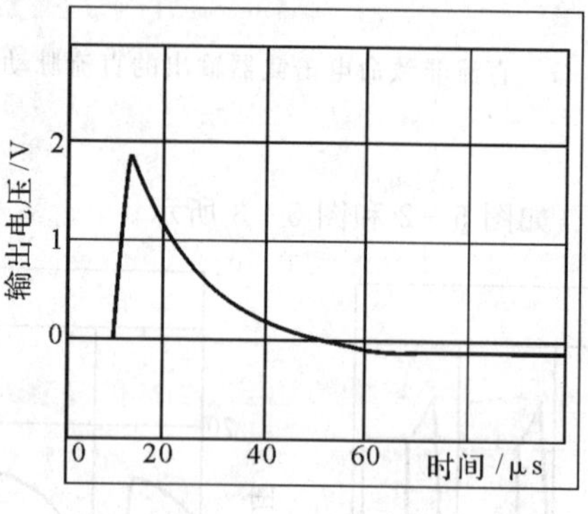

图 5-6 Lightning Strike 电击器在模拟人体电阻为 500Ω 时输出的电容放电式脉冲(Cap)

四、电击非致命武器组成

电击非致命武器一般由充电电路、电源、振荡电路、升压电路、倍压电路和输出电路六部分组成,如图 5-7 所示。

充电电路一般由外接的充电器组成。充电电池形成了电源;升压电路主要由变压器组成,为了缩小体积提高电压,有的增加了倍压电路;振荡电路产生振荡的方法是在电路的放大器中引入正反馈,并在某一特定频率下使其满足自激振荡条件而形成振荡,电路起振后,振幅不断增大,最后受到晶体管特性曲线非线性的限制,才稳定下来。这时,在振荡回路中产生等幅振荡,反馈电压刚好等于维持等幅振荡所需的基极输入电压，从而产生了电击非致命武器电路的振荡。

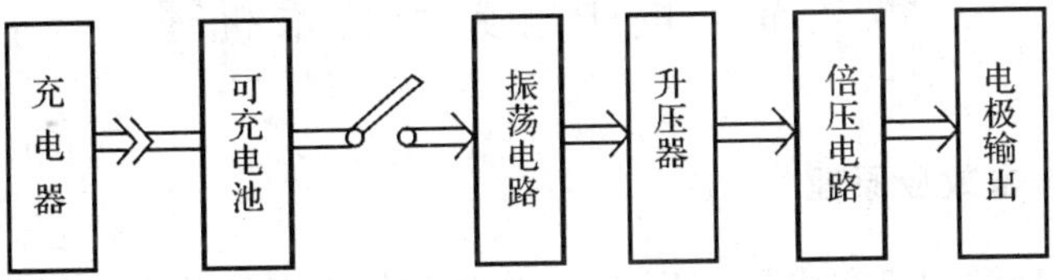

图 5－7　非致命电击武器电路框图

倍压电路通常采用二倍压、三倍压和四倍压。二倍压电路如图 5－8 所示。图中的 U_1 为振荡器输出电压，U_2 为升压变压器升压后的电压。当 U_2 为正半周时，D_1 导通，电容器 C_1 被充电到接近 U_2，此时，二极管 D_2 截止。U_2 为负半周时，二极管 D_1 截止，D_2 导通。电容 C_2 被充电到接近 U_2，同时 C_1 两端电压通过 D_2 也向 C_2 充电，此时，负载 R_2 上的电压为 $2U_2$，这样就达到了二倍压的目的。同理，可得到三倍压电路（见图 5－9）和四倍压电路（见图 5－10）。

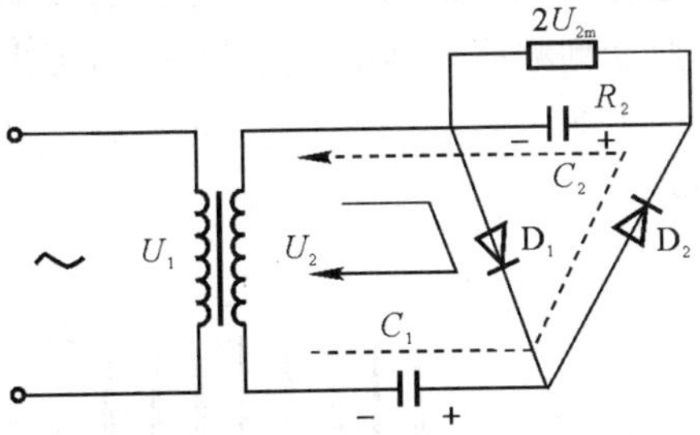

图 5－8　二倍压电路

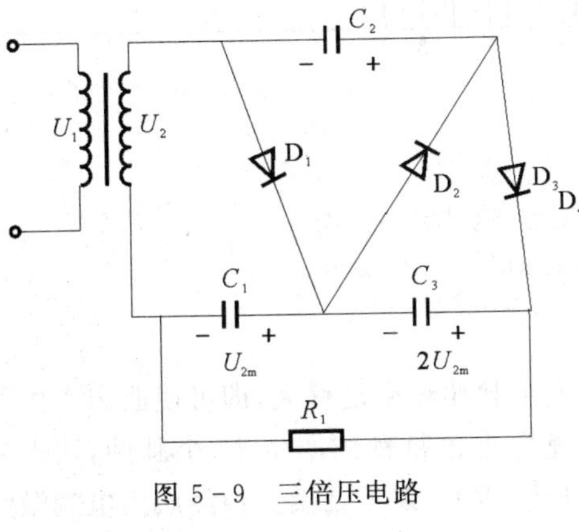

图 5－9　三倍压电路

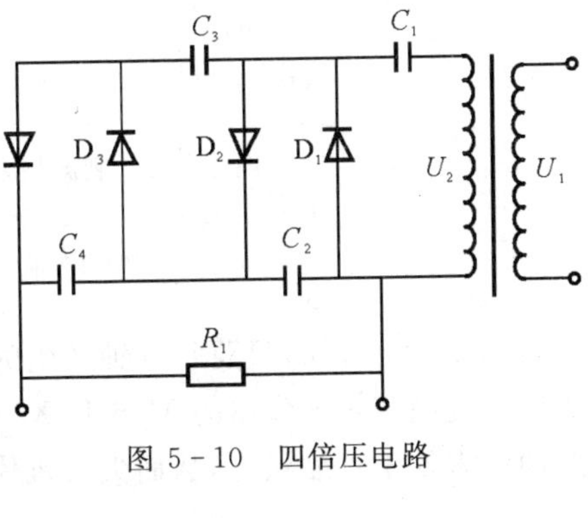

图 5－10　四倍压电路

第2节 电击非致命技术机理

一、脉冲电击效应原理

根据电生理学的研究成果，细胞在未受刺激处于安静状态时细胞族内外存在一个电位差，这个电位差叫做静息电位。可兴奋细胞受到一个适当的刺激时，膜电位在静息电位的基础上产生一个迅速而可逆的电位翻转与复原，这叫做动作电位。一系列的动作电位沿着神经的长度方向迅速形成，从而造成电刺激沿神经传输。神经冲动沿运动神经传输，导致骨骼肌肉纤维收缩。运动神经发出的冲动频率会影响骨骼肌的收缩形式和收缩强度，当骨骼肌受到一次短促刺激，可发生一次动作电位，随后出现一次收缩和舒张，这种形式的收缩称为单收缩。在一次单收缩中，动作电位时程仅1～2 ms，而收缩过程可达数十甚至数百 ms，因而有可能在机械收缩过程中接受新的刺激并发生兴奋和收缩，于是新的收缩便与上次尚未结束的收缩发生总和。当骨骼肌受到频率较高的连续刺激时，可出现以这种总和过程为基础的强直收缩（见图5-11）。

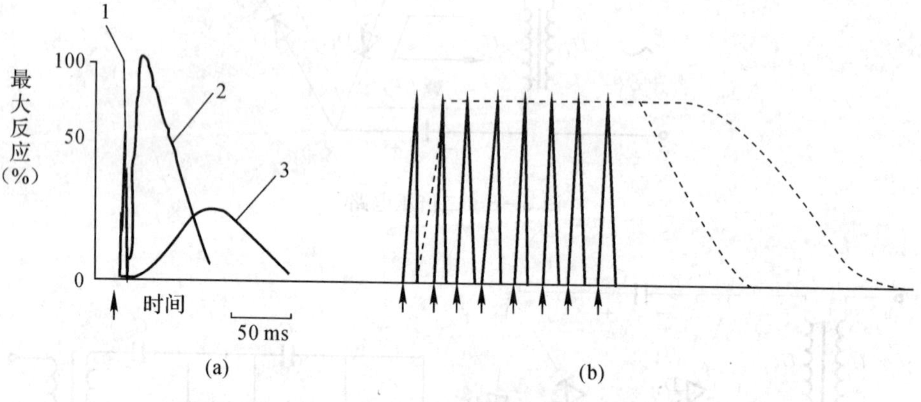

图5-11 刺激频率对骨骼肌收缩的影响

1—动作电位 2—胞浆钙浓度 3—收缩张力

(a)单收缩； (b)强直收缩

由图5-11可知，只要每秒钟产生的电击脉冲频率足够大，即可使肌肉产生强直收缩。美国Taser公司的M26和X26型电击枪每秒约产生20个脉冲，使得目标肌肉一直处于收缩状态，从而失去机体控制能力，束手就擒。神经肌肉电刺激疗法(NMES)已广泛应用在神经肌肉骨骼疾病的康复中，它也是应用低频脉冲电流刺激肌肉使其收缩，以恢复运动功能。

电击对人体的伤害来源于两种机制：一种是电流通路上的焦耳热产生的热损伤；另一种是电流对具有电极性的组织的直接破坏作用，这种认识已经得到大家普遍认可。人体各种组织的电阻不同，其大小依次递增为：神经、血液、肌肉、皮肤、肌腱、脂肪、骨骼。当电流流入人体时，电流主要流过导电性好的肌肉等含水组织，而脂肪和骨骼基本没有电流流过，因此电击对血管、肌肉等软组织损伤较重。

电击武器输出的能量很低，平均电流只有几毫安，热损伤一般可以忽略不计。人体在遭受电击武器的电击后，会产生肌肉收缩、呼吸困难、血压升高、心脏电冲动传导紊乱引发包括心室纤维性颤动或心脏短暂停搏等现象，这些现象持续时间较短时不会致命，是可恢复的。一般公认为心室纤维性颤动是电击武器引起死亡的主要原因。人的心脏在每一次收缩舒张的运动周期中，有一个 0.1～0.2 s 的易致颤期，在此期间心脏纤维处于不协调的兴奋状态，对电流刺激最为敏感。当有电流通过人体时，部分电流可能会流经心脏，若通过心脏的电流超过一定界限时就会引起心室纤颤，使其失去协调一致的收缩舒张能力，各部心肌自行蠕动，血液循环功能陷于停顿，如不及时进行正确的救治，将导致死亡。除此之外，当电流引起肌肉收缩时，胸肌、膈肌和声门肌强烈收缩会阻碍呼吸，使人窒息而死。

二、短时脉冲电流电击效应

短时单向脉冲电流是电击武器电流释放的主要形式，下面主要讨论持续时间在 0.1～10 ms 之间的单向单脉冲电流对人体的电击作用。

1. 比能量的概念

研究表明，对各波形的短时间单向单脉冲电流，引发人体生理反应的主要因素是电荷量 F_g 和比能量 F_e，电荷量 F_g 和比能量 F_e 可根据脉冲波形在脉冲持续时间内用积分求出，即 F_e 乘以人体电阻得出脉冲期间耗散在人体内的能量，有

$$F_g = \int_0^t i\,\mathrm{d}t \tag{5-1}$$

$$F_e = \int_0^t i^2\,\mathrm{d}t \tag{5-2}$$

现在举例说明图 5-12，图 5-13 所示的矩形脉冲、正弦形脉冲和电容器放电脉冲的比能量计算。

对于矩形脉冲，有

$$F_e = I^2 t_i \tag{5-3}$$

对于正弦形脉冲，有

$$F_e = I^2 t_i = \frac{I_{AC(P)}^2}{2} t_i \tag{5-4}$$

对于电容器放电脉冲，设其放电常数为 $T(T=RC)$，电容器放电的电击持续时间为 t_i，取由放电开始到放电电流降到其峰值的 5% 所间隔的时间，即 $t_i = 3T$。在此期间，可以认为全部的脉冲能量被耗散掉。即

$$F_e = I^2 t_i = \left[\frac{I_{c(p)}}{\sqrt{6}}\right]^2 3T = \frac{I_{c(p)}^2}{2} T \tag{5-5}$$

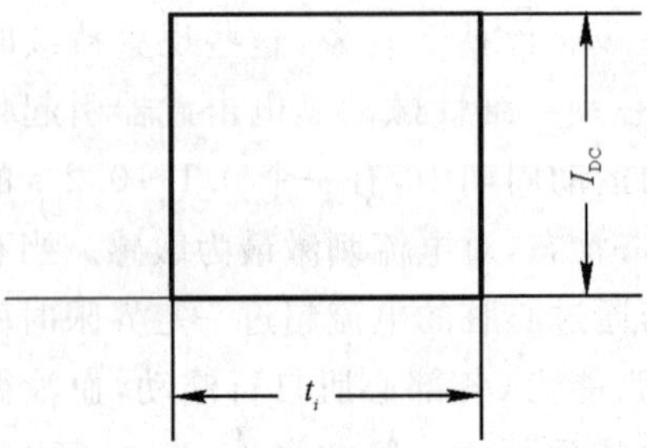

图 5-12　矩形脉冲

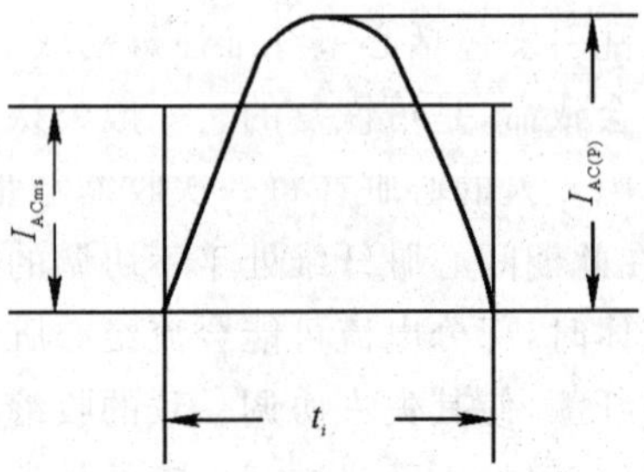

图 5-13　正弦形脉冲

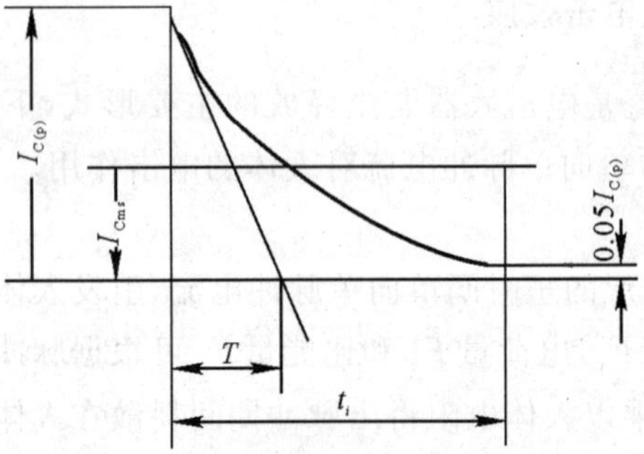

图 5-14　电容器放电的电流波形

图 5-14 所示为对具有相同比能量 F_e 和相同的电击持续时间 t_i 的矩形脉冲、正弦形脉冲和电容器放电脉冲进行了比较，可知其方均根电流相同，并有关系式

$$I_{DC} = \frac{1}{\sqrt{6}} I_{C(P)} = I_{ACms} = \frac{1}{\sqrt{2}} I_{AC(P)} \tag{5-6}$$

2. 感知阈和痛阈

单向脉冲电流的感知阈是指在给定条件下，流经人体可引起任何感觉的最小电荷量。

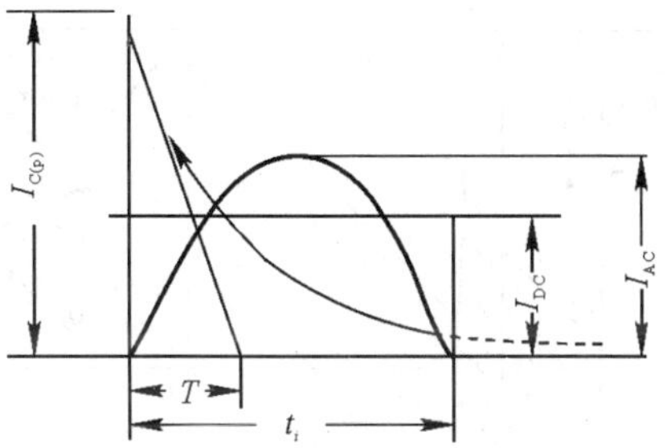

图 5-15　具有相同比致颤能量和相同电击持续时间的矩形脉冲、正弦形脉冲和电容器放电

痛阈是指以脉冲形式施加于手握电极的人而不会引起痛觉的最大电荷量(It)或最大比能量(I^2t)。在这里痛觉是指使人不愿再次接受的一种不适感受。

这些阈值取决于电极的形状、脉冲的电荷量及其电流峰值。图5-16表示人用干燥的手握电极时，随电容器电荷量和充电电压而变的感知阈和痛阈。

区域A为感知阈，曲线B为典型痛阈电流通路通过手脚和大面积接触时，以比能量表示的痛阈约为$(50\sim100)\times10^{-6}$ a^2S

图 5-16 所示为为电容器的放电脉冲作用于人体时测得的感知阈和痛阈的曲线图，这是一个对数坐标图，横坐标表示电容器的充电电压，纵坐标表示电容器的充电量，电流通路为从一手到另一手。电容器的电容量 ，其中 q 为电量，单位库仑，U 为电压，单位伏，电容器中储存的电场能量为

$$I_{DC}=\frac{1}{\sqrt{6}}I_{C(P)}=I_{ACms}=\frac{1}{\sqrt{2}}I_{AC(P)}$$

$$W=\frac{1}{2}qU \tag{5-7}$$

据此，可以得出

$$\lg_{10}q=\lg_{10}U+\lg_{10}C \tag{5-8}$$

$$\lg_{10}q=-\lg_{10}U+\lg_{10}(2W) \tag{5-9}$$

第一个关系式表明，当电容一定时，$\lg_{10}q$ 与 $\lg_{10}U$ 的函数关系是一条 45 °的直线；对于不同的电容 C，是不同的直线。因此，图中的 45 °直线点是等容线，分别表示不同的电容量。第二个关系式表明，当电场能量一定时，$\lg_{10}q$ 与 $\lg_{10}U$ 的函数关系是一条 −45 °的直线；对于不同的电场能量 W，是不同的直线。因此，图中的 −

45°直线族是等能线，分别表示不同的电场能量。

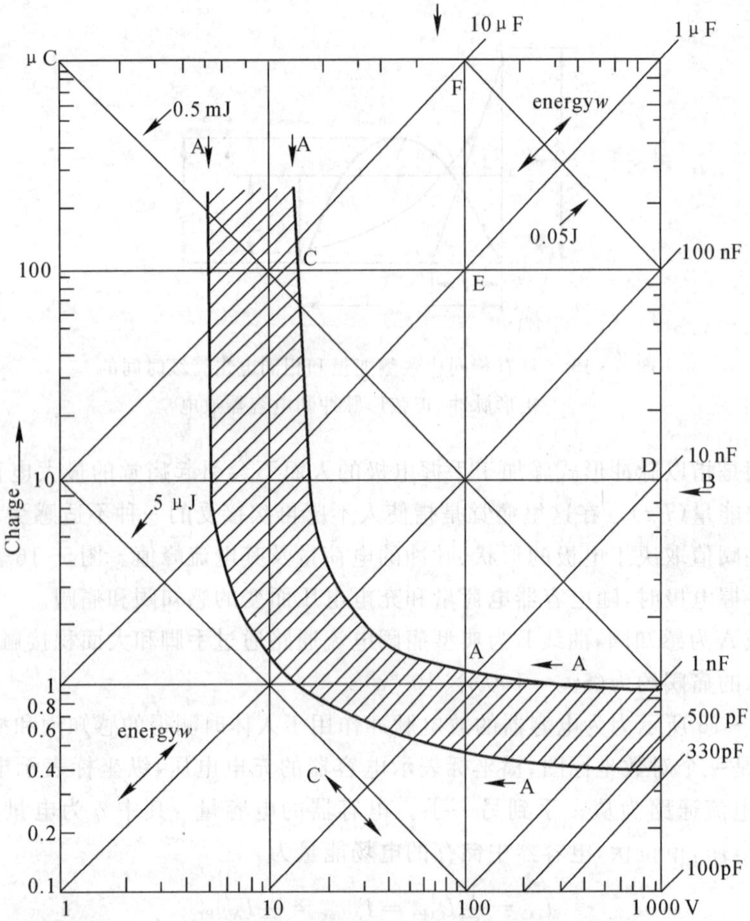

图 5-16　电容器放电脉冲作用于人体时的感知阈和痛阈

3. 心室纤颤阈

短时间单向脉冲电流的心室纤颤阈取决于脉冲波形、电流大小和持续时间、脉冲开始时的心脏时相、电流在体内的通路和个人的生理特点。动物实验表明：只有当脉冲落在心搏周期的脆弱期时，才会引发心室纤颤；引发心室纤颤取决于比致颤电荷量 F_q 或比致颤能量 F_e。心室纤颤阈曲线如图 5-17 所示，表示电流从左手到双脚时发生纤颤的概率。

C_1 左下区，不发生纤颤；C_1 到 C_2 之间，发生纤颤的概率 $<5\%$；C_2 到 C_3 之间，

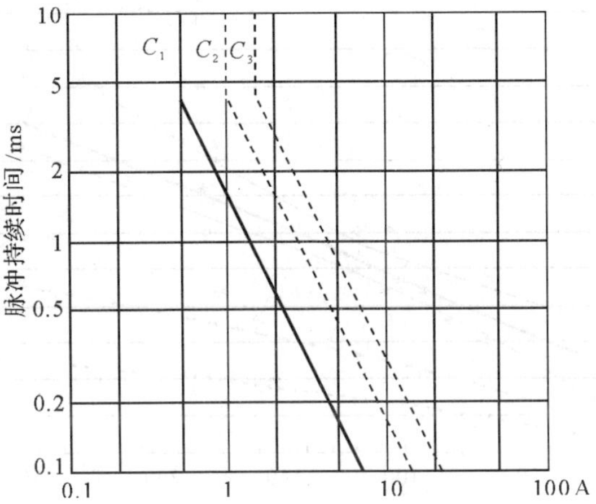

图 5－17　单一脉冲电流的心室纤颤阈(IEC,1987)

发生纤颤的概率＜50％;C_3 右上区,发生纤颤的概率＞50％。心室纤颤阈曲线 C_1 的近似方程为:$I = 1.544/t (0.1 \leqslant t \leqslant 4.275)$,式中,$t$ 为脉冲持续时间,单位为 ms;I 为脉冲持续时间内的电流有效值,单位为 A。

由于猪的尺寸、生理作用以及心脏的位置更接近于人,为了判断 TASER 电击枪产生心室纤颤的危险性,TASER 国际公司以猪为研究对象,利用改变 TASER X26 输出的方法使其输出最高超过标准 X26 的 48 倍,为 X26 的脉冲波形开发出剂量反应数据库。通过这些数据相对应的发生曲线建立起了猪心室纤颤阈与体重之间的关系如图 5－18 所示。在这份图中,黑点是改变输出后 X26 的数据,它的平均脉冲电流是标准 X26 的数倍,这个电流是造成心室纤颤的必须值,水平轴线是体重线。例如,一只体重为 66 磅的猪,需要标准 TASER X26 平均脉冲电流的 15 倍才能造成心室纤颤。两条黑色细线表示估计造成 95％以上或到 5％以下之间比例猪的心室纤颤反应曲线(可靠水平),黑色粗实线表示造成大部分猪产生心室纤颤反应的曲线。实验还表明,即使对实验用猪进行多次电击,增加电压,或者增加电镖动能的实验手段,也都未能使心室纤颤阈值增大。根据猪产生心室纤颤比例小于 5％的曲线得到一般人群的心室纤颤阈曲线(如图 5－18 中长点划线所示),身体较弱的敏感人群的心室纤颤阈曲线如图中最下方虚线所示。

以上,通过假设 TASER 电击枪电镖作用于心脏附近,建立起电流回路,一般人群的心室纤颤阈可用图 5－18 的对猪实验的剂量反应曲线进行计算。表 5－1 给出了在给定的体重下一般人群(50％以上)和敏感人群(5％以上)的预测心室纤颤阈。

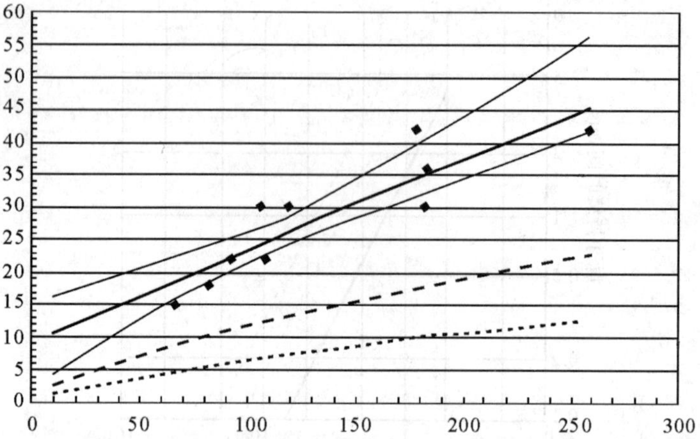

图 5-18　体重(单位:磅 lb)与心室纤颤阈曲线

表 5-1　预测心室纤颤阈值高于正常 TASERX26 输出

体重/lb	心室纤颤阈值预测	
	典型人群	敏感人群
10	2.4	1.5
20	3.6	2.1
40	5.8	3.5
60	8.1	4.8
80	10	6.1
120	13	8.1
160	16	10
200	19	11
240	22	13
280	24	15

由上表可见,对于一般的成年人以及敏感人群而言,由 X26 电击致使心室纤颤的危险性是非常小的。例如,如果将 X26 放置于心脏附近进行电击,40 磅重的孩子的心室纤颤阈将大于正常 X26 输出值的 3.5 倍。

三、电击武器的安全效应

描述电击武器电指标的参数有 5 个：电压、电流、功率、能量和电量。电击武器通常会产生非常高的电压。但光有高电压并不危险，比如像范德格拉夫(Van de Graff)静电发生器能产生电压 25 000 kV，但电流几乎等于零，人在接触它时头发会站立起来，但没有不舒适的感觉。高的开路电压的作用是：电离电击武器电极与目标皮肤之间的衣服和高阻抗的空气隙，使电流释放到人体上。

电击武器是否安全，主要是由其输出的电流决定的。电流的类型、幅度、持续时间以及流经人体的路径都对安全性产生至关重要的影响。当然，被电击人体的健康状况也是重要的影响因素之一。

电流对人体的效应，现在可用于参考的有关标准主要是 GB/T13870《电流流过人体的效应》(参阅采用 IEC60479)。标准中对直流电、交流电的感知阈、摆脱阈和心室纤颤阈做了规定(参照第 2 章第 4 节电流对人体效应)。根据 GB/T13870 标准，交流电对人体产生肌肉收缩效应且不会产生不可逆损伤应该在 AC－2 和 AC－3 区间内(见图 2－12)。如果以美国 Taser 枪每次电击持续时间 5 s 为参考，可计算出，5 s 内流过人体的电量应在 2.5～200 mC 范围内。

直流电对人体产生肌肉收缩效应且不会产生不可逆损伤应该在 DC－2 和 DC－3 区间内(见图 2－13)，5 s 内流过人体的电量应在 10～750 mC 范围内。

Taser 公司的 M26 和 X26 电击枪每秒产生约 20 个脉冲，持续时间为 5 s，根据 Taser 公司公布的数据可以计算得出，M26 型电击枪 5 s 内输出的电量为 18 mC，X26 型电击枪 5 s 内输出的电量为 10.5 mC，如图 5－19 所示。

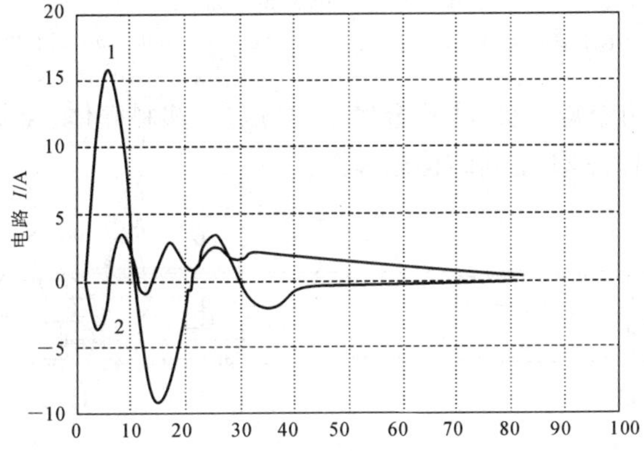

图 5－19　M26 和 X26 型电击枪输出电流波形

1—M26 电流波形；　2—X26 电流波形

第3节　电击非致命武器

一、电警棍

电警棍是广泛使用的一种非致命武器，品种繁多，形状大小各异，电击电压高达20 kV。除具有高压电击功能外，有的还具有棍体打击功能、强光照明功能、棍体伸缩功能、电击电压调节功能等。尽管形状样式各异，但其结构原理基本相同。图5-20是电警棍原理图，通过棍体内高压电子线路，在电警棍前端的固定电极释放高电压、低电流电脉冲，致使目标失能。

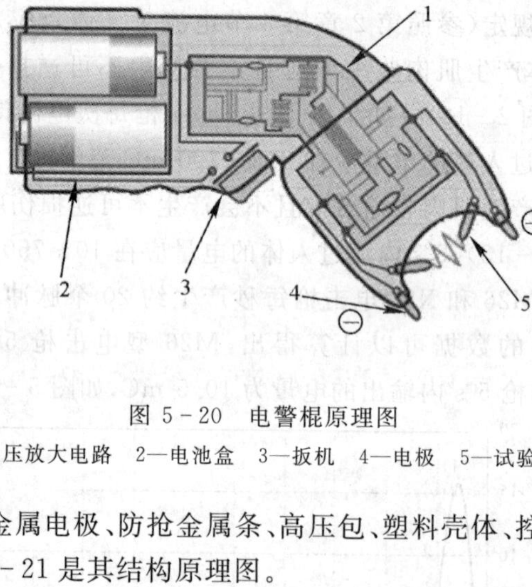

图5-20　电警棍原理图

1—电压放大电路　2—电池盒　3—扳机　4—电极　5—试验电极

电警棍主要由金属电极、防抢金属条、高压包、塑料壳体、控制开关、电池、保险套等部件组成，图5-21是其结构原理图。

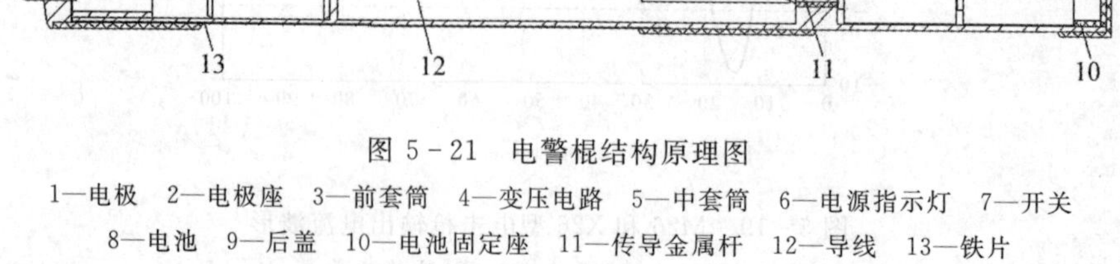

图5-21　电警棍结构原理图

1—电极　2—电极座　3—前套筒　4—变压电路　5—中套筒　6—电源指示灯　7—开关
8—电池　9—后盖　10—电池固定座　11—传导金属杆　12—导线　13—铁片

电警棍壳体通常是由具有绝缘性能的工程塑料、橡胶材料制成,结构设计成中空体,主要是将高压线路元器件、控制装置及电击装置结合在壳体内。为方便各部件装配,在壳体内不同部位设计有定位端面、定位槽等结构,注压时一次成型。电警棍长度尺寸有短、中、长型不等,短型的长度不到 200 mm,中型约 400 mm。为手握方便,壳体直径一般在 38 mm,壳体厚度 4 mm。

电警棍前端装配电极座,电极座中装有一对金属电击触头,呈针尖状,间距 15～25 mm,高出电极座表面 5～10 mm,可以刺穿衣服,用于电击有生目标。工作时两电极间的高压击穿空气间隙,产生拉弧蓝光并伴有放电声响,增强了电击器的威慑力。金属电击触头通过模压贯穿电极座中,内侧一端与高压线路连接,并与防抢金属条元件连通。电极座与警棍壳体内圆柱体表面采用紧配合套装在一起,在周边用 3～5 个螺钉相互固定。

为防止暴徒抢夺电击器,在壳体前部即暴徒抢夺电击器时最容易抓握的表面部位,分别设计了一对与电极连通的防抢金属条,通过前套筒、中套筒压紧固定在壳体两侧,在电击电路接通时处于带电状态。有的防抢元件做成圆环状、螺旋线状、金属片状等。它不仅扩大了电击器的带电面积,而且具有防抢功能。

靠近壳体前端装配高压电子线路配件,高压电子线路配件一般用树脂浇铸成一体封装。装配时,后端依靠壳体内设计的定位端面固定,前部通过电极座内端面压紧。有的直接将高压电子线路配件封装体固化在壳体中,可承受多次高强度冲击,可靠耐用。

握把在壳体后部位,握把壳体表面制作成螺纹状,便于抓握。控制开关及指示灯线路做成一体,嵌套在壳体中靠近握把前部处,方便操作。

电池从壳体后部装入,前面依靠壳体内设计的定位端面固定,后面通过后端盖压紧。后端盖有充电插孔和保险套,保险套带有断电插销,插入电击器插孔中,是电击器内部电路的一部分。插销拔出时,内部电路断开,电击器失去电击功能。电击器使用时,保险套套在使用者的手腕上,暴徒夺走电击器时,保险套仍留在使用者的手腕上并拔出断电插销。即使电击器被暴徒抢走,也丧失电击功能。

使用时,拇指按下开关按钮,高压电子线路接通,将高压触头触及目标,不要长时间接触,以免影响威力。如需连续电击,可反复接触或反复开、关。搏斗中,若对方握住防抢金属条,应反复开、关或用力使棍体旋转,迫使对方松手。电警棍使用完毕,应将高压触头接触同一导体,放掉触点余电。不使用时,取出电池。

二、泰瑟 TASER M26 电击枪

1. 概述

1974年,第一代泰瑟电击枪问世,该武器使用7 W的泰瑟波放电干扰打击目标感官系统的通信信号,使目标产生电击致晕效应。这种泰瑟枪的有效率大约为86%。1995年,美国泰瑟国际公司(Taser International Inc.)推出7 W输出功率的第二代泰瑟电击枪(Air TASER340000)系列产品,体积重量比第一代减少50%,增加了电池电平指标和一个自动放电计时器。1998年,泰瑟国际公司推出第三代泰瑟技术能量传递武器M26电击枪,泰瑟波输出功率高于14 W,能使目标瞬间丧失活动能力。其作用原理是利用压缩氮气射出两枚小探针(见图5-22)作用于目标,距离可达15或21ft。探针用高压绝缘电线与枪体联在一起,当探针击中目标时,瞬间释放出5万伏高压,每秒产生约20个脉冲,持续放电时间5 s左右,从而通过电线把强电脉冲传递进人体内。其"T"型EMD脉冲波形(频率)类似于人脑控制中枢神经的脑电波,这种EMD效应使得人体肌肉不受大脑控制的收缩,瞬间失去反抗能力。但对人体的损伤是极其微小,即使对方有心脏方面的疾病也不会造成不良后果(不排除间接性伤害,如倒地、射中眼部等)。

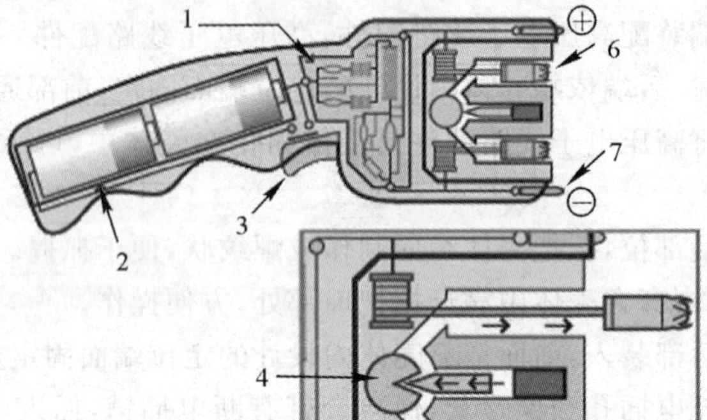

图5-22 电击器作用原理图

1—电压放大电路 2—电池盒 3—扳机 4—压缩空气瓶
5—导线 6—电极弹体 7—附加电极

2. 结构与性能特点

M26电击枪主要由数字微处理器、气动弹夹、电池、指示数据端口、保险启动的内置激光器等部件组成,其结构如图5-23所示。泰瑟枪发送一系列称为泰瑟波或 T 波的信号，T 波能穿透 2 英寸厚的衣服，探针不必接触肌肉或损伤身体就能发挥作用，即使冬天被打击目标穿着厚重的衣物也可以有效使用。T 波的作用很像无线电干扰，它的强度超过了人体神经纤维中的正常信号。人体被泰瑟枪击中后瞬间失去对自己身体的控制，由于不能协调身体的动作而倒在地上。

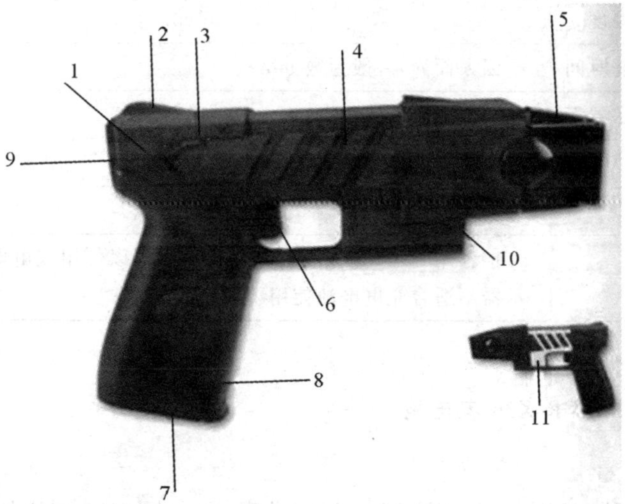

图 5-23　M26 泰瑟枪的结构示意图

1—销片标尺　2—保险　3—数字微处理器　4—气动弹夹　5—电池　6—指示数据端口
7—电池盖　8—8 节 AA 电池　9—扳机　10—由保险启动的内置激光器　11—黄色非致命标识

M26 枪输出器的功率高于 14W，与以前的 7W 功率的电击致晕武器不同的是，该武器不仅能使被打击的目标晕眩，还能控制人体肌肉，使其在短时间内失去活动能力。

近距离防身，泰瑟激发器未装发射夹时可作为电击器使用，发射夹发射完毕后不必取下也可直接作为电击器使用，激发器前端的外触点可以达到探针同样的效果。其性能指标见表 5-2。

表 5-2　M26 性能指标

有效性	在预发射试验中，使 70 个被试验者 100%失去活动能力
长期影响	无(除眼睛伤害与摔倒引起的伤害)
射程	7.3 m
最佳发射距离	2.1～3 m

续表

失去探针的后备	如果两枚发射探针未击中目标，在枪的前部有两个电极能作为电击器使用
自动的脉冲调节	探针一旦被发射出去，枪能放电 5 s 使目标可靠地倒下
击穿衣服的厚度	6 cm
射击目标的恢复时间	因人而异，一般为数 min
电池低能指示器	有
安全性	防止意外发射
重量	510 g
电池	推荐用 AA Energizer 碱性电池，也可以使用充电电池，但电池指示器不适合充电电池使用

三、泰瑟 TASER X26 电击枪

1. 概述

X26 电击枪(见图 5－24)是 M26 的改进型，具有与 M26 同样的原理、功能，但体积和重量却减少了 60%，其耗能也只有 M26 的 1/5。M26 需用 8 节电池，26 W 功率，导致握把过长，对于需要将武器佩戴在腰带上的警员来说，很难携带。而 X26 只有 5 W 功率，配套的锂电池组小而轻，且使用寿命长。由于采用了成形脉冲(shaped pulse)原理，X26 发射两根尾部连接金属线的探针，射向目标时前 2 s 每秒 19 个脉冲，突破衣服和皮肤阻抗，后 3 s 钟每秒 15 个脉冲进入人体。这时枪与目标之间形成回路，电流流向目标，引起目标肌肉痉挛，短暂失能。

2. 结构与性能特点

泰瑟国际公司前期推出的泰瑟枪射出的电子脉冲大部分都消耗在穿透障碍物上，剩余部分则用来打击人体目标。X26 泰瑟枪中的型脉冲技术是集中小部分能量先行穿透障碍，同时后续的大部分能量顺利通过障碍而达到打击内部目标的目的(见图 5－25)。

型脉冲包括两个脉冲阶段，第一阶段是“电弧阶段”，它产生强大的电子脉冲，足以穿透 5 cm 厚的衣物、皮肤或其他障碍物。一旦电弧形成，电弧中的空气被电离并形成一股低阻抗导体，以便第二部分脉冲能进入到人体。

第二阶段是“刺激阶段”。第二部分脉冲不必穿透障碍物而只需通过“电弧阶段”形成的电弧直接达到人体。因此，这一脉冲可以在极高能量基础上使人物目标

失去活动能力。两部分脉冲之间的时间差十分小，甚至对大部分电子仪器来说这种型脉冲只有一种输出脉冲即“电弧脉冲”。使用型脉冲技术的武器操作性良好，使人物目标失能效果更佳。

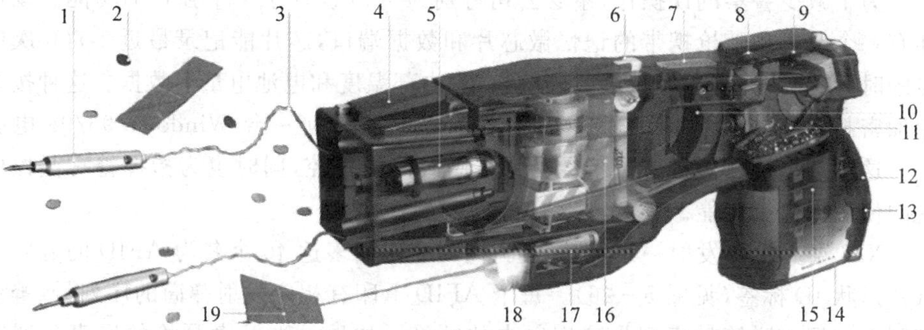

图 5-24 TASER X26 泰瑟枪

1—电镖 2—AFID 识别标签 3—绝缘电线 4—电击子弹 5—氮气压缩系统 6—黄色瞄准基线 7—电击枪序列号 8—照明/红外瞄准选择器 9—信息显示器 10—扳机 11—数字脉冲控制器 12—卡笋 13—握把 14—握把护板 15—数字能量盒 16—型脉冲产生器 17—红外激光瞄准器 18—照明灯 19—防护片

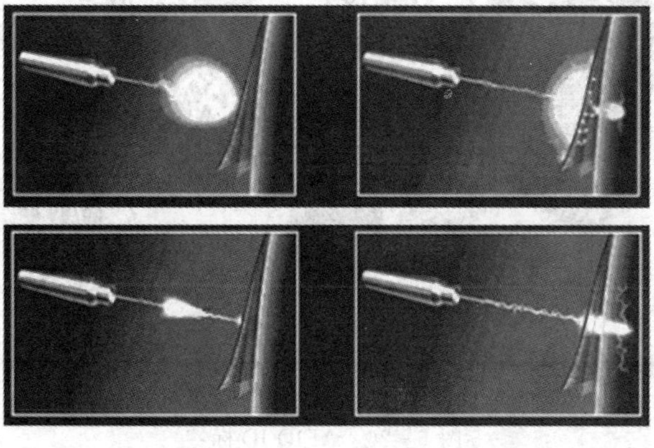

图 5-25 不同脉冲技术作用比较

X26 电击枪利用压缩氮气射出两枚带电镖箭，镖箭用高压绝缘电线与枪体联在一起，距离可达 5～7 m，镖箭击中目标时，立即通过导线向目标输出强大的电子脉冲，控制人体的中枢神经，导致目标运动失灵。该枪产生的电子信号为 5 W，输出峰值电压可达 5 万伏。枪被击发时，其智能电子系统就射出 5 s 钟的 T 形波，从而避免提前松开扳机而使目标恢复活动能力，只要把保险推回至安全位置就可使枪闭锁。

为了减少警察的误操作，泰瑟公司特别为 X26 设计了一个独特的功能。该枪拥有一个改进型随枪携带的记忆微芯片和数据端口，芯片能记录最近 1 500 次射击的时间、周波数据以及持续时间的长短、内部温度和电池电量等数据。这种按军用加密技术生成的数据可通过 USB 接口下载到任何一台 Windows 95/98 电脑上。这一数据可以保护警员不会受到滥用武器的指控，同时也为指挥警官监控枪支的使用提供了可能。

X26 泰瑟枪每发射一个气动弹筒，同时会射出多达 40 个名为 AFID 的五彩小纸片形状 ID 标签(见图 5 - 26)。每个 AFID 上印有相应发射弹筒的序列号，警察部门可根据该弹筒的序列号确定射击的警员。如果是涉及泰瑟枪的民事犯罪案例，也可据此追踪到持枪人。

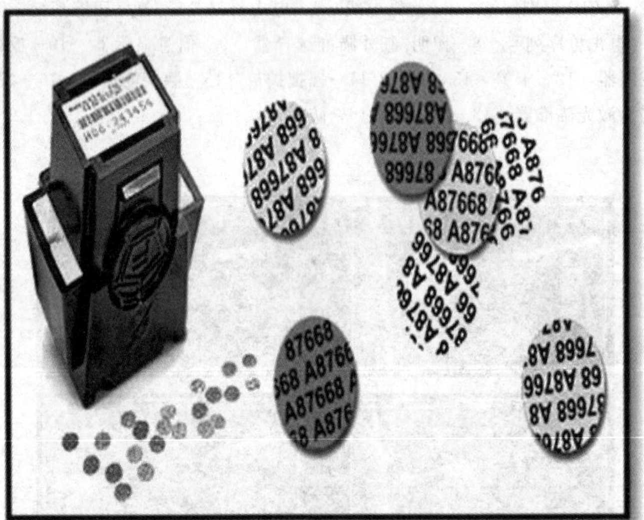

图 5 - 26　AFID ID 标签

该枪也可不发射气动弹筒，直接使用电击实施对目标人物的控制，这一方法多用于团队战术。比如一位警员使用泰瑟枪先电击目标，另外一位警员则可徒手控制目标。X26 泰瑟枪的中央信息显示屏会显示电池电量情况，发射时还将显示 5s 倒数。该枪还有一束激光和两个高亮度 LED 用于在黑暗中瞄准目标。根据情况，警员可选择将其打开或关闭。其性能指标见表 5 - 3。

表 5 - 3　X26 性能数据

尺　寸	175 cm^3,15.3 cm×8.2 cm×3.3 cm
质量	175 g
输出功率	型脉冲发射;5 万伏高峰电压;2.1 mA 平均电流;151 mA 平方根体电流
失能单位	105 MDUs(肌肉失能单位)
射程	0～7 m,还有电击致晕能力
数字能量弹盒(DPM)	能源:锂电池,数字记忆;6 V 输入,有效期 10 年,25℃条件下射击 300 次
电池能量指示	99%至 00%剩余电量指示
数字脉冲控制(DPC)	5 s 自动发射(可中断)0～2 s:每秒 19 次脉冲,2 s:每秒 15 次脉冲,共 3 s
衣物穿透	5 cm(2 英寸)
适用温度	－20℃至 50℃
USB 数据端口系统	保存最近 1 500 次发射的时间、日期、持续时长、温度及电池能量记录。可在 WindowsPC 机通过 USB 接口访问"X26"加密文件
目标照明	650 nm 激光瞄准,13 ft 中心聚光,外加两个高亮度 LED 用于低强度照明
弹筒	5 至 7 m,1 800 Pa 压缩氮气推动,可更换
中央信息显示(CID)	两个数字 LED 显示能量、发射时间、有效期限和照明状态
安全	保险标有"S"(安全)"F"(发射)标记
枪套	外骨骼模型聚合体和不锈钢枪套
专利	美国(专利号:5078117,5771663)
质保	标准期 1 年,可延长

四、远距离电击弹(XREP :eXtended Range Electronic Projectile)

1. 概述

远距离电击弹(见图 5 - 27)是泰瑟国际公司继发明了泰瑟枪、M26 型以及 X26 型等系列泰瑟电击枪之后,又一款电击非致命武器。

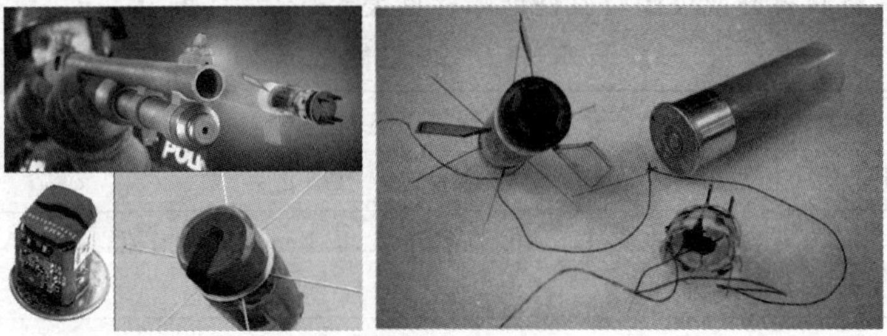

图 5-27　XREP 远距离电击弹

XREP 是一个独立的无线电击弹，它的外形与标准的 12 号猎枪弹几乎一样，可由 12 号防暴枪发射。尽管其对目标产生的终极效应与手持式泰瑟 X26 型电击枪相同，也是使中弹者的神经肌肉组织失能，但其作用距离可达到 30 m，而 X26 型电击枪作用距离最远只能达到 7 m 多。此外，XREP 使警察在远距离处就可对犯罪分子进行射击，能够大大减少犯罪分子伤害警察的几率。

2. 结构原理

XREP 主要由扭簧尾翼、电脉冲发生器、前沿电极以及乔利亚仙人掌刺电极等组成，其结构原理如图 5-28 所示。

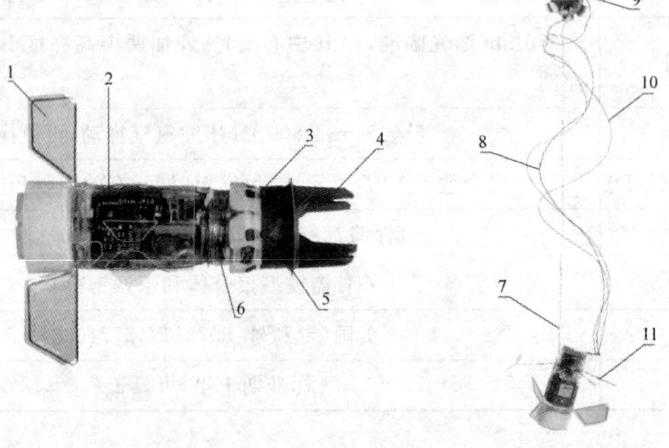

图 5-28　XREP 结构原理

1—扭簧尾翼组件　2—电脉冲发生器　3—铀环式电极罩　4—前沿电极　5—弹头组件　6—底架　7—凯夫拉纤维绳索　8—导线手抓线　9—弹头组件后视图　10—绝缘电线　11—乔利亚仙人掌刺电极

扭簧尾翼组件:该组件在 XREP 离开枪管后才展开,迫使弹头开始旋转,这样可使 XREP 能够稳定地向前飞行。

电脉冲发生器:该电子组件包括集成电路板和板载电池系统,能生成非常精确的电脉冲,电脉冲可使中弹者的肌肉、神经组织失能。

底架:该底架是 XREP 的主要框架,用以把 XREP 电脉冲发生器完全罩住。

铀环式电极罩:硅树脂橡胶罩,用于覆盖前沿电极。

前沿电极:是指 4 个前端面带刺的电极。

弹头组件:包括弹头框架,前沿电极、断裂销、铀环式电极罩以及本能反应连接电极。

凯大拉纤维绳索:该绳索位于弹头和底架之间,由凯夫拉增强纤维制成。

导线手抓线:蓝色的线,如果人体被射中后,企图取下 XREP 时,XREP 电脉冲生成器就会检测到有连接发生,然后通过手抓线,目标的手和前沿电极释放电脉冲。

绝缘电线:用于把 XREP 电脉冲发生器与前沿电极连接在一起。

乔利亚仙人掌刺电极:在 XREP 飞行过程中,乔利亚仙人掌刺电极被压在底架壳的下面,当 XREP 撞击到目标后该电极才会展开。之所以用乔利亚仙人掌刺来命名,是因为乔利亚仙人掌带刺的针叶上布满浮叶,浮叶可离开该植物的主体,当人们轻轻接触它时,浮叶就能够刺进人体,而且很难把它弄出来,使人疼痛难忍。该电极与此植物作用十分类似,一旦碰上就很难摆脱。整个 XREP 虽然装在 12 号猎枪弹的弹壳里,但由于该弹采用透明弹壳,所以容易将其与普通猎枪弹区别开来。

XREP 的核心技术是 XREP 电脉冲发生器技术,电脉冲发生器对人体产生的生物效应与 X26 型电击枪相同,其电子组件的质量仅 2.4 g,体积比 1 in^3 的 1/10 还小,而整个 XREP 的质量也只有 14 g。可使用电池为 XREP 电脉冲发生器供电,驱动 XREP 电脉冲发生器在每秒钟内产生 20 个使神经肌肉组织失能的电脉冲,持续时间可达 20 s。

XREP 发射后,当弹头撞击到人体时,弹头前端 4 个带电的前沿电极就会刺入人体,它们是传播电荷的第一个电极;由于撞击能量的作用,在弹头撞击目标数纳秒后,XREP 上的断裂销全部折断,XREP 底架和弹头部分崩裂开,同时 6 个乔利亚仙人掌刺电极自动展开,这些电极和一些电线就会悬挂在人体上,并很有可能穿透衣服成为传播电荷的第二个电极,与第一个电极一起把强电脉冲传送给人体,使人体神经肌肉组织失能;如果这些乔利亚仙人掌刺电极不能立即产生作用,XREP 还会利用人体被电击弹击中的条件反射来实现连接,也就是说,XREP 击中人体时命中者会感到疼痛,正常反应是去抓被弹头击中的部位,试图把 XREP 弄掉,这样做就会使 XREP 的电脉冲经过前沿电极、命中者的身体以及抓住 XREP 的手以最佳的效果把电脉冲传送给人体,造成人体的神经肌肉组织完全失能。

五、泰瑟 X3 电击枪

1. 概述

2009 年 7 月 10 日,在泰瑟国际公司总部,3 名泰瑟职员自愿充当新型泰瑟 X3 电击枪试验的人体目标。试验中,泰瑟 X3 电击枪不需要再次装填,也不存在发射间隔时间,直接连续击中 3 个人体目标,并使其神经肌肉组织麻痹,立刻丧失行动能力。泰瑟 X3 是继 M26 电击枪及 XREP 电击弹后泰瑟国际公司又开发出具有革命性的可 3 发连射的新型电击非致命武器。

2009 年 9 月 17 日,泰瑟国际公司董事长汤姆·史密斯亲临泰瑟 X3 电击枪新闻发布活动现场,并亲自把首批 5 支泰瑟 X3 电击枪交付给了 Lee 县治安官迈克·斯科特,Lee 县治安办公室因此成为第一个配装泰瑟 X3 电击枪的政府机构。Lee 县之所以能成为泰瑟 X3 电击枪的第一个用户,主要是因为 Lee 县治安部门成员参与了泰瑟 X3 电击枪的性能检测和评估。而且坚信泰瑟 X3 电击枪在其执法过程中将起到非常重要的作用。

在过去的十多年里,泰瑟电击枪在执法机构中普遍受到好评,因为它不会产生过度伤害,因此美国很多执法人员都非常青睐泰瑟电击枪。尽管先前的泰瑟电击枪极大地改变了执法方式,但其也存在一定缺陷:一次只能发射一发电击弹,发射完后必须再次装填,当面对多名犯罪嫌疑人时,显得力不从心。泰瑟公司最新推出的泰瑟 X3 则是一款革命性的新型多发电击枪,是泰瑟公司在电子工程技术与医学领域研究成果的又一产物。该枪能连续发射 3 发电击弹,极大地提高了执法人员面对多个目标时的执法能力;而且该枪能对失能电流脉冲进行校准,使其始终保持在同一水平,进一步提高了使用安全性。

2. 结构与性能特点

泰瑟 X3 电击枪(见图 5-29)由枪身、显示/监控装置、智能电击弹、增强型电源四大部分构成。其中,枪身里又包含循环脉冲驱动器、脉冲校准系统、保险装置、双激光瞄准器、LED 战术灯、电弧开关、自清式电源触点等部件;显示/监控装置包括彩色图形用户界面及三部日志,电击弹有两种类型,即标准型与远距型。

(1)枪身。为了提高电击枪整体的强度和密封性,电击枪采用了一体式枪身,材料用聚合物制成,能够在最恶劣的气候条件下使用,包括炙热、高温、水淋、烟雾等。所有的电路都密封在枪身内,确保其不受外界静电的干扰,从而避免意外

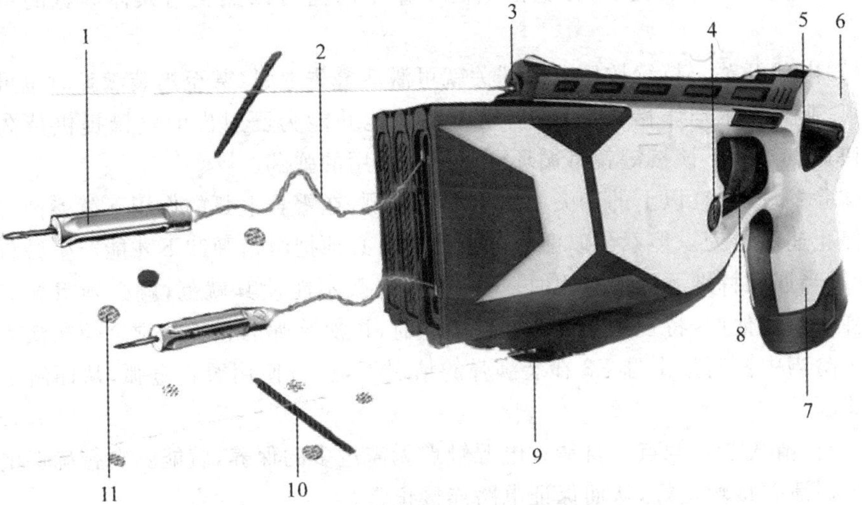

图 5-29 TASER X3 系列泰瑟枪

1—电极 2—绝缘电线 3—红外瞄准器 4—电弧开关 5—保险杆 6—彩色图形用户界面 7—电池盒 8—扳机 9—LED战术灯 10—防护片 11—AFID识别标签

击发。

(2)循环脉冲驱动器。泰瑟X3采用新型循环脉冲器,可按顺序把"放电成形脉冲"(Shaped PluseTM,泰瑟专利技术)传送到多电极组件中。该成形脉冲以57次/s的速率在3枚电击弹间交替循环,其作用就像独立的泰瑟X26电击枪一样,这样,一支X3能够同时使3个目标失去抵抗能力。新型循环脉冲驱动器也支持横向供电,即使不是同一个发射舱射出的两个电镖之间也能形成一个有效的放电回路,因此X3电击枪的效能和目标失能概率都得到了提高。

(3)脉冲校准系统。脉冲校准系统不间断地校准、记录电荷以及"电弧"(arc)和"致晕"(stun)放电电压,使电击枪输出的电脉冲更精确稳定,进一步提高了电击枪的安全性能。

(4)保险装置。为了确保使用的安全性,泰瑟X3电击枪重新设计了保险装置,握把两侧均设有保险杆,方便左右手使用。

(5)双激光瞄准器。泰瑟X3电击枪的双激光瞄准系统能够探测所装入弹药的类型(标准型和远距型),然后根据弹药类型自动调节其发出的激光束的角度,为电击弹的上下两个电镖指示瞄准点,提高了射击精度。

(6)LED战术灯。LED战术灯可产生聚焦照明光束,并能根据外部光照条件自动开启、关闭和调节亮度，在电击枪的工作距离内可以照亮与人体等宽的目标区域。

(7)电弧开关。持续按压电弧开关就可激活警告电弧(甚至当装满弹时也可放出电弧，起到警示与震慑作用)或启动电击功能并能为已射出的电镖提供持久电流。快速点击一下该按键就可循环到下一发可用的弹药。

试验发现，80%以上的冲突中不用发射电镖，在警告电弧的作用下就能使嫌犯主动停止违法行为。但泰瑟以前的电击枪产品必须把电击弹卸下才能产生警告电弧，所以当遇到特别顽固的嫌犯时，一旦警告电弧不能使其就范，就必须重新装上电击弹来对付他们，特别是当冲突比较激烈时，再次装弹的过程常常会使执法人员处于危险当中。新型泰瑟 X3 在装满弹的情况下，也可使用警告电弧，从而解决了这一难题。

(8)自清式电源触点。自清式电源触点无需过多的保养，就能够自行确保电池触点无污渍并接触良好，从而保证电路连接正常。

(9)显示/监控装置。彩色图形用户界面为了使用户更快捷地了解 X3 电击枪的状态，握把后上方有一个显示屏，电击枪的状态随时以彩色图标的形式显示出来。彩色图形用户界面以多语种菜单显示，可显示装填的弹药类型使用状态、电池电量、发射的电镖与目标的连接状态、有效距离等。当电镖准确命中目标并与目标连接很好时，以绿色显示；电镖与目标的连接时断时续(电镖虽击中目标，但有可能从目标上脱落)时，以黄色显示；电镖未与目标连接(脱靶)时，以红色显示。

(10)三部日志。X3 电击枪不但在作用效力、安全性等方面比泰瑟以前的产品都要高，而且其信息存储量也更大。X3 采用了改进型传感器，可对系统本身进行多方面监控，并以日志的形成存储起来。活动日志：记录电击枪使用数据，如保险装置开/关、扳机按压、警告电弧的使用数据。脉冲日志：存储从 X3 发射出来的电脉冲的特性，并能测定电镖是否射入目标，电荷是否被传送到目标。如果电荷未传送到目标，它还能测定该问题由何种故障引起。工程日志：用于监视 X3 中的每个电子系统在活动和休眠期间的性能，如果任一子系统不能正常工作，其会向用户提示需要维护保养。

X3 内的数据信息也能够被上传到相关网站上，以对数据信息进行加密、安全存储和编组处理等。也可将数据信息传送到显示终端上，这样可使上级主管部门能够很容易地监测整个电击枪库中每支 X3 电击枪的使用情况以及系统状态。

(11)智能电击弹。智能电击弹包括氮气推进系统、电荷漫射电镖、电线和防滥用识别系统等，是泰瑟 X3 电击枪的重要组成部分。电击弹有两种类型，一种是标准型电击弹，射程较近；另一种是远距型电击弹，射程较远。智能电击弹可与电击枪火控系统进行通信，使每一个弹室里的弹药类型和使用信息以彩色图标的形式显示在彩色图形用户界面上。

电荷漫射电镖使神经肌肉失能脉冲的输送达到最优化，安全性能得到提高。电荷通过目标最外层皮肤进行扩散，这样可减少深入到人体里的电荷密度。

电击弹还包含有防滥用识别系统，其由每一发电击弹上的条形码和发射弹时散落的纸片组成。主要是通过提高对每支枪的可辩识性来防止盗用、滥用。

(12)增强型电源。该高容量电源可为电击枪提供至少 5 min 的持续作用时间。这一作用时间足以使目标丧失抵抗能力。

X3 电击枪标准配置中还有一个新型镁金属枪套，该枪套在减小总尺寸和总质量的同时，对放入武器的安全性和可靠性进行了优化设计。

3. 效能分析

泰瑟 X3 电击枪是世界上第一款多发电击枪，可使用户同时对付 3 个目标，从而大大提高了执法人员的执法效能。泰瑟 X3 在有效力、安全性、应用诊断分析、可靠性以及存储信息量等方面都比以前的产品有了明显提高，它将会在警察执法和监狱管理改造环境中起着非常重要的作用。泰瑟 X3 的成本价大约为 1800 美元(X26 成本价大约为 800 美元)。据悉，泰瑟国际公司已经决定，对于购买泰瑟 X3 电击枪的警官和机构给予优惠，而对于已经使用 X26 的部门，泰瑟提供旧货折价计划，折价金额在 300～800 美元之间。

六、电击射弹(Sticky Shocker)

1. 概念

附着式电击射弹 Sticky Shocker(见图 5－30)概念的提出是为了填补非致命武器中动能弹、辣椒喷射器(有效距离 5 m)和电击枪等近距离装备应用的空白。Sticky Shocker 概念将电击技术用于一种独立的无线射弹，采用广泛认可的 40 mm 或 70 mm 射弹配置和普通发射器，可以在较远距离使目标暂时失能。Sticky Shocker 把电击技术的作用距离延长到 10 m 和 10 m 以上。这种射弹装有电池和相关的电子电路，能够释放高压短脉冲；脉冲电压近 50 kV、宽度有数 ms，重复率为 10～15 个 s 脉冲，脉冲特性与商业电击枪相似。这种脉冲是

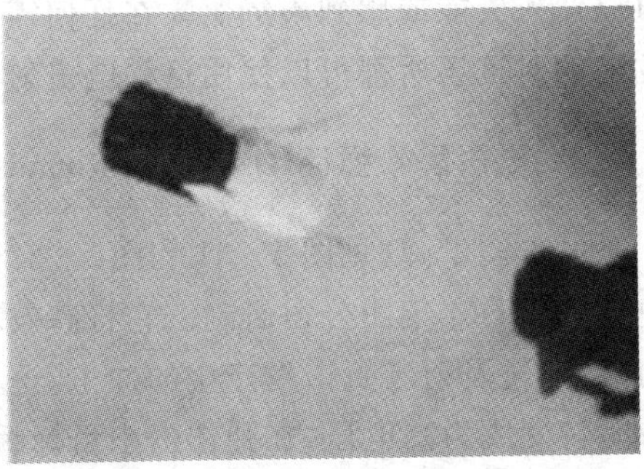

图 5－30　Sticky Shocker 附着式电击射弹

非致命的，但是能够使目标暂时失能，几分钟后才能恢复。

2. 射弹的设计

附着式电击射弹 Sticky Shocker 采用了两项新技术，一项是强力胶材料，作用类似 Sandia 国家实验室的“粘性泡沫”材料，另一项是坚固的短倒刺方案。两个概念都很简单、可靠，而且成本低廉。

短倒刺的设计旨在部分地穿透厚衣服或皮革以便足够接近皮肤。施加的初始电压很高，足以在皮肤和电击之间有相当距离是仍然有效。

3. 发射器的配置

射弹设计与普通的致命武器发射器兼容，如 M203 和 M79 榴弹发射器，也可以使用 37mm 非致命武器发射器，如 SL—6 和特警队使用的其他气枪。迄今进行的弹道试验表明这种射弹在 10 m 左右的距离上十分准确，减少重量和提高速度能够相应地增加距离。

4. 生物效应

为了对 Sticky Shocker 射弹的钝击力与其他所用的非致命武器的钝击力进行比较，使用水压测试元件测量了样品武器的冲击力和脉冲力。数据表明 Sticky Shocker 的冲击力小于 K_{01} 弹的 70%，比 MK Flex BatonTM（一种猎枪豆包弹）略大，所以从冲击力方面而言是一种中距离射弹。因此，就冲击创伤而言，Sticky Shocker 射弹与现在应用的其他非致命武器一样安全。

附着式电击射弹是一种非致命射弹，采用电击枪技术使一定距离外的人暂时失能。附着式电击射弹是一种低冲击力的无线射弹，使用压缩气体或装药发射器发射，在 10m 距离内准确率很高，并利用一种胶状物或可以附着在衣物上的短倒刺粘附在目标身上。这种射弹装有一个电池组和相关的电子电路，发出能够穿透几层衣服的高压短脉冲。这种脉冲特性类似于已经非常成熟的非致命电击装置，可以使人失能或感到不舒服。在任何需要使一个人暂时失能而不让警官冒不必要危险的对抗场所都可以使用这种电击射弹。

七、电击震晕弹（MDM ShockRounds）

电击震晕弹（见图 5－31 和图 5－32）是基于压电效应的一种新型非致命枪弹，由美国 MDM 集团公司研制。它将高效相变陶瓷、压电陶瓷等材料嵌入橡皮子弹内部，通过发射装置击发产生的冲击，诱导压电陶瓷材料发生机电能量转换，将机械能转变成为高电压，在弹体击中目标瞬间释放出电荷，产生的高电压可达 50 kV 左右，电击目标人员的肌肉与神经系统，使目标瞬间暂时丧失行为能力。

与目前可利用的非致命和低杀伤性武器及弹药相比（如橡皮子弹），震晕弹被定位为具有广泛应用空间的通用性产品。震晕弹能够使远达 100 m 的目标失能，而常规橡皮子弹的最大有效作用距离约 40 m。另外，震晕弹橡胶子弹能够从现有的制式武器发射使用，并不限于近距离使用。震晕弹子弹利用“压电效应”产生高达 50 kV 的高压电，其有用电荷产生的能量为 175 J。与之相比，电网通常每秒产生的能量仅为 10～25 J。

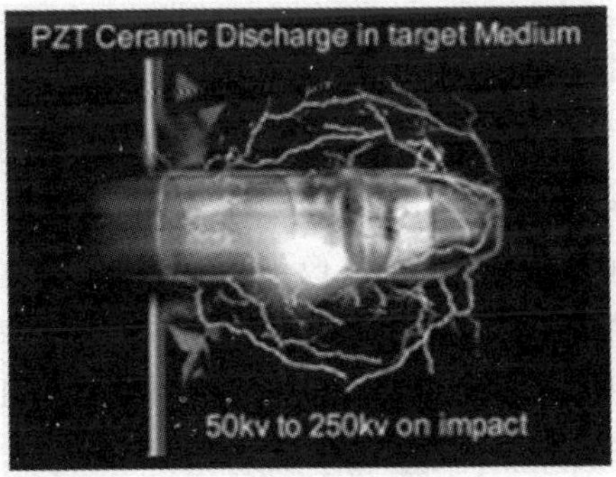

图 5－31　电击震晕弹效果图

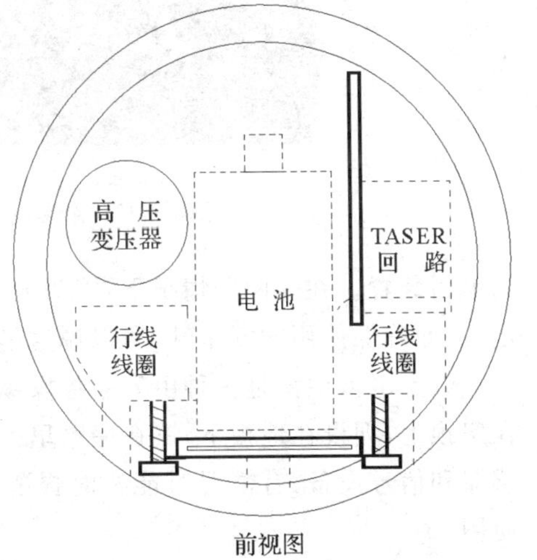

图 5－32　电击震晕弹内部结构示意图

电击震晕弹的有效射程大，能够使 100 m 内的目标失去行为能力，大大超过了 M26“泰瑟”枪及橡胶子弹的有效射程。另外，无需发射装置配备电源或利用弹壳配备的高压电容充电，能够实现连续多点射击，可利用现有的制式武器发射。由于通用性好、效能高且应用广泛，对执法、军事行动、反恐和本土安全行动而言，震晕弹是一项潜在的突破性产品，对反恐防暴具有重要意义。

八、泰瑟电击雷(TASER TADD)

泰瑟电击雷(见图 5－33)是在泰瑟枪的基础上研制的。每个泰瑟电击地雷至少配备 12 对共 24 支带电镖箭，可独立向不同目标发射，释放出累计 200 次、持续 3 s、强度为 50 kV 的高电压，可使侵入者暂时丧失活动能力。

泰瑟电击地雷尽管与全能的电铁丝网都有防止他人随意进入的共同目的，但它们却有许多区别。例如，一名警卫使用摄像装置监视一个四周围拢的栅栏区域时，如果发现有人侵者，他就能遥控触发预先设置好的 TADD，也可以将其与红外安警系统配合使用，在红外传感器发现入侵者时，警卫能得到告警并触发告警区域

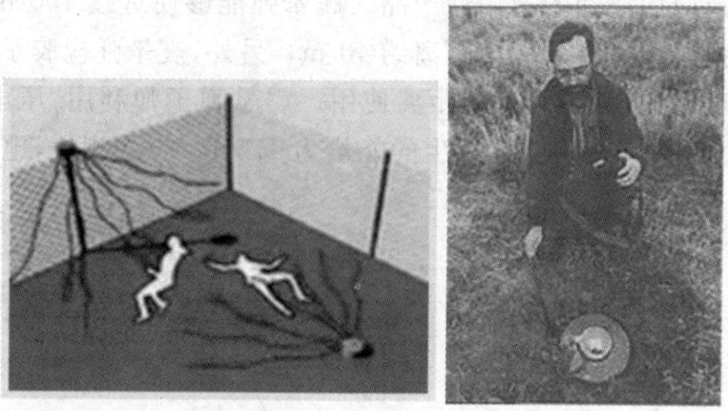

图 5-33　泰瑟电击地雷及其作用示意图

的地雷装置。在这两种情况下，因为人可以参与判断入侵者的具体情况再做出决定，从而确保使用的安全性，所以说这是一种“人在回路”的安全系统设计。

泰瑟电击地雷是一种由人遥控操纵的地雷武器，它可以像普通地雷一样悬挂在房顶上，埋设在地板下，镶在墙壁里。另外，这种地雷内部可装配摄像机、红外传感器和信号设备，有情况时能及时提醒警卫注意。适合监狱看守、重要设施守卫使用。

九、40 mm 人体电击肌肉失能弹

40 mm 人体电击肌肉失能弹（见图 5-34）是美国联合非致命武器委员会牵头的在研项目，计划部署时间待定。该弹使用 M203 和 M320 等枪挂榴弹发射器发射，其射程比现有的导线式非致命弹药远，现已达到 10～100 m，目标值为 10～250 m，产生效果的持续时间已达到 30 s，目标值为 3 min。人体电击致肌肉失能效应表现为通过电刺激使人员丧失自主行动能力。

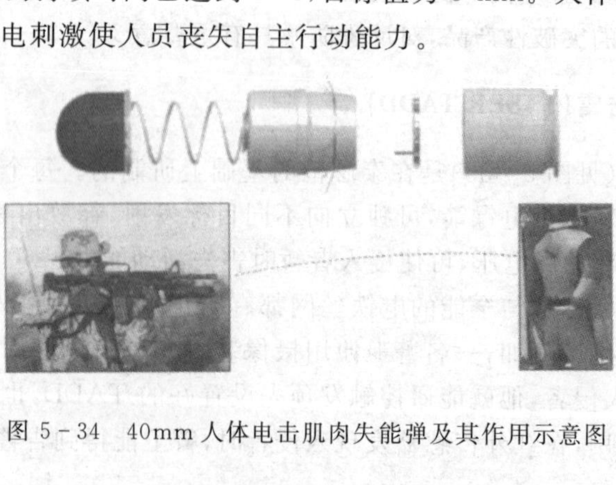

图 5-34　40mm 人体电击肌肉失能弹及其作用示意图

电击肌肉失能弹主要由弹筒、发射药组件及电击器组件等组成。弹筒可用铝金属或塑料制作，发射时，电击器组件在发射药压力作用下脱离弹筒，从枪膛飞出，弹筒则留在枪膛内。通过枪管卡笋机构，使枪管与枪身分开，发射时装入弹体或发射后取出弹筒。

弹筒主要是将发射药组件及电击器组件结合成一体。弹筒与电击器组件采用紧配合压装在一起。弹筒底座内设计有高压室，以承装发射药，底座中央开设圆孔铆装火帽。弹体发射时采用的是高低压原理。

电击器组件由壳体和弹头组成。壳体材料选用塑料体，内装高压线路元器件、控制装置、开关、电池等部件。为减少弹体飞行空气阻力，弹头设计成圆弧状，采用橡胶或塑料等材料。弹头座体内有一对金属电击触头，内侧部一端与高压线路连接，露出表面 5～10 mm，呈针尖状，可以刺穿衣服，用于电击有生目标。弹头与壳体内圆柱体表面采用紧配合套装在一起。

发射时，弹体火帽被击发，引燃药盒内的发射药，产生的燃气压力推动电击器组件与弹筒分离，从发射管飞出。这时，电池开关开启，电流传到电击触头，碰击有生目标时起到电击效应。

十、液态金属束流电晕枪

为了克服“TASER”电击枪只能单发发射的缺点，1989 年，J. Samuel Batchelder 等人发明了液态金属束流电晕枪。它主要由绝缘储液缸、油液压喷泵、储能电池、高压脉冲发生器、加热装置、温控装置和触发扳机开关等组成。绝缘储液缸内储有一种含有铋、铅、锡、铟和镓等成分的特殊合金材料，该类合金材料在室温环境下能快速固化。其工作原理是：合金材料在加热和温控装置的控制下在绝缘储液缸内保持液态，当由高压喷嘴喷出于空气中形成两条平行的金属束流，束流在空气中快速冷却成固态，从而快速形成两条具有良好导电性的导线，同时高压脉冲发生器产生的高压脉冲加载于金属束流导线，从而作用于有生目标，瞬间后“金属束流导线”脱落，可再次重复使用。

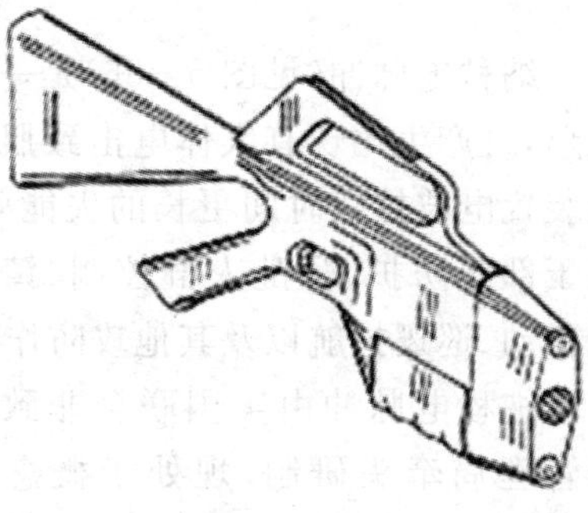
图 5 - 35 液态金属束流电晕枪外形图

通常的技术要求是：合金材料的熔点温度小于 200℃，固化温度略高于 0℃；束流飞行时间小于 0.2 s；金属束流直径为 13～70 μm。可制成手枪型、来福步枪型和手提箱型等多种结构，其典型外型如图 5 - 35

所示。

其特点是:

(1)可重复多次使用,但因储液缸的容积有限,而液态合金材料是消耗性的,不经重复装载,使用次数仍然有限。

(2)由于采用油压泵喷结构,作用距离仍然较短。

(3)万伏高压会造成十分痛苦的肌肉痉挛。

十一、电解质液体束流电晕枪

1992 年美国人 Gregory Battochi 等发明了电解质液体束流电晕枪,它由储能电池、高压脉冲发生器、电解质储液池、高压气泵以及触发扳机开关等构成。电解质液体中含有石墨、NaC 和银粉等多种导电溶质,电解质液体由高压气泵经喷嘴喷出形成两条导电的液柱,同时触发高压电脉冲发生器,所产生的高压电脉冲加载于电解质液体束流柱而传向目标。

通常的技术要求是:高压脉冲幅值约 60 kV,高压气泵气压为 68～136 大气压,采用 12 V 电池供电。有手枪型、步枪型等多种外型结构。

其特点是:

(1)可重复多次使用,可攻击多个目标,由于储液池的容积有限,不经重复装载电解质液体,使用次数仍然有限。

(2)作用距离仍然较短。

(3)可能造成目标被液体弄湿短路失去电晕效果。

(4)60 kV 的高压将造成十分痛苦的肌肉痉挛。

(5)液流尾段可不连续,影响导电性。

十二、纳秒电脉冲

纳秒电脉冲(见图 5－36)是一种电波形,可产生比现有人体电击致肌肉失能装置电波持续时间更长的失能效应。用于部队防护、骚乱人群控制、镇压囚犯行动、巡逻护航以及其他攻防作战。

纳秒电脉冲由美国联合非致命武器管理局牵头研制,现处于概念探索阶段。

图 5－36　纳秒电脉冲器

第6章 阻滞技术

爆炸、劫持交通工具及人质是当前恐怖活动的主要方式，利用汽车炸弹袭击政府机关、使(领)馆、警察部门、军事禁区和危险品仓库等要害部门更是恐怖分子惯用的手法，这些事件，85%属于爆炸袭击事件，其中造成10人以上死亡的恐怖袭击事件，都是恐怖分子采用人体炸弹、汽车炸弹制造出来的。各国政府虽然高度重视汽车炸弹和劫持交通工具的防范，但是，汽车炸弹、劫持交通工具事件造成重大人员伤亡的事件还是时有发生。因此，对人员、车辆阻滞技术的研究，不仅对防范和打击爆炸恐怖活动具有重要意义，而且还可以丰富处置劫持交通工具事件的手段。

阻滞技术也称设障技术，是指利用强制手段迫使过往人员、车辆、船艇等运行装置中止前行的专用装备器材。阻滞装备主要用于设卡检查、执法搜查，为抓捕犯罪嫌疑人、截获可疑车辆等创造有利条件。阻滞技术按照控制方式分为可控和不可控阻滞系统；按照机动方式分为便携器材、固定设施(系统)。按照阻滞方式可分为机械类、电子射频类、化学类等。有关射频阻滞技术将在第8章微波非致命技术中介绍，本章主要介绍机械类、化学类阻滞技术。

第1节 车、船阻滞技术

一、刚性拦阻装置

拦阻装置主要针对固定环境设施的防护，它是利用自身形状或重量将入侵车辆完全阻挡在其设置位置前的工程设施。路障设置的距离主要考虑汽车炸弹爆炸后建筑物的安全距离，以应对汽车炸弹袭击和汽车暴力冲撞袭击。刚性拦阻障碍物大多以液压油缸驱动刚性拦截板升起进行拦截，控制方式有手动、电动、遥控等。该系统虽然可以实现瞬时、零距离拦截，但存在一些致命缺陷：一是由于拦截过程瞬时完成，车辆的动能大部分转化为车辆的变形能，极易造成车辆的彻底损坏，对车内人员的生命安全构成极大的威胁，一旦出现误拦截，所造成的严重后果是无法弥补的。二是体积重量大、结构复杂、布防速度慢，需要进行路面施工才能安装，只适用于设置在目标入口处。三是该系统通常情况下只能进行一次拦截，不能重复使用，成本极高。刚性拦阻装置根据实际应用场合可有多种类型，其中以简单的固定式布置为主，方式为设置路桩、简易路障、简易拦车索等，而国外针对特定设施的防护正朝着可移动化、可遥控收放方向发展。

1. 简易阻车拦截器

简易阻车拦截器具有制作简单、造价低廉、使用方便、可以就地取材等优点。虽然在可靠性方面不及阻车路障，但在一定条件下同样可取得良好的阻车效果。尤其是在比较偏僻，且没有制式阻车路障的情况下，更能显示其威力。因此，在处置突发事件中经常采用，常用的是简易阻车棒和简易拦车索。

(1)简易阻车棒。简易阻车棒如图 6-1 所示，是一种利用普通钢材自制的具有排气功能的阻车器材。阻车棒由中心钢管和金属刺针(管)焊接而成。为携带方便，可在适当地方焊接手提环。中心管用于固定刺针(管)，直径取 50～60 mm 为宜，长度 1 m 左右，在钢管的圆围上，按一定交错顺序和一定密度焊上若干钉状小刺(见图 6-2)。刺针(管)用于刺胎排气，通常取长度 150～180 mm，直径为 12～16 mm，金属刺外露高度 50～60 mm。刺针用普通金属材料制作，有针状和管状两种。针状用普通钢筋(ϕ12～14 mm)打尖而成；管状用直径较小(ϕ12～16 mm)的普通钢管加工斜面尖。焊接时在中心钢管钻三排通孔，按针状、管状相同顺序直接穿人后焊牢。刺针的高度应大于各种车辆轮胎的厚度。

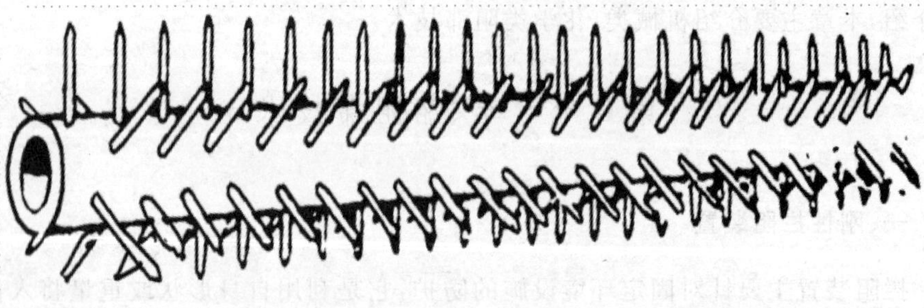

图 6-1　阻车棒

阻车棒使用时，应将棒体中段放在轮胎最易通过的路面，以防由于滚动而形成局部空虚段，必要时可实施多列布设。

(2)拦车索。拦车索是一种利用钢丝绳索制作的能克服机动车辆冲击的阻车器材。一般由钢丝绳索和固定钎组成，如图 6-3 所示。

简易拦车索由钢丝索和固定钎组成。钢丝索通常可用普通钢丝绳代替，一般选用直径为 30 mm 的钢丝绳。固定钎用普通钢管制成，插地端制成针状。布设拦车索时，如果路旁有可利用的固定桩，尽最大可能利用现有条件固定。

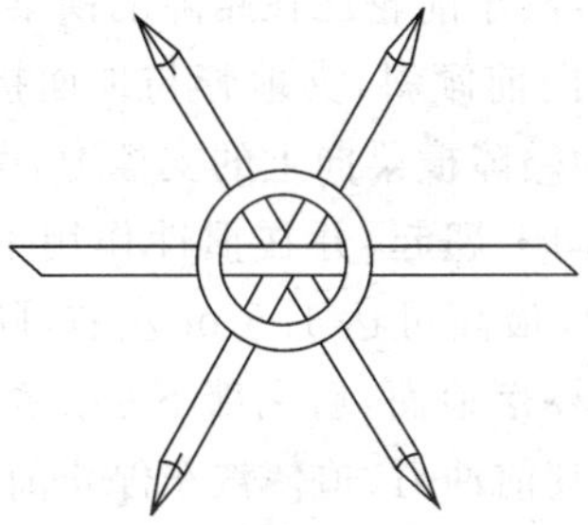

图 6-2 阻车棒截面图

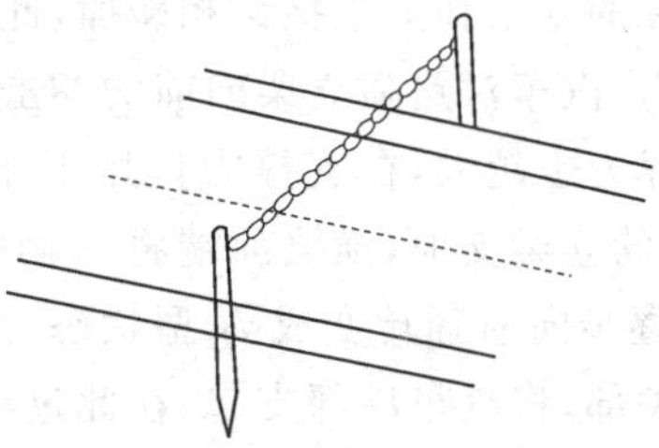

图 6-3 拦车索

当在逃车辆强行通过拦车索时，钢索将车辆强行阻挡，有时可能打碎其车窗玻璃而使其无法正常驾驶，达到中止行驶的目的。

2. 移动式阻车路障

移动式阻车路障(见图 6-4)是拦截轿车及小型客车冲击重要目标的战术装备。其战术应用方式是在通往重要目标的道路上布设与路面等宽的路障，依据可能出现的冲击汽车的重量和速度布设路障的排数。可在 20 m 距离内有效拦截重量2.5 t以下、车速 80 km/h 以下的轿车和小型客车的冲击，保护重要目标不受汽车炸弹的袭击。车速小于 80 km/h，可采用单排单层的路障进行拦截，当车速超过 80 km/h，建议采用单排双层或双排多层进行拦截；如果车速特别高或是重型车建议采用多层多排复合式布设方法，排距保持在 3～4 m 最佳。

图 6-4 移动式阻车路障

阻车原理是：移动式阻车路障主要是运用运动力学原理，改变作用力的方向，在路障翻滚中把汽车拦住。当汽车冲击路障时,汽车前轮压在路障的横梁上,保险杠与路障的立梁和上连接梁相碰撞,此时,路障向前倾斜,支地管与地面接触并产生摩擦力,汽车对路障立梁向前的冲击力转换为路障横梁向上的支撑力,撞击力越大其支撑力也越大,在支撑力作用下车辆前部向上翘起,并在惯性作用下向前翻滚,路障的立梁支地,横梁前端将车辆头部顶起,最高可达 1.5 m 左右,随着路障由 L 型逐步向前翻转变成 A 型状态,汽车头部摔落地面,后底部下落在路障 A 形状态的尖部,将汽车后部支起,在此过程中消耗其前冲力,迫使汽车停止前行。

国外针对特定设施的防护正朝着可移动化、可遥控收放方向发展。代表产品有美国 Delta Scientific 公司的 MP5000 可移动阻车路障(MP5000 Portable Vehicle Barricade)、DSC2000 阻车路障(DSC2000Barricade),图 6-5 所示,分别装备了海军和陆军。

(a) (b)

图 6-5　移动式阻车路障

(a)MP5000 可移动阻车路障　(b)DSC2000 阻车路障

二、柔性拦截装置

柔性设障装置依靠能量吸收系统逐渐吸收、消耗被拦截车辆动能,进而使被拦截车辆迫停。该拦截方式可实现安全、高效地无损伤拦截,不破坏车辆、不会造成驾乘人员伤亡,是一种更合理、更人性化的车辆拦截系统。它利用机、电、液、通讯和计算机等技术,系统地考虑了对入侵车辆和非法通过车辆的综合防范。具有安装方式灵活、对布防地形要求低、拦截成功率高、对人员和车辆损伤小、维护成本低等特点。

1. 美国便携式柔性车辆拦阻器(PVAB,Portable Vehicle Arresting Barrier)

便携式柔性车辆拦阻器借鉴航空母舰上飞机的迅速制动方式来实现车辆制动的一种新型拦截设备。航空母舰上临时架设有尼龙带制成的拦机网，作为飞机滑行跑道上阻拦索的辅助减速装置。飞机降落跑道后，几道拦阻钢索挂住机身下尾钩的同时，再撞向拦机网，强大的阻力使飞机只滑行数 10m 即可停稳。参照该系统，借鉴拦机网基本原理，将其改造为在道路上拦截汽车网。

便携式柔性车辆拦阻器(见图 6－6)由美国陆军牵头研制，是一种预设可重复使用的车辆拦器，现已装备美国海军陆战队和陆军。该拦阻器重 272 kg，能覆盖 7.3 m宽的路面，阻截 61 m 内，重 3 178 kg，时速 72 km/h 强行通过车辆检查站的轮式车辆。3 人小组仅需不到 2 h 就可重新布放，在备用模式下不会影响其他车辆通行，只需 2 s 即可从备用模式专为拦阻模式。

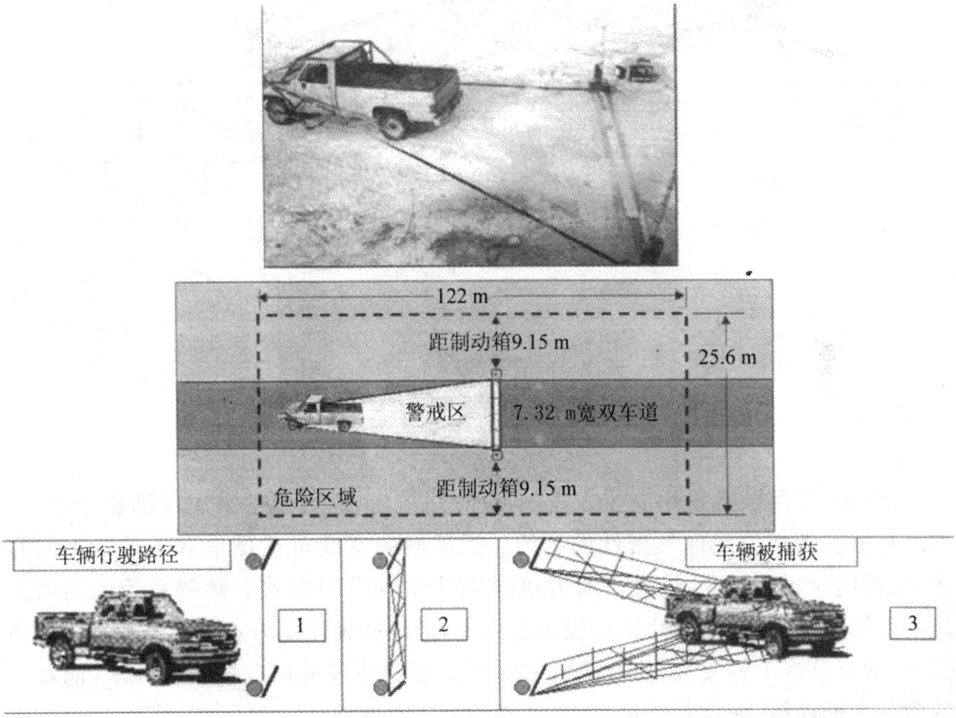

图 6－6　PVAB 拦截示意图

便携式柔性车辆拦阻器由吸能装置、起升装置、控制系统、地锚装置、拦截网等组成。起升装置采用气动伸缩方式实现，动力源由储气瓶内的压缩气体提供；吸能装置固定在伸缩气缸的下端，靠地锚装置实现其与地面的固定(见图 6－7)。起升装置由左右两个竖直立杆，立杆之间的横梁和与两个竖直立杆固定连接的两个斜拉杆构成，其中，竖直立杆、横梁和斜拉杆为中空管体，两个斜拉杆内均移动设置有牵引滑块和遥控开关装置，两个斜拉杆在其侧壁上相对开有轴向的通槽；拦截网的上端连接在横梁上且其下端两侧分别通过所述通槽连接在两个牵引滑块上，横梁上通过连接绳连接有打击物，当车辆驶过时，打击物在拦截网向下展开继而带动横梁轴向转动时同步下落。该系统通过架设在起升装置上面的阻车网与打击物共同作用使车辆制动。

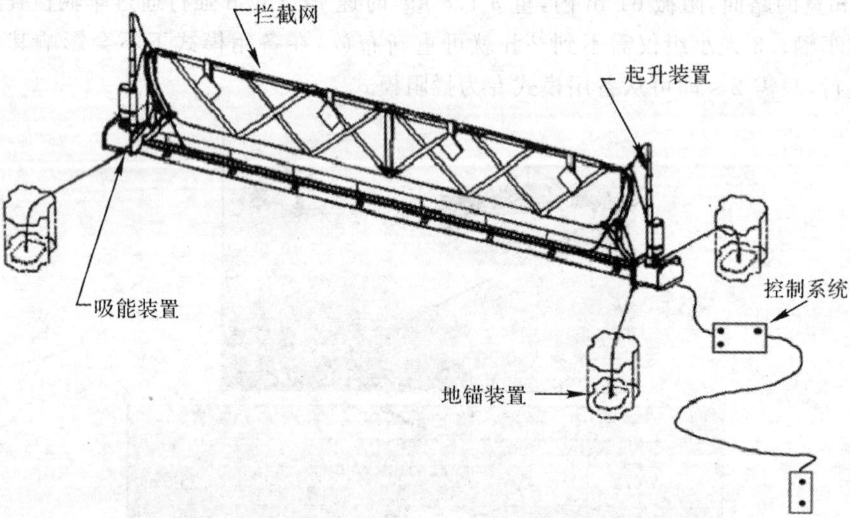

图 6-7　PVAB 柔性车辆拦截系统

PVAB 起网装置采用电控方式，响应时间较快，起网装置采用气动驱动方式，其可靠性受到相关元件气密性的制约。拦截网的宽度可适用单双车道的不同要求，拦截网材料为尼龙，最大破断力达到 40 kN，可靠性较高。地锚系统采用锚定板进行固定，单边需要两块锚定板进行固定，采用此种固定方式可提供较充足的锚定力，缺点是施工量较大，使布防效率降低。吸能装置采用盘式制动技术，能较好的吸收车辆动能，缺点是质量过大，且制动力矩不可调。

2. 瑞典 Safe-stop 车辆柔性拦截系统

瑞典 Safe－stop 车辆柔性拦截系统由吸能装置、拦截网、连接装置、拦截网支撑架等组成。布防时，需将拦截网预拉紧，即需使用支撑架或者连接带将拦截网悬挂起来；固定吸能装置时，可使用汽车挂钩或者其他可提供足够锚定力的物体（见图6-8）。

图 6-8　瑞典 Safe—stop 车辆柔性拦截系统

Safe-stop 技术特点分析：拦截性能较好，系统质量较轻，且布防迅速，对布防地形基本无特殊要求，吸能装置的固定可采取多种方式。由于无起升机构，布防时，需要将拦截网提前张起，妨碍了其他正常车辆的通行。

3. VANSSMM 移动式柔性拦截装置

国产 VANSSMM 移动式柔性阻车系统采用撕裂带、制动盘等柔性吸能装置分散拦截能量，既可对恶意入侵车辆实施有效拦截，又可避免误拦截造成车辆损坏和驾乘人员伤亡，该系统布置如图 6-9 所示，其结构主要由吸能器子系统、拦截网子系统、张网子系统、地锚子系统、电气子系统和辅助子系统六部分组成（见图 6-10）。

嫌疑车辆冲关时，操作者按下手中启动按钮，拦截网在张网机构带动下迅速弹起展开，车辆车头被拦截网包裹、收紧。当拦截系统承受巨大冲量的时候，由于延长了作用时间，增大了撞击时的受力面积，在局部受力时整体承载，避免了局部集中受力而产生破坏，阻车系统的柔性和强度足以吸收、分散和传递预计车辆的冲击能量，迫使车辆减速停车。该系统从实战的需要出发，能够快速布防，在不影响正常交通和对车辆无破坏、对驾乘人员无伤害的情况下，有针对性的对可疑车辆实施

图 6-9　VANSSMM 柔性阻车系统

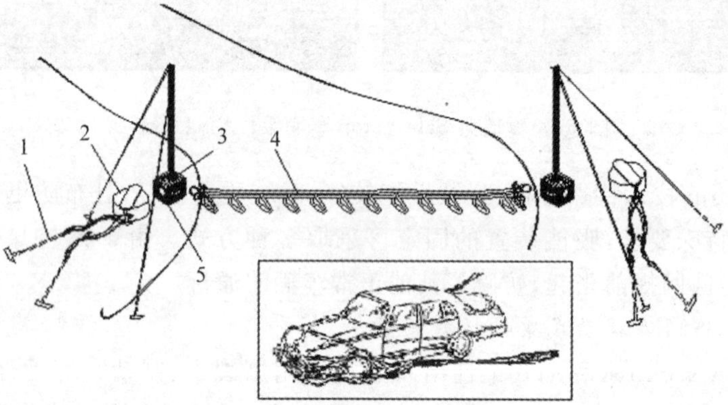

图 6-10　移动式柔性阻车系统结构示意图

1—地锚子系统　2—吸能器子系统　3—张网子系统　4—拦截网子系统　5—电气子系统

快速有效的拦截,最大限度地减少无谓的伤亡,有效地提高了封控嫌疑机动车的技战术能力。

三、缠绕式设障装置

缠绕式设障装置其主体材料为高强度纤维或者是超轻高强纤维复合材料,与经过特殊设计的阻车钉结合使用。该装置既可用于隔离特别区域或道路、设立封锁线，禁止车辆进入或离开特定区域（机场，政府部门，私人住宅等），又可用于遂行突发任务，机动实施针对特定（如高速行驶）车辆的拦截；具有重量轻、强度大、效率高、安全性强的特点。阻车网材料柔性强，可抵抗剧烈拉扭。其作用原理是当车辆通过路障时，阻车网随轮胎转动缠绕在轮胎上，网上的空心铁钉刺入轮胎造成轮胎漏气，随着车辆的前行，阻车网缠绕在变瘪的轮胎上，网与钉的共同作用使轮胎受阻并迅速停止转动，进而达到车辆停滞的目的。

该装置的优点是携带方便，使用简单，无需遥控控制，且不会造成爆胎，从而在保证驾驶员安全的同时，又让车辆直线滑行很短的距离后迅速停下来，不会对周围的人和物造成伤害。该阻车装置存在的最大问题是单边发生缠绕或缠绕不均匀时，可能导致车辆侧翻，且高强度纤维一次性使用，成本较高。

1. 美军 M2 车辆轻型拦阻网（VLAD）

M2 车辆轻型拦阻网（见图 6-11）是由美国陆军牵头研制的一种单兵便携式预设车辆拦阻网，一次性使用，重 20.4 kg，可覆盖 5.5 m 宽的路面，布放时间少于 1 min。该装置网上装有棘钉，可刺穿并缠绕车辆前轮胎从而有效阻拦目标车辆，但不会对人员和车辆造成较大伤害。通过缠绕车辆前轮，阻截 61 m 内、重 2 497 kg、时速 48 km/s 的车辆。该拦阻网已装备美国海军陆战队和陆军。

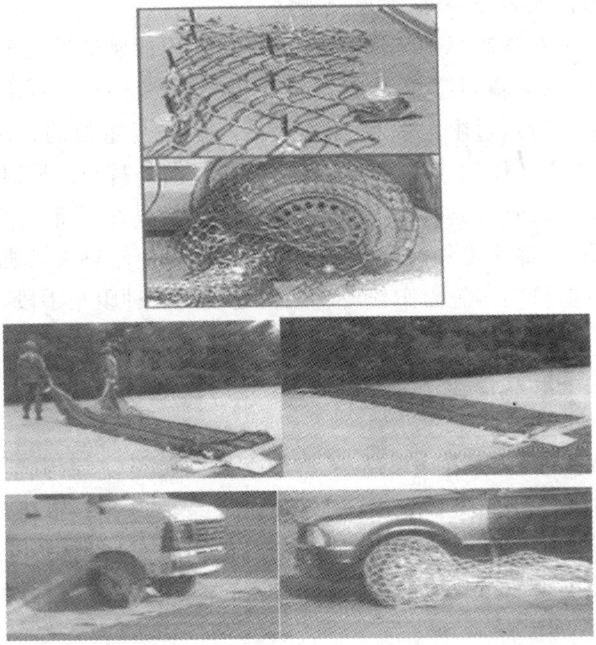

图 6-11 M2 车辆轻型拦阻网

2."单网"车辆轻型拦阻装置(VLAD)

"单网"车辆轻型拦阻装置(见图 6-12)是在 M2 车辆轻型拦阻网的基础上由美国陆军牵头研制,原计划在 2012 年装备部队,它是一种可快速部署的单兵便携式预设车辆拦阻装置,产品改进计划分别是研究重型机动车制动解决方案(HVS, Heavy Vehicle Solution)和遥控部署装置(RDD, Remote Disposal Devive),遥控部署装置(RDD)是一种机电系统,用于在布置道路上 M2 轻型车辆拦阻网或"单网"车辆轻型拦阻装置,为车辆轻型拦阻网和 HVS 提供能够自动化、按键式布施的便携式和远程式装备。该装置配有独特的棘钉系统,设计用于阻截更大型车辆,其阻截能力比现役 M2 轻型车辆拦阻网更强。自主式系统包括一次使用的"单网"车辆新型拦阻装置和可重复使用的遥控部署装置,系统通过缠绕车辆前轮,阻截 61m 内,重 10～18.2 t,时速 48～80 km/h 的车辆。

四、破胎式设障装置

破胎式设障装置是利用针刺排气的方法拦截或阻止各种充气轮胎的机动车辆强行通过的器材装备。它可在各种预定路面上,使得大小货车、客车、各种小汽车、摩托车等无法通行或中止行驶,是封锁路口、比较实用的阻车器材,最为常见的是各种形式的阻车钉或阻车路障、刺胎路栅等。

阻车钉是一种在强制机动车辆停下来时,所使用的刺破机动车辆轮胎的工具。阻车钉,能使充气轮胎瞬间泄气,迫使车辆停止前进,专门用于拦阻涉嫌车辆。

当在逃车辆强行通过阻车带时,阻车钉在车辆自身重量的挤压下迅速刺入轮胎体,轮胎内的高压气体迅速通过阻车钉放气槽形向外排出。同时,随着车辆的运动惯性及橡胶轮胎本身所具有的弹性压力,将阻车钉从阻车带底座中带出而随轮胎一起向前滚动,并继续排气,直至排完为止,从而迫使车辆失去机动能力。

阻车钉是目前机动实施阻车任务时采用最多的一种阻车手段,其体积小,携带方便,类型多样,既可手动布置,又可遥控实施,在应用时可根据实际情况进行选择。

1. 拉伸式车辆阻车钉

拉伸式车辆阻车钉(见图 6-13)又称便携式刺胎路栅,由阻车带和箱体组成,阻车带(见图 6-14)由连系带和阻车钉构成。连系带由若干相互交错的铝合金条组成。铝条由可动铰链连接,组成可伸缩的菱形。阻车钉(见图 6-15)的 3 个刀口棱面上分别加工出 3 道斜面倒槽,倒槽与放气槽相连,提高排气的可靠性。

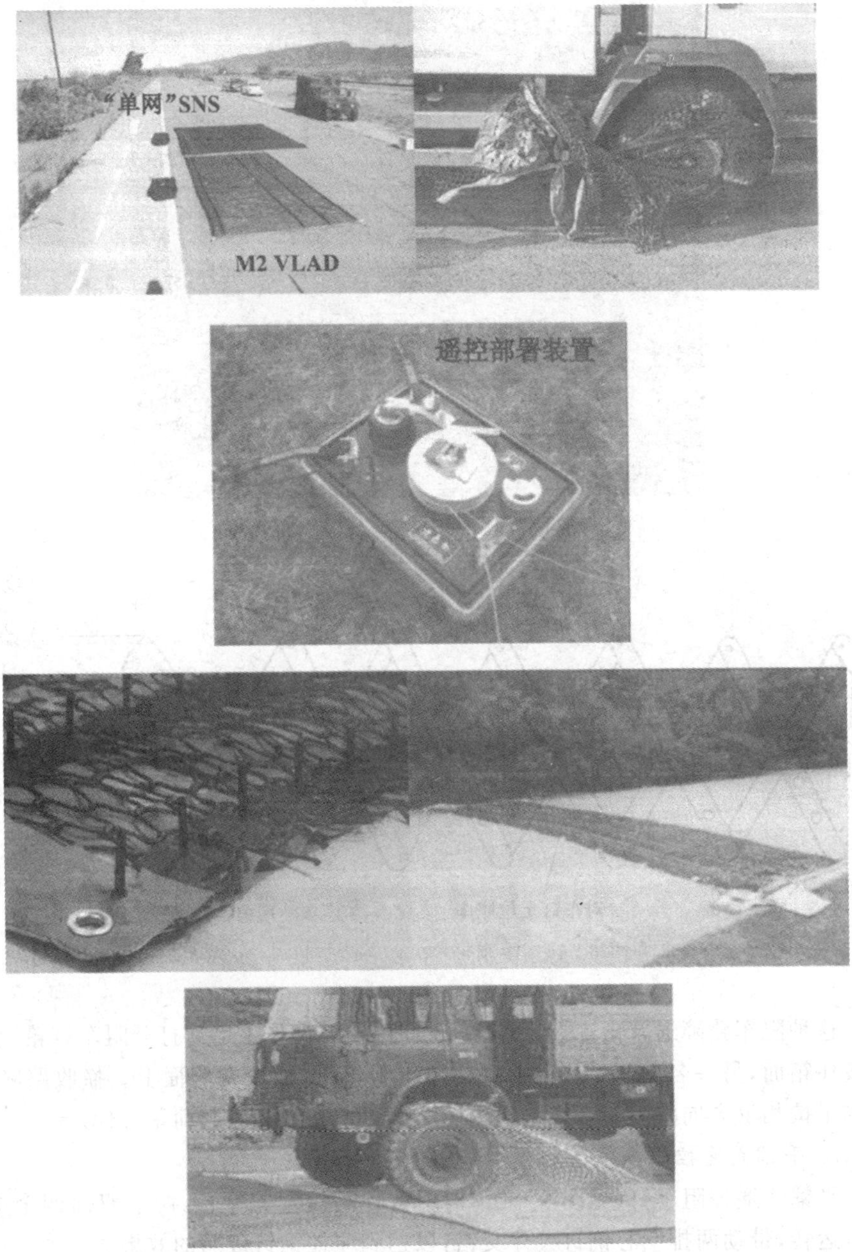

图 6-12 “单网”车辆轻型拦阻装置

图 6-13　拉伸式阻车钉

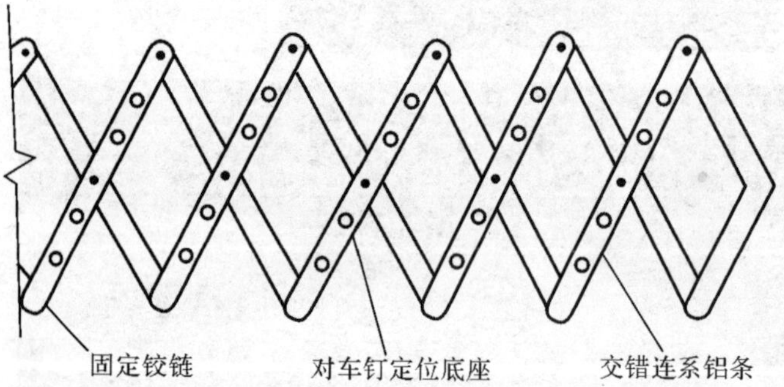

图 6-14　阻车带

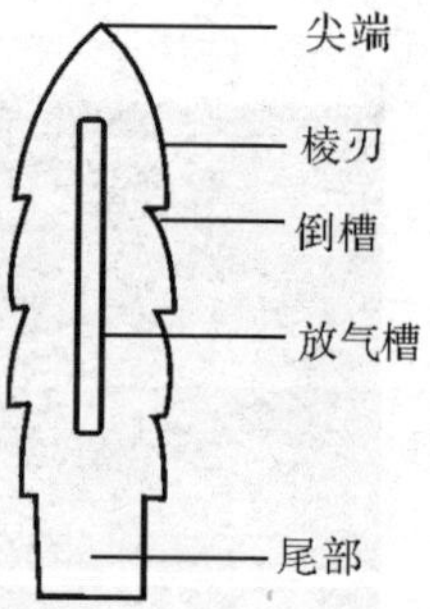

图 6-15　阻车钉

这种阻车路障通常由二人操作。布设时，一名操作手迅速打开阻车钉箱边盖，并按住箱面，另一名操作手从箱中直接拉出阻车带，横放在路面上。撤收路障时，操作手按相反方向将阻车带推入箱内，扣好箱盖，布设和收起简单方便。

2. 平铺式遥控阻车钉

平铺式遥控阻车钉（见图 6-16）采用特种高压塑胶制造，两端双向四个电机同步运转，带动两排空心钢钉犬牙交错，以达到遥控钢钉破胎的效果。

阻车器重 16 kg，长 6.5 m，宽 0.27 m，遥控器的有效遥控距离可达 150 m，手动控制 25 m 以下，阻车器横摆在道路上可以通过 20 t 的货车，正常车辆可无阻碍通过。需要阻截目标车辆时，随时按动遥控器按钮，1 s之内空心钢针即竖起90°，将被阻截车辆轮胎刺穿，瞬间放气，被阻车辆50 m左右自动停下。

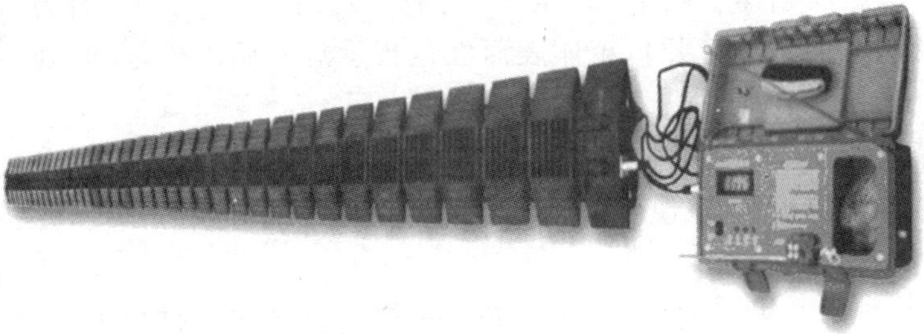

图6-16 平铺式遥控阻车钉

3. 遥控弹射式阻车钉

遥控式弹射阻车钉(见图6-17)由传统的便携式路障破胎器改进而成，主要由箱体、放气钉、折叠支架、收纳杆、弹射机构、电器控制系统、遥控系统等组成。箱体上装有电源保险开关旋钮、手动开关旋钮、指示灯等部件。放气钉折叠支架由连系带和阻车钉构成，连系带由若干相互交错的合金条组成，合金条由可动铰链连接，组成可伸缩的菱形。放气钉折叠支架、弹射装置和电源等部件全部集成一个便携箱体内，采用遥控或手动控制方式。该装置利用机械弹射原理，将装有放气钉的折叠支架从箱体内弹出，事先布设至道路中央，当遇到车辆冲卡闯关时，可遥控弹出阻车钉拦阻车辆。装置重量20 kg，拦截横向宽度大于6 m，折叠支架弹出箱体距离10 m，遥控有效距离可达20 m，放气钉长度50 mm，弹出时间1～2 s。

图6-17 遥控弹射式阻车钉

本设备设置了遥控和手动两种弹射方式，可根据实际需要选择，使用方法如下：

(1)布设。将箱体平放路面一侧，发射舱口朝向路中央；顺时针打开电源开关旋钮（保险机构同时被打开），箱体表面红色指示灯开始闪烁，此时处于待机测试状态。

(2)遥控弹射。按动遥控器 A 键（测试待机键），箱体两侧的红色指示灯开始闪烁，处于测试待机状态（说明信号接收装置在遥控的有效范围内，遥控器与信号接收装置沟通良好）。

按动遥控器 B 键（测试结束键），箱体两侧的红色指示灯熄灭，遥控测试结束（测试时间不宜过长，以免耗电过大，影响待机时间，耽误实战发射）。

遥控测试结束后，立即按动遥控器的 C 键（准备键）、D 键（发射键），放气钉折叠支架从箱体内弹出，封锁路面，完成布设。（在实际操作中，ABCD 四键各间隔 0.5s 连续按动即可）。

(3)手动弹射。在待机状态下，若电源电量不足（电源指示少于 2 格），或遥控发射不能完成时，顺时针扭动箱体右侧手动开关旋扭，即可将放气钉折叠支架从箱体内弹出，封锁路面，完成布设。

(4)拦截。放气钉折叠支架布设到路面后，有效宽度大约 6m。当冲卡车辆强行通过时，放气钉刺入车辆轮胎，轮胎快速放气，达到拦截车辆的目的。

(5)撤收。撤收时，先关闭电源开关；将箱体侧面的收纳杆取出，两人分别在折叠支架的两端，用脚内侧相向推动折叠支架，将折叠支架收拢；折叠支架收拢后，一手扶住收纳杆，一手推动收纳杆向前行进；推进到位后，按下收纳杆前端的套扣，再扳下提手把，使提手把与收杆成直线，会听到轻微的“嗒”声，此时提手被锁住；确认收纳杆已将折叠支架锁紧后，将折叠支架放置于舱门口，使收纳杆与推进方向平行，折叠支架底部的两侧对准舱门口两侧的凹形滑道，将折叠支架推入箱体，直至两端保险锁完全卡住折叠支架板；将折叠支架收纳杆上的保险锁扣往前推，同时将收纳杆的提手把向上搬起，再前推少许，收纳杆前端的套扣自动弹起，抽出收纳杆，用力关上舱门即可。

(6)注意事项。发射舱门前及附近弹射波及区域内严禁站人；发射完毕后，装填折叠支架前必须先关电源开关；装填折叠支架时，要平放箱体进行安装，舱门口朝上安装可能会造成危险；该折叠支架自身具有一定的弹射力，谨防弹射冲击，发生危险；折叠支架上的放气钉为坚硬锐利之物，谨防扎伤；禁止将该产品高空抛落，以免发生危险和损坏设备；禁止在搬运时将该设备抛向对方，以免造成危险；设备不完全具备防水性，应保持干燥。

4. 八九式阻车路障

八九式阻车路障是执行车辆拦截任务时常用的制式阻车器材。它能在预定路面上有效拦截各种充气轮胎的机动车辆，一般车辆通过阻车带后，每个轮胎上可扎进 5～6 个阻车钉，使被拦车辆在 30～80 m 内被迫中止行驶。必要时也可用于封闭停车场。八九式阻车路障主要由阻车带、警示停检灯和附件三部分组成，部件如图 6－18 所示。阻车带由两排交错排列的专用金属钉、两条帆布连系带和若干横向钢条构成。两端设有金属环，供在路面两侧固定之用。

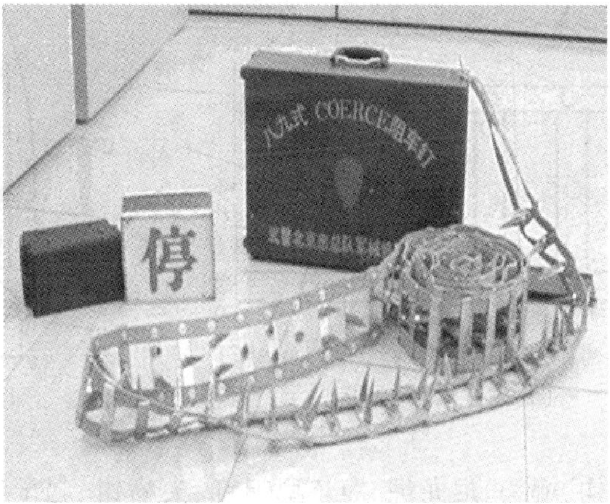

图 6－18　八九式阻车路障

帆布连系带（见图 6－19）长 6 m，宽 25 mm，两条平行排列，将整个阻车零件连为一个整体，其长度构成了阻车路面可封锁的最大有效宽度。由于帆布具有一定的柔性和韧性，故不会因路面的平整与否及车辆运行的惯性而扎断或折断，且具有易折叠的特性。

钢条是阻车带的横向连接部件，也是阻车钉的排列与定位部件。长 110 mm，宽 20 mm 的钢条，在与帆布带垂直的方向上，平行且均匀排列钢条的长度构成了阻车带的整体宽度，是保持带体及阻车钉稳定的重要因素。钢条排列的间距为 60 mm，是构成阻车钉排列的直线密度的重要因素。按照相间顺序，每个钢条上设有一个或者两个固定底座，高 12 mm，内径 10 mm，外径 16 mm，呈圆柱形，起稳定钉体和定位的作用。

阻车钉是钢制锋利三棱锥体，全长 60 mm，3 个棱面上分别制有 2 mm 宽的放气槽，直通尾部（见图 6－20）为圆柱形，与底座形成动配合，可以直接插入或拨出，具有良好的排气功能与可换性。

阻车带整体按一定方法折叠后装入一个 300 mm×500 mm×200 mm 的铁箱内，箱盖两端分别与箱体用铁铰链连接，易收放，箱体上有手提环，便于携带。警示停检灯主要由停检灯箱、折叠式三脚架、蓄电池箱组成。停检灯外形是 200 mm×150 mm×100 mm 的箱体，箱上有红色醒目的“停检”字样，该箱架设在一副折叠式三脚架上，架高 550 mm，总高度 700 mm，电池箱内装 18 节 1 号电池，电源电压 27 V。

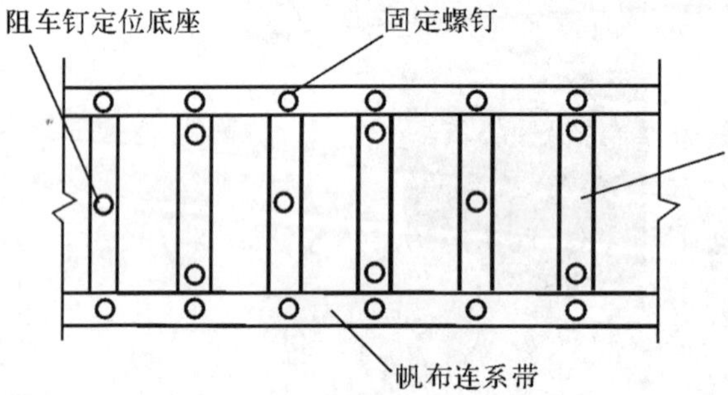

图 6-19　阻车带

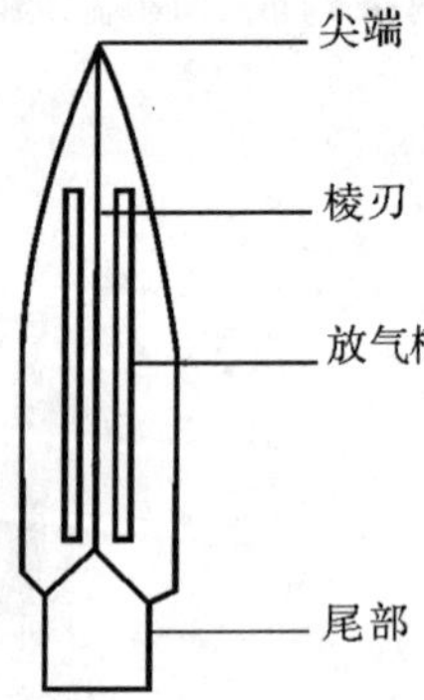

图 6-20　阻车钉

附件主要有铁钩、榔头、尼龙绳、“U”型钢钎、尖嘴钳、起子等。全部附件和停检灯装在一个 300 mm×400 mm×140 mm 的箱内。

八九式阻车路障通常用 3 人操作，两名操作手、一名信号员。布设时操作手协同打开阻车钉箱边盖，拉出阻车带，横放在公路上。同时信号员打开附件箱盖，取出尼龙绳、钢钎和铁锤交给操作手，然后两名操作手协同钉好钢钎，用尼龙绳将阻车带两端固定。信号员取出并架好三脚架和停检灯（夜间将 18 节 1 号电池分别装入两个电池盒内，接通电源），做好停车检查准备。撤收路障时，操作手解下铁钩与钢钎上的尼龙绳，拔掉铁钩和钢钎装入附件箱内，取出阻车钉箱内套，将阻车带折叠好放入套内，并推入阻车钉箱。信号员取下停检灯，收起三脚架，与其他附件一起按顺序装入停检灯箱内（夜间应取出电池，拔掉插头）。

5. 爆炸式阻车钉

固定式爆炸式阻车钉（见图 6-21）由识别控制器、爆胎阻车器和强行堵截板组成，阻车钉包括钉体，钉体的上端具有钉头，钉体的内部设有空腔，用来放气或者设有爆炸装置。该系统工作电压 12 V，识别距离 100 m 以上，遥控距离 50 m 以上，起倒速度 2 次/s，延期时间 0.1 s。

该装置主要用于执勤、处突和反恐斗争中对可疑车辆特别是携带炸弹车辆的拦截和堵截，既方便机动布设，也可常年设置在重要目标的大门口或罪犯、恐怖分子的必经之地。爆胎阻车器在雷达识别出车辆可疑的同时，破胎器自动实施破胎。

图 6-21　爆炸式阻车钉

6．综合瞬时阻车系统

布置阻车钉扎胎放气阻停车辆存在着许多固有的缺陷，比如制动距离长、扎胎失效、容易造成危险事故等。在实际实施过程中，即使钢钉扎破轮胎，汽车往往还能强行驶出一段距离，直到钢圈磨地，在此阻停过程中产生侧滑、侧翻的概率非常大，容易造成人员伤亡和环境设施的破坏。所以单一的布置阻车钉刺胎放气的方法还不能有效地将车辆完全阻挡在其设置位置，因而常常运用综合瞬时阻车系统。

综合瞬时阻车系统由布障阻车器、爆胎阻车器、缠轴阻车网等装置组成（见图 6-22）。该装置既可经常性固定布设，也方便机动布设。使用该系统时，布障阻车器作为第一道拦截线，挡住驾驶员视线并迫使其下意识紧急制动；爆胎阻车器作为第二道拦截线，在雷达识别出车辆可疑的同时，破胎器自动实施破胎；缠轴阻车网作为第三道堵截线，通过缠轴强行使车辆停止前进。

(a)　(b)　(c)

图 6-22　综合瞬时阻车系统

(a)布障阻车器　(b)爆胎阻车器　(c)缠轴阻车网

五、干扰视线制动

干扰驾驶员心理和视线制动是利用发射的阻车弹，将阻车剂在车辆挡风玻璃上扩散开，遮挡驾驶员的视线，迫使被拦阻车辆停止。

1. 阻车弹

阻车弹由发射装置、握把、击发机构和阻车弹体组成。发射装置为一次性发射的整体结构，包括壳体、活塞、发射药等部件。发射药、活塞和阻车弹定装在发射装置内，一次发射完成以后，直接更换发射装置。这种结构不仅能够使发射药、活塞和阻车弹紧凑的安装在弹体内，而且能够使阻车弹有效的发射。

阻车剂不仅要有一定的黏性和浓度，而且能够长时间保存。因为一定的粘性能够保证阻车剂粘在车辆挡风玻璃上，不易被雨刷刮掉或被清水冲掉，一定的浓度是为了阻车剂形成的不透光层能够完全遮挡驾驶员的视线。

阻车弹壳体硬度不能过大，在击中挡风玻璃时不能将其击穿。阻车弹的外形即要有利于发射，又要在飞行中保持稳定。强行通过的车辆一般在过封锁线时都会加速，这时就对阻车器的射击精度提出了较高的要求。为了保证阻车剂的质量，以及防止阻车剂在击中目标前外溢，在阻车弹的壳体内用聚乙烯薄膜密封包装。

2. 聚合薄膜

佛斯特尔—米勒公司研制出一项先进的反车辆技术。这种技术实际上是利用聚合薄膜把车辆包起来(SiVer Shroud)，其实施过程如图 6 - 23 所示，只有 0.000 5 inch厚的铝 P4 涂面薄膜可在 1 s 之内，散布在一个 1 960 ft^2 的地方，整个车辆被包起来后，操作人员的视线被遮住，于是只好停下来，聚合薄膜黏附在车上相当长久。这种涂面薄膜被贴到坦克上时，炮塔无法转动，使坦克不能发挥功用。由于薄膜极薄，一个很大面积的薄膜可装在一个相当小的弹药里面，弹药可通过不同的发射器发射。

六、船艇阻滞技术

走私者时常利用非常快的"雪茄船"，这种快艇时速高达 160 英里，从货柜船上接运他们的非法商品，或接运公海上空投下来的毒品，警察的船只很难追上，致命性武器不可轻易用以攻击逃窜的船只。拦阻这种船只的一种方法，是把长卷的可塑性纤维布置在走私船前面的水面上，走私船接触到纤维之后，可塑性纤维即缠住螺旋桨或引擎吸气口，致使引擎停止运转，简易的反抗方法(如切断纤维)并没有效果。纤维网的放置相当重要，为了把这种网放置在走私船的前面，可通过火箭原理制作发射器在巡逻艇上发射，也可采用巡逻艇与小飞机或直升机合作，把这种网空

图 6-23　反车辆聚合薄膜(SiVer Shroud)

投在走私船的前方。这种方法很有效,不足之处是轻尼龙纤维飘浮在水面上,对合法船只与海洋野生动物构成威胁。简单的解决方法是,用颜色鲜明的材料制作纤维网并以及附带的标示物,以利于网的收回。

图 6-24 是装备美国海岸警卫队的船艇驱动装置缠结系统(RGES),该系统采用压缩空气发射,缠绕小型水面舰船推进装置阻止其继续航行,可固定安装在锚、码头侧面和岸边设施上以维持离岸舰船的平衡,一般在舰船或码头侧面发射,也可

图 6-24　驱动装置缠结系统

由单人肩射。缠结网通过装有压缩空气的发射器发射，长 30.5 m，重 16 kg，体积仅有 0.08 4 m^3，以阻截 184 kW，航速 50 节的舰船。

美国联合非致命武器管理局牵头对现有 RGES 进行了改进，改进型舰船阻截网具有较强的阻截水面舰船的能力，在 2013 年已经部署。该系统也是在目标舰船前方发射缠结网以阻止其继续航行，缠绕舰船推进装置如图 6-25 所示。

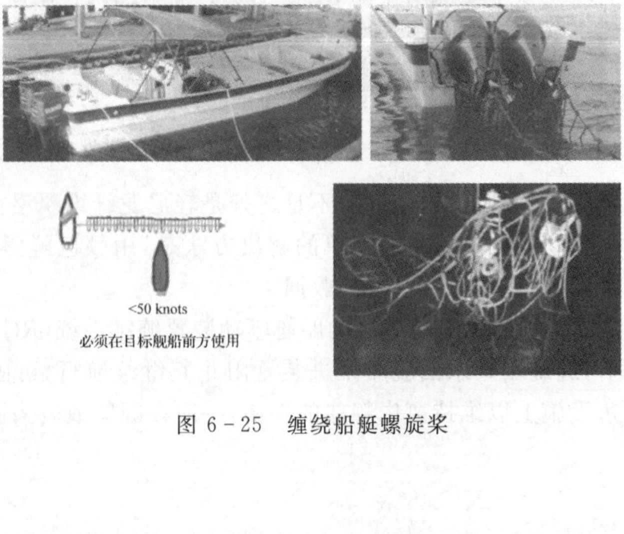

图 6-25　缠绕船艇螺旋桨

七、化学阻滞剂

1. 超级黏合剂

一些具有超级黏结性能的超黏性聚合物，如化学固化剂和纠缠剂（即胶黏剂）等。作战时可用飞机播撒，炮弹（炸弹）投射等方法，将黏性很强的胶黏剂直接置于道路、飞机跑道、武器、装备、车辆或设施上。这类化学制剂具有超级黏合力，甚至像“粘蝇纸黏苍蝇”那样，粘住车辆（见图 6－26）和装备使之寸步难行。胶黏剂一旦被吸入发动机，可造成发动机停车，当车辆的激光测距仪、瞄准器等部件上粘上这种胶黏剂时，它们将失去作用。

图 6－26　黏合剂作用车辆

限制机动性系统 MDS(Mobility Denial System)是处于开发阶段的一种非致命武器系统。它主要用于限制人员活动和阻止车辆或其他装备进入受限区域。这种武器系统由 3 种装置组成，其中最重要的部分是一种黏滑剂。这种黏滑剂的主要成分包括液体乳合剂和聚合粉末。这两种成分能够制成浆液，然后将 5％浆液抽到喷嘴里与 95％水混合后就变成既黏又滑并且有弹性的胶剂，它可以沾在玻璃、沥青、混凝土、木头、金属、墙壁或其他物质表面上，保持几个小时的作用效果，干了可以擦掉，与水混合后重新恢复活性。

MDS 限制机动性系统的黏滑剂可以通过两种方式来使用。一种是车载系统，备有 18.93 L 的胶合剂，布撒速度非常快，可以在瞬间将黏滑剂铺满整条马路、桥梁或停车场，其布撒面积广，可以喷洒大约 9 290 m^2 的区域。另一种是手泵式便携系统，备有 7.57 L 的储水箱和 0.946 L 的胶合剂，喷洒面积 186 m^2，全质量 24.97 kg，可针对特殊目标使用。

黏滑剂类型多样，有的像蜘蛛的黏液一样时效短暂，有的胶黏时间只有数天或数小时,过时自动失效。在放置胶黏液的地方附近可设传感装置,对己方有识别能力,己方通过时有彩色亮线显示,确保己方不被黏住。同时新式胶黏液配套使用的还有除黏剂,用来快速清除胶黏液的黏性。没有除黏剂时,50℃的温水也可以除黏,但速度比除黏剂要慢。

2. 超级润滑剂

超级润滑剂是一种采用含油聚合物微球、表面改性技术、无机润滑剂等作原料复配而成的一种化学物质,这种物质摩擦因数几乎为零,且附在物体上极难消除;主要用于攻击机场跑道、航空母舰甲板、铁轨、高速公路、桥梁等目标,使飞机难以起降,汽车难以行驶,火车行驶脱轨,借以达到破坏对方军交行动和军事部署的目的。超强润滑剂雾化喷入空气中,当坦克、飞机等发动机吸入后,功率就会骤然下降,甚至熄火。

目前美军正致力于开发一种撒在路上给敌人"使绊"的人造冰。这是一种用聚合材料制作的人造冰,其作用类似冬天在马路上结的冰,因该冰呈黑色,所以更容易迷惑敌人,令其猝不及防。这种冰的优势是可以在任何气候下使用,包括炎热干旱的伊拉克和阿富汗。如果美军把这些人造冰铺设在马路上,驾车前来的敌人可能因人造冰而失控,从而把一场袭击扼杀在萌芽状态。而美军的军靴和轮胎因使用了正在开发中的防滑材料,能够让他们在"冰"上信步如飞,自由驰骋。人造冰使美军获得前所未有的控制局面能力和行动助手,美军通过铺设人造冰,改变地形,可以把敌人局限于某一特定区域,削弱他们射击和追击的能力。

但是超级润滑剂不但很滑,而且不易被提前发现、清除,造成持久威胁,但超级润滑剂使用时易受极限温度和恶劣天气的影响,比如突然一场暴雨会把铁路、公路和各类飞机跑道上的润滑剂冲刷干净。因此可以考虑用水冲的办法除去超级润滑剂。

3. 气溶胶弹

气溶胶弹(见图 6-27)主要由大量腐蚀性的化学物质组成,在路面引爆使化学物质撒满路面,其散发出的气体可以渗入并损坏坦克、汽车的发动机,使其停止运转。这种炮弹爆炸后在附近数 km^2、地表数米高度的空气内密布高附着力、高粘接强度的气溶胶悬浮颗粒,很快附着在人体和衣物表面、炮膛内、雷达机件等运动表面,使人员动作迟滞失误甚至无法动作,炮弹在炮膛内被急速减速失去射程、甚至在膛内爆炸,雷达等各种运动机件难以运转自如,气溶胶颗粒被各型车辆的发动机进气管吸入,阻塞了空气滤清器滤网表面,造成强大进气阻力使发动机熄火,或是直接进入发动机气缸在进气冲程中凝覆在气缸一活塞环接触面,结果造成发动机熄火。

图6-27 气溶胶弹

4. 金属致脆液

金属致脆液是一种液态喷涂战剂。这种喷剂可使金属或合金的分子结构发生化学变化,从而达到严重损伤对方武器的目的。这种液剂一般是透明的,几乎没有什么明显的杂质,可作为喷洒剂,喷涂到金属和合金制造的物品上,使分子结构发生变异、脆化,桥梁等建筑物失去支撑而坍塌,舰体破裂、机翼折断,坦克一中炮弹就炸毁,武器装备都宛如老化的塑料,脆不经击。

金属致脆液化学代号为LME,有两种类型:一种是用强酸液体使金属变脆;另一种用液态金属将金属材质强度降低、脆化。汞、铯、镓、铷和镓化铟合金等在不太高的温度下都会变成液体,即为液态金属,汞和钠、汞和锌的合金称钠汞齐、锌汞齐。钾和其他几种液态金属也能形成类似汞齐的物质。液态金属与金属部件或合金部件中的金属原子接触时就会形成类似汞齐的合金,于是便使金属部件或合金部件的材质强度降低了,而且变得非常脆。在未来战场上,可用喷洒或涂刷等手段,将金属致脆液附着在铁轨、钢桥和各种作战平台上或军事工程的支撑构架上,侵蚀金属或合金组件,改变其分子结构和理化性能,使金属构件的韧性降低而脆化,大大降低结构强度。

5. 超级腐蚀剂

它是对特定材料具有超常腐蚀作用的化学物质,主要包括两类:一类是比氢氟酸强几百倍的腐蚀剂,它可破坏敌方铁路、铁桥、飞机、坦克等重武器装备,还可破坏沥青路面等。另一类是专门腐蚀、溶化轮胎的战剂,它可使汽车、飞机的轮胎即刻溶化报废。它具有极强的腐蚀性,可以“吃掉”任何一种金属、橡胶和塑料,不仅能毁坏坦克和汽车,还可破坏任何一种武器。这种化学剂能制成液体、喷洒剂、粉末或胶状体,可以用飞机投撒,也可由火炮发射,或者由警方施放。

超级腐蚀剂既有化学制剂,又有微生物制剂。化学类超级腐蚀剂包括超级酸和超级碱。盐酸和硝酸的混合液可溶解金和铂之类的多数贵重金属，也能溶解塑料制品、橡胶制品和玻璃制品。美国正在研制一种代号为 C^{+} 的超级腐蚀剂，这种超级混合酸比氢氟酸的腐蚀性要强数百倍甚至上千倍。氢氧化钠、氢氧化钾和氢氧化铯都属于超级碱。氢氧化钠、氢氧化钾对橡胶、沥青和水泥等的腐蚀效果，并不亚于超级酸。氢氧化铯是使用中的最强碱，它腐蚀玻璃非常快，是破坏光系统或光纤系统的"超级腐蚀王"。

美军使用的主要有透镜腐蚀剂和超级轮胎腐蚀剂。透镜腐蚀剂是一种专门腐蚀光学镜片的腐蚀剂，它包括玻璃腐蚀剂、氟化物凝胶腐蚀剂、清漆和涂漆之类的遮光剂以及丙酮、二甲苯之类的溶剂。这种腐蚀剂能腐蚀坦克透镜，遮盖坦克瞄准镜。超级轮胎腐蚀剂是一种含有丙酮、二甲苯之类的溶剂和超强氢氟酸的橡胶腐蚀剂，腐蚀速度飞快。

生物类超级腐蚀剂是利用微生物的腐蚀作用腐蚀装备的生物战剂。目前美军装备的有轮胎虫和嗜油菌。轮胎虫是一种转基因虫，生物工程专家在南亚的橡胶林中发现了一种吃橡胶树叶芽的微生物，便将这种微生物的细胞核取出放到另一种吃胶皮的微生物细胞内，培养出了吃轮胎的新种微生物，专家给它起名轮胎虫。轮胎虫是越吃繁殖速度越快。嗜油菌专门腐蚀石油制品，如柴油、汽油等燃油，吃下燃油后细胞分裂，破坏了燃油的成分，又经过化学反应产生杂质，使油缸里的燃油分解变成了臭水，导致臭水腐蚀油缸，整个发动机的关键部分就毁坏了。

超级腐蚀剂可通过喷射器喷射，也可以通过手榴弹、炮弹和地雷施放到目标体上。若将此剂同金属脆化技术结合起来使用，效果更强。

6. 油料凝合剂

油料凝合剂是一种化学添加剂，可污染燃料或改变燃料的黏滞性。散布在空气中被发动机吸进后，能立即引起发动机失灵；被投放到油料中，油料即被凝固。多年前，美军已投资研制了一种以油料凝合剂为装药的弹药，该弹一旦射向任何以柴油、汽油为燃料的军事装备，如飞机、舰艇或坦克时，就会使油料变质，降低效率或使其根本无法使用。

7. 阻燃剂

阻燃剂是一种可使发动机熄火的物质。飞机、装甲车辆或汽车遇到对方发射产生的阻燃剂雾团，其发动机将立即停止工作，从而坠落或不能开动。这类添加剂或以蒸气形式与空气混合，由进气口吸入发动机，或者直接混于燃料。使用时，可直接投放或飞机空撒，也可大面积播撒到战场、机场或海港。当以云状大的面积，播撒在低飞的直升机航线时，能使直升机的发动机立刻失灵；若播撒于海港上，能使港湾内绝大多数船只的内燃机停止工作；如果播撒在地面上，将会使碰上的装甲车辆或汽车立即瘫痪。

阻燃剂主要有阻燃泡沫、吃氧阻燃剂和乙炔。

泡沫阻燃剂主要成分是一种漂浮性很好的泡沫材料聚苯乙烯$(C_8H_8)_n$、聚乙烯$(C_2H_4)_n$、聚氨酯$(C_3H_8N_2O)$和聚氯乙烯$(C_2H_2CL)_n$等硬质闭孔泡沫塑料，它的密度通常在0.1～0.4 g/m^3，质地很轻且不抗拉，在泡沫体中加入适量的黏结剂就构成了泡沫阻燃剂。可以将这种泡沫阻燃剂添加在防暴弹的弹体内，当弹丸发射出去击中车辆后，弹药爆炸，化学塑料与空气作用迅速产生大量的泡沫并高速膨胀，在车辆附近可形成一道泡沫体云墙，并能悬浮一段时间。所有机动车辆的发动机都要“呼吸”，被泡沫弹击中的车辆周围空气充满了泡沫，发动机以很高的速度吸入泡沫后，泡沫就在气缸内凝固，发动机随即熄火，并且再也打不着火了。这就使得乘车罪犯无法再逃窜，一直到被抓捕归案。

泡沫弹的发泡系统可设计有单组元系统和双组元系统。在单组元系统中，聚合物质和挥发性溶剂在一定的压力条件下混合、发光和释放。目前有两种单组元系统，即庚烷和发泡的聚苯乙烯，庚烷$(CH_3(CH_2)_5CH_3)$和沸点为95℃的二甲基丙烷$(CH_3-CH(CH_3)-CH_3)$发泡剂。在双组元系统中，反应物在单体内被隔板分开，隔板在外力作用下破裂后，聚合反应和发泡同时发生。双组元系统也有两种，一种是异氰酸酯发泡材料；另一种发泡剂为硼氢化钠与质子给予体接触而形成的氢。两种组元系统各有优缺点，但效果是相同的。

吃氧阻燃剂是利用一种能够污染或改变燃料特性的化学添加剂作为主要的破坏因素，以削弱发动机的性能。阻燃剂弹爆炸后不像泡沫弹那样大量地生成泡沫，而是形成烟云漂浮在车辆周围。当气溶胶云团被发动机从进气口吸入到发动机内部，发动机便立刻熄灭车辆便停止前进。阻燃剂弹能破坏发动机工作的原因，是阻燃剂能够吞食氧气，进入发动机内的空气由于已经脱氧而无法点火，持续时间较长，这使发动机处于窒息状态。

乙炔(C_2H_2)是人们比较熟悉的石油气，是水(H_2O)和碳化钙(CaC_2)接触后产生的一种可燃气体，乙炔燃烧时能发出明亮的火焰，焊工焊接金属件时就要用乙炔气。将乙炔压缩到一定程度，乙炔与空气混合之后遇到火花，即会爆炸。环境温度越高，爆炸就越猛烈。因此可以设计一种用乙炔作用的弹体，用来阻滞车辆的行驶。

乙炔弹是根据两种原理研制的。它的弹体设计与一般防爆弹的设计相似，只是要在弹体内分设两个单元，一个用于装水，另一个用于装碳化钙。弹体爆炸后，水与碳化钙剧烈反应产生大量乙炔气，乙炔气与空气接触产生爆炸性混合物。车辆发动机很容易将带有爆炸性混合物的空气吸入汽缸内，该爆炸性混合气体在气缸内高温高压环境下一旦被点火，就发生剧烈爆炸，如此一来发动机就很容易被乙炔气摧毁了。乙炔爆炸的猛烈程度十分惊人，按美国人的实验，一枚 500 g 重的乙炔弹就能炸毁一台坦克装甲车发动机，阻滞其前进，然而却对驾驶员和其他成员没有直接的伤害。因此准确计算出阻滞普通车辆机动的乙炔气体需要量，也还待更详细的研究。

乙炔弹的工作原理与吃氧阻燃剂的工作原理有异曲同工之处，但实现起来要简单得多，可见乙炔非常适合应用于阻车装备的发展，是一种良好的非致命武器材料，应当充分加以利用。

阻燃泡沫弹、吃氧阻燃剂弹和乙炔弹已装备美军。

第 2 节　人员阻滞技术

一、捕捉网

捕捉网是一种利用火药气体能量发射，通过撒网方式捕获目标的一种非致命武器。网体材料用一种拉伸强度高、质轻、抗撕裂的高级纤维丝制成，只要网罩在目标上就能限制其行动，使用者可轻而易举地收起网口捕获目标。捕捉网发射的形式多种多样，根据网体的大小发射装置可通过手持、肩扛发射，样式成手枪型、冲锋枪型、火箭筒型、警棍和手电筒型、有的甚至做成地雷触发式。它用于执法人员在追捕、伏击罪犯（见图 6－28）。同时，又可避免近距离接触，减少执法人员的伤亡。

图 6－28　捕捉网操作示意图

1. 手枪型捕捉网发射器

手枪型捕捉网发射器是一种便携式安全防暴网，在追捕目标时，通过手持击发，网体瞬间将目标罩住。根据结构分为单筒(见图 6－29)和双筒(见图 6－30)两种形式，这两种发射器的绝大部分零件相同，通用性强，净重分别为 1 kg 和 1.5 kg，网体面积 3.5 m×3.5 m，发射距离 12～15 m，发射次数大于 500 次。双筒结构可装多发防暴网，同时抓捕一个或几个目标，并有效避免或减少执法人员在执法过程中遭受歹徒的袭击。

(a)

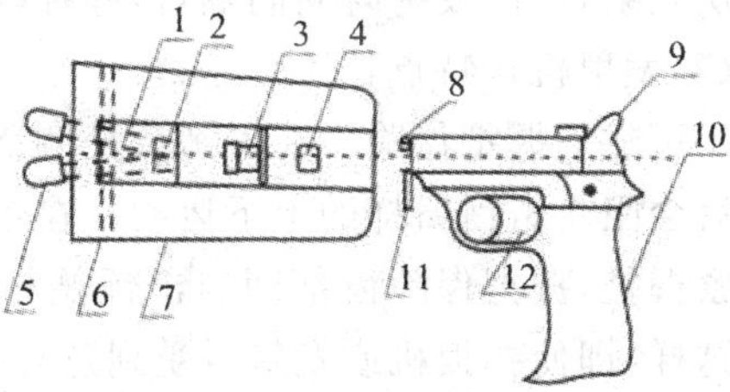

(b)

图 6－29 单筒捕捉网

(a)实物 (b)结构组成原理

1—发射孔 2—发射管 3—弹座 4—弹体 5—导引头 6—橡皮盖 7—网筒 8—击发腔 9—轮开关 10—手柄 11—弹座锁定开关 12—扳机

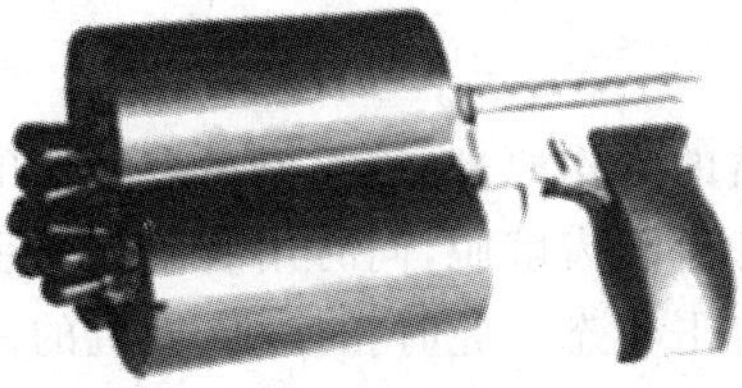

(a)

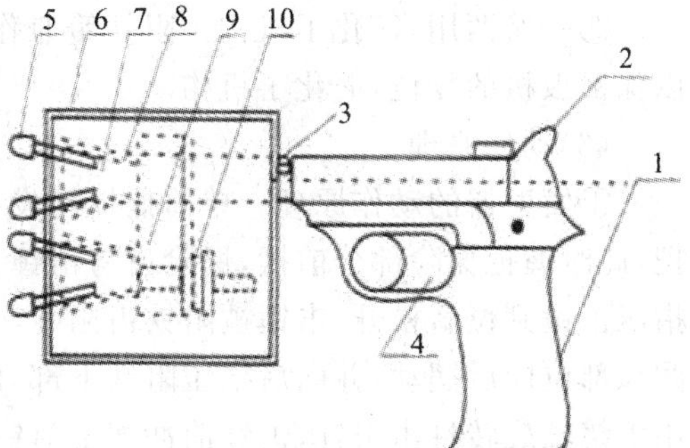

(b)

图 6－30 双筒捕捉网

(a)实物 (b)结构组成原理

1—手柄 2—轮开关 3—击发腔 4—扳机 5—导引头 6—组合网筒 7—发射孔 8—导引座 9—弹座孔 10—弹孔塞吸

(1)结构组成。单筒捕捉网主体结构由发射器和载网筒两部分组成。这两部分相互独立,使用时对插即可被卡扣锁住实现对接;反之,只要按一下卡扣即可分离,所以载网筒更换迅速方便。发射器采用手枪式击发机构,具有两道保险,使用时不会因失误操作而走火,具有很高的安全性。载网筒用于固定、装载网体,可重复使用,复装简单方便。网体由高强度超细纤维绳索制作,抗剪能力强。采用普通射钉弹作为抛网的动力,抛射距离大于 12 m,完全可以满足捕捉罪犯的距离要求。

双筒捕捉网发射器上同时装载两个载网筒,其优势在于:当第一个网发射出去后没有发挥作用或者发挥的作用不理想时,只需用手将载网板旋转 180°,即可进行二次发射,两次发射时间间隔短,捕捉威力大大加强。

(2)发射机构特点:

①可靠的握把保险。在击锤簧杆侧面有两个锯齿状凸起,它与握把保险齿部啮合后会阻止击锤簧杆的上下运动。在击锤处于击发位或待击发位时,只要不用力握紧握把,握把保险齿部即与击锤簧杆的锯齿状凸起啮合,阻止击锤簧杆的运动。这样,即使扣扳机或发射器受到意外撞击,均不能使击锤转动,从而可防止意外走火。

②可靠的击发保险。当载网筒后端装上了射钉弹,并与发射器连接好待用时,若不小心碰撞了击锤,也不会击发射钉弹,这是由于击发保险机构在起作用。击锤采用击发后回跳的结构,以击锤簧杆与击锤结合部位的几何形状保证这一功能的实现,回跳角为 7°左右。当击锤回跳 7°角并处于平衡状态时,扳机松开后,击锤不会向前摆动,从而确保了击发位保险功能的实现。

③一簧两用,简化了机构。阻铁簧兼作扳机簧,既可以保证阻铁的复位,也可以保证扳机的复位,简化了机构。

(3)动作原理:

①发射器的动作原理。单筒捕捉网发射器的动作原理:用手握紧发射器的握把,此时握把保险部分前摆,保险齿与击锤簧杆保险齿解脱,同时用右手或左手拇指压击锤到位后松开,击锤被阻铁齿阻住,呈待击状态。此时扣扳机,扳机的下方圆弧部位向后摆动,并向后推压阻铁下部,阻铁上端与击锤解脱,击锤在击锤簧作用下绕轴旋转打击击针,击针前冲撞击射钉弹边缘发火,至此完成一个击发动作过程。释放能量后的击锤在击锤簧杆上端两个支点的作用下,处于平衡状态,此时击锤自动后仰约 7°,击发后,击针在其簧力的作用下后移,前端缩回发射器前端面。

与单筒捕捉网相比,双筒捕捉网的最大特点是可快速抛出两张网。抛第二张网时,只需用手将载网板旋转 180°,去掉前端盖,压倒击锤就可以发射了。卸掉载网筒的方法是用手指按压卡扣,另一只手即可拔掉空载网筒。

②网体发射的动作原理。使用时，首先揭开载网筒前端的密封盖。当射钉弹的底火被撞击并引燃发射药后，高温高压火药燃气吹开前端收口并进入气室中，气室通过4个气道将高压气体喷出，在气道的终端插有带密封环的网坠，通过高强度的细绳索与网体相连。当火药燃气将网坠按固定的4个方向吹出后，4个网坠呈盘形散布拉着网体向前张开，卷曲在载网筒内的网体被拉出，在抛射过程中逐渐展开并网住目标。

2. 自动抛射网捕捉系统

自动抛射网捕捉系统能够自动发射出面积达5 m^2 的网，罩在目标上能有效地限制目标的行动，可快速方便地捕获目标。捕捉网平均展开速度大于28 m/s。该系统采用自动感应装置，以确保能够快速准确地释放捕捉网并罩住目标。

在走廊或楼梯口等必经之路装上一组自动抛射网捕捉系统，将对这幢建筑物的全面安全起到非常重要的作用。在捕捉网内还可以加装OC喷射装置，以防止被捕获的目标挣脱捕捉网而逃走。

抛射网捕捉系统向目标发射出捕捉网的同时开始报警，并指示出其所处位置。即使目标能从网中挣脱出来，但因失去了逃离控制区的最佳时间，也会被赶来的保安人员抓获。

最初，自动抛射网捕捉系统是在限制区、商业大厦和私人住宅等场所用于防止小偷、非法进入者和有犯罪企图的人进入而研制的，满足了普通市民和社会团体的需求。后来，经改进成为一种备受青睐的警用武器。

3. 手持式捕捉网

德国综合技术制造公司生产的产品包括手持肩射式(RSL)、固定式及手发式。警察无论是追捕逃犯还是与有攻击能力的危险组织对抗，捕捉网抛射器都能提供一种适当的可选择的方式以对付潜在的致命威胁，从而减少了发生正面冲突的机会。

手发式捕捉网抛射器质量不足1 kg，使用方法同警棍和手电筒，单手握持使用(见图6-31)。它是利用9 mm空包弹击发后产生的高压气体来发射出面积达25 m^2 的捕捉网，捕捉网的作用距离为2～4.5 m。捕捉网在空中运动的平均速度为30 m/s，所以从发射到网完全张开再到罩住目标时间不超过1 s。依靠网周边的重块使其张开呈2.5 m×2.5 m的方形网口，然后利用其飞行的弹道特征罩在目标上。

另外，根据需要，在网上还可以加装一个OC喷射器，能喷射出使人失能或致晕的化学物质，以防止目标逃脱。

捕捉网是用一种拉伸强度高、质轻、抗撕裂性能好的高级纤维丝制成，网格宽

70 mm。只要网罩在目标上就能限制其行动，使用者可轻而易举地收起网口捕获目标。

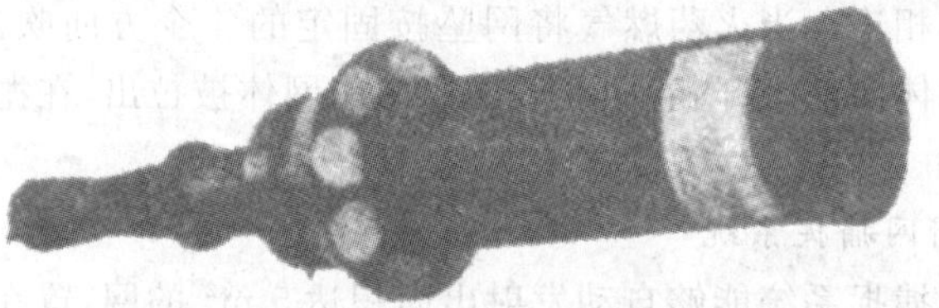

图 6－31 德国手发式捕捉网抛射器

发射前，将一发 9 mm 空包弹装入发射器的前端，并将预先准备好的网柱旋入发射筒内。向后拉发射器尾部的芯线，使触发环与阻铁相扣合，并压紧复进簧。通过旋转发射器上的触发环可调整发射器的发射和保险状态。

发射时，只需将发射器对准目标的胸部击发，即可准确无误地网住目标。捕捉网在飞出 2.5 m 后完全展开，飞行过程中的最大速度可达 47.2 m/s。4 m 后速度降至 2.8 m/s，4.5 m 后将失去作用。

图 6－32 是一种肩射式捕捉网系统，外形很像步枪，它从弹筒中发射出 4 个很重的球，每个球支出一个面积为 8 ft^2 的尼龙网，这种网在距目标 45 ft 的范围内，在飞行过程中捕捉网不断扩展(见图 6－33)，可涵盖大片的区域，可有效捕捉一个目标，直径 4 in 的尼龙网张力达 200 lb，嫌犯即使用刀也切不断。

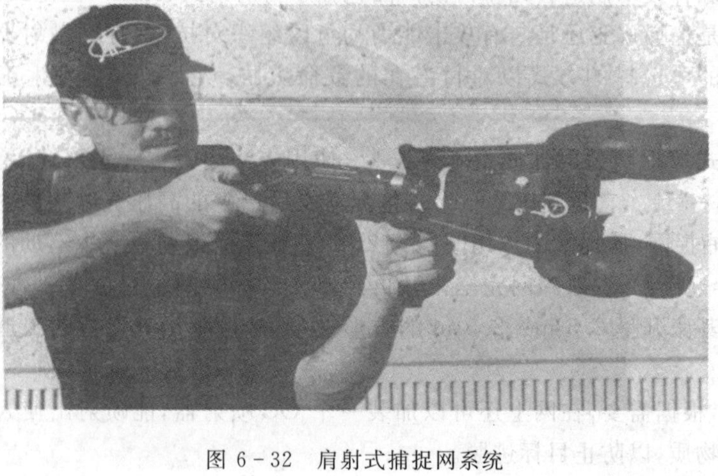

图 6－32 肩射式捕捉网系统

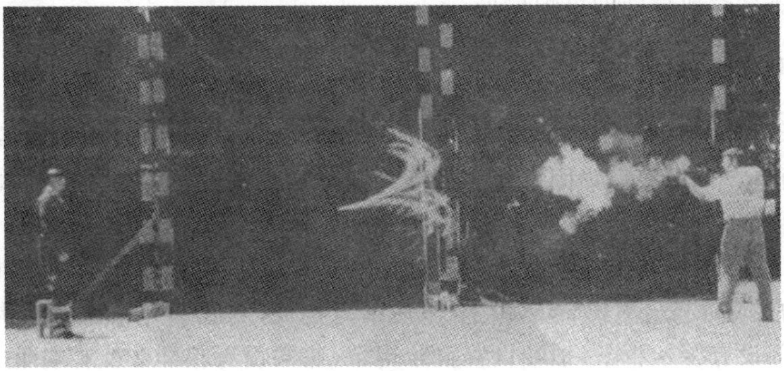

图 6-33　捕捉网飞行过程

4. 网弹

福斯特·米勒公司为美国国防部先进研究计划局(DARPA)和陆军装备研究与发展过程司令部(ARDEC)研制了 Grab 系列网弹，既可针对人员，也有针对物体。一系列用普通 37～40 mm 口径武器发射的非致命性缠绕网弹药，其有效作用距离可达 30 m，时间仅需 0.1 s，使用这种网弹捕捉目标动作简单、安全可靠。在边境执行任务时，当警报响起，便可使用车载或远程的 Grab 网弹在一定的地域内设置好以捕捉偷渡者。该网弹除用 37 mm 口径系列气枪发射外，还可用 2.7 in 火箭、MK765 炸弹以及与 M203 榴弹发射器匹配的 40 mm 弹药发射。这种小型弹药所携带的网体体积为 8 ft，有效范围达到 90 ft。针对人员最大的网能够捕捉 3～4 人，射程可达 100 ft。为了增加被困者解脱的时间，设计了一种黏性化学物质加在网上，收网时，将一种独特的物质喷洒在黏性物质外层，网就不会粘在一起。

电磁技术与网结合在一起，即成为另外一种反人员系统。很细的电线可与尼龙纤维联结在一起，电线接上电瓶以后，即对网内被捕人员产生相当大的电击，电击的时间和电压事先设定，这种形式可以探测网内人员的挣扎行为，人员要逃走时再往内产生电击。

5. 地雷网

地雷如果不是射出弹片，而是用来布网，那么就属于非致命武器。美国佛斯特尔一米勒公司正在试验新型“克莱莫”杀伤地雷和新型“跳跃贝蒂”地雷。经历过越战的士兵很熟悉，“克莱莫”地雷在爆炸时产生很多小碎片，既可用以展开伏击，也可用以阻挡大批敌人的攻击。新型“克莱莫”地雷向敌人射出的不是碎片，而是一张黏性的网。“跳跃贝蒂”是一种能够跃起来在齐腰高的空中爆炸的地雷。新型“跳跃贝蒂”地雷在跳起来之后射出的是一张网。这两种新型地雷都能迟滞或牵制敌人,但不会造成爆炸的可怕后果。

二、防暴阻截网

防暴拦阻网是处置突发事件及进行反恐行动时进行人员拦阻的重要手段,具有结构简单、布障迅速、坚固可靠等特点。同时展开宽度可根据需要增加片数,满足使用要求。

图 6-34 是一款防暴阻截网,主体结构由 3 mm 厚高强钢板一次性冲孔形成,单片结构尺寸 1.5 m×2.5 m,由上、下两部分构成,网底端为锯齿状结构,下部为钢板,中部设有警示板条,顶端设置狼牙钢条,底端设有狼牙和支撑杆底部的狼牙板,并装有移动轮及把手,通常情况下是多片连接组合使用,设有软、硬两种联结方式,以满足需要的布障宽度。支架系统的长度及支撑点可以随意调整。

图 6-34 防暴阻截网

图 6-35 是另一种镇暴阻隔网,是为拦截人群冲撞,阻止行进及攀爬翻越专用屏障,可用于暴动现场人群阻隔、事故现场隔离、道路施工和重要出入口阻拦等。由于网体上装有滚轮,操作不需任何机械动力,便于拖拉,简单快捷,单元之间连接为链式组合,最适于街道全宽封闭。

这种阻隔网屏障为网式,每一个单元网网重 62 kg,高为 2.35 m,宽为 1.2 m,网丝直径 ϕ3.5 mm,网孔尺寸 30 mm,选用菱形网圆管框架结构。网的直立是靠底座框架和斜支承来保证。每一单元底座铺菱形网,暴动人群一侧底座长 950 mm,人群站在距网墙 950 mm 以外对网墙无法实施有效推力,若靠近网墙因人体站在网面上更无法将网墙推动。

图 6－35　镇暴阻隔网

1. 布网方法

(1)将装有滚轮的一扇网着地，滚轮端在防守一侧。松开滚轮附近的螺钉后将立网稍向后拉动 10 cm 然后抄起一个角度，先将针刺露出，针刺露出的方法是:拉针杆中段的弹簧柱销回转针杆 180°使针刺露出，柱销找准插孔销柱针杆使其固定。

(2)继续抄起立网使其与地面呈 90°时，将两根长方形支杆从内回转出去后再将立网回落到双手可以抽拉状态，然后将其向后拉到终点位置再将网立起安放两个支杆上穿钉，将穿钉端头的偏心柱转动 180°使其不能自行退出铰链。

(3)锁紧立网与底座连接套管上的元宝螺钉使导杆不能在套筒内抽动。

(4)每个网右立柱上装有铁链，当长线布防时，需将若干网并排呈一字形。然后上中下 3 个位置将两立柱用铁链捆着并装快速连接环。

2. 收网方法

(1)打开铁链上的连接环，松开铁链使阻隔网呈独立单元。

(2)松开立网与底座连接套管上的元宝螺钉。

(3)将支杆与立网连接铰链上的偏心头销钉拧成同心，即可抽出销钉。

(4)向后回转支杆并放下。

(5)将立网向后回转成两手可推拉状态，先将针杆回转 180°使针刺朝向网内。

(6)向前推立网略至终点，再将立网回转与地面呈 90°后将两支杆收回网内并入卡槽，推立网至终点然后平放立网待定位板入槽后将螺钉拧紧。

三、反人员阻滞剂

反人员泡沫剂是一种由发射装置发射的化学黏稠剂，可形成非常稠密、透明和强力的泡沫胶，将人员包裹起来，使被包裹的人员无法听见外界的声音，也无法行走，丧失了作战能力。“太妃糖”枪（见图6-36）就是一种发射化学黏稠剂的喷射装置，当化学黏稠剂喷射到人体后，与外界空气充分接触，迅速凝固，形成十分黏稠的胶状物质，将人员牢牢地粘在一起（见图6-37），使其无法行动。反人员“斗士网”这种非致命武器是一张涂满强力胶的细丝网，可通过发射装置将细丝网射向人员，并将人体罩住，靠强力胶将人体牢牢粘在一起，使其无法行动。美国海军陆战队针对这种武器，在营区（见图6-38）和前往索马里途中的军舰上多次演练。据悉，在索马里的摩加迪沙，美国军队就使用了“太妃糖弹”和“肥皂泡喷枪”，只要用挎在肩上的喷射器喷洒，就能够立即把人粘住，使之动弹不得。

图6-36 便携式黏性泡沫喷洒器

图6-37 胶黏剂作用人员

一种可迅速设置的反人员阻滞装置通过发展强力纤维来实现，阻滞装置是简易双容器，一支装有六氨基已烷（溶解于液态二氧化碳内），另一支装有己二酸（溶于调压水中）。在使用时，这两种化学物质在压力下结合在一起，然后在目标上空放射出一种很细、很长的聚合纤维。涵盖范围依压力加以调整，不过，距离可超过100 ft。喷嘴只要轻轻转动一下，一张网立即形成。这种化学系统比做好的网要好，因为可以调整，以便用于最有必要的地区。

图 6－38　美国海军陆战队在加里福尼亚州 Pendleton 营区演练黏性泡沫的操作和使用

第 7 章　激光非致命技术

激光武器是直接利用光能、热能、电能、化学能或核能等外部能量来激励物质(如光照加热、放电、化学反应或核反应),使其产生受激辐射,形成方向集中、单色性好的光束辐射能量来摧毁目标、杀伤人员的一种定向能武器。随着激光技术的不断发展,各种激光武器如雨后春笋不断涌现,激光非致命武器就是其中之一。激光非致命武器是利用激光技术发射低能激光束,对目标产生较低的功率密度照射,造成局部受热,从而使有生目标暂时致盲或使装备中的光电器件毁坏。由于激光非致命武器质量小、能量可控、便于携带、对人员不会产生永久性伤害,迅速成为各国积极角逐的新领域武器。常规枪支、车辆、飞机、舰艇都可成为激光非致命武器的应用平台。

第 1 节　激光技术概述

一、基本理论

激光武器是利用激光束直接攻击目标的定向能武器。根据激光束本身的特点,它主要有以下特征量。

1. 定向增益系数

由于激光有很强的方向性,使得有可能在一定距离处的靶目标上得到高的能量密度。由于方向的集中带来的目标处能量密度的增加,称为定向增益。

对于一个非定向的、各向同性的光源,离光源距离 Z 处的平均能量密度为

$$\varepsilon_0 = \frac{E}{4\pi Z^2} \tag{7-1}$$

式中,E 为光源的总能量。

对于一个定向的光源,若其发射半角为 θ,则到距离 Z 处,光斑只是一个半径 $a = Z\sin\theta$ 的光斑(见图 7-1)。

其能量密度为

$$\varepsilon_1 = \frac{E}{\pi a^2} = \frac{E}{\pi (Z\sin\theta)^2} \approx \frac{E}{\pi Z^2 \theta^2} \tag{7-2}$$

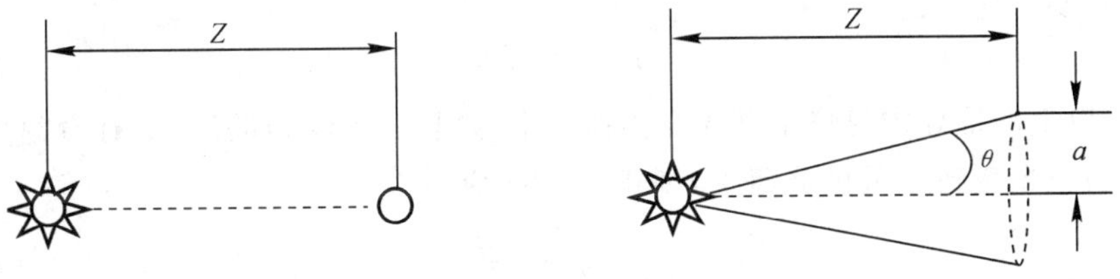

图 7-1　定向光源的光斑

则定向增益系数可定义为

$$G=\frac{\varepsilon_1}{\varepsilon_0}=\frac{4}{\theta^2} \tag{7-3}$$

对光束质量较理想的激光，其发射半角有衍射极限角决定，其数量级为

$$\theta\approx\frac{\lambda}{d} \tag{7-4}$$

式中，λ 为 1 μm，而 d 为 1 m，则 $\theta\approx10^{-6}$，因而 G 值量级可达 10^{12} 之高，这就是激光定向能武器的诱人之处。

2. 亮度

若靶目标被破坏的能量密度阈值为 q，为了实现非致命效应，必须满足的条件是

$$\frac{E}{\pi a^2}=\frac{\bar{P}\tau}{\pi a^2}\leqslant q \tag{7-5}$$

式中，E 为到达靶面的激光总能量；$\bar{P}$ 为激光的平均功率；τ 为激光作用时间。

应用式(7-5)时应注意，如果激光器作用的不是有生目标，而是光电设备，则式子应大于等于能量密度阈值 q。

由 $a\approx Z\theta$，则式(7-5)可改写为

$$\left(\frac{\bar{P}}{\pi\theta^2}\right)\cdot\frac{\tau}{Z^2}\leqslant q \tag{7-6}$$

式(7-6)括号中的量是代表激光武器效能的重要特征量，可用字母 B 表示为

$$B=\frac{\bar{P}}{\pi\theta^2}\approx\frac{\bar{P}d^2}{\pi\lambda^2} \tag{7-7}$$

B 是单位立体角内的功率密度，单位为 W/sr，它取决于激光的平均功率和发散角的大小，代表激光武器的火力水平。需要说明的是，按我国的法定计量单位，式(7-7)所表达的以 W/sr 为单位的物理量，称作辐射强度，它用于描述点辐射源的辐射强度；而辐射亮度的单位是 W/(sr · m²)。这是参照国际上的提法，作为定向能的一个特征量，将式(7-7)定义的物理量 B 称作亮度。为使 Z 处的目标不受

到损坏,要求亮度:

$$B \leqslant Z^2 q/\tau \tag{7-8}$$

在以上的推导中忽略了激光在传播途中的损耗,若经损耗后,只有份额为 $\eta(\eta<1)$ 的激光达到 Z 处的光斑上,则式(7-8)应写为

$$B \leqslant \frac{Z^2 \cdot q}{\tau \cdot \eta} \tag{7-9}$$

暂取 $\tau=1\ \mathrm{s}, \eta=1$,表 7-1 中给出了不同距离 Z、不同破坏阈值 q 情况下,为了实现非致命效应,亮度 B 的阈值。

表 7-1 激光非致命武器的亮度阈值

Z/km	B/(W/sr)		
	$q=10\mathrm{J/cm^2}$	$q=100\mathrm{J/cm^2}$	$q=1000\mathrm{J/cm^2}$
10	10^{13}	10^{14}	10^{15}
100	10^{15}	10^{16}	10^{17}
100	10^{17}	10^{18}	10^{19}

若 τ 可延长 10 s,则亮度 B 的阈值可降低一个数量级。

3. 目标功率密度

设激光器波长为 λ,输出功率为 P_1,激光发散角为 θ,到目标相对距离为 R,激光束到达目标表面上的功率密度,则可表示为

$$p_s=\frac{0.838P_1}{\pi \cdot \frac{D_g^2}{4}}=\frac{0.838P_1}{\pi \cdot \frac{(D+R \cdot 1.22\beta\lambda/D)^2}{4}} \tag{7-10}$$

式中,0.838 为分布在艾里斑第一暗环内部的光能百分比。目标处功率密度与发射功率成正比,与作用距离成反比。

当激光功率密度 p_s,达到目标的破坏阈值 p_{th} 时,才能产生破坏效应。原则上讲超过越多,目标的损伤就越大。目标上光斑直径 D_g 越大,越容易瞄准跟踪,而且在 $p_s>p_{th}$ 前提下,目标被破坏的范围越大。如果要求 p_s 和 p_{th} 同时都大,就必须要求激光束的功率 P_1 足够大,这是当前激光器难以满足的。在功率密度不低于 P_{th} 的前提下,通过减小波长,提高光束质量,加大主镜直径等办法是有可能做到增大功率密度的。减小 λ,就是采取短波长激光,但大功率短波长激光器现今尚未成熟,因而现在普遍采用的办法是提高光束质量,即减小 β 值和利用大口径望远镜,即增大 D。

4. 跟瞄能力

描述跟瞄能力的主要指标量为跟瞄速度和跟瞄精度。激光束跟踪目标的精度与速度取决于伺服系统跟踪目标的精度与速度。设目标空间运动角为 α，伺服系统跟踪方位角为 A，俯仰角为 E，则

$$\alpha = A\sec E \tag{7-11}$$

而激光束跟踪角即目标空间运动角 α，所以在俯仰角 E 一定的情况下，伺服系统的方位跟踪精度和跟踪速度是决定干扰效果的重要因素。

5. 驻留时间 T_c

驻留时间 T_c 为激光辐射目标时间，跟瞄精度越高，平台与目标的相对速度越小，光束在目标上的驻留时间越长。为了保证攻击效果，在同等功率密度的情况下，要提高驻留时间，就要提高跟瞄系统的跟瞄精度和跟瞄角速度。

相对距离越大，驻留时间越长。这是因为相对距离越远，激光光束到达目标上的光斑直径就越大，所以，激光照射在传感器表面上的累计时间即驻留时间就越长。但此时由于光斑直径大，目标处的激光功率密度就会随之降低，所以不能一味追求长的驻留时间。

二、激光武器特点

1. 攻击速度快

激光武器发射的是 3×10^8 m/s 的光速飞行的“光弹”——激光束，它比普通枪弹 0.7 km/s 的速度快 40 万倍，实现了真正意义上的“指哪打哪”。

2. 射击精度高

激光武器射击时不需要提前量，只要预警能提供适当的作战准备时间(约几秒)，就能把能量高度集中的光束以光速直接射向目标，瞬间命中。激光武器是用光束进行攻击，遵循光线的直线传播规律，能实现光学瞄准轴与射击束“严格”同轴，使瞄准环境与射击环境处于“全同”状态，可做到“指哪打哪”。而用运载弹药攻击的武器，都存在弹药装药误差、测距误差和飞行环境变化等因素带来的飞行弹道误差，使其难以精确打击。并且，激光可形成十分狭窄的光束，精确地对准某一方向，可以选择攻击目标群中的某一目标，甚至击中目标上的脆弱部位。

3. 射击频率高，转移火力快

激光武器射击频率很高，射击速度每秒钟可达 1 000 次左右，比普通冲锋枪与机枪进行单发点射的速度快千倍，而且不受电磁干扰。由于光束基本上没有重量，因此它可以控制射速，快速转换攻击方向，即使在高速飞行的飞行器上向任何方向射击，也不会因飞行惯性而影响其有效性和精度。

4. 理想的"干净武器"

激光武器属于非核杀伤,无论对地面还是对空气,都不会产生放射性污染。

5. 造价较低,效费比高

激光武器的发射主要是消耗化学物质和电能等。就目前而言,其使用成本仅仅是起相应作用的导弹成本的百分之一。若以电能作能源,发射1万次致盲激光束或破坏光电器件的激光束,仅耗一度电,这显然比10 000发枪弹成本低得多。激光武器对激光器件的功率、光束亮度及质量的要求都相对较低。其光电装置的传感器,一般平均输出功率只需1~10 kW。随着激光武器技术的发展,激光武器的使用成本还会大幅度下降。

6. 抗干扰能力强

激光武器一旦发射,电磁等干扰系统对光束的飞行过程不起任何干扰作用。而导弹、制导弹药等,在攻击的过程中容易受到电磁干扰系统的影响,使其偏离攻击目标。另外,激光轻武器还具有无后坐力、无声响、隐蔽性好、便于携带、作战距离远(一般为10 km左右)等优点。

激光武器的弱点是:在大气层使用时,云、雾、雨及烟尘会影响激光的有效传输,因而其效能不是全天候的,需要与其他武器配合使用,才能发挥其所长。

三、激光武器分类

激光武器按功率大小可分为低能激光武器和高能激光武器;按作战用途可分为战术激光武器和战略激光武器;按位置和作战使用方式又可分为天基、地基、机载、车载和舰载激光武器。

1. 低能激光武器

按照美国国防部的定义,平均输出功率小于20 kW或每个脉冲的能量小于30kJ的激光武器称为低能激光武器。其作战对象是破坏各种武器装备的传感器,暂时致盲/致眩对方人员的眼睛。一般可分为两大类:致盲/致眩人眼型激光武器和致盲传感器型激光武器。

根据对激光器的要求不同,低能激光武器的大小有很大差异。工作在可见光频段一个或多个波长上的简单致盲人眼的激光武器通常是便携式的,价格也比较便宜。这种小型激光器可以装在火控系统的瞄准具中,用于近战攻击敌方指战员的眼睛。据悉,仅美国就有十余种致盲人眼的战术激光武器。

如果目的是对抗或摧毁远距离的光电传感器,则通常需要一个相对庞大而沉重的激光系统,这种系统必须用各类战车运载。

低能激光武器是重要的光电对抗装备。它仅需采用中、小功率激光器件,技术较简单，能干扰、致盲甚至破坏导引头、跟踪器、目标指示器、测距仪、观瞄设备等，并可损伤人眼，在战场上起到扰乱、封锁、阻遏或压制作用。目前各国均在积极发展此类激光器，现已开始装备部队，主要用于干扰和致盲较近距离的光电传感器，以及攻击人的眼睛和一些增强型观测设备。俄罗斯轻武器专家采用最新的半导体技术和曲线光学技术，为特种部队研制出了一种微型激光武器，这种新型武器可广泛用于特种部队作战、反恐作战和维和行动。俄罗斯特种兵在车臣战争中用此低能激光武器致使武装匪徒瞬间瘫痪，被劫持的绑有手榴弹的女记者成功被救，这是激光武器首次用于实战。

(1)激光干扰武器。用激光照射导弹引信或光电侦察、通信、指挥、控制装置等，使之过早引爆或功能失控。激光干扰武器包括角度欺骗与距离欺骗两种技术，欺骗干扰机的作战对象是敌方的军用激光系统，通常用于保卫固定或机动目标。

(2)激光致盲武器。激光致盲武器以战场作战人员的眼睛或可见光观瞄设备为主要作战对象，以致眩、致盲或压制其正常观察为主要作战目的。激光致盲武器将通过影响战场作战人员视觉而对其造成强大的心理压力，使其贻误战机，或遏制其作战能力的正常发挥。激光致盲武器是一种新概念非致命性武器。

2. 高能激光武器

高能激光武器是指能量以激光辐射方式定向作用至作战目标或作战区域的一种定向能武器，在各种新概念武器中其相对发展比较成熟。目前的高能激光武器主要是指连续波或重复频率脉冲时间特性的高能激光武器。

高能激光武器是利用高能量密度射束替代常规子弹的新一代武器，是武器装备发展历程中继冷兵器、火器和核武器等之后又一个重要的里程碑。这类武器所特有的以光束作战的迅速反应能力，外科手术式杀伤的高效费比作战方式，以及特别适于反卫星和破坏敌方信息系统等阻止敌方获取信息的能力，使其成为适应 21 世纪信息化高技术战争的、具有划时代意义的新一代主战兵器。

目前正在研制与发展的高能激光武器有战略防御激光武器、战区防御激光武器和战术防空激光武器。

(1)战略防御激光武器。战略防御激光武器包括天基战略防御激光武器和地基防御反卫星激光武器。

天基战略防御激光武器的作战目标为助推段的战略导弹、军用卫星平台和高级传感器等。它可用于遏制由携带核、生、化弹头的弹道导弹所造成的可能不断增长的威胁。

天基战略防御激光武器装在卫星、宇宙飞船(如有人飞船)、宇宙空间站上，实施空间防御或进攻，用以摧毁敌方的各种军用卫星、洲际弹道导弹等。

地基防御反卫星激光武器用于反低地轨道卫星，能干扰、致盲和摧毁低轨道上的敌方军用卫星。

(2)战区防御机载激光武器。战区防御机载激光武器主要用于从远距离(远达600km)对战区弹道导弹进行助推段拦截，从而使携带核、生、化弹头的弹头碎片落在敌方区域，迫使攻击者放弃自己的行动，起到有效的遏制作用。

战略防御天基激光武器和战区防御机载激光武器均具有助推段弹道导弹拦截能力。实施助推段拦截具有如下优势：①发动机正在工作，喷出的火焰易于探测；②此时导弹飞行速度相对较慢，弹头没有分离，也没有释放诱饵，易于跟踪、瞄准与拦截；③助推段一般位于敌方境内，拦截后弹体碎片，特别是携带的核、生、化弹头的弹头碎片将落在敌方区域，不会对防御方造成附加损伤；④助推段拦截是“巧破坏”，破坏阈值比攻击导弹战斗部的破坏阈值至少低一个数量级以上。

(3)战术防空激光武器。战术防空激光武器可通过毁伤壳体、制导系统、燃料箱、天线、整流罩等拦截大量入侵的精确制导武器。将激光武器综合到现有的弹炮系统中，可弥补弹炮系统的不足，发挥其独特的作用。这种弹、炮、激光三结合的综合防空体系，可用于保卫指挥中心、重要舰船、机场、重要目标、重要区域等小型面目标和点目标。目前发展的主要是车载和舰载激光武器。

第2节　激光武器的结构与原理

一、激光武器的组成

激光武器因其用途不同而有不同的结构，随具体作战要求的不同会有很大变化，但都包括最关键的几个部分。如激光器、目标搜索与粗跟踪系统、精密瞄准与跟踪系统、光束控制与发射系统、自适应光学系统、信息处理系统等。

1. 激光器

(1) 激光器基本构成。激光器是激光武器的核心部件，能产生作用目标的激光束，基本构成如图7-2所示，主要包括激活介质、激励装置和谐振腔三大要素。激活介质要有适当的能级结构；激励装置的作用是实现粒子数反转；谐振腔的作用在于使辐射出来的光往返振荡，多次放大(增益)，达到一定值时，通过窗口引出。同时谐振腔还对振荡光的频率起限制作用。按照谐振腔理论，谐振腔的共振频率$f=mc/(2nL)$(式中m为正整数，c为光速，n为折射率，L为腔长即反射镜间的轴向距离)。只有与谐振腔的共振频率相匹配的光,才能在腔内形成振荡,从而限制腔内光振荡的模式,使输出激光的单色性比其他光源都好。

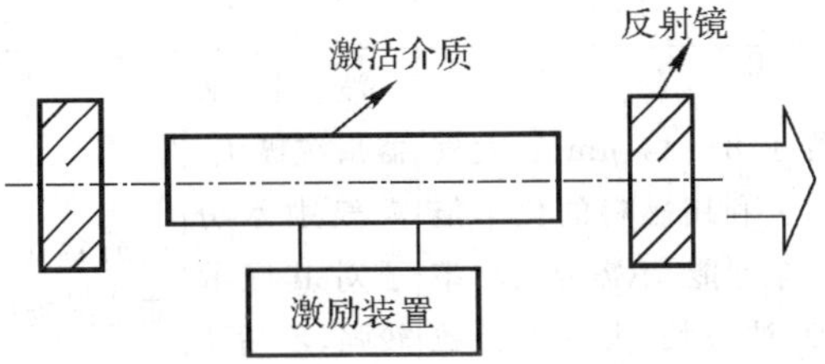

图 7-2　激光器基本结构

(2) 激光武器对激光器的要求:

① 波长适当。对大气层内作战的激光而言,波长必须是处于大气传输的窗口之中,即在大气中的消光系数小(包括吸收和散射)。在此前提下,波长 λ 适当的短是有利的,因为激光亮度 B 与波长 λ 的平方成反比,波长偏长的激光作战距离有限;另一方面,波长也不宜过短,一是因为 $\lambda < 0.4\ \mu m$ 时,大气分子散射会严重影响激光传输;二是因为大气湍流对远场光斑的扩束因子反比于 $\lambda/5$,尽管不甚敏感,但波长太短仍是不利的。在大气层外作战的激光武器,可不受大气窗口的约束,为了远距离作战,波长短是有利的。

②效率较高。能达到较高的平均功率和好的光束质量。此外,还应有较高的效费比,能达到实用化(包括稳定性、方便操作、小型化等)。

激光器的种类较多,有固体激光器、气体激光器、半导体激光器、化学激光器、染料激光器、自由电子激光器等。根据这些要求,CO_2 激光器虽较成熟,但波长太长(10.6 μm),作战距离十分有限,功率低;HF 化学激光器波长约 2.71 μm,大气吸收严重,不能用于地基(含舰、机载),但可用于天基作战;自由电子激光器虽有独特的优点,但目前成熟度较差,达到高平均功率和短波长的问题尚未解决;氙灯泵浦的固体激光由于效率低、热效应大,难以发展成为高平均功率器件。

DF 化学激光较为成熟,$\lambda = 3.8\ \mu m$,已用于激光武器的试验研究,HF 泛频激光器波长适当($\lambda = 1.3\ \mu m$),但其选频效率和定标到高平均功率的潜力尚待验证。二极管泵浦固体激光器是一个受到国际上注意的研究方向,有潜力发展到高平均功率。氧碘化学激光是目前实现的最短波长的化学激光,波长 1.315 μm,适合大气传输,原理上和试验上均已证明了它发展到高平均功率和高光束质量的可行性。部分激光器的基本性能见表 7-2。

表 7－2　部分激光器的主要性能及军事应用

器件名称	波长/μm	优　点	存在的问题	军事应用
二氧化碳激光器	10.6	位于 8～14 μm 的大气窗口。利用燃料的化学能作为泵浦能，不需要大功率电源，波长长，大气中粗粒子对其散射小	波长长，武器系统庞大。大气中水分子对其吸收较强，不适于舰载或潮湿地区使用	适合在尘土飞扬、硝烟弥漫的陆地战场中使用
氟化氘化学激光器	3.8	位于 3～5 μm 的大气窗口。利用燃料能作为泵浦能，不需要大功率电源。不易被大气中水分子吸收		适用于在海上和潮湿地区使用，也适于陆地战场使用。美海军和陆军正在准备将其装在军舰和装甲车上
氟化氢化学激光器	2.7		易被大气强烈吸收，不能在大气中传输	适于在空间使用。美弹道导弹防御局正在发展“阿尔法”氟化氢天基激光反导武器，用于拦截助推段的弹道导弹
氟化氢泛频化学激光器	1.35	位于 1～3 μm 大气窗口。波长短，发射系统小，与目标耦合系数高		适于地基、机载使用，美国正在研制功率 100 kW 的机载装置
氧碘化学激光器(COLL)	1.315	位于 1～3 μm 大气窗口。波长短，发射系统小，与目标耦合系数高		适于地基，尤其是机载使用。美军正在发展机载反导激光武器，用于拦截助推段的弹道导弹
二极管泵浦激光器(DPL)	1.06	位于 1～3 μm 大气窗口，可制成小型、全固体器件	功率尚不够武器级	新一代正在发展中的高能器件。美军正在利用它发展小型无人机机载激光武器
自由电子激光器	1～10	波长连续可调，可选择使用与目标耦合效果最佳、大气传输性能好的波长	功率尚不够武器级	新一代正在发展中的高能器件，美国 SDI 计划曾将其作为重点发展器件。由于具有潜在优势，可能发展为未来使用的后备激光器

(3)激光器发展趋势。军用激光器经过 30 多年的发展,正成为实用武器,目前面临的主要挑战是如何把激光器系统集成进对重量和体积敏感的飞机、地面车辆和舰船上。美军自 20 世纪 70 年代开始发展激光武器技术以来,研究与发展工作的三个重点是提高激光器的平均输出功率,改善光束质量和使系统小型化、轻量化。从目前的发展来看,平均输出功率和光束质量已达到了实战的要求。氟化氘(DF)/氟化氢(HF)化学激光器系统和氧碘化学激光器的平均输出功率已达到 MW 级,并具有优良的光束质量。陆军的固体热容激光器的输出功率已达 29 kW,采用腔内自适应光学系统有望使光束质量达到 1.5 倍衍射极限。空军的 Nd:YAG 激光器输出功率也达 100 kW,工作时间达 300 s,从诺斯罗普·格鲁曼公司以往在大功率固体激光器系统中采用受激布里渊散射池校正系统畸变的效果来看,使光束质量小于1.5倍衍射极限不成问题。

重量和体积是决定激光系统能否被部署到战场上的重要因素,尽管通过提高激光器的效率、采用非冷却高功率光学部件、采用复合材料和陶瓷材料制作激光器的零部件和使压力恢复系统小型化等措施,已使激光器在小型化、轻量化方面取得了许多进展,但即使是成熟的化学激光器,要把它集成进武器平台仍面临巨大的挑战。陆军开发的战术高能激光系统(采用 DF 化学激光器)已成功地拦截了火箭弹、火炮炮弹和迫击炮弹,但整个武器系统重 180 t,运输时要装 8 个集装箱。现在为了机动化要把它缩小到原结构的 1/5 装在车上遇到了麻烦,由于陆军担心系统太笨重,已决定终止机动战术高能激光计划,空军的机载激光计划已研制出 MW 级的化学氧碘激光器,但要把它集成进改装的波音 747 货机仍面临挑战。若按原计划要将 14 个模块装入飞机,那可能还需要一个长期的小型化、轻量化的过程,下一代的固体激光器虽然比化学激光器小得多,但为了保持激光器的冷却,需要十分笨重的气体、液体和喷雾装置,所以要把固体激光器集成到喷气战斗机和无人作战飞行器,在相当长的一段时间内仍然是一大难题。

2. 精密跟踪瞄准系统

精密跟踪瞄准系统是激光武器的眼睛,它可以精确的跟踪瞄准被打击的目标,能快速引导激光束对准目标射击,并判定杀伤破坏效果,由于激光武器是靠激光束直接击中目标并在目标上停留一定时间而产生杀伤破坏效果的,所以对跟踪瞄准的速度和精度要求都很高。但是,激光发射系统与目标距离很远,目标具有运动速度,背景还会有干扰,而且激光光斑在目标具体部位停留一定时间(≥10 ms)才能达到预期毁伤效果,这些因素决定了激光武器的跟踪瞄准系统要对目标有很强的捕获能力、跟踪能力,跟踪角误差精度要达到微弧度量级,因此要提高红外跟踪、电视跟踪和激光雷达等光学跟踪设备的跟踪角速度和角加速度,减小跟踪误差和瞄准误差，同时光学平台的稳定性也是关键。

3．光束控制与发射系统

光束控制与发射系统相当于激光武器的神经中枢，它的作用是根据跟踪瞄准系统提供的目标位置、距离、方向，将激光束准确地发射到目标上，并力求达到百发百中。它的主要部件是反射率很高并且耐强激光辐射的大型反射镜。高能激光束在腔镜和光路中的反射镜上持续时间会达数秒，部分反射镜要承受每平方厘米数十千瓦的功率密度。在这种情况下容易引起镜腔的热畸变，使光束质量显著下降，因此对光腔与副反射镜的材料、加工误差，反射率和镀膜技术要求很高。光束发射距离远、光束发散角要小、还要减小短红外波段的低阶与高阶像差，减小重量来提高机动性，因此大口径、高质量、非球面、轻质望远镜是光束控制的关键技术。

该系统包括适当口径的光学发射系统和捕获、跟踪、瞄准系统。

(1)发射系统。把激光光束发射到远场，会聚到目标上，形成功率密度足够高的光斑。精密跟踪瞄准技术使发射望远镜始终跟踪瞄准飞行目标，使光锁定在目标上某一固定部位。

(2)捕获。它是指对观测领域内所需目标的识别，包括发现并探测目标，把目标从背景和假目标中区分出来，并探测出目标的大致方向、动力学参数等。武器自身的捕获系统，可用大视场的红外传感器或电视摄像系统作为捕获手段。完全的捕获过程需要外部的搜素捕获系统，如微波雷达、光雷达等，可将确认的目标引导到光电跟踪系统的粗跟踪视场中。有时也可由计算机引导。

增大捕获视场，更容易抓住目标，并降低对外部雷达捕获系统精度的要求。当目标相对捕获系统的角速度为 $\dot{\theta}$ 时，系统反应时间(包括目标识别、系统判断及随动系统上升时间)为 t，则捕获视场的下限为

$$\Omega \geqslant \dot{\theta} t \tag{7-12}$$

其物理意义是在系统反应时间内目标不至于穿出视场而丢失。由于传感器的分辨力有限，当增大视场时将降低分辨目标的能力。需要对视场和分辨力综合考虑。为了扩大捕获视场并有必要的分辨力，可以采用拼接探测器，如 CCD 直接拼接、光纤耦合拼接、光学拼接等。

(3)跟踪。其定义为仪器视轴随目标的运动。跟踪误差，定义为跟踪传感器的视轴和目标视线二者偏差围绕其平均值变化的均方根值。

由于在激光武器中跟踪传感器装在强激光发射装置上，所以传感器跟踪目标也就是武器系统跟踪目标。有效跟踪意味着光电系统瞄准线的稳定化。

(4)瞄准。它是指确定发射装置视轴的平均方向与目标方向的一致性。瞄准误差是仪器视轴和目标标视轴间误差的平均值。瞄准的意义就是使发射装置的光

轴对准目标，使发射激光打到目标瞄准点上。

为使激光束稳定地照射到目标上造成目标的破坏，不但要求激光束打到目标上，而且光斑抖动要小。为保持光斑抖动时仍有一定的重叠面积，使重叠区具有足以毁坏目标的能量密度，要求抖动量要小于光斑尺度。由简单的几何关系和概率分布即可得出抖动的限制。若光斑张角为 θ(全角)，则要求跟踪瞄准误差为

$$\Delta\theta \leqslant \left(\frac{1}{5} \sim \frac{1}{6}\right)\theta \tag{7-13}$$

实现大视场的目标捕获和精密跟踪瞄准，是激光武器的关键技术之一。

4. 自适应光学系统与信标系统

激光在大气中传输受到湍流的影响使光斑半径扩散，为了克服大气湍流的影响，可采用自适应光学技术加以补偿，校正激光大气传输畸变，以实现跟踪瞄准飞行中的目标。

自适应光学系统由 3 个组成部分实现最优化：感知系统必须进行补偿的像差测量装置，把此信号转变为有用信号的处理器和消除像差危害的波前变更系统。

自适应光学系统的基本作用是校正从发射望远镜到目标这一传输通道中大气对激光光束产生的畸变(如湍流、热晕等)，使激光能量集中到目标上。它由波前误差传感器、波前校正器、控制系统和光学系统组成。

适当的信标光是自适应光学补偿技术闭环的关键之一。为测量从发射系统至靶目标之间因大气引起的激光波前畸变，必须有来自靶目标方向的光作为波前畸变的信息载体，这就是信标光的作用。

在非合作目标的情况下，需借助人造信号光。已经提出的人造信号光有：目标反射光；钠离子层(约 90 km 高空处)对 589 nm 光的共振反射光等。

用于波前共轭补偿闭环的人造信标，一般地说应满足下述条件。

(1)强度条件。信标光要足够强，以满足波前探测器对光通量的要求，其到达探测器每个子孔径的光子数够多，例如应有 100～200 个以上的光子。

(2)等晕条件。即信标光束与发射主激光束的夹角应小于等晕角，这样信标光携带的波前误差信息才能反映主激光传输路径上受到的大气畸变。

(3)点光源条件。即由目标发射的信标光应满足点光源条件，这就对信标激光的发射孔径、光束质量等提出了要求。

激光武器的作战过程：目标搜索系统(如微波搜索雷达)做全方位侦察，捕捉到目标后即自动做粗略定位与跟踪；同时把目标信息送至信息处理系统，经过信息处理后形成精密瞄准系统与跟踪系统的操控指令，使其对目标做精确稳定地跟踪。在对目标跟踪的整个过程中，光束发射系统一直与跟踪系统随动跟踪(在必要时，

设有能实时测定光波面畸变并进行校正的自适应光学系统,以克服大气对激光束波前的影响)。与此同时,信息处理系统不断依据目标动态参数发送控制指令并形成战斗决策,一旦时机成熟,光束控制与发射系统便把激光束准确地投射至目标上。

二、激光武器的作用机理

1. 热效应

目标被一定能量(或功率)密度的激光辐照后,其受照部位表层材料吸收光能而变热,出现软化、熔融、汽化现象,甚至电离,由此形成的蒸气将以很高速度向外膨胀喷溅,同时把熔融材料液滴和固态颗粒冲走,在目标上造成凹坑甚至穿孔。这种主要出现在表层的热破坏效应称为"热烧蚀"效应,是连续波激光武器的主要破坏效应。有时目标表面下层的温度比表面更高,致使下层材料以更快的速度汽化;或者下层材料汽化温度较低而先行汽化。这两种情况都会在材料内部产生强大的冲击压力,以致发生爆炸。这种热破坏效应叫作"热爆炸"。它使目标外壳出现裂纹或穿孔。由于结构应力向裂纹、穿孔部位强烈地集中,使破坏作用急剧强化。对于运动目标,这种"强化"会被倍增,从而加剧了目标的受损。目标速度越高,则被损毁程度越甚。"热爆炸"现象多出现于采用脉冲式激光武器的情况。由于其形成比"热烧蚀"要难,故不常出现。

2. 力学效应

在目标受到短脉冲的强激光辐照时,所产生汽化物及等离子体的高速外喷会在极短时间内对目标本体产生强大的反冲作用力,在固态材料内部生成应力波,从而产生变形、断裂等力学破坏现象。力学效应是脉冲式激光武器产生的主要破坏形式。

3. 辐射效应

目标受强激光辐照后形成的高温等离子体有可能引发紫外线、X 射线等,这些次级辐射可能损伤或破坏目标的本体结构及其内部的电子线路、光学元件、光电转换器件等等,形成辐射破坏效应。

相对于热破坏和力学破坏而言,辐射破坏效应是次要的。

以反坦克装甲为例,高能激光聚焦于装甲表面,使被辐照区域的装甲材料由固态熔为液态,进一步的激光辐照使之达到沸点而汽化。汽化物因高温、高压和高速膨胀作用强烈地向表面外喷射(因为其他方向受阻,只有向外喷射最为容易)。喷射冲走熔融材料和部分固态颗粒,形成热烧蚀凹坑。与此同时,喷射对坦克本体形成很强的反冲作用力,使其内部生成应力波,造成力学破坏,并把这种破坏向坦克装甲内层推进。由于表层的汽化溅射，表层升温速率降低，而浅表下层区域急剧升温形成过热层。过热层的急骤膨胀产生很大压强，于是形成热爆炸。爆炸伴随着大量汽化或液化颗粒的喷射，喷射又带走周围的物质后续辐照的激光使上述过程逐层深入，直至把坦克装甲打穿成洞。

试验表明，若到达目标表面的连续波激光功率密度为 1～10 W・cm^2，并稳定维持足够的时间，则多数飞机、导弹和飞船的热控系统就会呈饱和状态，温升可达 700 K，其上光敏元件、电子设备等将全部毁坏。若用脉冲激光，则光能密度达到约10 J・cm^2时可毁坏光电探测器、太阳能电池板等半导体器材、天线和整流罩。若想使飞机、导弹、卫星等目标的金属外壳熔化、穿孔或断裂，则激光能量密度还要提高约 4～5 个数量级。这里是指到达目标表面的能量或功率。

有资料报道，欲在 0.1 s 内使 10～20 km 处的光学及电子传感系统失灵，激光发射功率约需 10^6 W；要在 1s 内穿透 10 km 高空的飞机蒙皮，发射激光功率约需 10^7 W；而在 1 s 内击穿 1～5 km 远处 100 mm 厚的坦克装甲，约需 10^9 W；1 s 内摧毁 20～50 km 高的来袭导弹，则需约 10^{10} W，这里已考虑了激光的传输损失。

第 3 节　激光非致命武器

激光非致命武器是通过激光器产生一种低能激光束攻击人的眼睛或武器系统的光学传感器，使人眼暂时致盲、致眩，行动受到限制，武器装备的光学系统瘫痪，失去作战能力。从应用效应上分为反人员激光非致命武器（致眩人眼型激光武器）和反传感器型激光非致命武器（“致盲”传感器型激光武器）。

一、激光对人员眼睛的损伤

1. 激光对人眼的损伤

激光对眼睛的伤害，主要发生在视网膜和角膜。激光束是一种较理想的平行光，进入人眼后，再经过人眼晶状体的会聚作用，就会在视网膜上形成一个小光斑，使激光能量高度集中于一点。视网膜不仅是眼睛的最关键部位，也是最为脆弱的部分，它吸收光的能力很强，特别是光斑所在的那部分视网膜组织，能吸收入射光束的大部分能量，并迅速转变成热能，将视网膜烧伤。在视网膜中部有一黄斑，黄斑正中心有一个浅浅的小窝，称为中心窝，直径只有 0.5 mm 左右，是视网膜中视觉最为敏锐的地方。如果激光对人眼的损伤正巧发生在此处，就可能导致视力的严重衰退或失明。由于视觉系统与人的大脑皮层密切相连，若视觉系统一旦受到突然冲击和破坏，还可能对大脑神经系统引起不良影响。

激光损伤眼睛的部位与激光波长有密切关系。这是因为眼组织对不同波长的光的吸收和透射不同。眼睛系统的光透过率与波长关系曲线如图 7-3 所示。可以看出,眼睛光学系统对波长为 0.53 μm 的光透射率达到 88%左右。因此,这种波长的激光对眼睛折光介质的伤害很轻。而波长大于 1.2 μm 的光透射率较低。例如波长 10.6 μm 的 CO_2 激光的透射率极低,眼睛组织对 CO_2 的吸收,主要是组织内的水分造成的,因此吸收量取决于组织内水分的含量。角膜组织的含水量在 75%以上,其远红外激光的吸收曲线类似于水的吸收曲线。所以,眼睛被 CO_2 激光照射时,激光大部分被含水量高的角膜组织吸收,产生热,造成角膜组织损伤,而视网膜几乎不会造成伤害。

透过眼睛光学系统达到视网膜的激光对视网膜的伤害,与视网膜的吸收率有密切的关系,吸收率越大,视网膜损伤越严重。因此视网膜损伤程度是由眼睛光学系统的透射率和视网膜吸收率的乘积——视网膜有效吸收率决定的。图 7-4 所示为视网膜的有效吸收率和波长之间的关系。

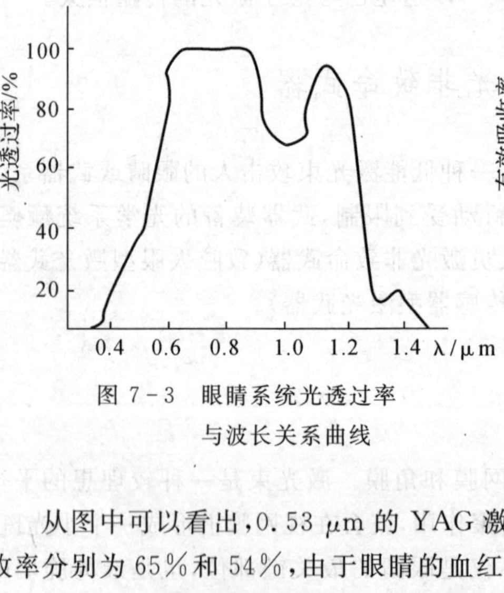

图 7-3　眼睛系统光透过率与波长关系曲线

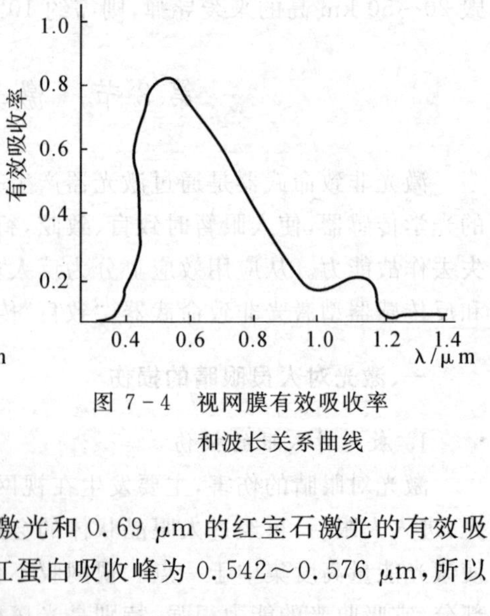

图 7-4　视网膜有效吸收率和波长关系曲线

从图中可以看出,0.53 μm 的 YAG 激光和 0.69 μm 的红宝石激光的有效吸收率分别为 65%和 54%,由于眼睛的血红蛋白吸收峰为 0.542～0.576 μm,所以 0.53 μm的激光对视网膜的损伤最为严重。

对特定波长的激光来说,其对眼睛的损伤程度,由其功率(或能量)密度决定的,能引起最小可见伤害的最低功率密度称作激光损伤阈值。激光损伤阈值是设计激光非致命武器的基本依据,准确确定激光损伤阈值是制定激光安全标准的基础性工作。当激光功率密度刚刚超过损伤阈值时,会造成视网膜轻度损伤,出现视网膜凝固水肿斑,杆状细胞和锥体细胞轻度水肿,但损伤部分缺乏明显界限。这类损伤病变小，消失快，一般不会丧失视力。激光强度增加，将会造成中度损伤。病理组织学表现为受照区视感受器崩解，视神经固缩、破碎，色素飞散，视网膜外层和脉络层出血，形成视网膜下局部脱落，隆起如丘状损伤斑，或出现裂口。这类损伤多在 2～3 周内愈合，形成机化瘢痕，轻者仅残留色素沉着。对激光意外损伤人眼的事故调查表明，黄斑区产生出血损伤时，视力下降至 0.01 或仅能看到眼前手动，视觉功能发生严重障碍。

当激光能量再增加时，会造成严重损伤，这时会有明显的出血点和色素堆集。视网膜表层有时形成破口，并产生气泡。组织学检查，可以看到视网膜全层坏死崩解，以及火山口状病灶。

激光对角膜的轻度损伤，表现为形成灰白色或白色的浑浊点，通常达到角膜实质层，但内皮没有明显变化；中等损伤形成贯穿角膜全层的白色伤痕，损伤中心上皮凹限，但内皮细胞核上皮细胞的变形不明显；严重损伤时，角膜形成溃疡性伤痕和穿孔，表现为界限清楚的白色圆柱形贯穿凹限，从上皮到内皮全层发生浑浊。

在激光功率密度相同的情况下，脉冲宽度越窄，视网膜上光斑的热量就越来不及向周围扩散，局部温度就越高，损伤就越严重。Q 开关激光脉冲比长脉冲激光的致伤效果强。皮秒、超短激光脉冲致伤效果更强。实验表明，长脉冲 1.06 μm 激光照射时，平均角膜入射能量为 0.15 J，仅使 54％的照射点出现轻度眼底出血；而 Q 开关 1.06 μm 激光脉冲照射时，3.9×10^{-3} J 的平均角膜入射能量就可以使 83％的照射点发生同等程度的损伤，两者相差近 40 倍。

激光的波长越短，能量越高，对目标的破坏力就越大，但所需的激发能量也大，反之，激光的波长越长，能量越低，对目标的杀伤作用越小，但所需的激发能量也小，且转换效率较高二激光波长取决于所选用的工作物质，其范围从 0.1 μm 深紫外光到 1 000 μm 的远红外光。

对于不同波长的激光，人眼珠的透射率和眼底的吸收率也不同。例如，波长 0.4 μm 以下紫外线和波长 1.4 μm 以上红外线对人眼珠的透射率几乎为零。就是说，只有波长在 0.4～1.4 μm 的激光才能到达眼底，而眼底对 0.5 μm 波长的激光吸收率最大，随着激光波长的增大，眼底对其吸收率下降。青色光对眼底几乎没有影响。波长较长的激光即便到达眼底，由于吸收率低，减小了光能的积累，对眼底的损伤也较小。此外，不同波长的激光对眼睛各部位的损害也不一样。波长 0.3 μm的激光能被角膜的表层吸收，可以引起类似于雪盲的症状；波长 0.3～0.4 μm激光能被水晶体吸收，由于光化学作用的结果，引起类似于白内障的症状；0.4～1.4 μm 的激光，可能通过角膜、水晶体等到达眼底，聚焦在视网膜 L 而损害网膜。试验表明，损坏人眼视网膜的能量密度为 5 J/cm^2，烧伤皮肤需 15 J/cm^2，使光学玻璃熔化需 30 J/cm^2。

综上所述,同样的激光能量因其波长不同而有不同的破坏效果。例如,紫外光易被角膜和晶状体吸收,一般不能到达眼底,故它不易对眼底造成损伤,而对角膜和晶状体则容易伤害。可见光易于穿过屈光介质,加上眼的聚焦作用,极易对视网膜造成灼伤。取人眼瞳孔直径的平均值为 5 mm,假定入射的可见光光束能充满眼瞳,且在临近眼前的光功率密度为 0.05 mW·mm^{-2},则经过眼的聚焦成为视网膜上直径为 0.01 mm(近于眼的衍射极限)的光斑,其在视网膜上的光功率密度被放大约 2.5×10^5 倍,达到约 12.5 W·mm^{-2}。在可见光波段,尤以绿光危害最甚,如波长为 0.53 μm 的 ND:YAG 倍频激光和波长为 0.514 5 μm 的氯激光即是。近红外光对角膜、屈光介质和眼底均可致伤。如波长为 1.06 μm 的近红外光可被屈光介质吸收约 60%,而其余约 40%射至眼底,若光能密度达到一定数值,则分别损伤屈光介质和视网膜。

2. 激光损伤阈值

确定人眼的激光损伤阈值和致盲阈值是一项复杂的技术工作。作为激光非致命武器,激光损伤阈值的标准应不超过轻度损伤阈值;但作为战术激光致盲武器,其目的是使对方作战人员失去精细分辨能力,不能瞄准或读出仪表,失去战斗力,必须造成一定程度的眼损伤,但又不宜有过分严重损伤,以免增加激光武器的功率要求。因此,造成中等损伤的激光功率密度作为致盲阈值比较合适。这与将人眼视力下降到 0.01 以下定为工业盲是一致的。

虽然激光对人眼的损伤主要取决于激光波长、功率、脉冲宽度、发散角等诸多因素,但实验表明.无论激光在哪个波段,均可在适当条件下造成人的裸眼损伤,其中以蓝绿激光对人眼伤害最大。激光损伤阈值的测定不可能直接以人眼为测量对象,因此通常利用与有色人种接近的青紫蓝灰兔的眼睛进行实验,取得大量的数据。

激光损伤阈值的确定方法是,以某种波长的、剂量不同的激光辐照兔眼,辐照后用检眼镜或裂隙灯检查是否发生了损伤,并对不同剂量的损伤发生率进行统计学处理,求出 50%损伤发生率对应的剂量作为损伤阈值(ED50)。由于实验条件和衡量的标准不同,不同国家和学者对损伤阈值的报道有一定差异,下面是我国科技工作者对兔眼实测的一些数据。

兔眼视网膜损伤阈值(角膜入射量):波长 0.488 μm,辐照时间 0.145 s,损伤阈值 0.050 6 W/cm^2;波长 0.53 μm,辐照时间 5ns,损伤阈值 3.92×10^{-5} J/cm^2;波长 1.06 μm,辐照时间 5 ns,损伤阈值 1.21×10^{-3} J/cm^2

波长 10.06 μm,照射兔眼角膜损伤阈值(角膜入射量):辐照时间 1 s,损伤阈值 3.62 W/cm^2；辐照时间 125 ms，损伤阈值 4.62 W/cm^2；辐照时间 180 ns，损伤阈值 0.259 J/cm^2。

人眼与兔眼是有差异的，为把兔眼数据推论到人眼，科研人员又利用与人眼更接近的恒河猴的眼睛进行实验，并对人眼激光损伤病例、病眼激光治疗的资料及极少量人眼实测数据进行分析，最后获得了兔眼、猴眼、人眼损伤阈值之比。

波长 0.488 μm，兔/猴/人=1/1.65/3.47；波长 0.53 μm，兔/猴=1/4.7；波长 1.06 μm，兔/猴/人=1/3.4/6.0。表 7-3 为美国国防部公布的损伤人眼的能量阈值表。

表 7-3　美国国防部公布的损伤人眼的能量阈值

激光器	运转方式	波长/μm	辐射时间	激光能量阈值
红宝石	单脉冲	0.694 3	1～18 μs	5×10^{-7} J/cm^2
红宝石	10Hz	0.694 3	1～18 μs	1.6×10^{-7} J/cm^2
Nd:YAG	单脉冲	1.06	1～100 μs	5×10^{-7} J/cm^2
Nd:YAG	20Hz	1.06	1～100 μs	1.6×10^{-7} J/cm^2
Nd:YAG	连续波	1.06	100～8 h	0.5 mW/cm^2
CO2	连续波	10.6	10～8 h	0.1 W/cm^2
铒	单脉冲	1.54	1～1 μs	1 J/cm^2
钛	单脉冲	2.01	1～100 μs	10 J/cm^2

3. 激光导致的闪光盲

明亮的闪光引起的短时间视觉功能障碍，称为闪光盲。眼睛受到激光辐射时，即使视网膜上光斑的功率密度低于损伤阈值，不足以造成任何器质性损伤，也往往会使人在相当长的一段时间内看不清或看不见东西。人们通过各种类型的非相干闪光源研究闪光盲，当人眼瞳孔直径为 6 mm，受到强度 3.25×10^5 lx 的闪光辐射，经过 9～11 s 以后才能看到照度为 11 lx 的仪表读数。强度为 5×10^4 lx 的光源，照射 0.15 s，可造成 12～48 s 的闪光盲。

对罗猴进行激光闪光盲实验，证明激光导致的闪光盲类似于非相干闪光产生的闪光盲。利用嵌入猴眼中央凹视皮质中的双机电极，记录视觉激发电位(VEP)，进行的电生理学实验表明，视网膜上激光光斑直径至少为 50 μm 的单次激光闪光，能量等于或小于激光安全标准规定的最大允许辐照量的 1/2 时，就可产生明显的闪光盲，使 VEP 急剧下降。

设计激光非致命武器，其目的主要用于驱散群体目标，使有生目标产生闪光盲，不能造成永久性的眼损伤。所以，激光非致命效应阈值选择应在不造成永久性的眼损伤（轻度损伤）条件下，激光能量应能产生明显的闪光盲，也就是等于激光安全标准规定的最大允许辐照量的1/2即可。

4. 人眼损伤模型

(1) 激光在真空中传播。假定激光在真空中传播，并假定发射的激光能量密度在径向上是高斯分布的。在轴向上随距离按平方反比定律衰减。设激光发射机的总输出能量为E_T，在距离发射机出口Z处的能量密度函数为

$$H(r,Z)=\frac{3.2575E_T}{(D_0+Z\beta)^2}\exp\left[-\frac{9.2103r^2}{(D_0+Z\beta)^2}\right] \tag{7-14}$$

式中，E_T为激光发射机总输出能量；D_0为发射天线孔径；β为输出束散角（10%峰值点之间的全角宽度）。

根据损伤阈值定义知，当到达眼球表面的能量密度与阈值能量密度相等时，损伤发生概率为50%，即当$H(r,Z)=ED_{50}$时，$P_a=50\%$。令此时的$r=D_{50}/2$，由式(7-14)可得

$$D_{50}=\frac{D_0+Z\beta}{\sqrt{\ln 10}}\left\{2\ln\left(\frac{L}{D_0+Z\beta}\right)\right\}^{1/2} \tag{7-15}$$

式中，$L=1.8049\sqrt{E_T/ED_0}$称为特征长度。

当$D_{50}^{\max}=0$时，由式(7-15)求得

$$Z_{50}^{\max}=\frac{L-D_0}{\beta} \tag{7-16}$$

将式(7-15)对Z微分，令其结果为0，当$Z=Z_{50}^*$时，则求得

$$D_{50}^{\max}=0.4L=0.7214\sqrt{E_T/ED_{50}} \tag{7-17}$$

并且

$$Z_{50}^*=\frac{L/\sqrt{e}-D_0}{\beta} \tag{7-18}$$

由式(7-18)可知，杀伤区大约在最大射程的60%处有最大直径。

由上述推导，可得到以下重要结论。

① 最大作用距离（有效射程），同激光输出能量与损伤阈之比的平方根成正比，同光束发散角β成反比，显然，压窄束散角是增大作用距离的有效措施。

② 最大杀伤区直径也同激光输出能量与损伤阈之比的平方根成正比，而与光束发散角β及发射天线口径无关。因此，增大激光束发散角并不会产生更宽的杀伤区，反而会缩短最大作用距离，只有增大输出能量才能达到目的。

(2) 激光在大气环境中传播。激光脉冲通过大气传输时，除受到大气衰减影响外，还将受到大气湍流引起的折射率无规起伏变化造成的影响，主要有大气闪烁、光束漂移、光束扩展。

实验表明，光束在近地面空间传输一定距离后，光斑分裂成许多子光斑，其大小为菲涅尔区尺寸，即为$\sqrt{\gamma Z}$ 的数量级。于是光斑内各点之间光强大幅度起伏，而在光斑内给定点上的光强又随时间无规涨落，这就是大气闪烁的结果。大气闪烁使光脉冲波前上照度发生显著起伏，并且光束横截面上的照度（或光能）服从对数正态分布，有

$$P(E)\mathrm{d}E=\frac{1}{\sqrt{2\pi\sigma_E}}\exp\left[-\frac{(\ln E-\ln E^*)^2}{2\sigma_E^2}\right]\mathrm{d}E \tag{7-19}$$

式中，$P(E)\mathrm{d}E$ 是到达接收孔上的能量处于 E 和 $E+\Delta E$ 之间的几率；E^* 由 $\ln E$ 确定的 E 的平均值，且

$$E^*=E\exp(-\sigma_E^2/2) \tag{7-20}$$

σ_E 是对数正态分布的标准偏差。

除了黎明和黄昏外，白天及夜间的实验表明，对可见光和近红外波段，大气闪烁在 1km 以内便饱和了，饱和时，$\sigma_E^2=2.5$。

大气闪烁对战术激光武器的影响是，造成激光致盲人眼（或光电传感器）的损伤概率下降。这是因为大气闪烁造成光强分布不均匀，而使有限的接收面上收集到的光能量低于损伤阈所致。提高损伤概率的措施是：① 增大发射功率和能量；② 重复发射多个激光脉冲。因此，克服大气闪烁的影响有两条途径，用小能量高重复频率体制或用低重复频率单次大能量体制，取决于激光器实现的难易程度。

光束漂移同闪烁一样，存在明显的日变化和饱和现象：漂移角与湍流强度有关，与波长无关，与距离 Z 成正比，而与发射口径的立方根成反比。所以使用大口径发射天线有一定好处，漂移角的饱和值约为 50 μrad。

当激光束较窄时，需考虑大气湍流引起的光束扩展效应，光束扩展直接影响接收孔径上的平均光强。到达接收孔径上的光斑直径为

$$d_{\mathrm{eff}}=\sqrt{d_g^2+d_r^2+d_t^2} \tag{7-21}$$

式中，d_g 是几何发散项；d_t 是湍流扩展项；d_r 是衍射扩展项，通常可以忽略。

设距激光发射机 Z 处有一裸眼处于高斯分布的激光束中，其瞳孔中心与光束中心的距离为 r，则到达角膜表面的激光能量密度为

$$H(r,Z)=\frac{3.257\,5E_{\mathrm{T}}}{(D_0+Z\beta)^2}\exp\left\{-\left[\frac{9.210\,3r^2}{(D_0+Z\beta)^2}+\alpha Z\right]\right\} \tag{7-22}$$

式中，a 为大气消光系数。

若瞳孔面积为 A，则进入瞳孔的能量为 $\bar{E}=H(r,Z)A\cos\varphi$，即

$$\bar{E}=\frac{3.257\ 5E_{\mathrm{T}}A\cos\varphi}{(D_0+Z\beta)^2}\exp\left\{-\left[\frac{9.210\ 3r^2}{(D_0+Z\beta)^2}+\alpha Z\right]\right\} \tag{7-23}$$

式中，φ 为眼睛视线和激光束轴线之间的夹角。

在有湍流时，到达眼球表面上单个激光脉冲的平均能量为 $\bar{E}$ 时，使视网膜发生损伤的概率则为

$$P(\bar{E})=\int_0^{\infty}P_d(E)P(E)\mathrm{d}E \tag{7-24}$$

将式(7-19)代入式(7-24)得

$$P(\bar{E})=\frac{1}{\sqrt{2\pi}\sigma_E}\int_0^{\infty}\exp\left[-\frac{\ln E-\ln E^*}{2\sigma_E}\right]\mathrm{d}E\cdot\frac{1}{\sqrt{2\pi}}\int_{-\infty}^{\ln E-\ln v_0/\sigma}\mathrm{e}(-x^2/2)\mathrm{d}x \tag{7-25}$$

令 $(\ln E-\ln E^*)/\sigma_E=W$，则

$$\ln E=\ln E^*+\sigma_E W \tag{7-26}$$

故单个激光脉冲的平均能量为 $\bar{E}$ 时，使视网膜发生损伤的概率则为

$$P(\bar{E})=\frac{1}{\sqrt{2\pi}}\int_{-\infty}^{\infty}\mathrm{e}(-W^2/2)\mathrm{d}W\ \frac{1}{\sqrt{2\pi}}\int_{-\infty}^{\ln E-\ln v_0/\sigma}\mathrm{e}(-x^2/2)\mathrm{d}x \tag{7-27}$$

联合式(7-20)和式(7-26)得

$$\ln E=\ln E^*+\sigma_E W=\ln\bar{E}-\sigma_{\mathrm{E}}^2/2+\sigma_E W \tag{7-28}$$

于是，式(7-27)中的积分限为

$$\frac{\ln E-\ln v_0}{\sigma}=\frac{\ln\bar{E}-\sigma_{\mathrm{E}}^2/2+\sigma_E W-\ln v_0}{\sigma} \tag{7-29}$$

令 $\bar{E}=kE_0$，其中 E_0 为无湍流时，视网膜损伤概率达99.9%时所需最小接收能量。由正态概率积分表和 v_0，σ 值可求出 E_0 的值。于是

$$\frac{\ln E-\ln v_0}{\sigma}=\frac{\ln E_0-\ln v_0}{\sigma}+\frac{\ln k-\sigma_{\mathrm{E}}^2/2+\sigma_E W}{\sigma} \tag{7-30}$$

以 k 为自变量，σ_E 为参变量，将式(7-27)的二重积分制成表格函数。由求得的 $\bar{E}$ 计算 k 因子，$k=\bar{E}/E_0$，查表即可求得单个激光脉冲的损伤概率 $P(\bar{E})$。令 $P=P(\bar{E})$，即令单个激光脉冲的损伤概率为 P，若不考虑眼损伤的积累效应，则发射 N 个激光脉冲至少有一个以上的激光脉冲使眼损伤的概率，即损伤概率应为

$$P_{\mathrm{H}}=\sum_{i=1}^{N}\begin{bmatrix}N\\i\end{bmatrix}P^i\ (1-P)^{N-1} \tag{7-31}$$

利用式(7-23)、式(7-27)、式(7-30)和式(7-31)，可模拟出战术激光武器的两个重要性能，即损伤概率 P_{H} 与射程 Z 的关系，以及损伤区半径与射程的关系，结

果如图 7－5 和图 7－6 所示。

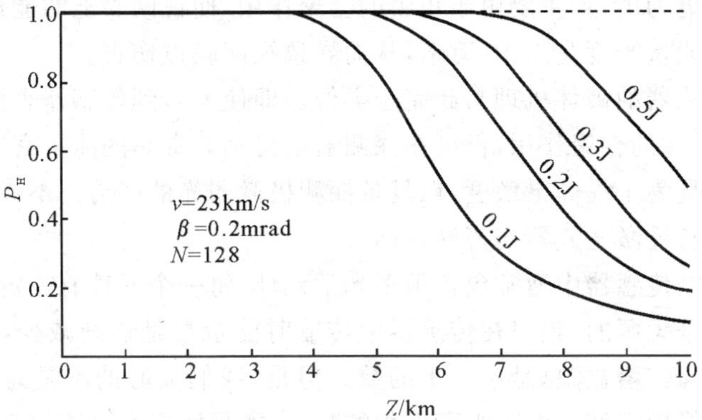

图 7－5 战术激光武器损伤概率与射程的关系

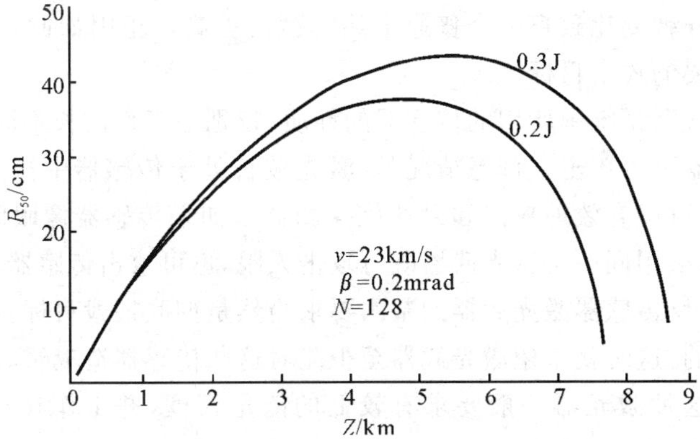

图 7－6 战术激光武器损伤区半径与射程的关系

若定义 $P_H=50\%$ 时的 Z_{50} 为武器的最大射程，$P_H=50\%$ 时的 R_{50}^{max} 为有效杀伤区半径，则由上述讨论可知：① 相同脉冲多次重复，可大大增加最大射程，或者要达到所需最大射程可大大降低发射能量。② 减小光束发散角比增大发射能量，对增大最大射程更为有效。光束发散角的下限受制于大气湍流引起的光束扩展。③ 要增大有效损伤区半径，必须增大发射能量。

二、激光对光电传感器的损伤

1. 传感器中能量密度的分布

人眼视网膜之所以比身体其他部位更容易遭受激光辐射的伤害，并不是因为它本身对激光更为敏感，主要由于角膜的会聚作用，使视网膜上的能量密度较之入射到角膜上的能量密度高出 10 万倍，从而导致视网膜被伤害。

激光对传感器的破坏机理与此完全类似。即使入射到传感器表面的辐射相当弱，由于光学元件的会聚作用，仍可在探测器上得到非常高的能量密度。传感器这样设计的目的是为了提高灵敏度，以具备探测极微弱光的能力。不幸的是，这一特性使其成为极易受激光武器伤害的目标。

典型的光电传感器中通常包含很多光学元件，每一个元件有一定的透过率，由于这些元件都是无源的，辐射在传感器中传输时能量总是逐渐减少，或者说，就辐射总能量而言，其“增益”总是小于 1 的数。但是，我们关心的不是总辐射能量，而是某些面上的能量密度。由于光斑面积的减小，能量密度有可能提高。

探测器表面实际入射的能量密度可以高达照射到传感器表面能量密度的4.56×10^5倍，和角膜在视网膜上产生的增益属同一量级。但是，一般来说致盲一枚正在追踪目标的导弹要比致盲一个普通士兵“效益”更高。正因如此，传感器是低能激光武器最主要的攻击目标。

由于不同武器系统中所用的传感器的性质，特别是工作波长不同，因而必须用不同的激光武器进行攻击。理想情况是，激光波长处于传感器中探测器的工作波长范围内，从而可以有效地攻击和毁坏该探测器。如果传感器像眼睛一样工作在可见光频段，那么用同一个激光武器既可攻击人眼，也可攻击传感器。

军事上，对反传感器激光武器的基本要求当然是彻底摧毁目标，但有些情况下也许是不可能的，这时就希望激光武器至少能对这些传感器造成暂时性破坏，使其功能失效。对这种激光器一般要求有较低的能量密度，并工作在连续或高重频模式。

2. 激光对光电传感器的作用机理

光电探测器是光电系统最薄弱的攻击点，低能量激光武器就足以使光电传感器输出完全饱和甚至本身受到破坏，从而使其暂时或永久失效。

激光对光电传感器损伤机理主要有热损伤机制、缺陷型损伤机制、电子雪崩型损伤机制、自聚焦型损伤机制、多光子电离型损伤机制和强光饱和型失效机制等形式。热损伤机制是指在激光照射加热下会使半导体光电器件的工作波长向长波移动，即发生红移现象，从而使该器件的原工作波长的光谱响应下降，其工作性能遭到破坏。另外，材料加热也会引起材料的介电常数发生变化，改变半导体材料的光学特性。缺陷型损伤机制是指激光强度足够大时，将使光电器件发生熔融而造成局部缺陷损伤；或使热应力集中的部位形成裂纹，甚至发生局部破裂而造成局部缺陷损伤;或使半导体材料表面气化而造成缺陷损伤。电子雪崩型损伤机制是指激光强度达到一定程度时,将使光电器件造成雪崩击穿,从而使器件彻底破坏。自聚焦型损伤机制是由于激光在光学材料传播的自聚焦现象,当激光强度达到一定程度时,将产生光学器件的破坏效应。多光子电离型损伤饥制,是当激光照射半导体材料时,将产生场致电离,或称为多光子电离,这将使该材料的介电常数发生变化。强光饱和型失效机制,当照射激光超过器件的最大负载值时,将发生强光饱和现象。

激光武器攻击光电传感器的方式主要有下述几种。

(1)用适当能量的激光束将传感器"致盲",使其无法继续跟踪已经探测到的目标。如果传感器正在引导武器飞向目标,则致盲将使其失去目标。

(2)对引爆导弹和炸弹战斗部的传感器进行干扰或诱骗,使其过早爆炸而不会伤害预期目标,或使其彻底失效。

(3)破坏传感器或有关电子装置的关键元件,导致武器系统失灵并脱靶。

(4)引起传感器或有关光学系统热损伤或物理损伤,同样可导致武器系统失灵并脱靶。

大多数传感器在有限的波长范围内工作,不同的传感器有不同的工作波长。一般来说,传感器工作波长越长,波长范围越宽,灵敏度就越高,越容易受到激光束的攻击。最容易受攻击的光电传感器之一是工作波长为 8～12 μm 的热辐射传感器。之所以将这一波段的辐射称为"热辐射",就是因为普通的温暖物体(如士兵)、正在工作的飞机和坦克的发动机等都会自发产生这一波段的辐射。所以,军用夜视系统上的传感器就工作在此波段,以便在夜间对上述目标进行测定。

典型情况下,热寻的制导导弹上采用比上述稍短波长上工作的红外光电传感器。这种导弹主要用于攻击飞机,适当波长的红外激光可作为假目标诱使导弹沿错误路径飞行,或者将传感器完全毁掉,使导弹彻底变为"盲弹"。

表 7－4 给出正在使用和发展的以对付光电传感器为目标的激光致盲干扰系统常用波段及输出能量情况。

它们破坏和干扰的光电传感器的类型和工作波段为:激光测距机为 1.06 μm 和 10.6 μm;可见光现瞄设备为 0.4～1.1 μm;激光制导武器为 1.06 μm 和 10.6 μm;红外制导武器为 10.6 μm;激光探潜/通信系统为 0.532 μm

激光武器的另一类重要目标是引信。引信经过预编程,当武器足够接近目标时引爆战斗部并将目标摧毁。大多数现代信息依赖于某种光电传感器,例如,用在很多反飞机导弹上的光电传感器包括一个发射短脉冲激光的小型、低功率半导体激光器,由目标返回的激光被探测器接收。如果脉冲发出后很快便接收到反射光,就意味着目标已非常接近，当目标足够近时，引信便引爆战斗部。被这种导弹追踪的飞机上的飞行员可以采取的对抗措施之一就是当还处在安全距离（导弹爆炸不会带来任何危害）时，用激光诱饵目标触发引信将其引爆，或者用能量足够的激光束将引信毁掉，使导弹再也不会被引爆。战场上也可用同样的方法阻止导弹威胁其他目标。

表 7-4　激光致盲干扰系统常用波段及输出能量

工作波长 $\lambda/\mu m$	平均功率	单脉冲能量
1.06	几百瓦至上千瓦	几十毫焦至几百毫焦
0.532	几瓦至几十瓦	几焦
10.6	一千瓦	几焦
0.6～1.1	几十瓦	几十毫焦至上百毫焦

综上所述，由于传感器在战场上发挥越来越重要的作用，同时又很容易遭受激光的攻击，因此，它们已成为低能激光武器的首选目标。

3. 激光对光电传感器的损伤模型

在激光照射下，光电导体因汽化或融化而被破坏；热释电探测器因热效应而造成破裂；光电二极管因异质结蜕化而被破坏；CCD 因多硅和线路的熔融而被破坏。其破坏阈值取决于多种参数，而各种探测器的参数又不相同，因此给实验测量确定破坏阈值造成相当大的困难。为了确定任意辐照条件下的破坏阈值，需要建立激光破坏热模型。为此，科研人员提出了多种数学模型，现在列出美国海军研究实验室建立的几个数学模型。

(1)激光均匀辐照半无限固体的数学模型：

$$E_0 = E_{\Delta T}[1 + (\pi\alpha^2 a_1\tau/4)^{\frac{1}{2}}] \tag{7-32}$$

式中，$E_{\Delta T} = \Delta T_{th}\rho_{Cp}/(1-R)\alpha$

这个简单的一维模型适用于具有均匀光学和热特性，且吸收系数有限的半无限固体被均匀辐照的情况，对长辐照时间是无效的。对 TGS 而言，由于其导热率低，因此这个模型在辐照时间长达1s的情况下仍能准确描述TGS热释电探测器的激光破坏阈值。

(2) 高斯激光束辐射半无限固体的热模型：

$$E_0 = E_{\Delta T}[1 + a_1\tau\alpha\pi^{1/2}/r_0\arctan(4a_1\tau/r_0)^{1/2}] \tag{7-33}$$

这个二维模型考虑了径向热传导和有限的激光束直径，适用于光束直径比被辐照材料的厚度小的情况。这个模型可以成功地描述光伏探测器（如 PbSnTe）和被小直径激光束辐射的 SBN 热释电探测器的破坏阈值。

(3) 激光均匀辐照带两个耐热接合层的两个平片的热模型：

$$E_0 = E_{\Delta T} + [\Delta T_{\text{th}}\tau/(1-R)]\{[l/k_1 + d_1/k' + (m-l)/k_2 + d_2/k''] - 2(a_1a_2)\sum_{\gamma_n}[\exp(-\gamma_n^2\tau)/G_n\gamma_n^2][k_2\gamma_n(c_1+\sigma c_2) + k''(a_2)^{1/2}(s_1+\sigma_{s2})/d_2] + [d_1k_1\gamma_n/k'(a_1)^{1/2}(\mu+1)]\times[k''(a_2)^{1/2}(c_1+c_2)/d_2 - k_2\gamma_n(s_1+s_2)]\} \quad (7-34)$$

式中，$G_n = k_1[k_2\gamma_n(\delta_1c_1 - \sigma\delta_2c_2) + (a_2)^{1/2}(k_2 + k_1\delta''_1/d_2)s_1 - \sigma(a_2)^{1/2}(k_2 + k''\delta_2/d_2)s_2] + d_1k_1k_2u/k'(1+u)\times[\gamma_n(2k_2 + k''\delta_1/d_1)c_1 - \gamma_n(2k_2 + k''\delta_2/d_2)c_2 + k''(a_2)^{1/2}/d_2 - \dfrac{k_2\gamma_n^2\delta_1}{(a_2)^{1/2}})s_1 - (k''(a_2)^{1/2}/d_2 - \dfrac{k_2\gamma_n^2\delta_2}{(a_2)^{1/2}}s_2)]$

γ_n 是下列方程的实根，$[k''/d_2(a_2)^{1/2}(a - 6c_2) - \gamma_nk_2(s_1 - \sigma s_2)] - \dfrac{d_1}{k'}\left[\dfrac{k_2u}{1+u}\left(\dfrac{k^2\gamma_n^2}{(k_2)^{1/2}}(c_1-c_2)\cdot\dfrac{k''\gamma_n}{d_2}(s_1-s_2)\right)\right]=0$

这个一维热模型适用于具有层状结构的探测器。这种探测器的结构是探测器材料与衬底相连，衬底再利用某种接合层固定到热沉上。这个模型考虑了在激光脉冲期间，热量有可能扩散第一结合层，但未考虑径向热传导，因此适用于有辐照光伏型探测器 HgCdTe 破坏阈值的预测，而不适用于小光束辐照的层状探测器或大面积底上的探测器单元。

(4) 激光均匀辐照夹在两个平片之间的薄吸收层的热模型：

$$E_0 \approx E_{\Delta T} + [\Delta T_{th}\tau/(1-R)]\{1/h + m/k_2 - 2a_0a_2\sum_{\gamma_n}[\exp(-\gamma_n^2\tau)/G_n\gamma_n^2]\times[k_2\gamma_n\cos(m\gamma_n/(k_2)^{1/2}) + h(a_2)^{1/2}\sin(m\gamma_n/(a_2)^{1/2})]\times\cos(n\gamma_n/(a_0)^{1/2}\}^{-1} \quad (7-35)$$

式中

$$G_n = \left[k_2\gamma_n\cos\left(\frac{m\gamma_n}{(a_2)^{1/2}}\right) + h(a_2)^{1/2}\sin\left(\frac{m\gamma_n}{(a_2)^{1/2}}\right)\cdot(k_0a_2n + k_2a_0m)\cos\left(\frac{n\gamma_n}{(a_0)^{1/2}}\right)\right] - (a_0a_2)^{1/2}\left[k_2\gamma_n\sin\left(\frac{m\gamma_n}{(a_2)^{1/2}}\right) - h(a_2)^{1/2}\cos\left(\frac{m\gamma_n}{(a_2)^{1/2}}\right)\right](k_2n + k_0m)\sin\left(\frac{n\gamma_n}{(a_0)^{1/2}}\right) + k_2(a_0a_2)^{1/2}\left[k_0(a_0)^{1/2}\sin\left(\frac{n\gamma_n}{a_0^{1/2}}\right)\cos\left(\frac{m\gamma_n}{a_2^{1/2}}\right) + k_2(a_0)^{1/2}\cos\left(\frac{n\gamma_n}{a_0^{1/2}}\right)\sin\left(\frac{m\gamma_n}{(a_0)^{1/2}}\right)\right]$$

γ_n 是下列方程的实根，有

$$\mu_0 \sin\left(\frac{n\gamma_n}{a_0^{1/2}}\right)\left[k_2\gamma_n\cos\left(\frac{m\gamma_n}{a_2^{1/2}}\right)+h(a_2)^{1/2}\sin\left(\frac{m\gamma_n}{a_2^{1/2}}\right)\right]+$$
$$\cos\left(\frac{n\gamma_n}{a_0^{1/2}}\right)\left[k_2\gamma_n\sin\left(\frac{m\gamma_n}{a_2^{1/2}}\right)-h(a_2)^{1/2}\cos\left(\frac{m\gamma_n}{a_2^{1/2}}\right)\right]=0$$

前 3 个模型均假定激光辐射直接入射到探测器材料上。第四个模型则描述带有厚保护层、且衬底固定在热沉上的薄膜固定导体探测器的破坏阈值，考虑了从吸收薄膜向保护层和衬层的扩散。

(5) 一般化模型。上述四个模型均假定材料特性与温度和光通量无关，采用热扩散方程的闭式解法，而未考虑横向热传导和样品的复合多层结构的影响，因此仅适用于计算特定的结构和辐照条件下的破坏阈值。这里讲述的一般化模型采用以有限元技术为基础的二维数字计算，考虑了几何结构、热结构、与时间有依赖关系的辐照条件以及材料特性随温度和光通量的变化情况，因而具有通用性，能够处理光电探测器激光损伤中的大多数情况，有

$$E_{\Delta T}=\Delta T_{\mathrm{th}}\tau/\Delta\theta(\tau) \tag{7-36}$$

式中，$\Delta\theta(\tau)$ 为一个单元的归一化温度增加量，$\Delta\theta(\tau)=(T_{i,j}(\tau)-T_{\mathrm{ref}})/P$；$\Delta T_{\mathrm{th}}$ 为温度增量；$\Delta T_{\mathrm{th}}=T_{i,j}(\tau)-T_{\mathrm{ref}}$；

以上各个模型中的符号的物理含意为：

E_0 为能量密度的阈值；P_0 为功率密度的阈值；τ 为辐照时间；γ_0 为高斯激光束在 e^{-1} 处的半径；α 为探测器材料的吸收系数；R 为探测器材料的反射率；ρ 为探测器材料的密度；c_p 为探测器材料的定压比热容；l,m,n 为平片边界的坐标；d_1,d_2 为第三个模型在 $x=l,x=m$ 处接层的厚度；k_0,k_1、k_2 为保护盖片、探测器晶体、衬底热导率；k',k'' 为第三个模型中接合层材料的热导率；a_0,a_1,a_2 为保护盖片、探测器晶体、衬底料的热扩散率；h 为第四个模型中接合层单位面积的导热力；P 为在 $x=0$ 平面处的外加热量的速率；γ_n 为具有解的超越方程的第 n 个根；$\mu=(k_1/k_2)(a_2/a_1)^{1/2}$；$\mu_0=(k_0/k_2)(a_2/a_0)^{1/2}$；$\sigma=(\mu-1)/(1+\mu)$；

$c_1=\cos\{[(m-l)/(a_2)^{1/2}+l/(a_1)^{1/2}]\gamma_n\}$；

$s_1=\sin\{[(m-l)/(a_2)^{1/2}+l/(a_1)^{1/2}]\gamma_n\}$；

$c_2=\cos\{[(m-l)/(a_2)^{1/2}-l/(a_1)^{1/2}]\gamma_n\}$；

$s_2=\sin\{[(m-l)/(a_2)^{1/2}-l/(a_1)^{1/2}]\gamma_n\}$；

$\delta_1=m-l[1-(a_2/a_1)^{1/2}]$；$\delta_2=m-l[1+(a_2/a_1)^{1/2}]$。

被致盲仪器接收光学系统一般由透镜组成，光敏元件置于焦平面上，考虑到实际作战条件，因而应当加入作战距离和角度的因素：设激光武器吸引发射的脉冲能

量为 Q(脉宽为 10 至 30 ns)，光束束散角为 Φ(0.5 至 1 μrad)，与被致盲仪器相距 L 时，被致盲仪器焦平面上能量密度可近似表示为

$$M=\frac{QZ^4\eta_z}{4.68\,(L\lambda f\varphi)^2}e^{-SL}\quad 或 \quad M=\frac{QZ^4\eta_z}{4.68\,(L\lambda f\varphi)^2}e^{-2.7L/V} \tag{7-37}$$

式中，Z 为仪器接收口径；f 为仪器接收透镜焦距；λ 为激光波长(固体激光器多为 1.06 μm 和 0.53 μm)；η_Z 为接收系统光学透过率；V 为能见度；S 为大气衰减系数(对于 1.06μm 波长，$S=2.7/V$)。

据测试，HgCdTe，PbS，Insb 等光电探测器的破坏阀值为 100～10 000 W/cm^2(0.1s 的照射时间)，所以摧毁一般的光电探测元件所需的最低光照剂量，在调 Q 脉冲时为 10 J/cm^2。如果取 $Q=2$J，$Z=4$ cm，$\eta_Z=60\%$，$\varphi=1$ μrad，$f=5$ cm，$\lambda=1.06$ μm，$V=8$ km，则当 $L=6$ km 时，按式(7-37)可计算出焦平面上的能力密度 $M=85$ J/cm^2>10J/cm^2。这说明根据理论计算，激光武器对光电仪器的有效作战距离将在 6 km 左右。

4. 激光破坏光学系统

光学系统属于透明电介质，它对激光的本征吸收很少，其激光损伤和破坏机理不同于一般的固体材料。而多光子吸收、电子崩电离和杂质缺陷破坏等就成为对光学系统破坏的主要机制。光学系统激光损伤研究的对象涉及光学窗口材料、功能材料、半导体材料和光学薄膜。各种红外窗口材料对应的热损伤、热熔化参考阈值见表 7-5。

表 7-5　各种红外窗口材料对应的热损伤、热熔化参考阈值

材料全称	材料作用名称	工作波长 λ/μm	热损伤阈值 /J·cm^2	热熔化阈值 /J·cm^2
硅铝红柱石	新型红外窗口材料	透过 0.3～6	17	720(<0.5 μs)
锗铝红柱石	新型红外窗口材料	透过 3～7	16	670(<0.5 μs)
氮化铝	新型红外窗口材料	透过 3～8	19	830(<0.5 μs)
氧化锆	新型红外窗口材料	透过 3～5	17	2 800(<0.5 μs)
超晶格红外 HgCdTe	新型红外窗口材料	透过 3～5 8～12	暂时损伤阈值约为 1.13 W/cm^2	<650(<0.5 μs)

续表

材料全称	材料作用名称	工作波长 $\lambda/\mu m$	热损伤阈值 $/J\cdot cm^2$	热熔化阈值 $/J\cdot cm^2$
一般光学玻璃	新型红外窗口材料		15	300～450（<0.5 μs）
碳化硅(SiC)	反射镜		暂时损伤阈值约为 7.13 W/cm^2	420（<0.5 μs）

5．激光干扰技术与系统

激光欺骗干扰机一般要在预先已知或实时截获对方的激光测距、跟踪或制导信号后，在适当时机才开始工作。即利用己方的激光干扰机，发射与对方工作波长与编码类型一致的干扰激光束，通过假目标漫射或直接射入到对方的光学接收系统之中，对其实施作用距离或寻的角度的欺骗。

(1)激光角度欺骗干扰技术。

1)原理与用途。激光角度欺骗干扰机主要用于保卫地面或海上重要目标，干扰空地(舰)激光制导武器的攻击。

激光角度欺骗干扰机的主要作战对象是半主动激光制导武器与激光跟踪设备。它是依据所侦察到的敌方激光照射信息，复制一个与之具有同样波长和码型的激光干扰信号，将其投射到预先设置在被攻击目标附近的一些假目标(或自然物体)上。激光制导武器在向攻击目标寻的过程中，接收来自真目标的激光反射回波与由假目标反射的干扰信号，在其寻的视场内出现两个回波信号。导引头在同时接收到真假两个信号之后，按照比例导引的规律向两个目标的质心寻的，于是偏离正确的攻击航向。

2)系统组成及功能。激光角度欺骗干扰机通常由激光告警接收机、激光信号综合处理器、激光干扰信号发射机和激光假目标等设备组成，如图 7－7 所示

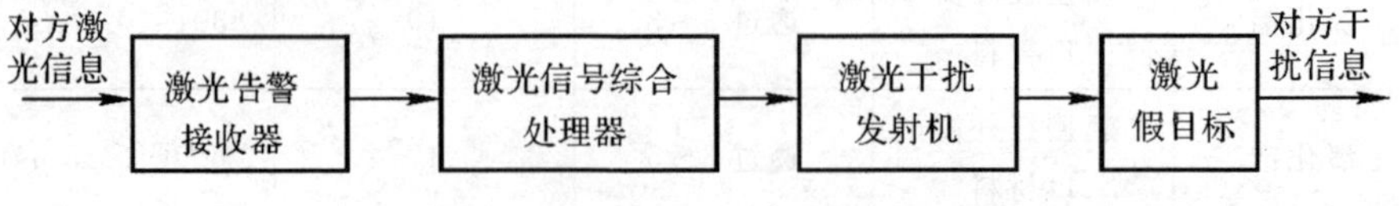

图 7－7　激光角度欺骗干扰机组成框图

图 7－7 中，激光告警接收机接收对方激光设备照射到被保卫目标上的信号；

激光信号综合处理器通过对截获信号的处理获得照射激光信号的角度、重频、码型、到达时间等信息。激光干扰信号发射机复制出与对方激光照射信号具有同样参数的激光干扰信号发射源。激光假目标是具有对照射激光进行广角散射特性的漫反射板或自然物体。

激光角度欺骗干扰机预先设置在被保卫目标之上或其附近。干扰激光器和信号综合处理器可由车载、舰载或地面布设。激光告警接收机则需以一定间隔布设在被保卫的目标之上及其附近,以确保在对方发射激光目标指示信号照射被攻击目标时可以接收到激光信号。保卫目标的面积主要取决于激光告警接收机覆盖的面积和激光假目标可能布设的地域。在一般的战场和大气条件下,对 10 km 照射距离、10 mW 激光功率、1 mrad 发射角的激光目标指示器发射信号的截获半径,单台激光告警器的截获半径通常不超过 100 m(良好大气条件)。当激光告警器接收机收到敌方发射的照射信号后,在告警的同时,侦查出激光照射信号的重频、脉宽、功率等级和码型等技术参数,然后将上述信息快速传送给己方的激光欺骗干扰机,控制干扰机复制出一个与之一模一样的干扰信号,投射到预先布设好的激光假目标上,干扰信号由假目标反射或漫射到空中。

3)主要特点。激光角度欺骗干扰的主要优点体现在以下几个方面:①通常激光制导武器采用的工作波长与重复频率都是已知的,编码形式也多采用改变脉冲占空比的方法,所以干扰信号较易于复制。②对大多数采用比例导引制导方式的激光制导武器,由假目标反射的激光干扰信号能量只要大于由目标漫反射的激光信号能量即可,所以激光干扰机的输出功率要求并不高,在技术上易于实现。③通过对激光假目标布设位置和反射信号强度的控制,可在一定范围改变激光制导武器被诱骗的角度。

同时激光角度欺骗干扰也存在一些弱点:①如果激光制导武器采用更为复杂的编码方式或采用更窄的距离波门,则欺骗干扰信号不容易复制或进入对方设置的距离选通波门。②激光假目标与激光干扰机之间通常要求地形通视,这样才能用一台激光干扰机配合多个假目标覆盖一定地域。但在复杂地形和对付多个方向同时来袭目标时,该干扰方式的使用就有一定的局限性。

(2)激光距离欺骗干扰。

1)原理与用途。激光距离欺骗干扰机的主要干扰对象是激光测距机与激光雷达等设备,即被干扰的对象是以获取目标距离信息为目的的军用激光设备。

由脉冲激光测距的原理可知,目标距离的获取实际上是对激光回波信号到达时间的测量。激光距离欺骗的原理是,在对方接收视场内发射一个与之激光测距信号具有相同波长、脉宽和更高重复频率的激光信号,确保在其距离选通波门的限定时间内至少有一个激光脉冲信号被接收，并且还要较之来自目标的真实反射回波提前被接收。这样，激光测距机的关门信号会以先入为主的干扰信号为依据而确定，导致测距发生较大偏差。

2）系统组成及功能。激光距离欺骗干扰机通常由激光告警接收机、激光信号综合处理器、激光干扰信号发射机等设备组成，如图 7-8 所示。

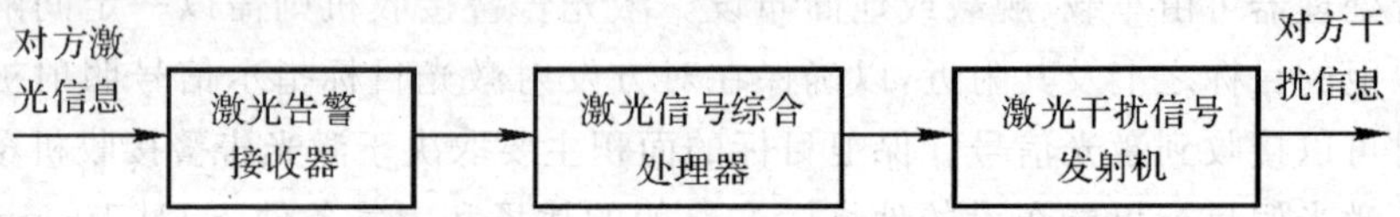

图 7-8　激光距离欺骗干扰机组成框图

激光距离欺骗干扰机的核心是激光干扰信号发射机，它是一台高重复频率的激光器。在激光告警接收机的配合下使用。由于目前战场上大量使用的激光测距机与激光雷达主要都是采用 1.06 μm 的固体激光器，所以激光干扰机通常也采用这样波长和相近脉冲宽度的激光器.

实施距离欺骗干扰的关键是激光干扰机必须具备足够高的激光脉冲重复频率，可由下式进行估算：

$$RPF \geqslant \frac{c}{2R} \tag{7-38}$$

式中，RPF 为激光脉冲重复频率；R 为干扰距离，m；c 为光速，m/s。

由此可见，如果要实现的有效干扰 R 越小，则激光干扰机的重复频率就要越高。例如，对地面使用的激光测距机，最小干扰距离若为 1 km，则激光器的重复频率就要高达 150 kHz。而空地激光制导武器的作用距离大多在 10 km 以上，所以此类激光干扰机的重复频率只需高于 15 kHz 的量级即可。

3）主要特点。激光距离欺骗干扰具有以下主要特点：①基于距离欺骗干扰原理，只要干扰激光波长与对方工作波长一致，重频足够高，干扰就容易奏效。②在发现目标后即可实施干扰，即使对第一次测距信号来不及干扰，但对一个连续的测距过程干扰仍然有效，而且对方也很难将此干扰信号剔除。

激光距离欺骗干扰同样存在着一些固有弱点：①激光测距机的接收视场通常为 1 mrad，因此激光干扰信号必须保持正对目标照射。因此可知，对激光告警器的角度分辨率和引导系统的跟踪精度要求比较高。②重复频率 15 kHz 以上运行的激光器，通常采用声光调 Q 开关技术来加以实现，在此情形下运行的激光器，通常脉宽与发射能量与激光目标指示器所用参数之间还是略有差别。

三、激光非致命武器

随着激光技术的迅速发展和广阔的需求，激光非致命武器向着实用型和小型化方向发展。具有令人眩晕、失忆、致盲等功能的单兵激光武器将会像普通兵器一样装备部队。步枪式、手枪式、手电筒式、微型钢笔式等多种多样的激光器应运而生。这类激光非致命武器外形不同，但基本原理是一样的，不仅对有生目标实现非致命效应；另一发展重点是跟踪干扰与致盲甚至损毁包括飞机、坦克、火炮等装备内部的光电设备。

1. 手枪激光眩目器

手枪激光眩目器是利用低能量的绿色激光使人眩目、眩晕、暂时失明，但不会造成永久性损伤的一种非致命武器装备。该眩目器可在 20 m 内使人眩目、眩晕、暂时失明，从而失去抵抗能力；可警告、驱散 50 m 距离内的单个目标或人群、车辆等；可在 3 m 距离使用安装在标准轨道上的强光战术手电对犯罪嫌疑人进行眩目、警告等活动；眩目器的发射功率 170±5%mW，光功率密度大于 0.1 mW/cm^2，小于 2 mW/cm^2，光能量密度大于 3 mJ/cm^2，小于 5 mJ/cm^2；可充电锂电池续航时间约 2 h，单次连续工作时间大于 30 min。主要用于警方处理群体性冲突，快速控制事态，也可用于特种部队和反恐安全体系中压制、干扰、心理威慑恐怖分子。

手枪激光眩目器主要由激光控制系统、激光泵浦系统、激光光学系统、操作显示系统等组成（见图 7-9），枪体材料选择高强度轻型铝合金，电池设计成弹夹形式，既美观，又可方便更换，在设计上符合人体工程学原理。

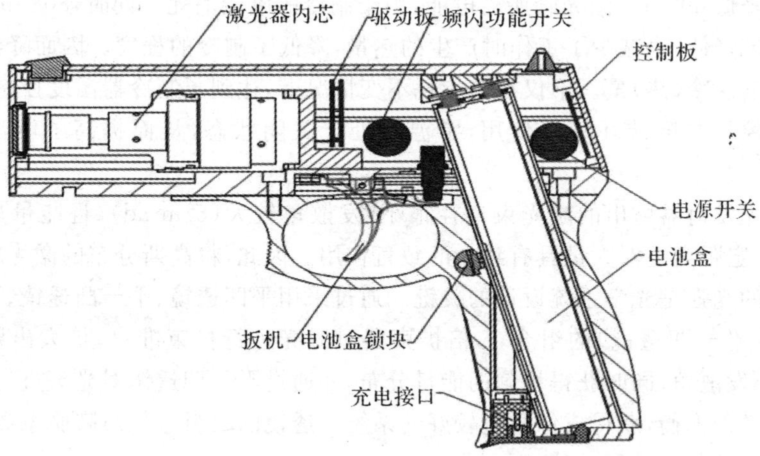

图 7-9　结构原理图

激光器采用2 500 mW的半导体激光管作为绿光激光的泵浦光源，泵浦源波长808 nm，激光经光学透镜聚焦整形后作为倍频输入，通过Nd:YVO4晶体（工作物质）泵浦产生1 064 nm激光，再通过KTP晶体倍频而产生532 nm激光（绿光）。一级1 064 nm泵浦激光是通过平面镜之间谐振产生；二级532 nm泵浦激光（绿光）是通过平面镜与平凹透镜之间谐振产生。将泵浦产生的532 nm绿光经过光学系统扩束处理后输出为均匀光场的绿激光。

激光器是眩目器的主要部件，其质量严重影响着眩目器的性能，在激光器的设计上，主要实现了两个关键技术。

一是扩大环境温度适应范围。1 064 nm激光通过KTP晶体倍频而产生532 nm绿光激光，而KTP晶体对环境温度适应能力差，一般的激光器只能在10～35℃环境温度下正常工作。为了使手枪激光眩目器在复杂的环境下使用，激光器采用半导体制冷技术，进行温度调控。当环境温度过高时，通过制冷，将谐振腔温度控制在正常工作温度状态。当环境温度过低时，对半导体制冷器反相供电，对谐振腔进行开机前预热，确保激光器低温下正常工作。从而使手枪激光眩目器可以在－10～＋40℃的环境温度下正常工作。

二是提高倍频效率。手枪激光眩目器通过高能电池供电，而采用半导体制冷技术，需要消耗较大电能作保障。这样电池工作时间大大减少，为了解决这一矛盾，采取了一系列工艺技术改进，提高倍频效率，降低泵浦源808 nm激光管的功率。一般采用2 000 mW的激光能够倍频出200 mW的532 nm绿光。通过提高倍频效率，采用1 000 mW的激光就能够倍频出200 mW的532 nm绿光。这样，一方面降低808 nm激光管所需电能，用于制冷的电能消耗。同时，808 nm激光管所需电量降低，也减少了工作时产生的热量，降低了制冷的程度。因而降低了在极端环境下制冷（热）量。不仅在总能耗不变情况下，达到了制冷器温度控制的目的。由于温控只在极端环境下使用，常温下处于关闭状态，从而提高了电池的工作时间。

激光发射器射出的激光束口径很小，发散角较大（5 mrad），且能量呈高斯分布，在一定距离上对人员具有致命的致盲作用。因此，将高斯分布的激光转换为均匀分布的光强是光学系统设计的关键。通过采用平凹透镜、平－凸透镜、平－凹柱面透镜（平－凹透镜）的组合，5倍扩束器对激光进行扩束准直，扩大出射光斑口径，减小发散角，同时获得均匀的能量分布，并通过平－凹透镜对光斑进行展宽，最后通过像差平衡，获得成像质量较好的系统。透镜的材料选择热膨胀系数低、对温度不敏感的BK_7加厚玻璃。

2. 绿色激光武器

LA－9/P 和“眩目”激光器由美国海军陆战队牵头研制（见图 7－10），主要用于实施区域封控，禁止出入和穿行，对人员目标进行压制，现已装备美国陆军、海军陆战队、海军和空军。LA－9/P 激光器的最大输出功率为 250 mW，且配有综合安全控制模块，当人员进入到眼睛最小损伤距离 0～65 m 内时用物体阻断激光束，激光束随即受阻关闭，该激光器的作用距离为 65～1 000 m。“眩目”（GLARE）城区作战用激光器外形比 LA－9/P 激光器更加小巧，最大输出功率为 125 mW，眼睛最小损伤距离为 18 m，作用距离为 18～760 m。该装置在日照强光下产生适度眩晕，不会形成闪光致盲，人眼仍有部分残留影像；在有雾和雨天环境下使用，效果会受到影响。

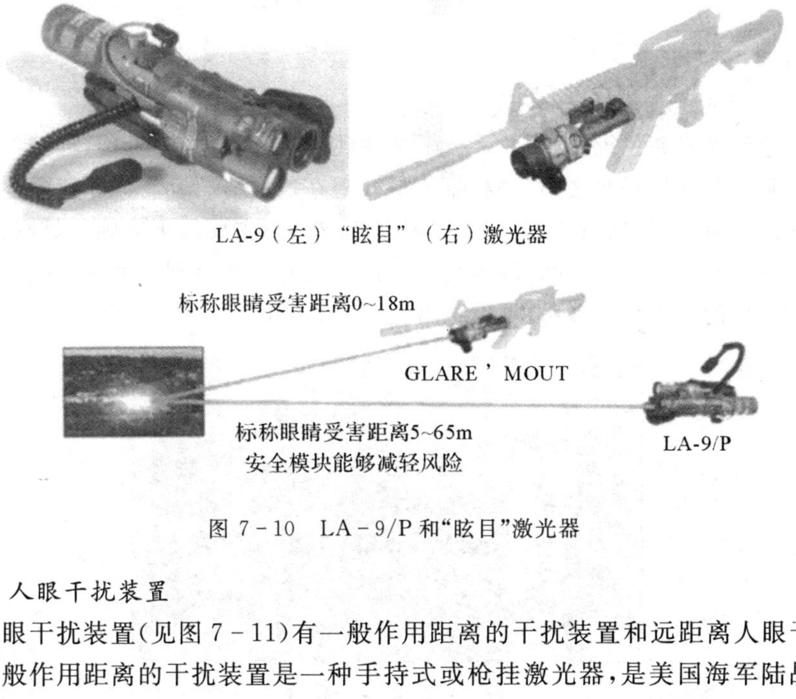

图 7－10　LA－9/P 和“眩目”激光器

3. 人眼干扰装置

人眼干扰装置（见图 7－11）有一般作用距离的干扰装置和远距离人眼干扰装置。一般作用距离的干扰装置是一种手持式或枪挂激光器，是美国海军陆战牵头在研项目，原计划在 2014 财年部署。该装置是一种可见激光器或高功率宽带灯，作用时对人眼无伤害，能在延长作用距离的同时最大程度缩短对人眼的损伤距离。其主要用于对 10～500 m 距离上的人员目标实施告警，必要时还可进行压制。

远距离人眼干扰装置是美国海军在研项目，它是一种能够产生可见光谱且具有可逆效应的远距离非致命光学干扰装置，对人员目标实施吓止、告警和压制，旨在保护高价值军用物资。该装置的最小人眼安全距离范围大，有效作用距离达

图 7-11　人眼干扰装置

3 000m。

4. 绿色激光阻截系统(GLIS)

绿色激光阻截系统(见图 7-12)是一种枪挂或手持式激光器,通过产生非致命效应和在主武器平台之间互换,能够阻截潜在的敌方行动。该系统是美国海军陆战在研项目,原计划在 2012 财年部署,现已推迟;主要用于实施区域封控,禁止出入和穿行,并对人员目标进行压制。非致命效应主要体现在能够向接近军事作战行动区域的平民发出警示,可见距离为 0～300 m。

图 7-12　绿色激光阻截系统

5. 致眩器(DAZER)

致眩器(DAZER)是供步兵使用的首例公开化的手持式激光致盲(致眩)武器，可导致人眼暂时失明或目眩，并可破坏敌方坦克装甲车上的光电传感器，如夜视仪、摄像机等.从而保护地面步兵。

DAZER 激光器采用翠绿宝石激光器，可在 0.7～0.815 μm 波长范围内调谐输出，其能量峰值波长在 0.755 μm 处。在普通工作状态下重复频率为 20 Hz，每个脉冲的能量为 3.5 J，总功率为 70 W。在调 Q 状态下，激光脉冲宽度为 33 ns，每个脉冲能量约 0.6 mJ，于是得到高于 18 mW 的峰值功率，其攻击能力被大大增强。DAZER 样机以镍镉电池为电源，整机重量约 9 kg，外形及尺寸与冲锋枪相近，以肩垫支撑，经望远镜瞄准后发射攻击激光束。由于其工作在近红外波段，因而，为保证激光枪瞄准目标，必须附加一台低功率氦—氖激光器或二极管激光器以产生可见参考光束。

6. PHaSR 激光枪

2005 年 11 月美国向外界公布，空军研究实验室 ScorpWorks 科研小组研制成功一款实用型单兵携带的非致命激光步枪，这种激光步枪可以利用它的能量来驱散人群或阻止敌人的攻击，它被称为“阻止人员和刺激响应”(PHaSR－Personnel Halting and Stimulation Response)激光步枪。PHaSR 的尺寸和重量与全负荷的 M60 机关枪相似，重约 9 kg，但射出的子弹是低功率的激光束，使受光者瞬间就像直视太阳，强烈的眩光使其迷失方向。激光持续时间能足够阻止其敌意的行动，但离开激光束后视力可逐渐恢复。该武器采用双波长的激光系统，可以对付能够过滤一定波长激光的护目镜，因而能达到对有生目标的作战效果。美国国防部一直没有透露这种激光步枪的设计细节和性能指标，但已完成首批 PHaSR 原型机的制造，并把两个原型激光步枪交到了德克萨斯州空军基地的人体效应试验部和弗吉尼亚州的联合非致命武器局，作进一步的审查和对志愿者的试验，以确保不会违反联合国的致盲激光武器规定。

美国司法局为确保武器对眼睛的安全，要求在 PHaSR 激光步枪中加装一种小型激光测距仪。这样在实战中可根据武器与目标人员的距离来自动调节射出的激光功率，因而不会有以往类似的武器一直存在的问题，即近距离使用可能对人产生伤害，远距离使用又可能没有威慑效果。这种加装眼睛安全激光测距仪的样机，已在 2006 年 3 月完成，负责此项目的空军军官员声称“我们所作的每一步都是为了保证样机对人员的眼睛 100%的安全，并且产生的任何效应是短暂的。”

7. 脉冲能量射弹(PEP)

前几年美国联合非致命武器局透露，他们正在研究一种基于脉冲氟化氘化学激光器的脉冲能量武器，这种武器的激光脉冲作用于固体目标时，会产生强烈的闪光、震耳的噪声、巨大的冲击和多种生物效应。利用其生物效应研制的非致命激光武器称为“脉冲能量射弹”(PEP－Pulse Energy Projectile)。这些生物效应包括无弹片的撞击，对皮肤周围神经和中枢神经的刺激，因而会引起疼痛、短暂的麻痹、胸闷、迷惑等现象。2004 年美空军研究实验室研究过“激光感生等离子体”技术，利用脉冲化学激光已开发了一种非致命定向能技术，用以研制阻止军车行进和打晕人的装置，但研制和开发的详情未见披露。

2005 年美国海军研究局和佛罗里达大学曾签订了一项“激光激励电磁脉冲造成感官效应”的合同，一起研究致人疼痛的激光射弹。当脉冲能量射弹射到人体后，会在人体肌肤表面产生大量云雾般的等离子体，转而产生超声压力波，它刺激人的神经，使人感到剧烈疼痛。当然这种感觉与脉冲的波长、能量及人穿的衣服有关，激光能量过高或潮湿的衣服对目标都是不利的。前些年他们已用动物做过多次试验，圣地亚哥市有一个专门的研究实验室，当激光脉冲射向数 10m 外关在笼中的鸡群时，这些鸡的脚和翅膀都因等离子体脉冲带来的刺痛而颤抖倒地，不过它们的心肺功能仍保持正常。国防部特种兵作战司令部曾拨给联合非致命武器局 320 万美元，五角大楼为此项目又增拨了一笔资金，用于开发硬件并进一步研究和测试。新研究的目的是要增大这种疼痛的效果，研究人员希望通过实验室培育的细胞和对人员的测试，寻找触发人体神经疼痛最大值且不致引起伤害或死亡的最佳脉冲参量。样机已试验成功，准备装在有转塔的悍马车上，在固体激光器技术未准备好之前，化学激光武器可比其他激光武器更早部署，该武器原计算在 2007 年投入使用，作用距离大于小兵器，更大的装置有望达到两千米。另外还在继续开发更长距离及加装机关炮式的装置，以满足多方向转动射击和多次发射的作战需要。

8. 激光致僵武器

加利福尼亚圣地亚哥 HSV 技术公司正在发展另一种非致命激光束武器，利用发射的激光束使在一定距离处的人员或动物固定原地不能动弹。这种武器主要部件是一个紫外线光源，它产生两束相干的紫外光辐射。波束照射到目标后，将从发射源到目标路径中的空气分子被电离，在武器瞄准的沿途大气回路就有了流通的电流。波束中的电流犹如是一种生理学上神经电脉冲的复制品。通常这种神经电脉冲是控制人或动物的横纹肌肌肉组织的，它支配了人或动物的行为动作。激光束产生的神经电脉冲与人原有的神经电脉冲十分相似，而它较强地刺激了人的肌肉纤维，会使其原本各个不同的收缩变成为单一的持续的收缩，因而使人或动物受照后只能固定在一个状态，不能自由活动。然而这种外来的神经电脉冲不是生物本身固有的神经电脉冲，所以它对人和动物是没有感觉的，对人眼睛也不会引起伤害,因为眼角膜吸收了武器使用波长的紫外辐射,而且波束很弱不会导致角膜发炎,除非波束直接射到眼睛达数 min。另外也不会影响人和动物的平滑肌肉(例如心脏)和横隔膜。加利福尼亚大学对此项研究已进行了多次试验,证实这种强直波束武器是安全的。武器的作用距离达 2 km,如果目标是接地的,装置也可采用单个波束,虽然目前可获的这种应用激光装置尺寸还比较大,但日后研究人员将采用新的设计,使整个装置压缩到可装入一个手提式的箱包。

9. AN/VLQ-7“魟鱼”激光致盲系统

“魟鱼”激光致盲系统是美国于20世纪80年代推出的,用于致盲敌方坦克光学和光电设备的车载激光武器。该系统采用通用动力公司研制的二极管泵浦板条Nd:YAG 激光器,输出能量在 0.1 J 以上,可破坏 8 km 远的光电传感器,重158kg。该系统有两种工作方式:第一种是激光雷达,系统中的光束扫描装置搜索目标,跟踪从敌方传感器发射的少量雷达激光能量,探测敌方的光学和光学传感器。这种方式中,激光器以宽光束和小的功率级工作。第二种是激光致盲方式,激光束由宽变窄,激光能量集中在很窄的光束内瞄准目标,致盲或损坏敌方的光学和光学传感器。由于应用了猫眼效应,射手能同时对几辆坦克或装甲运输车进行定位,发射激光使其光电传感器致盲,从而失去机动能力,然后向它们发射反坦克导弹,从而大大提高命中率。1991 年“沙漠风暴”行动中,“魟鱼”激光武器系统在作战中未用来执行发射激光致盲的主动攻击性任务,但成功完成了利用猫眼效应为其他武器系统搜索和确定敌方坦克和战车位置的任务。

10. AN/PLQ-5 激光对抗装置

美国洛克希德·桑德斯公司开发的 AN/PLQ-5 激光对抗装置,它主要由一台激光照射器和一个带夜视装置的瞄准具组成,两者均安装在一支改型的 M16A2 来复枪架上。枪架上装有激光照射器和昼夜瞄准具,操作者背着一只电池包,具有足以供发射 3 000 次激光所需的能量。作战时,射手先用瞄准具搜索战场,当视场中出现攻击目标时,便触发激光武器,射出有效距离 2 km 的激光脉冲,击中目标。该系统重约 19 kg,其中激光照射器和瞄准具 11.4 kg。它能暂时致盲人眼,并能探测与破坏光电传感器。1990 年曾部署在海湾战场;1991 年“沙漠风暴”中参与美军行动,装备在“布雷德利”战车上,用来确定敌战场目标位置以便及时处理;1995 年美陆军在每个连队装备 9 台这种武器,并少量装备到侦察车上。它是美陆军最先装备的一种激光干扰和致盲武器。

11.“军刀”(Saber)203

由菲利普实验室激光和成像管理局研制的被称作“军刀 203”的非致命激光眩目器,安装在 40 mm 口径的 M203 榴弹发射器上,配发到部队。该系统由发射盒和控制盒两部分组成。前者是一个与 40 mm 榴弹的体积和形状接近的硬塑料盒，内装有半导体二极管激光器。后者是扣接在发射器下面的一个小盒，使用者只需操作盒侧面的按钮，即可由发射盒发射连续激光束。该装置采用镍镉电池供电，工作波长为 670 nm，功率 400 mW，有效照明距离 300 m，重 1.5 磅，每枚电池可连续运行 30 min，100 m 处的光斑尺寸为 1～10 m。它能使人产生强烈的不适感而迅速逃开，是特种部队理想武器。在通常情况下，"军刀 203"以低功率激光束照射目标，使其因恐惧和惊奇而停止敌对行动。

据曾经驻索马里美国海军陆战队一位有关人士透露，1995 年的一个夜晚，一群索马里人逼近并准备袭击美军，剑拔弩张之际，美军陆战队人员用"军刀 203"照射人群，被"射中"者呆立在那里不知所措，其余人则仓皇逃跑，从而避免了一场致命的相互攻击。

12."骑马侍从"(Outrider)车载激光致盲武器系统

该系统 50%的技术来自于"魟鱼"系统，是"魟鱼"的派生型。其特点是能在防御状态下实现光电对抗。

"骑马侍从"战斗防卫系统可以用自身的激光器对多个目标进行跟踪，并交战。它的多种作战方式可供操作人员随战术态势而灵活选用。该系统主要用于破坏敌方武器上的光学探测和跟踪装置，如图像增强器和光学放大系统。在与动能武器系统交战时，将起到保护直射(反装甲炮和重机枪)射手的作用，从而提高现行装备的杀伤能力以及配备轻型装备的部队在对抗配备重型装备的部队时的生存能力。

13."花冠王子"(Coronet Prince)光电对抗武器系统

20 世纪 80 年代末，以"魟鱼"为基础由美国空军组织研制的低能激光武器，用做机载光电对抗装备。该系统用吊舱在飞机上安装，其瞄准、跟踪及对环境的要求均与地基或车载"魟鱼"系统有明显不同。由于它必须在较远的距离上"咬住"目标，因而要求比"魟鱼"系统更高的激光功率。它采用的器件是板条状 Nd:YAG 激光器，输出功率比"魟鱼"系统高，作用距离更远。1988 年开始研制演示验证样机，1989 年进行全面工程研制，90 年代提供使用。

14."眼镜蛇"(COBRA)激光致眩器

"眼镜蛇"(COBRA)激光致眩器由美国麦克唐纳一道格拉斯公司研制，是单兵携带和使用的激光枪，主要供步兵手持致盲敌方直升机、坦克和火炮上用于探测和跟踪目标的光学和光电设备，外型与 M-16 步枪相似，并用电池供电，充电一次可发射 2000 发"子弹"，射程约 1km。这种激光枪使用了一台固体激光器，可以发射 3 种不同频率的波长的光，分别是二极管激光器发出的红光，如玻璃激光器发出的二次谐波绿光和二次谐波的近紫外光。这些波都处于可见光波段，敌人很难防护。

第8章　微波非致命技术

微波非致命技术就是利用高功率微波产生的非热效应及热效应，作用有生目标的皮肤层或神经系统，使其行为失控而丧失战斗力，或使武器系统的电子器件失能。作为一种战术性非致命武器，作用效果可靠，能量可控，可满足维稳处突和低强度军事行动的需求。它既能达到拒止、失能、驱散、警告等战术目的，又能严格控制作用效应，对有生目标不会造成永久性伤害。微波非致命武器是未来局部冲突和维稳作战中的"超级杀手锏"，一旦装备部队，将会产生显著的军事效益。

第1节　微波技术概述

一、微波技术的概念

微波是指频率为300 MHz～300 GHz，对应波长为1 mm～1 m的电磁波。高功率微波是指峰值超过100 MW，频率在1～300 GHz之间，波长跨越cm和mm的波段。在电磁波谱中，微波的低频端同普通无线电波的超短波相连接，其高频端接近远红外(见表8-1微波波段)。微波可以用特殊的天线汇聚方向性极强、能量高的波束，在空中以光束沿直线传播。可在不良导体中传输，在金属之类良导体上会被反射。微波技术是现代无线电子学的一个重要分支，也是现代通信的重要手段。部队使用的雷达、日常生活中使用的微波炉，以及微波通信等，都是利用微波原理来工作的。军事科学家用此技术制造了微波武器。

微波武器是指用微波束的能量直接杀伤目标或使目标丧失作战效能的一种定向能武器，又称射频武器。这种武器是将微波电磁能在时间和空间内进行压缩，使之在时间上产生非常窄(例如数10 ns)的短脉冲，而在空间上则产生方向性很高的窄波束，用这种高达数百kmW的高功率微波波束对准作战对象进行打击或摧毁，使其相应设备损坏或击毁、作战人员丧失战斗力或指挥能力，达到战争胜利的目的。研究表明，当微波功率密度达到3～13 mW/cm^2时，它会产生非热效应，受影响人员将因头痛恶心、思维混乱、行为失控而丧失战斗力；当功率密度达到20～80 W/cm^2时，它会产生热效应。如果战时利用卫星、飞船等太空平台向目标区集中辐射微波，可使该区大气发生剧烈理化反应，以3 000～4 000℃度高温杀死装甲、掩体内人员，达到中子弹效果；当功率密度达到 10～100 W/cm^2 时，可摧毁武器装备中的任何电子元件，不但能使对方雷达迷茫、通信中断、指挥失灵，而且能于无声中使其飞机、导弹、舰艇和军车引擎点火系统受损，摧毁其战斗力，根本不必像传统火力杀伤进行逐个攻击。

表 8－1　微波波段

波长范围/m	频率范围/Hz	波段名称			
		按波长	按频率	代号	
10～1	30～300M	米波	甚高频	VHF	无线电波与微波的过渡
1～0.1	300～3 000M	分米波	超高频	UHF	微波(超高频)
0.1～0.01	3～30G	厘米波	特高频	SHF	
0.01～0.001	30～300G	毫米波	极高频	EHF	
0.001～0.0001	300～30 000G	亚毫米波			微波与红外过渡

根据微波照射目标能量的大小，可设计不同效应的微波武器。较低功率的轻型微波武器，可作为非致命武器使用，为电子对抗提供必要的手段，对有生目标不产生永久性伤害；高能微波武器则是一种威力极强的大规模毁灭性武器，其辐射频率一般在 1～30 GHz，功率在 1 GW 以上，其特征是将高功率微波源产生的微波经高增益定向天线向空间发射出去，形成高功率、能量集中且具有方向性的微波射束，使之成为一种杀伤破坏性武器。它通过毁坏敌方的电子元件、干扰敌方的电子设备来瓦解敌方武器的作战能力，破坏敌方的通信、指挥与控制系统，并能造成人员的伤亡。

微波武器是正在发展之中的定向能武器。它能直接利用强微波波束的能量杀伤人员或破坏武器装备，它以辐射波能量为特征。现在正研制的微波武器主要是由超高功率微波发射机、大型高增益天线和跟踪、瞄准、控制系统等组成。使用时，大型天线先把超高功率微波发射机输出的能量汇聚在窄波束内，使能量高度集中，然后以极高的强度射向目标。从原理和结构上看，微波武器虽与雷达有些相似，但它所辐射的微波能量要比雷达高百倍以至万倍。与常规武器相比，它可在不破坏目标实体的情况下，严重削弱其战斗力。另外，它受天气影响小，能在各种环境下作战，尤其是可随时改变微波频率，使相应的对抗措施复杂化，令对手防不胜防。

高频率微波武器的发射峰值功率通常在 100 MW 以上。它一般由微波器件、高频率微波发生器、天线装置、电磁波定向发射装置和控制系统组成。只要目标处于高频率的覆盖范围内，都会因受到其攻击而丧失作战效能。对目标能形成杀伤作用的电磁脉冲的功率密度为 100 W/m^2～1 MW/m^2，因此，微波作为武器使用时，要求能在距辐射源 0.1～1 km 以外达到这么大的功率密度。

根据核爆炸的电磁脉冲效应，对核武器加以改造，使其在爆炸时，将更多的能量转换为电磁脉冲，以这样的原理研制的微波武器属于战略微波武器。它作为电子战压制武器，用于在战略、战役纵深内对武器系统电子设备的压制。根据激光效应和带电粒子束效应或利用普通炸药、火箭推进剂、碳氢化合物燃料燃烧时释放的化学能转换为脉冲电能的原理研制的微波武器属于战术微波武器。以飞机上 30 mm 的机炮弹药为例，它可用于产生 10 kJ，1 GW 的电脉冲，其功率密度为0.1 MW/m^2，能量密度达 1 J/cm^2，可通过天线对前方 lkm 处的地面目标进行照射。利用重复发射来对付敌方的预警、通信、指挥控制和武器系统。

二、微波非致命武器的类型

微波非致命武器根据微波作用效应分为反人员非致命微波武器和反电子微波武器。反人员非致命微波武器是采用毫米波灼烧人体的表层皮肤；反物质微波武器是破坏武器等装备的电子系统，如通信系统和计算机网络等。其区别主要是微波照射目标能量的大小不同，而基本结构组成是相同的。

微波还可按照能量作用形式分为单次使用的微波弹和可重复使用的微波波束武器两种类型。微波弹一般是在炸弹或者导弹战斗部上加装电磁脉冲发生器和辐射天线，利用炸药爆炸压缩磁通量的方法产生高功率电磁脉冲，从而在目标的电子线路中产生感应电压与电流，以击穿或烧毁其中的敏感元件；微波波束武器主要是利用定向辐射功率微波波束作用目标。

1. 反人员非致命微波武器

反人员非致命微波武器的典型代表是美军的主动拒止武器系统(Active Denial System, ADS)，它是远距离使用毫米波电磁能以阻止、延缓和挡回前进之敌的一项突破性非致命技术。ADS 主要用于控制人群，其优点是对人的攻击无声无息，且是非致命的。主动拒止武器系统的基本组成有 3 个部件——电源、微波电磁辐射发射器(回旋管)和将能量射束指向目标的天线。主动拒止技术武器利用碟式抛物面天线辐射窄射束电磁能。系统的有效作用距离主要取决于抛物面天线的尺寸和类型。抛物面天线越大，其射束越窄，信号增益则相应增加。该系统工作频率为 95 GHz(波长 3.16 mm)，发射功率为 100 kW。

2. 反电子微波武器

反电子微波武器包括射频阻车器、电磁脉冲器、射频舰船阻截器等。

(1)多频段射频阻车器(Multi－Frequency Radio－Frequency Vehicle Stopper)(见图 8－1)是高功率微波武器的一种，能有效阻停嫌疑车辆。目前美国已研制成功固定点的样机，试验中能有效阻停 80%以上的各种车辆(含大型车辆)。主要原理为:采用高功率磁电管以光束发射高强度射频脉冲，使汽车发动机的电子设备失效，射频脉冲发射时发动机不能被启动，一旦停止，则可以正常启动，实现了非致命性打击。进一步的发展是一种单兵携带的非致命电磁脉冲器，通过电磁脉冲使目标车辆上的电路或电子元件失灵，主要用于阻车。

图 8－1　多频段射频阻车器

(2)射频舰船阻截器(见图 8－2)是一种具有远程非致命能力的固定或机动高功率微波有效载荷，主要是通过引起电气故障来阻截小型舰船、集群防御和破坏舰船系统。该武器由美联合非致命武器管理局牵头，处于概念探索阶段。

(3)非致命无人机高功率微波荷载(见图 8－3)具有远程非致命能力，无人机可以根据指令指定的路线由地面防空人员无线操作，来阻截小型舰船、破坏敌方防空体系的电子系统，并最大限度地摧毁整个防空网络。而且只要有足够的燃料，就

图 8-2　射频舰船阻截器

能实现多次发射微波能量。该武器由美联合非致命武器管理局牵头，现处于概念探索阶段。

图 8-3　无人机机载高功率微波武器

3. 微波弹

微波弹是利用炸药或化学燃料产生的能量，通过微波器件转换成高功率微波辐射能的新概念弹药，又称电磁脉冲弹。它主要由高功率脉冲电源、高功率微波器件和定向辐射天线等部分构成，是一种弹载、单次、窄带高功率微波武器。微波弹又分为常规炸药激励和核爆激励两种。目前主要研究的是前一种，它可以通过在炸弹或导弹战斗部上加装电磁脉冲发生器和辐射天线的方式来构成高功率微波弹，利用炸药爆炸压缩磁通量的方法把炸药能量转换成电磁能，再由微波器件把电子束能量转换为微波脉冲能量，并由天线发射出去。从而在目标的电子线路中产生感应电压与电流，以击穿或烧毁其中的电器元件。尤其是当目标的缝隙大于微波的波长时，微波弹爆炸产生的微波脉冲可以从目标缝隙钻进去。目前比较成熟的是投掷式微波弹，已逐步实用化。如美国陆军已研发的 120 mm（迫击炮射）或 155 mm（榴弹炮射）高功率微波炮弹，要求炮弹能够“摧毁”战场内的“器材”类目标，而不会对人员产生附带损伤，或者只对人员产生有限的附带损伤，并且能够经受得住从火炮发射时的高冲击过载。其他的要求包括，炮弹既可用现役的155 mm火炮、120 mm 迫击炮或坦克炮发射使用，也兼容于陆军未来战斗系统现代化项目下正在研制的非瞄准线火炮（NLOS－C）、非瞄准线迫击炮或乘车战斗系统。

4. 微波波束武器

微波波束武器主要是利用定向辐射的微波波束杀伤破坏目标。如强力干扰机便是可重复使用的高功率微波武器中最引人注目的一种。它能全天候作战，有效距离较远，发射装置可使用普通电源，能够进行再瞄准，也可以多次打击同一目标。它还完全有可能与雷达形成一体化系统，集探测、跟踪、杀伤功能于一体，这种武器技术难度较大，不少问题有待解决。

三、微波非致命武器的特点

微波非致命武器具有以下优点：具有几乎全天候运行的能力；为对付电子设备而设计的波束不会损害人的健康；波束比较宽，对波束瞄准没有太高的要求，并且能同时杀伤多个目标；价格和维护费用比较低；在应用中，唯一的消耗品是常规发电机和交流发电机的燃料，因此，“弹仓”就是燃料箱；射频武器类似于雷达系统，具有很高的功率，可以探测和跟踪目标，提高功率杀伤目标，并且以光的速度进行；高功率微波武器的使用可以利用现有的基础设施；因为微波效应完全看不见，所以微波源可以做得很小，非常适合于隐蔽使用；适用于非致命性交战；覆盖频谱范围宽，既可研制出宽带高功率微波定向能武器，也可研制出窄带高功率微波定向能武器。

但是，微波武器也有以下缺陷。

(1)微波穿过大气层传播时，要受到电击穿、绕射和衰减的影响，受影响的程度与微波束的强度、频率、脉冲宽度及空气条件有关。在通常大气压下，空气介质被电击穿的功率密度为 $10^5 \sim 10^6$ W/m^2，此时微波脉冲宽度大于数个 ns。

大气中的水蒸气、氧气和雨水对微波具有吸收作用。当微波频率在 22 GHz，185 GHz 时被水蒸气吸收，在 60 GHz，118 GHz 时被氧气吸收。战术微波武器在 1～100 km的作用距离内在 60 GHz，118 GHz 频率处附近有衰减。即使一个校准得很好的微波束也会随发射距离的增加而扩散。采用高频率和大直径的天线可以减少这种绕射效应，所以一般天线对固定发射装置为 10 m，对移动发射装置为

3 m。

(2)对有核防护设施的武器设备无效。目前世界上一些国家的武器装备和军用电子系统装有防原子破坏的设施,并且制定了军用电子设计标准。这些设施对微波武器同样有防范作用,因为金属板可保护电子设备不受热效应的影响。

(3)由于微波武器的发射功率很大,在作战使用中,可能会在一定范围内对友邻部队的电子系统和 C^4I 系统造成威胁和影响,必须采用高度定向的天线或利用地面的屏蔽物。

第 2 节　微波武器的结构与原理

一、微波武器的结构

微波武器虽然分为单次使用的微波武器和可重复使用的微波波束武器两种类型。但其基本结构组成都相同,一般由能源系统、高功率微波系统、发射天线(见图 8-4)三大组成部分。现在以可重复使用的微波波束武器为例予以说明。

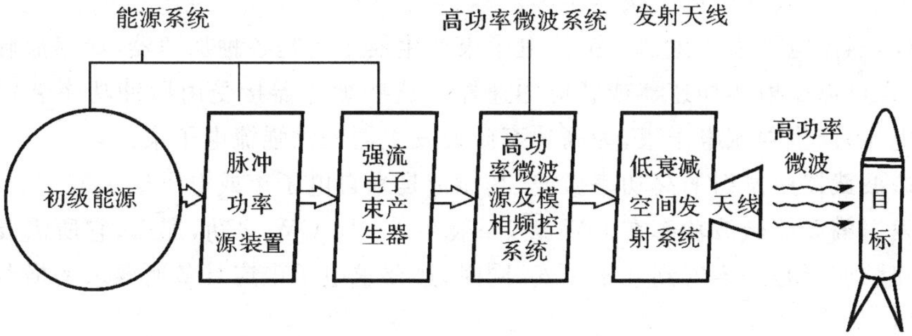

图 8-4　微波武器系统示意图

1. 能源系统

能源系统一般包括初级能源,脉冲功率源和强流电子束产生器。微波波束武器的能源系统,实际上是一种把电能或化学能转换成高功率电能脉冲,并再转换为强流电子束流的能量转换装置。它的任务就是负责把一般的电能或化学能,转变为能产生高功率微波的强流电子束流。

(1)初级能源。微波武器作用于目标之后,不像核、生化武器那样污染环境,不像爆炸性武器那样造成建筑物、车辆、掩体等的破坏,甚至可以对人员不产生致命性伤害,几乎没有什么“垃圾”。电能、化学能或核能等都可成为微波武器的初级能源。

(2)脉冲功率源。微波武器发射的微波束具有很高的能量。要产生高能量的微波束,必须首先产生强流电子束,而要产生强流电子束就必须有高电压作保证。产生微波的强流电子束,是一种脉冲强流电子束,因此,微波武器并不需要持续高压电源,它所需要的是一种脉冲高电压。常规的微波源使用的电压小于 100 kV,阻抗大于 1 000 Ω,雷达、电子对抗和通信等使用的常规微波源就位于这种低功率和高阻抗范围内。然而,微波武器的高功率微波源则要求工作电压在 0.1～1 MV 之间,阻抗在 10～100 Ω 之间,个别的高功率微波源要求工作电压达到 4 MV。因此,在微波武器的能源系统中,必须有一个合适的脉冲功率装置,把初级能源转化为脉冲高电压,提供给强流电子束产生装置。

脉冲功率源主要由高重复频率脉冲储能系统和脉冲形成的网络(如电感储能电容储能系统)等组成。它通过能量储存设备向脉冲形成网络中放电,将能量压缩成功率高得多的窄脉冲,例如,它可以把能量从 1×10^{12} W 提高到 1×10^{15} W。然后将高功率电能脉冲输送到强流脉冲型加速器转换成强流电子束流。脉冲功率源主要有电容储能(脉冲线)型高功率脉冲电源、电感储能型高功率脉冲电源和直线感应加速器或爆炸磁压缩换能器等。

(3)强流电子束产生器。强流电子束产生器主要是各种加速器,如强流脉冲加速器,也可以是射频加速器或感应加速器。这些加速器接受由脉冲功率装置提供的高电压,产生强流电子束,为高功率微波发生器提供强流电子束。

微波武器所发射的高功率微波,其能量是来自电子束或电子层中电子的动能。如果发射的高能微波功率在 GW 级,一般在 1～10 GW 之间,那么,它所需要的电子束流强应当是一千安到几十千安,同时,还要求电子束应具备所要求的横截面积和密度。

产生高功率微波源所用的电子束主要有以下 4 种机制。

①电发射。光电发射主要是用激光照射阴极,提供电子发射用的能量,光电发射所产生的电子束流的电流密度在 100～200 A/cm^2 之间。

②热离子发射。热离子发射主要通过对阴极表面进行加热,使电子获得能量而逸出,通过热离子发射可以产生连续的或者长脉冲发射的电子束流,能发射电流密度为 140 A/cm^2 的电子束流。

③场致发射。这是一种非爆炸的场发射,场致发射的阴极发射体表面采用石墨或聚合物—金属材料,在阴极表面刻上槽沟,或者在上面安装钨针之类的微针列阵,以便增强电场和引起非爆炸的场发射。场致发射的电子束流的电流密度可达数百 A/cm^2 至数 kA/cm^2。

④爆炸发射。爆炸发射是由电流加热引起爆炸而形成等离子体，再从等离子体阴极发射电子束流。爆炸发射通常在阴极施加外加电场，使阴极表面的电场强度平均超过 100 kV/cm，由于阴极的表面固有一些毛刺或"胡须"之类的微尖将使电场增强，阴极上的毛刺首先发生场致发射，电流在短时间内迅速增大，通常在几纳秒的时间内，由电流加热引起爆炸而形成等离子体。阴极的各个分立毛刺爆炸形成的等离体迅速膨胀，在大约 5～10 ns 内合并成一个均匀的"等离子体阴极"，从这个等离子体阴极就会发射出电流更大，通常高达 10 A/cm^2 的电子束流。

初级能源、脉冲功率源装置和强流电子束产生器构成了一个强流电子束加速器。它的实质是高功率微波产生器的一个能源装置，为微波武器真正的"弹药"—高能微波束提供基本材料。

2. 高功率微波系统

微波武器是利用微波束实现终点效应，然而，普通的微波束对于人员或武器装备来说是基本无害的，比如雷达微波束、通信微波束等对人员或武器装备一般都不会造成伤害。微波武器要想对人员或武器装备构成效应，辐射出去的微波束功率必须达到一定的程度，比如达到吉瓦级以上。要想使微波达到如此高的功率，这就需要使用可重复使用的微波武器的核心部分—高功率微波系统。

高功率微波系统就是高功率微波来源，它是微波波束武器的关键组件，主要由合适的高功率微波器件组成。高功率微波器件的作用是通过电磁波和电子束流的特殊相互作用，即波-粒相互作用，或者是通过电子束的自身振荡，把强流电子束流的能量转换成高功率微波辐射能量。然后，这些高能微波经低衰减的空间发射装置聚束后，再射向目标，对目标进行杀伤。

高功率微波器件主要有相对论磁控管、行波管(返波振荡器)、回旋管、相对论速调管、虚阴极振荡器等装置。

(1) 相对论磁控管。磁控管属于一种交叉场类高功率微波器件，它有一个提供电流的阴极，阳极环绕着阴极。阳极是由许多谐振腔组成的谐振系统，起高频回路的作用。在阳极和阴极之间加上脉冲电压 U，在管内产生径向电场 E_r，沿管轴向加有恒定磁场 B，恒定磁场 B 与径向电场 E_r 垂直(见图 8-5)。

当阳、阴两极间加上接近 1 MV 的电压 U 时，由阴极表面的"胡须"在高电场强度作用下发生爆炸，形成等离子体阴极，发射出很强的相对论电子束流。从阴极发射出的电子受管中外加电场和磁场的双重作用，电场使电子直接从阴极飞向阳极，而磁场产生的洛伦兹力使电子绕着阴极旋转，这两种趋势的结果合成了旋转着的电子"轮辐"。

当电子的漂移运动与绕圆柱形电极系统旋转的一行波场达到同步时，就会发

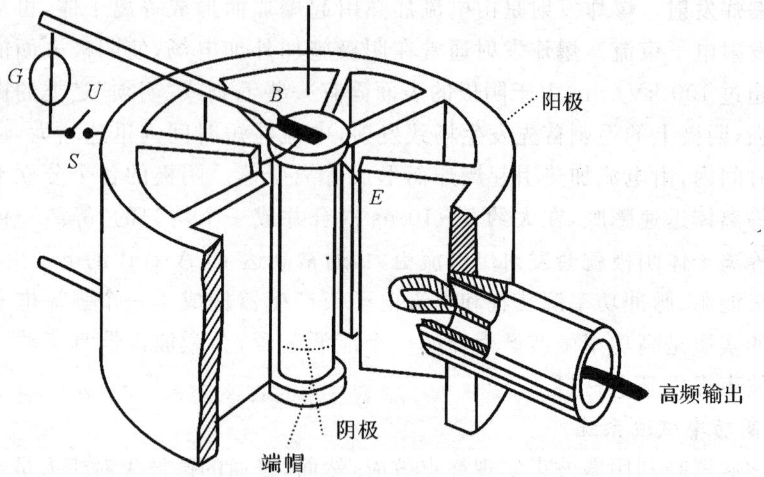

图 8－5　磁控管工作原理

生有效的波—粒相互作用:即约等于电子漂移速度的那些波,得到能量和强度的放大。

相对论磁控管的工作电压接近于 1 000 kV,产生的高能微波工作波长为 1～10 cm,峰值功率已经超过 1 GW,持续时间小于 100 ns,转换效率大于或等于 30%。

(2)返波振荡器。人类使用的第一种高功率微波源就是返波振荡器,是在契伦科夫辐射现象被发现之后而得名的。

返波振荡器属于 O 型契伦科夫类高功率微波器件。人们在以后的研究中,又产生了契伦科夫发生器和相对论性衍射发生器,它们都能在 X 波段及其以上波段产生较高的功率输出。返波振荡器频率范围在 3～10 GHz,峰值功率 3 GW;契伦科夫发生器频率范围在 10～35 GHz;峰值功率 15 GW;相对论衍射发生器频率范围在 13～60 GHz,峰值功率 4.5 GW(一个脉冲 520 J)。

(3)回旋管。回旋管属于电子回旋脉塞类的高功率微波器件,它是通过提取磁场中电子旋转动能而产生高能微波的。回旋管产生的高功率微波的能力适应性很强,波长跨越厘米和毫米波段,且有向亚毫米发展的趋势,而且回旋管的结构十分简单。

回旋管的关键部件有:从中发射电子的电子枪或二极管;规定面型的磁场及其它产生磁场的磁铁系统;相互作用区或腔;电子收集器;以及输出微波的能量提取区。

(4)相对论速调管。相对论速调管属于 O 型高功率微波器件的一种，它的特点是功率大、大带宽、高效率以及相位和振幅稳定。

相对论速调管分为：低电流相对论速调管和大电流相对论速调管。低电流相对论速调管的工作电压接近 1.2 MV。峰值功率 0.3 GW，转换效率为 40%；大电流相对论速调管的工作电压为 0.5～1 MV，峰值功率达 10 GW，转换效率达 50%。

美国海军实验室研制的相对论速调管，工作于 X 波段，脉宽 5ns，重复频率 100Hz 时峰值功率已经超过 1GW。加上速调管具有良好的幅、相稳定性和很好的放大性能，为后续传输设备带来优势。

(5)虚阴极振荡器。虚阴极振荡器是由二极管和漂移管组成，工作原理如图 8-6所示。当由高功率脉冲源产生的高压电脉冲加在二极管的阴极 1 和网状阳极 4 之间时，阴极爆炸并发射出强流电子束 5，强流电子束穿过阳极网进入漂移(或波导)管 3。如果进入漂移管的强流电子束流大于空间电荷限制电流(空间电荷限制电流不是实际存在的电流，而是由电子能量和漂移管几何结构所决定的一个电流限定值)时，进入的电子束就不能一直向前传播，而是在漂移管轴线上某个位置堆积起来，即在离阳极不远的地方形成一个虚阴极 7。这个虚阴极不是真实的金属阴极，而是由电子堆积而成的虚设阴极。这个虚阴极随时间周期性来回振荡，于是就产生了微波发射。从腔的侧面 6 引出微波，再由高增益天线将微波定向地向目标辐射出去。

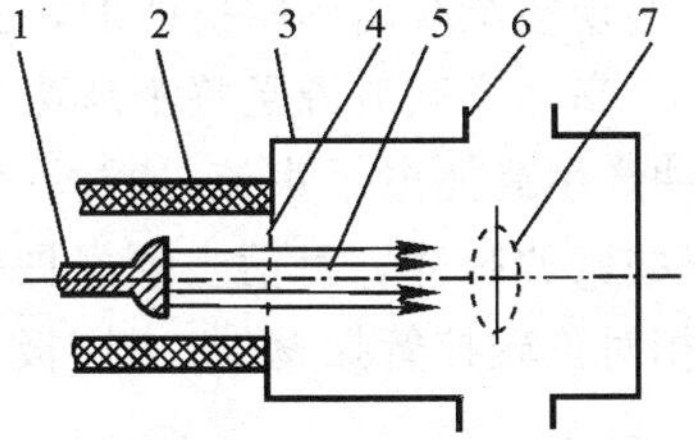

图 8-6　虚阴极振荡器工作原理

1—二极管的阴极；2—二极管；3—漂移(或波导)管；
4—网状阳极；5—强流电子束；6—微波出口；7—虚阴极

虚阴极振荡器辐射频率 0.5～17 GHz；辐射功率在 1 GHz 时已经超过 17 GW，脉冲宽度 250 ns。高功率微波器件的发展趋势是：高功率微波源器件将采用直线束器件，峰值功率将可能达到 100 GW；平均功率要大于 100 kW，接近 1 MW；能量效率要达到 50%；脉冲要实现多数源大于一微秒量级，少数源达到十微秒量级;对若干源要实现多脉冲 10 kJ 的能量。

3. 发射天线

发射天线是把高功率微波源产生的高功率微波定向发射出去的装置。微波武器的发射是高功率微波源和自由空间的界面,它与常规天线不同,是一种定向辐射天线。

定向辐射天线具有两个基本特征:一是高功率;二是窄脉冲。为了满足作为武器的需要,微波武器的定向辐射天线应具有:很强的方向性,很大的功率容量,带较宽和波束快速扫描能力等特性,同时,天线的重量、尺寸均应能满足机动性的要求。

二、关键技术

根据微波武器的结构可知,高功率微波武器系统涉及的关键技术主要有以下几种。

(1)脉冲功率源技术。脉冲功率源是高功率微波武器的基础部件。通常的脉冲功率源有 Marx 发生器、TESIA 变压器、磁流体发电机、磁通压缩发生器等,根据不同需要进行选择和参数调整。这些装置的作用就是利用常规的电能或化学能产生高功率电脉冲,提供给高功率微波系统作为能源。

(2)高功率脉冲开关技术。脉冲功率源产生的电脉冲通常不能直接有效地激励高功率微波源,因为脉冲的各项参数一般都不适合高功率微波源的正常运作。脉冲开关的作用是使脉冲的峰值、上升前沿和脉宽更为理想,使其能有效地激励微波源器件,并在一定程度上实现整个线路的阻抗匹配,提高能量转换效率。

(3)高功率微波源技术。高功率微波源是整个高功率微波武器系统的"心脏",其作用是利用高功率电脉冲产生高能电子束流,通过在特别设计的结构体内与电磁场相互作用,产生高功率的微波脉冲。目前主要发展的高功率微波源有回旋管振荡器、自由电子激光器、相对论磁控管振荡器、虚阴极振荡器、返波振荡器、速调管振荡器、固体功率源等。

(4)天线技术。用于高功率微波武器的天线有特殊的技术要求,既要具备普通发射天线的功能,又要克服一些普通天线没有遇到的问题。它必须实现高增益,提高微波武器的杀伤能力,并尽量抑制副瓣,避免对己方人员和设备造成不良影响。同时,由于脉冲功率峰值很高,它还必须具有较强的耐压性能,避免发生电击穿。天线的结构不能太大,质量要小,并具有一定的灵活性。

(5)超宽带和超短脉冲技术。超宽带和超短脉冲技术是高功率微波武器发展的一个新趋势,它是利用极快的电路直接激励低色散宽带天线,产生纳秒量级超短脉冲,使脉宽和频率接近于同一数量级。

第3节　微波武器的作用效应

微波武器既可对有生目标产生非致命效应，又可破坏武器系统中的电子设备、烧毁金属器件。对目标的作用效应取决于初级功率源的功率大小、微波源的输出功率、发射天线的增益和目标与微波源的距离、目标的易损性等。微波武器作用在各种物体和系统上会产生不同的效应，就其物理机制来讲主要有生物效应、热效应、电效应。

一、生物效应

1. 微波对生物体的热效应

生物效应一般情况下是生物吸收微波功率并将其转化成热能，热能又转化成温度。这种效应可以说是热效应的一种，“热效应”指的是在强微波的照射下，使人皮肤灼热，患白内障，皮肤及内部组织严重烧伤甚至致死。此外，还有低功率密度的非热效应，即微波的电磁生物效应。“非热效应”指的是当微波强度较低时，可使人产生烦躁、头脑神经错乱、记忆力减退等现象。低功率微波长时间辐射人体，也会使人体产生损伤。要想搞清楚微波对生物体所产生的热效应和非热效应，必须首先了解生物组织的介电性质，这是微波作用于生物体的前提。

(1)生物组织的介电性质。细胞膜内的细胞内液由各种极性水分子、盐离子和极性蛋白质分子组成，而细胞外液中也有这类成分。所谓“极性”就是指这些水分子和蛋白质分子上带有正的或负的电荷，因而呈现带正电或负电极性的情况。一切带极性的分子或离子都要受电磁场的影响，因此，在微波电磁场的作用下，离子受到场的加速而移动，从而引起导电损耗，即产生热量；而极性水分子和蛋白质分子则随着外加电磁场做有规律的排列，微波电磁场是随微波频率变化而交替变化的高速电磁场，这些极性水分子也随场的变化而高速地往复运动，在运动中与相邻的分子摩擦而产生热量，这叫介质损耗。

导电损耗和介质损耗这两种现象均能产生分子间的摩擦热，但是他们发热原理却不同。介质损耗是极性分子从电磁场中取得位能，再从运动中将位能转化为热能，因而热量的大小与频率密切相关。而在导电损耗情况下，离子从电磁场取得动能，然后转化为热能。离子的迁移速度主要决定能量的大小，因而只有在微波的频率低端才和频率有关。

以人的身体为例，人体大致有两种成分组成：一种是水分较低的脂肪和骨骼；一种是水分较高的肌肉和内脏，而水分最多的是血液。在频率升高的时候，高水分组织中的介电常数变小，而导电率加大。在低频率时，细胞膜界面好像一层绝缘层，呈现的导电率较低，在频率变化的一个周期内，细胞膜的电容量完全充电或放电，所以表现为高电容量和高介电常数的性质。

在频率升高时，细胞膜的容抗变小，流过细胞内液中的电流加大，呈现为导电率加大，同时在频率变化的一个周期内，细胞膜不能完全被充电，使介电常数变小。这个频率的界限大致为 1 GHz 左右，就是当频率低于 1 GHz 时，在高水分组织中呈现为高电容量和高介电常数的性质；频率高于 1 GHz 时，高水分组织呈现为低电容量及低介电常数的性质。

(2)微波在生物组织中的传播和吸收特性。微波的波长是相当短的，当生物组织表面的尺寸和变曲情况(曲率半径)与微波波长相比还是较大的时候，可以把生物体看作是平面形状的层状组织，平面波作用于平面层状组织是一种最基本的情况。微波通过介质时，波长要随着介电常数而变化，介电常数愈大，波长就明显缩短。微波在生物组织中要产生导电损耗和介质损耗，这相当于物体内要吸收(消耗)一部分功率(或能量)。这种能量的损耗是按指数规律衰减的，一般用穿透深度来描述。

前面曾提到过，在高水分组织中，微波功率损耗得快而穿透的深度小；此外，频率升高时穿透深度也变小。穿透深度要根据实际应用来做适当选择，如果穿透深度小，而不能对所需深度的部位加热，就会达不到效果；如果穿透深度太大，吸收就会变缓，也不能有效的加热。例如 2.5 GHz 的微波电磁场在肌肉内能穿透 9 mm，0.9 GHz 则能穿透 18 mm。

微波在不同介质中传播时，在两种不同介质的交界面上会产生反射。反射的大小与两种介质的介电常数之比有关。例如：空气—肌肉、肌肉—脂肪、骨骼—肌肉的介面上均有较大的反射。这种反射使传输功率明显减小，并会在反射的某一侧产生较大的电磁场。

表 8-2　空气-肌肉界面的功率传输系数

频率/MHz	433	750	915	2 450	5 800	10 000
功率传输系数	0.355	0.303	0.404	0.431	0.433	0.448

表 8-2 是空气-肌肉界面上，平面波垂直入射时的功率传输系数，从表中可以看出，频率越高，则功率传输系数越大，但增加量不太显著，特别是从 2 450 MHz 以上，频率增加一倍，传输系数只增加 1.2%～3.2%。而在 915～2 450 MHz 间，频率增加 1.4 倍，传输系数只增加 6.7%；433～915 GHz 间，频率增加 1.1 倍，传

输系数只增加 12.3%。功率低于 500 MHz 时，传输系数下降得很快，在 1～10 GHz 频段内，大约有 40%的能量可以继续传输以供组织吸收，当频率再增高时，虽然传输系数加大，但穿透深度下降的很快。

实验证明，当连续波的频率超过了 GHz 时，对深部组织的加热效果与红外线的加热效果差不了多少。这是微波对生物体产生热效应的基本原理及其效果，它说明微波电磁场能够深入生物组织内部，并在那里被生物组织吸收能量而转化为热能。这一优点是低于微波、高于微波频段的短波、超短波、可见和不可见光所不具有的。穿透物体使内部物体加热，这就是微波对生物组织的热效应。

(3)微波辐射能量对生物体的影响。人体由肌肉、骨骼和脂肪等生物组织组成，根据微波对生物体的热效应原理，微波能穿透人体治疗内脏疾病，也能烤鸭烧鸡，如果使用不当，如剂量过大或照射时间过长，或照射了某些容易被损害的部位等，显然会在这些组织中产生热效应，从而对被照射者产生伤害。

人身上和某些部位或器官对微波特别敏感，它们大多是多水分的、不易散热的和比较脆弱的部位，如眼睛的水晶体、中枢神经、睾丸等，过量照射后就会造成危害。血液也是如此，但血液流动性大，总容量多，容易散热，因此受损害较轻。

例如，有的文献报道，一名雷达工人在 1.5～3 GHz 频率，功率密度为 100 MW/cm^2 的环境下工作一年后，将会发现有两侧性白内障。

在高漏电磁场环境下工作的微波工人，眼睛水晶体比正常人要早老化 5 年。眼睛生成白内障的主要原因是眼睛的水晶体内为导电液体，容易吸收能量转化为热量，但眼睛不像皮肤那样地对热量很敏感，很难知道升温已达到危险程度而主动避开。

发热较高会使眼睛水晶体内的蛋白质凝固，水晶体是由单型细胞按一定方式排列组成的，细胞的结构或排列发生变化，就会影响水晶体的透明度。

科学家们曾经用过 600 MW/cm^2 的高强度微波照射兔子眼睛 5 min，此时兔眼水晶体的平均温度已达到 55℃，迅速产生了白内障病。用 3 GHz、5 MW/cm^2 的强度照射兔子，4 天后出现脑电图癫痫样发送，停照 48～72h 后即行恢复。应用条件反射证明，受照的白鼠，表现迟钝、食欲衰退。

人体的睾丸中感觉神经也较少，对升温感觉不太灵敏。受高强度微波照射后，主要表现是男性阳萎，精子生成量减少，女性月经周期紊乱，表 8-3 显示的是皮肤对微波照射的感觉。

微波照射人体引起中枢神经的机能障碍表现为头痛、头昏、全身无力、易疲劳、记忆力衰退、白天易睡、晚上少睡多梦、易激动等症状。人体各部位在不同频率作用下，有不同的反应，频率在 150 MHz 以下，电磁波可以穿过人体，但对人体无影响。随着频率升高,电磁波逐步被人体吸收而发热。吸收功率越大,发热量越大,升温越高,从而对人体各部位或器官产生危害。表 8-4 显示的是人体对不同频率电磁场照射的反应。

表 8-3 皮肤对微波照射的感觉

频率/GHz	部位	照射面积 cm^2	照射功率 $(MW \cdot cm^{-2})$	照射时间/s	感觉
3	脸部	40	33.5	4	温热
3	脸部	40	58.6	1	温热
3	上臂内侧	9.5	830	180	灼痛
10	脸部	40	12.6	4	温热
10	脸部	40	21	1	温热

表 8-4 人体对不同频率电磁场照射下的反应

频率/GHz	波长/cm	受影响器官	主要反应
0.15 以下	200 以上		可以穿过人体不受影响
0.15～1.2	200～25	人体各器官	人体吸收能量,发热,损伤器官
1～3	30～10	眼睛的水晶体,睾丸	热量增高时,眼睛水晶体和睾丸受影响
3～10	10～3	皮肤,眼睛的水晶体	皮肤有温热感,热量加高
10 以上	3 以下	皮肤	皮肤发热

微波辐照生物组织时,生物组织对微波电磁场的吸收可以用比吸收率来描述,其定义为单位时间内每千克物质所吸收的电磁能量,单位为 W/kg,有

$$SAR = \frac{\sigma \cdot |E|^2}{2\rho} \tag{8-1}$$

式中,E 为电场强度;σ 为生物组织电导率。

微波电磁场产生的热量为

$$Q_{ex} = \rho \cdot SAR \tag{8-2}$$

生物组织传热的 Pennes 方程为

$$\rho \cdot c \frac{\partial T(x,y,z,t)}{\partial t} = K\,\nabla^2 T(x,y,z,t) + \omega_b c_b [T_b + T(x,y,z,t)] + Q_m + Q_{ex} \tag{8-3}$$

式中，$T(x,y,z,t)$ 为 t 时刻组织温度，t 是时间；ρ 为组织密度；c 为组织比热容；K 为热传导率；ω_b 和 c_b 分别为血流速率和血液的比热容；T_b 为血液的温度 Q_m 为生物组织代谢产热，Q_{ex} 为外加热源，此处为微波辐射产热。

对于仿生组织，忽略血流灌注和组织代谢产生的热量，Pennes 方程可简化为

$$\rho \cdot c \frac{\partial t(x,y,z,t)}{\partial t} = k \nabla^2 T(x,y,z,t) + Q_{ex} \tag{8-4}$$

边界条件和初始条件为

$$\begin{cases} T = T_0, z \to \infty; & K\dfrac{\partial T}{\partial z} = h_f(T - T_f) \text{ 和 } T = T_0, z = 0 \\ K\dfrac{\partial T}{\partial x} = 0 \text{ 和 } T = T_0, x = 0; & K\dfrac{\partial T}{\partial x} = 0 \text{ 和 } T = T_0, x \to \infty \end{cases} \tag{8-5}$$

式中，T_0 为初始温度(21 ℃)；h_f 为组织与环境间的对流参数(5 W/M²K)；T_f 为环境温度。

生物组织的温度升高由辐射造成的比吸收率和热传导两个因素共同决定，在连续微波功率加热时，由于无法有效散热，往往造成局部温度过高，出现皮肤灼热、眼睛白内障、皮肤及内部组织严重烧伤和致死等现象，不仅在科学研究中得到证实，军事上也有这方面的研究数据。

美国陆军医学研究实验室所做的强微波照射试验表明：当能量密度达到 0.5 W/cm² 时造成皮肤轻度烧伤；达到 3～13 W/cm² 时，会使作战人员产生神经混乱、行为错误，甚至致盲或心功能衰竭等；达到 20 W/cm² 时，只需照射 2 s，即可造成人体 3 度皮肤烧伤；达到 80 W/cm² 时，作战人员只需照射 1～2 s 便可致死。

利用微波的这些特性，有些国家近年来研制了用于对付暴徒的、能发出灼热的微波发射器。它能使参与动乱的暴徒皮肤灼伤、眼睛暂时失明，给暴徒造成难以忍受的痛苦而使之乖乖束手就擒。

2. 微波对生物体的非热效应

微波能量除了能使生物体组织发热、烧伤乃至死亡的热效应外，还能在低能量级时对生物体造成危害，这便是微波的非热效应。并不是说低能量级的微波本身不引起组织发热，而是因为它产生的热量温度不高，会马上被周围组织所传导散开，或被生物体固有的机能自动调节。虽然这些热量被迅速散布开，但是，研究结果表明，低能微波对人的健康已有危害，它能引起神经衰弱和心血管系统机能紊乱，即使极低频的电磁场也能使生物体表面引起电荷和感应电热，刺激肌肉神经系统。

实验发现，肌肉神经在弱的高频电磁场中期兴奋性能增加，即使使用较弱的微

波照射，也会使神经的输入阻抗减小。有人把青蛙放在弱的短波电磁场中，发现青蛙心动变缓，而最终停止，当去掉电磁场后而又恢复跳动。在弱电磁场中，动物条件反射会出现反映潜伏期延长。实验表明，在相对低强度的微波中能诱发耳蜗下丘脑的电活动，脑电图出现异常；这被认为是微波作用于生物体的体表感受器，人被低强度的微波辐射之后，尿中的17－酮固醇含量增高，血液中的胆碱酯酶受抑制。微波对生物体的非热效应，往往被正常的生物生理机能所调节，不易明显的表现出来。美国1989年开始研究60 Hz的低频电磁场的致癌作用。有人在实验后认为，微波对生物体的非热效应主要表现在使人头疼、烦躁、神经错乱、记忆减退等。

为了避免从事微波工作的人员遭到辐射损伤，美国专门制定了微波辐射安全标准，其中规定：在1.5～100 GHz微波频段内，对人员的微波辐射能量应小于0.5 MW/cm^2。虽然微波的非热效应不能立即消灭作战人员，但它能使战斗人员迅速丧失作战能力，作为一种非致命武器，其作用也是不容否定的。

二、微波对电子设备的热效应

微波对电子设备的热效应是指高功率微波对介质加热导致温度升高而引起的效应，如烧毁器件、出现热二次击穿等。

在现代战争中，为保持军事优势，各国不惜工本，大力发展微电子技术，以及指挥控制通信和情报系统、武器精确制导系统等，进而利用此以电子技术为主的系统来指挥和控制各种武器和技术装备。由于各种先进的传感器、计算机、武器的控制和制导装置在军事领域的广泛应用，使武器装备的战术技术性能成倍地提高。但是，这类电子设备相对地说又是比较脆弱的，一旦受到高能微波的作用就会损坏。

电子部件对微波辐射极其敏感，特别是对现代电子系统中出现的集成电路、微波电子设备和元件等。

电子系统中存在着许多路径与侵入点，微波辐射通过这些侵入点和路径侵入电子系统。如果微波辐射通过目标的天线、天线罩或其他传感器开口侵入电子系统，那么这条路径通常就叫做“前门”。另一方面，如果微波辐射穿过目标的缝隙、衔接口、拖曳金属线、金属导管或者是目标的密封处侵入，那么这条路径就叫做“后门”。

微波辐射按照从里向外的方式作用于电子目标，这个事实表明它不会对目标造成物理摧毁。微波辐射侵犯电子设备，干扰或破坏单个部件，包括集成电路、电路板和电器开关等。高功率微波武器具有在电子目标上产生多层次的效应，这种效应取决于“藕合”到目标上的能量大小。这里，“耦合能量”表示接收到的能量，这些能量随后通过电路路径传输到更深的电子设备中，而目标本身就存在这样的电路路径。在微波技术界，“标度”或提高这些效应能力的效应通常被说成是“调整伤害”。当电磁波能量集中在单一频率为主的窄波段内，波长以毫米或厘米为主时，对无屏蔽或有屏蔽但有缝隙的电子设备的破坏性很强。当电磁波能量分散在一个很宽的频段内时，任何一种频率对应的能量都极小。它对有长电缆的设备干扰和破坏性极大。

高功率微波对电子系统的损伤程度与进入电子系统的能量和电子系统本身的易损性有关。根据电磁波在空间中的 Friis 传输公式，得到接收功率 P_r 与发射功率 P_t 之间的关系式为

$$P_r = \frac{P_t G_t A_{er}}{4\pi D^2} = \frac{P_t G_t G_r \lambda^2}{(4\pi D)^2} \tag{8-6}$$

式中，G_t 为发射天线增益；G_r 为接收天线增益；A_{er} 为接收天线的最大有效口径；D 为发射天线与接收天线的距离；λ 为传输电磁波的波长。

引入传输损耗 L，单位为 dB，式(3-6)可化简为

$$P_r = P_t + G_r + G_t - L \tag{8-7}$$

其中传输损耗 L 理论上包括散射损耗(或空间传播损耗)L_0、大气吸收损耗 L_1 和馈线传输损耗 L_f 等，在此只考虑电磁波最佳传输状态，即传输损耗只包括空间传播损耗($L=L_0$)，空间传播损耗的表达式可记为

$$L = 32.54 + 20\lg f + 20\lg d \tag{8-8}$$

式中，f 为高功率微波武器的发射频率；d 为传播距离。

在高功率微波武器发射的有效功率确定的情况下，到达目标的能量 P_1 与微波武器距目标的距离 R、目标的有效雷达反射面积 σ 有关，则

$$P_1 = \frac{P_a G_a}{4\pi R^2} \cdot \sigma \tag{8-9}$$

式中，P_a 是高功率微波武器的发射机功率；G_a 是高功率微波武器的发射机天线增益。

根据上述模型，试验结果表明，不同等级的能量密度的微波辐射，能产生不同的效应。

0.01～1 μW/cm^2 能量密度的较弱微波，即可使工作在相应频段的雷达和通信设备受到干扰，而无法进行正常工作。这种情况与电子干扰机对雷达和通信设备的干扰效果相似。

0.01～1 W/cm^2 的微波能量辐射，可直接使通信、雷达、导航等系统的微波电子器件失效或烧毁。

$10 \sim 100\ W/cm^2$ 的强微波辐射形成的瞬变磁场，可使各种金属目标的表面产生感应电流和电荷，感应电流能通过各种入口(如天线、导线、电缆和密封差的部位)进入武器装备内部电路。当感应电流较小时，会使电路功能产生混乱，如出现误码、抹掉记忆信息等现象，从而使武器装备完全丧失作战效能。由于强微波的这种效应类似于核爆炸时产生的强电磁脉冲对电子设备的影响，所以强微波又称为“非核电磁脉冲效应”。

$100 \sim 10\,000\ W/cm^2$ 的超强微波能量，可在极短的照射时间内加热破坏目标。试验中，微波发射机产生的这一范围的能量，可使 14 m 远的铝燃烧，能点燃距离为 76 m 处的铝片和气体混合物，而在 260 m 处的闪光灯泡瞬间就被点燃。如果微波的能量再强一点，波束更窄一些，则有可能引爆远距离的弹药库或核武器。

由此可见，微波武器可攻击的目标非常多，从太空中遨游的军事卫星到跨洲越洋的洲际弹道导弹，从巡航导弹、飞机到坦克、军舰，从雷达、计算机到通信器材和其他光电器件，只要处于强微波的覆盖区内，都将遭受毁灭性的“打击”。

随着微电子技术的发展，大规模集成电路和超高速集成电路已广泛应用在武器系统中，出现了“灵巧”武器和“智能”武器。对付这种采用复杂电子设备的武器，单靠传统的武器已完全不可能了，因此，发展新一代武器势在必行。试验证明，高功率微波武器是诸多新式武器中的佼佼者。

三、微波的电效应

微波的电效应是指高功率微波在金属表面或金属导线上感应电流或电压，并由此对电子元器件产生的效应，如造成电路器件状态反转、性能下降。

20 世纪 80 年代崛起的隐身武器，能攻善防，适用于陆、海、空战场，具有重要的战略意义，世界上许多军事强国竞相研制和发展。

隐身武器为何能隐身，这主要是雷达隐形技术发展的结果。雷达探测是利用雷达发射电磁波，电磁波碰到目标的金属之后就会反射，通过测定反射的电磁波，就可判明目标的性质、位置运动方向、运动速度等目标参数。雷达隐形就是根据雷达的工作原理，通过各种手段降低武器金属表面反射回去的雷达波，使探测雷达接受不到回波，从而无法探测到武器。

降低武器金属表面的雷达反射波，一是采取改变武器的几何结构，使雷达散射截面积达到最小。二是在武器表面涂上一层特殊涂料，能大量吸收雷达的探测信号，使之有来无回。隐形武器依靠大量吸收雷达的探测信号来隐匿行踪，要有一个前提条件，就是探测雷达所发射的电磁波能量不能过多，若隐形武器吸收的电磁波能量超过了吸波材料的热破坏阈值，就会出现热击波或热软化效应。轻者隐身武器外壳强度受损，发生变形；重者会烧穿或烧毁隐身武器，使其失去战斗力会引发爆炸。由于雷达发射的微波能量微乎其微，因此隐身武器可以安然无恙。但是，微波武器发射的是高能波束，研究表明，当微波功率在 10～100 W/cm^2，微波会在各种金属目标的表面产生感应电流和电荷，如果感应电流较大，就会烧毁武器装备内部的各类电子器件；当达到 1 000～10 000 W/cm^2 时，可在极短的照射时间内加热烧毁目标。现有的隐身武器主要由金属构成，它们对微波能量吸收较少，故微波武器摧毁隐身武器，要比摧毁一般武器所需能量小得多，因而更易实现。由此可见，微波武器自然成为隐身武器的“克星”。

四、微波武器效应等级

高功率微波武器的主要作战对象为雷达、战术导弹（特别是反辐射导弹）、预警飞机、卫星、通信设备、军用计算机、隐身飞机、车辆点火系统等。根据所需功率等级和作战目标的不同，其作用效应大致可以分成以下 5 个等级。

（1）干扰。高功率微波源在目标接收单元带宽内产生的电场强度等于或大于原信号的强度。从而导致接收单元无法提取出原信号，即使原信号被掩盖在一片强烈的干扰噪声之中。当使用 0.01～1 μW/cm^2 功率密度的微波束照射目标时，能干扰在相应频段上工作的雷达、通信设备和导航系统，使其无法正常工作；当功率密度达到 0.01～1 W/cm^2 时，可导致雷达、通信和导航设备的微波器件性能下降或失效，还会使小型计算机芯片失效或被烧毁。

（2）虚假信息。感应的电信号在接收单元内产生虚假信息，造成判断错误。

（3）暂时失控。感应的电压影响了电子器件的逻辑状态。当使用功率密度为 10～100 W/cm^2 的强微波束照射目标时，其辐射形成的电磁场可在金属目标表面产生感应电流，通过天线、导线、金属开口或隙缝进入飞机、导弹、卫星、坦克等武器系统的电子设备的电路中，如果感应电流较大，会使电路功能产生混乱、出现误码、中断数据或信息传输、删除计算机存储或记忆信息等。如果感应电流很大，则会烧毁电路中的元器件，使电子装备和武器系统失效。

（4）永久损伤。半导体器件受到超高压影响导致击穿，造成永久性的不可修复性的损坏。当使用功率密度为 100～10 000 W/cm^2 的强微波束照射目标时，能在瞬间摧毁目标、引爆炸弹、导弹、核弹等武器。

（5）对人员的影响。高功率微波武器对人员的非致命效应分为“非热效应”和“热效应”两类。前者是由较弱的微波能量照射引起的，后者是由较强的微波能量照射引起的。

第4节　微波非致命武器

20世纪80年代以来,美、俄、英、法等国家纷纷大力开展高功率微波武器的研制工作,并取得了显著进展。美国高功率微波技术发展最为成熟,在许多方面都代表着世界先进水平。近年来,美国国防部的主要发展计划中都列入了与高功率微波武器密切相关的技术项目,能源部、美国三军也都有相应的发展计划,其中微波非致命技术是发展的重点。

一、微波非致命技术

1. 高功率微波的研发及集成

高功率微波的研发及集成是先进武器技术项目的一个子项目,先进武器技术项目是对先进定向能和光学概念进行研究和演示,在高功率微波(HPM)方面主要有以下研究方向。

(1)研究将HPM和其他非传统武器集成至不同平台的技术,包括空中平台,并研究感兴趣的特殊靶目标设置。

(2)研究并验证高功率微波及其他非传统武器及传输技术,以支持多种空军任务,如干扰、降级、破坏或毁坏敌方的基础电子设施和军事能力,并且这种效应不会对建筑物及人员造成间接伤害。

(3)研究并评估毫米波主动拒止技术,车载主动拒止系统的样机研究已经比较完善,空军开始着眼于发展机载远程主动拒止系统,目前已经完成该系统最初的生产试验,研究评估该系统的应用性;近几年一直在为试验第一代远程机载可重复全功率非致命源做准备,进行硬件的开发、采购及加工工作。从2010年开始着手调研分析第二代非致命系统源和子系统。另外,一直重视对主动拒止系统的潜在用户提供信息服务,针对用户需求实时调整系统能力。

(4)建立一个易损性与毁伤数据库,以确认美国系统在HPM威胁下的潜在易损性,为未来攻击性或防御性武器系统的决策提供依据,已经为美国及国外的一些典型设施进行了试验,借此了解现实系统的易损性。

2. 先进武器及生存能力技术

先进武器及生存能力技术是定向能技术的子项目,主要研究窄带、宽带HPM设备及天线,系统的易损性和毁伤评估。

(1)构建紧凑型机载HPM平台研究HPM器件。实现HPM试验平台的紧凑性是构建窄带HPM机载演示平台和将宽带HPM系统集成至小型无人机的基础，主要是从减小脉冲设备的尺寸考虑，根据该项目 2008 年、2009 年的研究内容分析，紧凑型高频脉冲 GW 级 HPM 试验平台在 2009 年基本成型，天线、指挥控制系统的验证工作已经完成，正在向 HPM 机载验证平台过渡。在窄带方面，2010 年的工作开始偏向于评估窄带 HPM 机载平台的部件，研究窄带 HPM 部件的电磁干扰和电磁能力，研究 HPM 在反电子上的应用新波形；将宽带 HPM 系统集成至小型无人机上还有未解决的技术问题。2010 年的研究内容还包括：开发磁通量压缩发生器(Flux Compression Generator，FCG)的应用，研究现阶段最高水平的能量储存部件。

(2)机载远程主动拒止技术。已经完成了全功率非致命辐射系统验证试验的主要设计工作，准备为下一代主动拒止演示平台发展关键源及热子系统技术。开发能够建模谐波源能力的编码，开始谐波源的研发工作。项目资金由 2008 年的约 200 万美元增至 900 多万美元，增幅较高，从侧面反映出美国空军正在加大主动拒止技术的研究力度。

(3)HPM 定向能技术的效应及致命性评估。设计交战模型软件，模拟 HPM 器件间的联系及 HPM 系统在外场试验条件下的靶目标效应，并不断提高模型精确预言的能力，借此找到减小 HPM 系统自损伤和附带损伤的方法，推动 HPM 条件下典型子系统效应试验的进行。这项工作的支持资金近几年一直维持在一个比较平稳的水平，每年约六七百万美元。

3. 美国空军研究实验室核心技术高功率微波子技术项目

(1)低频微波。用于反电子、反简易爆炸装置的紧凑型高功率低频微波。

(2)高频微波。为区域防御防护发展一套具备机动能力的独立非致命对抗人员的高频微波系统。

(3)脉冲功率。为高功率微波及高能密度等离子体应用发展关键推动部件及子系统的脉冲功率技术。

(4)高能密度等离子体。先进电磁高能密度等离子体技术，生产强种子和电磁驱动金属喷气式发动机。

在武器系统的研制方面，美国重点研究了微波弹和重复频率的高功率微波非致命武器。其技术已接近成熟，并具备陆续部署的能力

二、主动拒止系统

2001 年 3 月，美国空军在一次新闻发布会上透露，美军正在研制一种使用主动拒止技术(Active Denial Technology，ADT)的新型武器，该武器后来被称为主动拒止武器系统(Active Denial System，ADS)。这种武器属于一种针对人员的新

型非致命定向能武器，它是在相对较远的距离利用毫米波的电磁辐射能量加热与蒸发皮肤组织的水分使人产生剧烈的疼痛而制止、驱散暴露人群，从而达到制止武装冲突和制控目标的目的，被美军称作“自原子弹研制成功以来最具革命性的新武器”，是定向能武器研究领域的重大突破。

1. 主动拒止系统的发展历程

自1980年代末以来，美国空军一直在进行ADS系统的作用功效和可行性技术研究。现有的固定在地面使用的装备是美国”联合非致命武器管理委员会”在1997年提供资金开始研制的，被称为“ADS0”（见图8-7）。2002年，美国军方正式制定ADS系统进入先期概念技术演示（ACTD）阶段。先期概念技术演示是美国国防部为了快速把成熟的技术输送到作战人员而进行的正规军事评估程序。

在ACTD阶段，设计人员把ADS系统安装到高机动多用途轮式车（HMMWV）上，将整个系统命名为“ADS1”。同时还对“ADS1”进行了一系列的使用评估，如2005年8月在内华达州Creech空军基地、2005年9月在乔治亚州Fort Benning陆军基地、2006年4月在佛罗里达州Eglin空军基地等都对“系统1”进行了效应评估，这些效应评估采用多模拟作战场景对武器系统进行检测，在检测过程中来自军队的志愿者们大约经历了3 500多次来自ADS系统的照射。

ADS0　　ADS1　　ADS2

图8-7　主动拒止系统

在ACTD阶段，科研人员还研制开发了一款更军事化的ADS系统，被命名为“ADS2”。ADS2是集成到重型扩大机动战术卡车上的，在机动性能上作了改进，更加接近实战武器，它使用密封的箱体封装，适宜全球部署，可以工作在更高温度环境，但发射功率、频率、天线、有效距离等与ADS1相同。

为更有效实施区域封控，禁止出入和穿行，并对人员目标进行压制，美联合非致命武器管理局、美陆军、美空军现正在研制紧凑型主动拒止系统（ADT）、固态主动拒止技术（ADT）、机载主动拒止系统。这3种反人员非致命微波武器处于概念探索阶段。紧凑型主动拒止系统（ADT）是下一代基于发射管的主动拒止系统，能够极大地减小尺寸、减轻重量且减少成本，具有即时“发动攻击”和“行进间射击”能力；固态主动拒止系统的结构更加紧凑，是将现有主动拒止系统的振动陀螺仪、天线、副反射器和光束传输结合成单一装置，能够极大地减小尺寸、减轻重量且减少成本；机载主动拒止系统是安装在固定翼飞机上的定向能武器，具备射程远和防区外发射等特点。其效应就是使人产生高热感，从而本能地远离波束照射区（见图 8-8）。

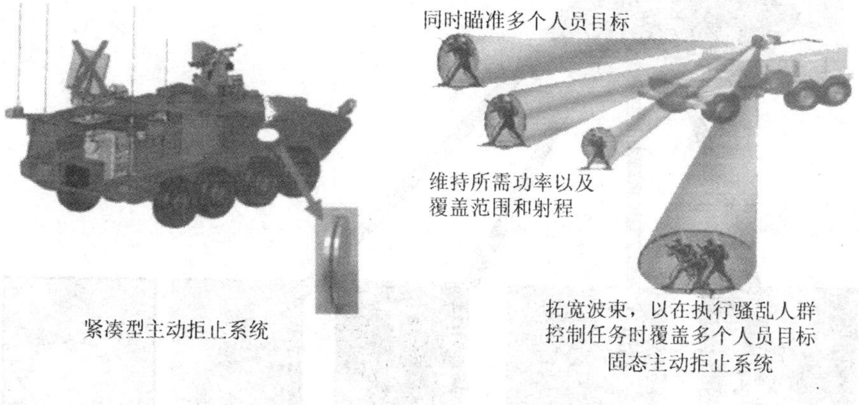

图 8-8　两种主动拒止系统

2. 主动拒止系统的工作原理

“主动拒止系统”的基本组成部件有三部分（见图 8-9）：电源、毫米波发生器、把能量射向目标的天线组成。其基本原理是用频率为 94 GHz、发射功率 100 kW、波长为 3.19 mm 的毫米波发射机向一个确定的目标发射一束窄能量波，能量以光速传输抵达目标并穿透人体皮肤约 0.397 mm，其热效应加热皮肤组织中的水分子，几秒内便使人感到一种强的炽热灼痛感，从而使人或群体放弃原来的意图。但这种感觉在发射机关闭或人跑出波束覆盖区外就会停止。毫米波能量射束穿透人体皮肤的深度约 0.4 mm，这恰巧是皮肤痛觉神经比较丰富的地方，因此能够引起强烈的疼痛感，从而迅速使受到辐射的人中止敌对行动，或者逃离辐射源。只要关闭该系统，或者被照射的人离开射束，疼痛立即解除。

主动拒止武器属于“威慑”类，而不是“惩制”或“致残”类的非致命武器，因为是选择逃离，还是选择顽抗，完全留给被照射的人去决定。而且威慑作用是随着敌人接近或靠近发射器，自动地从轻微不舒适，逐步增大到难以忍受。它主要用于控制人群，其优点是对人的攻击无声无息。在反恐战争中，“主动拒止系统”能够被接受，它可以用来保护重要敏感目标，特别是诸如机场、核电站、港口和公共建筑等那些容易遭受自杀性袭击的目标。“主动拒止系统”有效范围为数百米远，这个距离已经足够阻止闯关的自杀性袭击者。

图 8-9 主动拒止系统结构组成

“主动拒止系统”能将射束指向人群中的个别人，以压制某个狙击手，或者生成一个能量屏障，阻止人群靠近，命中概率总能达到100%，也没有弹药储备问题，作用距离大大超过其他非致命武器。但是，对付主动拒止武器也并不是十分困难，例如，厚衣服足以遮盖住人体，金属片甚至是废铁筒盖也可作为盾牌或反射器对付微波辐射。而且主动拒止武器在雨、雾或海浪飞溅的条件下如何工作尚不清楚，在那种条件下，射束能最可能被大气中的水分所吸收。

3. 关键技术

(1)选择适用和保密的频率。系统选择微波器件及其工作参量的主要考虑是：①微波波长的能量渗入人体细胞组织的深度应是0.3～0.4 mm，与肌肤感觉灵敏的神经深度相同。②微波频率提高时天线集中的能量随频率的平方增长，尺寸也不大。③电磁波通过大气层的衰减，在95 GHz以及其他频率(34 GHz，140 GHz，240 GHz)有一个频率“窗口”，在这些频率“窗口”大气吸收小，易于选择频率，发射技术已能利用这些频率；当今世界几乎所有国家的测量技术都利用 50 GHz，因此不可能探测或测量频率达 95 GHz 的信号。④除了上述频率，电磁辐射领域的其他可能的频率不可能列入考虑范围，其原因在于：34 kMHz 的频率已在很大程度上被占用，而且几乎在所有国家都能测量此频率；红外辐射（0.78～100 μm）是可见光，而且能被测量到；可见光（0.39～7.8 μm）能被观察到；紫外线辐射（0.20～0.39 μm）对细胞有害，而且会使皮肤致癌。⑤有现成的大功率高效毫米波源，回旋管是高频高功率源，在聚变研究、高能物理和防御电子学中常用。据此选定的是频率为 95 GHz 的回旋管，由加利福尼亚的 Pala Alto 通信与动力工业公司设计和制造。

(2)扁平抛物面天线。主动拒止武器利用碟式抛物面天线辐射窄射束电磁能，系统的有效作用距离主要取决于抛物面天线的尺寸和类型。抛物面天线越大，其射束越窄，信号增益则相应增加。

微波抛物面天线的电磁辐射通常用功率密度 $S(\mathrm{W/m^2})$ 或电场强度 $E(\mathrm{V/m})$ 来表示。在近场区，S 和 E 在抛物面天线的轴线上达到其绝对最大值；在过渡区，S 成线性下降；在远场区，S 随距离的平方下降。S 为其最大值的一半时，即 3 dB 的作用距离，代表武器的最大有效射程。

天线的结构形状与卫星电视接收机相类似，它共有二个镜面，把电磁能量定向射到目标。实际主镜是一个长 2 m 宽约 1.5 m 的扁平口径抛物面。由直径 2 m 的抛物面天线的相对功率密度与辐射距离之比可知，最大功率密度产生在 317 m 处，为辐射距离 640 m 的一半，因此，尽管计算时应考虑在靠近 S 较低的地方有几个不可避免的窗口，但它代表了该系统的有效作用距离。对于直径 3 m 的抛物面天线而言，相对应的辐射距离分别为 712 m 和 3 900 m（即 6 倍于有效作用距离），但这在车载系统中是很难做到的。车载主动拒止系统抛物面天线的尺寸显然要小于 2 m，因此五角大楼根据计算显示，该系统的有效作用距离约为 640 m。

普通圆形抛物面天线的效率为 50%～60%，而且主要取决于其表面的粗糙程度。粗糙度应不大于天线波长的 1/16，具有这种粗糙度直径在 2～3 m 的圆形抛物面天线的研制和建造将需要巨额资金和专用工具。而且抛物面主镜表面要求十分光洁，精度不好会使面上各点相位不同，导致最大辐射场强和天线增益下降。若要求增益损失小于 15%，则镜面制造误差约 0.1 mm，显然制造十分困难。为此最终的设计是一种基于扁平抛物面技术的，由多个小偶极子阵列构成的菲涅尔反射镜，这样便降低了机械公差要求，却仍能获得高的增益，而且还有可能在一定程度上以电子方式扫描主波束，以致没有必要用机械旋转扫描，故而天线效率高达 95%。扁平抛物面天线的特征，可采用与普通抛物面天线所使用的同样方法来计算。天线装在一个转塔上,方位和高度都可以调节,天线的空间稳定性良好,能在高速冲击气流下工作。操作人员按压一个触发器便能发射波束,利用操纵杆可调节天线的高低和角度。天线上还装有用于瞄准的弱光相机和热成像器,使操作者能看到目标和周围的情况,所以当发射波束时,知道怎样有鉴别地准确地使波束击中目标。

车载主动拒止系统采用折叠式扁平抛物面天线,这种天线的一大优点是便于空运,在地面高速移动或遇到强风时安然无恙。

(3)采用专用的微波回旋管。回旋管是高频高功率源,在聚变研究、高能物理和防御电子学中常用。回旋管常用磁控管作电子注入枪,外加的电场把电子从阴极引向阳极。管中配有低温冷却器的超导磁体,在强磁场中产生的旋转电子束与电磁波在腔中相互作用,使电子束群聚并把电子束能量转换成毫米波。再从腔中萃取出毫米波能量,模式转换成准高斯束。波束由反射镜成形,穿过一个由多晶金刚石做成的窗,这种窗的材料损耗低,并且有高热导率和高机械强度特性,以提供高功率微波输出。

高功率微波回旋管在脉冲持续时间较长的技术开发方面也取得了成果。加利福尼亚 Pala Alto 通信与动力工业公司设计和制造的新型微波回旋管 VGB—8095,其特征是功率 100 kW,频率 95 GHz,连续波传输。该微波回旋管无疑会是主动拒止系统发射机的组成部件。

4. 主动拒止系统的人体效应

毫米波属于微波的范畴,其技术广泛用于临床医学,用于治疗胃溃疡、脑外伤、骨骼组织外伤、心绞痛、高血压、贫血以及妇科、神经科、各种肿瘤等疾病,其治疗原理可能是能够提高机体的非特异性抵抗力和调动机体的内部潜力。目前发达国家利用高功率毫米波制造非致命定向能武器。不管是何种用途,其作用方式都是用毫米波能量照射人体不同部位,特别是皮肤。虽然毫米波只是在局部的皮肤表层被吸收,主要表现为皮肤的热效应,但在毫米波的作用场内存在有细胞、血管、神经纤维等,这样有可能通过机体的神经纤维和体液系统将作用扩展到整个机体,产生远位效应。因此主动拒止武器的拒止效应除由于热效应产生的皮肤疼痛感外,可会有非热效应。

据报道,美军已利用研发的武器系统进行了大量的动物和志愿者暴露实验,但实验结果并没有公开,只是在 2005 年公开了部分有关 ADS 人体试验协议的文件,可以看出美军已经或正在进行毫米波暴露的知觉和热效应的研究,并对 ADS 的有限军事实用性进行评估。其主要内容是:①评估达到不能忍耐疼痛的功率水平和使人离散所需要的暴露时间长度以确定人对 ADS 的热效应的忍耐程度;②通过暴露前后的问卷调查和面谈评估武器对作用者的感情上和认知上的影响；③观察受害者的疼痛阈限，研究比较暴露于波束下裸露皮肤和衣服下皮肤能量变化的不同；④确认驱散人群所必需的功率水平，试验武器的可能使用场景。

(1)热效应。主动拒止技术的工作机理是热敏效应，更确切地说是难以忍受的热疼痛感。毫米波对生物系统的作用，主要是通过对系统中水分子的作用，引起温度变化产生热效应，毫米波的频率极高，辐照的基本效应是对生物体的表面加热。皮肤组织是毫米波作用的关键器官，对皮肤的辐照研究是研究毫米波生物效应的关键。在功率密度较低时，会刺激皮肤表面的温热感受器，产生热感；在功率密度大于某个量值时，在皮肤层面上会产生一个温度梯度，在真皮层内的神经末梢感受到刺激产生疼痛感。不同频率的毫米波在皮肤表面产生的温感、疼感阈值各不相同。一般来说，频率越高，毫米波穿透皮肤的深度越小，能量越集中在皮肤表面，产生温感、痛感的功率密度阈值越小。如 35 GHz 毫米波的 3 s 热感阈值是(8.8±1.3)mW/cm^2，94 GHz 毫米波辐照 3s 的热感阈值为(4.5±0.6)mW/cm^2 左右。

以人体模型进行的试验表明，在最初体表温度为＋34℃时，使用功率密度为 45 W/m^2 的微波照射时，该模型的温度变化为＋0.1℃。当体表温度增加到＋45℃或更高，即人体开始感觉疼痛时，此时的微波照射功率密度最小为 12.5 kW/m^2。体表温度最大达到 50℃时，疼痛达到极限。用主动拒止技术演示器进行的试验进一步表明，微波辐射照射 2s，就足以使人体体表温度上升到＋50℃。

为了在主动拒止系统的有效作用距离(640 m)的边沿达到疼痛极限值，功率密度应两倍于 25 kW/m^2。而为了在主动拒止系统的最大有效作用距离上 2 倍于疼痛极限值，直径 2 m 效率 95%的抛物面天线的发射功率应是 41.5 kW/m^2。考虑到不可避免的能量损耗，主动拒止系统的发射机功率至少应是 100 kW。发射机在 95 GHz 的载频上靠峰值功率工作，并以一定的时间间隔打开和关闭。

ADS 是否会造成眼睛损伤，目前还存在争论。据美军报道，ADS 不会造成眼睛的损伤。试验发现人们的眼睛有许多疼痛接收器并且在它被损害前有一些自动保护眼睛的反应，如扭头或者用手和手臂来遮挡，最简单的动作就是闭眼睑。但有实验指出，如果用功率密度为 2 W/cm^2 的微波波束强迫直接照射恒河猴的眼睛 3 s，此时猴眼角膜会受伤。

(2)非热效应。主动拒止技术被视为不同于任何对人造成永久性或暂时性伤害的武器技术。更确切地说，热敏效应对于阻止敌对行动很有效，不会有什么间接影响。尤其要强调的是，主动拒止系统武器不会使人致盲，也不会致癌。

然而，电磁辐射的非热敏效应不可能完全忽略不计。当电磁辐射信号比主动拒止技术要求的低100倍以下时，就会产生非热敏效应，而且会带来一些很值得注意的问题，如微波听觉和微波心理控制。

通过试验证实，低频和固定间隙的微波脉冲发射会引起人体某些感觉，如听到嗡嗡声、响铃声、拍打声，并伴有眩晕，腹泄等。在某些情况下，这种微波还会迅速引起听力震荡，或使血压升高。这些效应只有在300 MHz～10 GHz的频率范围内才能测量和观察到，对于更高的频率还没有可靠的测量数据。

用电磁波控制人的心理的可能性颇为复杂。我们知道，人的大脑以5～16 Hz的频率发射/接收电磁波。外部电磁场发射的类似频率的微波脉冲可能在人体内引起“特殊效应”。1980年，美国驻莫斯科大使馆的“电子轰炸”应是这种效应。那时，苏联还没有能发射足以引起灼热疼痛的电磁脉冲技术，极有可能是功率较低的辐射信号引起的非热敏效应。

主动拒止技术武器的扁平抛物面天线可以工作在两个不同的频率上。因此，从技术观点看，主动拒止系统也可能以不同的频率和功率发射，从而会产生其他的辐射信号。

5. 主动拒止系统的特点

美军提出主动拒止武器系统主要用于控制人群。其用途可用于装备部队作战和维和、反恐，装备警察用于制暴和监狱控制及反劫持活动，还可以用于保护重要的军政目标如基地、使馆、舰船、飞机免遭人员接近。美军宣称主动拒止武器系统具有如下特点：①经济：可反复使用，没有弹药储备问题；②机动：可车载或机载，使用不受地理条件限制；操纵手可以自由地决定是否以及何时进行拒止或拒止某个地区，而带刺铁丝网或其他障碍物则没有这种自由度；③安全：作用距离大大超过其他非致命武器，可远距离非接触作用目标，避免对己方人员的伤害；④人道：非致死性作用，不会遗留远期后效应；⑤隐蔽：对人的攻击无声无息；⑥精准：操作员能将射束指向人群中的个人目标，以压制某个狙击手，或者生成一个能量屏障，阻止人群靠近，命中概率能达到100%。

我们知道毫米波的频率范围是30～300 GHz，美军选择95 GHz作为主动拒止技术的工作频率，可能主要是考虑了以下因素：①频率为34 GHz、95 GHz、140 GHz、240 GHz的电磁波在大气中传输时衰减较小(即存在频率“窗口”)，能够传输较远的距离，易于提高武器的有效作用距离；②目前的微波技术已能制造95GHz的大功率辐射器件；③目前世界上几乎所有国家的测量技术都能监测≤60 GHz的电磁波，但还不能探测或测量频率达95 GHz的信号，因此保密性比较强。

正是由于主动拒止武器系统在平战时具有广泛的应用，其研发受到世界各军事强国的广泛重视。除美国外，世界其他国家都有了不同规模的研究计划。俄罗斯把毫米波拒止武器技术的研发作为国家重要计划；英国、法国和乌克兰等国家已制定了中等规模的研发计划；德国、以色列、印度和澳大利亚等国家已制定了初期研究计划。

三、微波弹

微波弹一般装在“炮弹内或用导弹”射向目标，或用飞机空投到目标上空“爆炸”，将炸药的化学能或核装药的核能转变为电能，该电能激励弹内的微波源（电磁脉冲发生器）辐射微波频段的电磁脉冲。微波精确制导炸弹发射时跟常规炸弹一样，也是“一次性使用”。但是微波炸弹的杀伤机理与常规炸弹不同，起作用的是电磁波能量而不是爆炸冲击波和碎片。微波炸弹比常规炸弹的杀伤半径至少大 100 倍。只要敌方的防空体系在这个辐射范围内，微波炸弹爆炸可瞬时使敌防空体系遭到不同程度的破坏。美国在海湾战争中首次使用了试验性的高功率微波弹头，装上这种弹头的海军战斧巡航导弹导致伊拉克部分防空网失效；科索沃战争，美国正式使用了微波弹，用以摧毁南斯拉夫的 C^3I 系统等；2003 年，在伊拉克战争中，美军使用了一种历时 4 年研制的高功率微波炸弹轰炸巴格达电视台，爆炸时产生的电磁微波能量为数 10 亿 W，在瞬间切断了炸弹射程内的电源供应，使巴格达地区大面积 12 h 停电，雷达、电脑、电话、广播通信陷入瘫痪，一些交通工具也无法使用。

微波弹是由能源装置、高功率微波装置、发射天线等部分组成。

1. 能源装置

(1)磁通压缩发生器。磁通压缩发生器根据发生器结构回路的不同，主要区分为板状磁通压缩发生器和螺旋磁通压缩发生器两种。这两种磁通压缩发生器的工作原理是相同的，区别就是发生器中回路的不同；再就是板状磁通压缩发生器的结构不是十分方便，它的性能也不如螺旋磁通压缩发生器好，微波弹多用螺旋型；但是，用板状磁通压缩发生器能容易地说明工作原理。板状磁通压缩发生器和螺旋磁通压缩发生器都能提供数亿到数 10 亿 J 的电磁能。

磁通压缩发生器的工作原理（以板状磁通压缩发生器为例，见图 8－10）：在薄金属板上铺设炸药，首先用一个功率较小的种子电源（G）向回路提供较小的种子电流（I_0），I_0 通过上金属板和变压器初级，由下金属板返回电源，在回路内产生磁通 Φ。此时，点燃雷管而引爆炸药，上下金属板在左端缝隙处首先接触，形成闭合回路，同时把种子电源短路掉。但由于回路具有时间常数，电流与磁通并不立即消失。随着炸药向前爆炸，上下金属板的接触点以爆速向前快速移动，炸药的爆炸力压缩磁通而做功，使回路面积逐渐变小，电感 L 也变小，但磁通守恒不变化。根据电感定律（$\Phi=LI_0$），L 的减少，必然导致电流的增大，可达几百万安，供负载用。这样一来，炸药的化学能产生动力压缩磁通而做功，把化学能转变为电磁能，这样它就成了脉冲电源。要求更大功率时，也可使用小型核弹爆炸以产生电能。

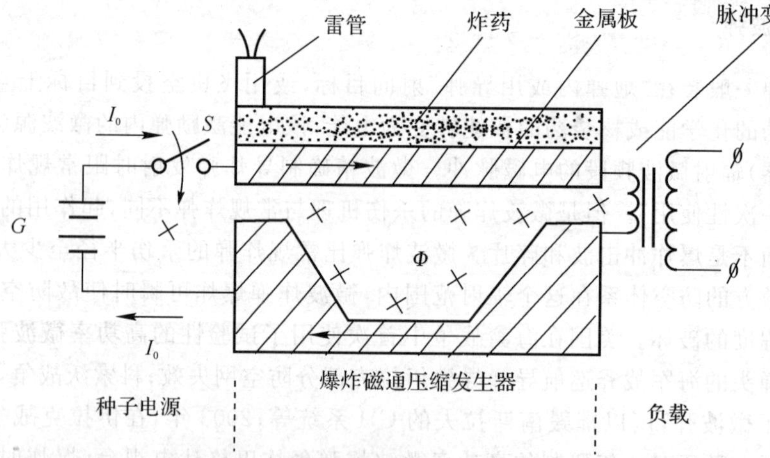

图 8-10　板状磁通压缩发生器工作系统

(2)脉冲等离子体磁流体发电机。脉冲等离子体磁流体发电机是另一种可以利用的高功率脉冲电源。其结构原理如图 8-11 所示，脉冲等离子体磁流体发电机有一个药筒 3，相当于磁流体发电机的燃烧室，在药筒内居中的环形腔内充满着工作气体 9，比如可以是压力为 200 Pa 的氩气，用一个钢隔膜薄片 7 把环形腔封住。再把炸药铸入药筒的中心和外环状腔体内（两金属壳 4 的外侧）。脉冲等离子体磁流体发电机工作时，先点燃雷管 1，引爆炸药，爆轰波在药筒内传播。爆炸压力把环形工作气体腔压垮，形成一个动态密封。密封处以炸药爆速运动，产生具有强大压力的冲击波。这个具有强大压力的冲击波会对工作气体进行加速，并为工作气体提供能量，使工作气体形成高温、高压和高导电能力的等离子体。这种等离子体冲破隔膜 7，进入磁流体发电机的发电通道 6，发电机产生电动势，向脉冲变压器初级线圈提供大电流（但电压较低），变压器把电压升高，供给虚阴极振荡器之类的二极管以产生电子束。这样一来，炸药的化学能就转化为动能，又转变为热能，最后转变为电磁能。要求更高能量时，也可使用小型核弹爆炸以产生电能。

使用脉冲等离子体磁流体发电机作的电源，每次能提供几亿到几十亿焦的电磁能和几百万安的脉冲电流。需要指出的是，在一般微波弹中，一次炸毁后就不能再重复使用;然而,由于脉冲等离子体磁流体发电机所产生的电源,是由整装的"药筒"供能的,而药筒又是整装结构,可以连续地快速装填,产生连续的大电流脉冲,因此,这种电源在一般可重复使用的高功率微波武器、电炮、强激光武器和粒子束武器中,也有广阔的应用前景和潜力。

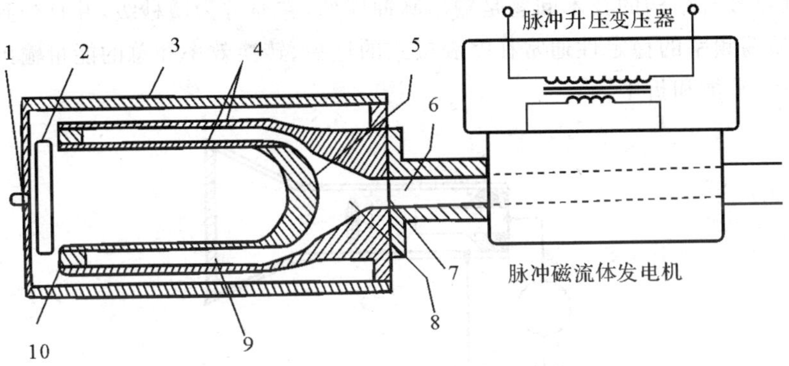

图 8-11　脉冲等离子体磁流体发电机

1—雷管　2—引爆药　3—药筒　4—金属壳体　5—铸药　6—发电通道
7—钢隔膜薄片　8—腔体通道　9—工作气体　10—炸药

2. 高功率微波装置

微波弹所释放的高功率微波,它所产生的原理与可重复使用的高功率微波武器相同,由于高功率微波器件本身并不太大,所以,微波弹也是使用相对论磁控管、行波管(返波振荡器)、回旋管、相对论速调管、虚阴极振荡器等高功率微波器件。

目前有很多类型的高功率微波(HPM)装置。速调管、磁控管、低速波装置、反射三级真空管、火花隙器件和维克多管等在技术上都是可行的。根据炸弹或战斗部设计者的观点,澳大利亚的研究人员选择了维克多(Vircator)管。这是因为它是一种能够产生极强的单脉冲辐射的发射装置,而且机械结构简单,小巧且坚固,而且可以在比较宽的微波频率波段范围内工作。

维克多管的物理现象实际上复杂得多。维克多管的基本概念是把高强度电流加速成为射向丝网(或金属薄片)阳极的电子束。许多电子将通过阳极,在阳极后面形成间隔充电气泡区。在适当的条件下,这些间隔充电区将以微波频率的形式产生振荡。如果把间隔充电区放入一个可调谐的谐振腔内,那么可以获得很高的峰值功率。然后采用普通微波工程技术从谐振腔内汲取微波能力。

维克多管的两个最普通的结构是轴向维克多(AV)管(见图 8-12)和横向维克多(TV)管。轴向维克多管在结构上是最简单的一种,并且在试验中通常可产生最佳能量输出。它通常被做成圆柱形波导结构。最常用的能源吸收方式是将波导结构转换为锥角结构，其作用是充当天线。轴向维克多管一般以横向磁性(TM)模式产生振荡。而横向维克多管则从空腔的侧面注入阴极电流，并通常以横向电动(TE)模式产生振荡。

维克多管结构的技术问题是输出脉冲周期，它通常为微秒级，并且受到阳极的限制，振荡频率的稳定性通常在空腔模式的选择、转换效率和总的能量输出等因素之间进行平衡和折中。

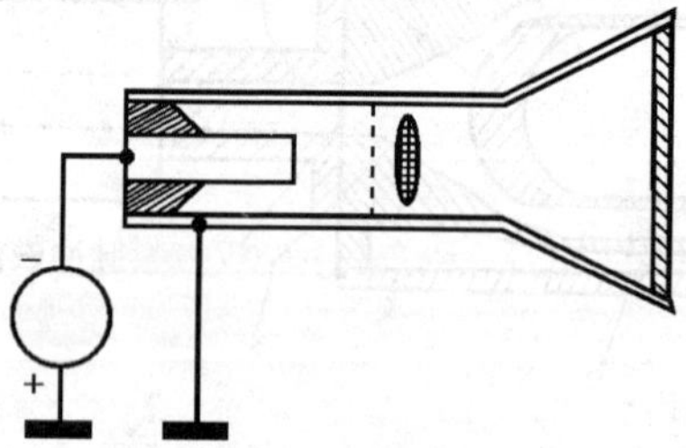

图 8-12　轴向维克多管

3. 发射天线

微波炸弹有多种耦合方式，采用一个紧凑的小型天线时很易于聚向目标。假设天线提供所需的武器轨道，那么至少有两种作用机理可以进一步使杀伤力达到最佳。第一种是扫描整个频率或使维克多管进行线性调频。与单一频率武器相比，这样可以改善耦合效率，通过启动辐射来实现与孔径和在一个频段内的共振进行耦合。在这种方式下，有更多的耦合机会可以利用。第二种可以用来改善耦合的机制是武器辐射的偏振。如果我们可以假定在目标群内可能耦合的孔径和共振的方向相对于武器的天线方向是随机的，那么线性偏振辐射只能利用存在的一半的机会，而圆偏振辐射可以利用所有的耦合机会。

由于实际上的限制，可能很难设计出一个高能圆偏振天线，这个天线要很精巧并且工作在很宽的波段内。因此需要研究可以处理高能级的锥形螺旋或圆锥螺旋类型的天线，同时还需要发明一个具有多效萃取端口的与维克多管相连的适合接口。图 8-13 所示为一种可能的实现方案。在这种情况下，能量通过一个直接向多线圆锥螺旋天线馈送信号的多波导管短路线从管中进行耦合。这种方式的实现需要解决带宽、波束宽度、从管子耦合的效率等特殊要求，同时还要发送圆偏振辐射。

微波武器对目标的杀伤效果取决于微波发射源的输出功率、发射天线的增益和目标与微波源的距离。一个 GW 级的微波发射源经 40～50 dB 高增益天线发射的微波，在 10 km 处可达到 W/cm^2 级的辐射强度，能杀伤人员和设备。

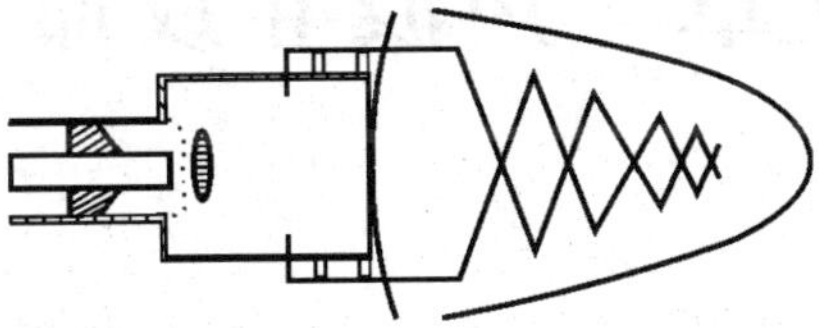

图 8-13　振荡器与天线的组合示意图

4. 典型的微波弹

由于采用的微波源器件不同，微波弹的型式和名称也不同，最典型的有两种微波弹：

(1)虚阴极振荡器式微波弹。虚阴极振荡式微波弹的主要构成部件有：初始能源(或电源)，诸如高功率密度的蓄电池和已充电的高能密度电容器等；其中爆炸磁通压缩发生器(MFCG)，可以是螺旋型、圆柱型、球型、板状或条状的，使用的"炸药"可以是普通化学炸药也可以是核装药；脉冲调制系统，其功能是阻抗匹配和升高电压，可使用脉冲变压器等陡化装置；高功率微波源(或电磁脉冲发生器)，包括虚阴极振荡器(含冷阴极二极管)；以及波导和喇叭形天线。前几部分组成高功率脉冲电源，后几部分组成高功率微波产生器。

(2)TWT 式微波弹。TWT 式微波弹是建立在螺旋线空心行波管式的基础上。在行波管内，无线电驻波以固定频率谐振。炸药在行波管的一端爆炸，将行波管崩塌，把能量转变为微波电磁脉冲辐射能量。可使脉宽持续2 ps，输出功率达 1 GW以上。此项技术的难点就在于，如何保证爆轰波沿行波管的行进速度与电磁脉冲沿行波管的传播速度同步，当达到此要求时，便有强大的微波电磁脉冲从行波管的另一端辐射出来。

第 9 章　声波非致命技术

第 1 节　声波非致命技术概述

声波技术，即各种声波和声音的发生装置。这些装置可产生声波或定向发射声波，使人丧失意识，失去能力，在极近的距离内甚至能破坏内脏器官。目前，利用声波技术研制的非致命武器有噪声武器，声波（超声、次声）武器等。噪声武器是利用人耳能听到的不和谐、不悦耳的声音，刺激人体感官产生精神上的伤害，有噪音弹、声弹、声响发生器等；声波武器分为超声波武器、次声波武器。次声波指的是频率在 20 Hz 以下的声波，既看不见，也听不到，却能对人造成伤害。声波作为一种能量传播方式，应用于非致命性攻击，具有隐蔽性强、传播速度快、传播距离远、穿透力强、不污染环境、不破坏设施，是世界各国军方重点投资研制的方向，是未来战争中非常重要的新概念武器。

从 20 世纪 60 年代起，西方一些国家就开始了声波武器及相关技术的研究。80 年代初，美国科学家德莱维斯对次声武器进行了较为系统的研究，他提出的"声波武器系统"是一套完整的次声武器系统。90 年代，美军专门研制了高功率微型次声发生器，并进行了战场模拟试验。1995 年，美国曾对波黑塞军阵地秘密进行次声波攻击，几秒钟使塞军昏倒呕吐，陷入混乱。1998 年，美国开始研制作用距离可达 200 m 的手持式次声枪。2004 年初，美军研制了 LARD(Long Rang Acoustic Device)声炮，用来驱散抗议人群，该"声炮"在伊拉克战场上得到了实战应用。

俄罗斯也在研制此种武器。1996 年 10 月 15 日，俄罗斯在《共青团真理报》曾刊登了亚历山大・霍赫洛夫的文章《一台作战震荡器就能让一个师变成一群白痴》，文中说，通过作战振荡器，发射一定频率的能量，就能使敌方的有生力量和无线电子设备遭受打击，从而致胜于"千里之外"。作战振荡器可以安装在海上、空中和太空载体上，使用后，受打击的人会感到一种无名的恐惧，产生强烈的头痛，士兵的心理可能被全面的击垮。美军和一些技术发达国家的军队正计划更多地装备这种武器，用它来保护军事禁区、驻外使馆、军事科研基地，控制骚乱、暴乱。

声波武器一般由集束声波系统和目标锁定系统构成。集束声波系统就是产生声波，使其放大并发送一种压力波即声脉冲，声脉冲进一步被放大、增强射向目标，对目标形成打击。声脉冲对人体的伤害取决于它的能量与攻击目标之间的距离，轻者可以使人有被轻轻拍打或沉重一击的感觉；重者能让人喘不过气、头痛、休克甚至窒息死亡。另外，声波武器还可整夜地对目标进行干扰，让强烈的声波通过人的身体，使人彻夜难眠。连续的失眠会导致人无法完成工作任务。除了集束声波系统之外，声波武器还需有一个目标锁定系统。图像显示技术可起到这种作用，这一技术利用电磁波在建筑物内碰到与人的体温接近的表面后会产生反射的原理，可以隔着墙壁重现建筑物内的人物形象。声波武器加上目标锁定系统，可精确地鉴别和瞄准隔墙的目标人物，而不会对房屋和目标造成损伤，所以人们无法用眼睛来发现它。攻击波在穿过目标后，消散在远处的大气中，成了“来无踪去无影”的子弹。声波枪发出的精细高能声波束能使恐怖分子晕头转向，丧失劫机能力，同时又不会对飞机和其他机上人员造成伤害，所以它能在航空安全领域大显身手。目前，美国安全保卫部门正在试验将此技术用于航空安全。

声波武器兼具软、硬作战特征，具有3个特点：一是损伤性强，攻击威力大。选择使用不同强度和频率的强声武器，攻击距离可达几百米至几百公里，且具有很强的透射能力，传统隔声设备难以防护。二是损伤程度可控，有利于控制战局。通过预选频率和声压级，控制强声武器的攻击强度，根据战争升级情况，实现对敌有生力量或武器平台损伤程度、攻击范围的精确控制，灵活掌握警示威慑或大规模损伤等级。三是突袭性强，便于速战速决。

将声波技术应用到非致命武器领域，在技术上还有许多难题。一是声波强度的控制，这受到现有材料和技术的制约，若声波强度过大，会产生致命性伤害。强度过小，达不到预期的应用要求。二是装置小型化。声波发生器的体积庞大，如管式扬声器要产生10 Hz的次声波，直径就需要13 m，这给使用带来很大不便。三是定向聚束传播。声波非致命武器使用不能危及操作人员和己方人员的安全，所以声波要有可靠的定向传播性，以便产生预期的效果。

第2节　声波武器的工作原理

当无保护措施的情况下，人员处于120 dB以上的音量可听声音的环境里会感到不适或损伤听力系统，当音量上升到185 dB以上时，人将会出现鼓膜破裂出血，失去听力，甚至还会精神失常。经过研究发现次声波不容易衰减，不易被水和空气吸收，次声波的波长往往很长，因此能像电磁波一样绕开障碍物发生衍射，杀伤范围很大，但难以控制方向。大功率的次声波能令内脏产生强烈共振，使人感到恶心、头痛、呼吸困难甚至会导致血管破裂，内脏损伤。而大功率的超声波的作用效果与次声波差不多，但传递方向性比次声波好，几乎沿直线传播，容易控制，直线穿透能力强，但杀伤范围小。一般声波武器都不会使用人类可听频率范围内的声波，因为次声波与超声波隐蔽性强，但作为驱散或震慑武器的非致命声波武器除外。

声波定向驱散技术是一种新型声波非致命技术，与传统的声波传播方式不同，它可以实现高能量声波的定向传输，从而能够在更远的距离对目标进行驱散，同时由于声波定向传输，使其对环境的噪声污染得以降低。声波定向驱散技术于2000年由美国ATC(American Technology Corporation)公司率先研制成功，并已形成商业化产品，成功装备了美国第2,3,5,7舰队和“卡尔·文森”号航空母舰，用于军舰反恐，在伊拉克战争、平息暴乱、驱逐海盗船等方面表现优异。在公共安全方面，可用于对非法游行、集会进行有效驱散，人群控制。

一、声波定向驱散技术工作原理

实现声波定向驱散技术的关键部件是换能器。所谓换能器，就是可以进行能量转换的部件，是将一种形式的能量转换为另外种形式能量的装置。在声学研究领域，换能器主要是指电声换能器，用于实现电能和声能之间的相互转换。将声能转变为机械能再转变为电能，工作在这种状态下的换能器称之为接收器；将电能转换为机械能，再转换为声能，工作在这种状态下的换能器称之为发射器。接收器和发射器用换能器的工作原理大体是相同的。通常换能器都有一个电的储能元件和一个机械振动系统。当换能器用做发射器时，从激励电源的输出级送来的电振荡信号将引起换能器中电储能元件中电场或磁场的变化，这种电场或磁场的变化通过某种效应对换能器的机械振动系统产生一个推动力，使其进入振动状态，从而推动与换能器机械振动系统相接触的介质发生振动，向介质中辐射声波。

按照实现换能器机电转换的物理效应不同可将换能器分为电动式、电磁式、磁致伸缩式、压电式等。在众多的换能器类别中，压电换能器是应用最为广泛的一种，其优点主要包括：机电转换效率高，通常可达到80%左右；容易成型，可以加工成各种形状；造价低廉，性能较稳定，易于大规模推广应用。同时作为驱散系统应用，其相对较轻的重量使得设备的机动性能提提高也是被选用的重要原因。

图9-1所示为驱散系统工作原理的整体结构框架。当进行通话或者预先警告时通过话筒喊话，当进行声波攻击人群驱散时，使用下载了攻击信号的外置设备MP3播放器。话筒或MP3播放器的音频信号，经过DSP信号处理器调制为方波信号输出，方波信号再通过D类功率放大器进行高效放大，然后阻抗匹配电路配合换能器阵列发出大功率攻击声波。由于换能器组阵，消除了很多声波旁瓣，在一定角度范围内，声波声压大于100 dB，而在这个角度范围之外，声压小于100 dB，

实现声波的定向传播。

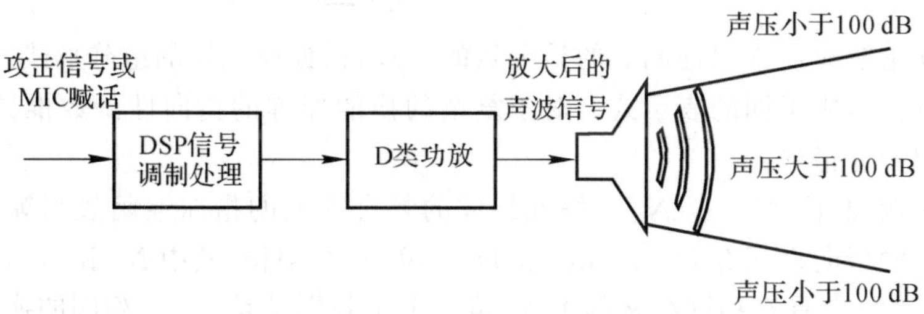

图 9－1　声波驱散系统设计原理

二、换能器阵列的指向性

所谓的换能器阵是指一个由多个换能器单元按照一定的规律组合而成的阵列，这些换能器单元称为阵元，因此单独的一个换能器单元也可以被看成最简单的换能器阵。换能器阵的指向性是指电压、功率等响应的幅值随着方位角变化的阵列的一种远场属性，一般在某个方向上出现一个最大值。换能器阵列的指向性以指向性函数表示。指向性函数是指换能器阵列自由远场区声压的空间分布函数，一般有两种指向性函数，声压归一化的指向性函数和声压非归一化的指向性函数，分别可以用函数 $D(\alpha,\theta)$ 和 $U(\alpha,\theta)$ 表示为

$$\left.\begin{aligned} D(\alpha,\theta) &= |P(\alpha,\theta)| \\ U(\alpha,\theta) &= \frac{|P(\alpha,\theta)|}{|P(\alpha_0,\theta_0)|} \end{aligned}\right\} \tag{9-1}$$

式中，$|P(\alpha,\theta)|$ 和 $|P(\alpha_0,\theta_0)|$ 分别表示在以阵列的声中心为球坐标原点、距离球坐标原点为 r 的远场区球面上，任意方向 (α,θ) 上复合声压幅值大小和主波束最大值方向 (α_0,θ_0) 上复合声压的幅位大小。

对于多个点声源任意分布的离散阵的指向性函数，由于声压在空间的分布是声波在三维空间相互叠加的结果，因此 N 点声源任意分布的空间指向性函数有以下的表达式：

$$D(\alpha,\theta,\alpha_0,\theta_0,\omega)=\frac{\left|\sum\limits_{i=1}^{N}\widetilde{A}_i \mathrm{e}^{-\mathrm{j}\Delta\varphi_i}\right|}{\left|\sum\limits_{i=1}^{N}\widetilde{A}_i\right|} \tag{9-2}$$

式中，$\widetilde{A}$ 和 $\Delta\varphi_i$ 分别表示的是第 i 个换能器单元在信号源远场所接受到的电压幅值和第 i 个换能器单元所在方向与主极大方向的相位差。因为各个换能器单元具有相同的振幅，所以式(9－2) 可以简化为

$$D(\alpha,\theta,\alpha_0,\theta_0,\omega)=\frac{1}{N}\left|\sum_{i=1}^{N}\mathrm{e}^{-\mathrm{j}\Delta\varphi_i}\right| \tag{9-3}$$

式(9-3)是换能器指向性函数的最一般的形式,根据换能器的组阵形式,该指向性函数可以化简成不同的表示式。对于复杂的换能器阵的指向性函数推导,有以下两个定理作为指导:

乘积定理:由 $N=N_1N_2$ 个阵元组成的复合阵列的指向性函数则等于该复合阵的子阵的指向性函数 $D_1(\alpha,\theta,\omega)$ 和 $D_2(\alpha,\theta,\omega)$ 的乘积,其中 N_1 和 N_2 含义是,复合阵具有 N_2 个具有相同结构的子阵,每一个子阵则又是由 N_1 相同的换能器单元组成。因此这个复合阵列的指向性函数 $D(\alpha,\theta,\omega)$ 表示为

$$D(\alpha,\theta,\omega)=D_1(\alpha,\theta,\omega)D_2(\alpha,\theta,\omega) \tag{9-4}$$

加法定理:如果换能器阵列不是由相同的子阵组成,而是不同形式的子阵组成,那么该复合阵列的指向性函数就是其中包含的各子阵的指向性函数的线性组合,指向性函数为以下表达式:

$$D(\alpha,\theta,\omega)=\frac{D_1(\alpha,\theta,\omega)\left|\sum_{i=1}^{n_1}A_{1i}\right|+\cdots+D_m(\alpha,\theta,\omega)\left|\sum_{i=1}^{n_m}A_{mi}\right|}{\left|\sum_{i=1}^{n_1}A_{1i}\right|+\cdots+\left|\sum_{i=1}^{n_m}A_{mi}\right|} \tag{9-5}$$

由以上两定理和换能器阵列的指向性函数一般性表达式可以推导出由该线阵列组合成的 NxM 平面阵的指向性函数为

$$D(\alpha,\theta,\omega)=\frac{\sin\left(\frac{\pi Nd_1}{\lambda}\cos\alpha\sin\theta\right)\sin\left(\frac{\pi Md_2}{\lambda}\cos\alpha\sin\theta\right)}{N\sin\left(\frac{\pi d_1}{\lambda}\cos\alpha\sin\theta\right)M\sin\left(\frac{\pi d_2}{\lambda}\cos\alpha\sin\theta\right)} \tag{9-6}$$

而圆形活塞换能器的指向性函数为

$$D_c=\left|\frac{2J_1(Z)}{Z}\right| \tag{9-7}$$

由圆形活塞换能器组成的矩形阵列如图 9-2 所示,其指向性函数可以根据以上乘法定理和圆形活塞阵的指向性函数推导为

$$D_r=D_N\cdot D_C\cdot D_M\cdot D_C=\frac{\sin\left(\frac{2\pi aNd_1}{\lambda}\cos\alpha\sin\theta\right)}{N\sin\left(\frac{2\pi ad_1}{\lambda}\cos\alpha\sin\theta\right)}\cdot\frac{2J_1\left(\frac{2\pi a}{\lambda}\sin\theta\right)}{\frac{2\pi a}{\lambda}\sin\theta}\cdot$$

$$\frac{\sin\left(\frac{2\pi aMd_2}{\lambda}\cos\alpha\sin\theta\right)}{M\sin\left(\frac{2\pi ad_2}{\lambda}\cos\alpha\sin\theta\right)}\cdot\frac{2J_1\left(\frac{2\pi a}{\lambda}\sin\theta\right)}{\frac{2\pi a}{\lambda}\sin\theta} \tag{9-8}$$

式中，D_C 圆形活塞换能器的指向性函数；D_N 和 D_M 分别表示由 N 个和 M 个点声源组成的线阵列的指向性函数。

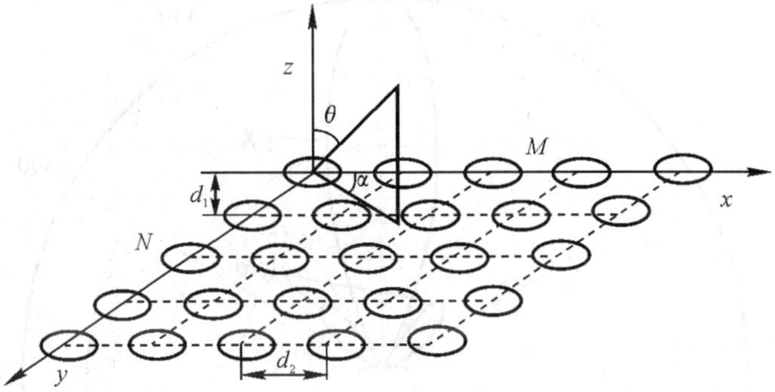

图 9－2　圆形活塞矩形阵列组阵示意图

根据指向性函数绘制的图形就被称为换能器阵列的指向性图，或者指向性响应图。指向性图有多种不同的表示方式，包括三维空间的响应图，二维极坐标图和二维直角坐标图，在图 9-3 中给出直角坐标系下的换能器阵列的指向性图，并就该图进行说明。从图中可以看出，指向性图除了有主瓣以外还有旁瓣和栅瓣。主瓣是参考方向上指向函数出现最大值的波束；旁瓣是比主极大值小的一系列极值所在的波束；栅瓣则指的是不在参考方向上，但最大值与主瓣最大值相同的其他的波束。

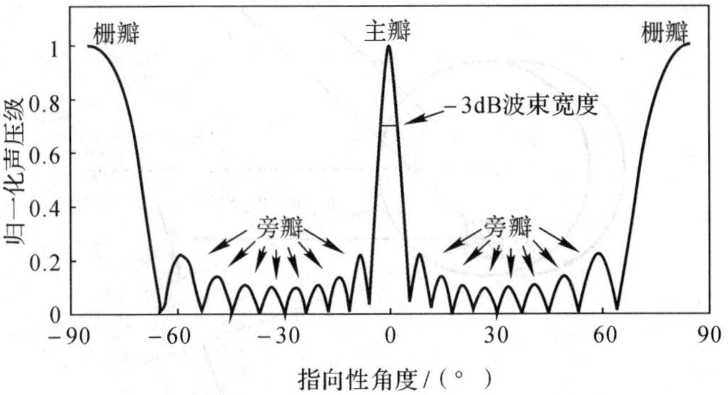

图 9－3　直角坐标系下的压电换能器指向性示意图

图 9－4 所示为阵元直径 8 cm，阵元间距 8 cm，声波频率为 5 kHz，6 × 6 换能器阵列的归一化指向图。由图可知，换能器阵列的指向角在 ± 25° 范围内，虽然有

较为明显的旁瓣,但其声压级相对主瓣来说极小。

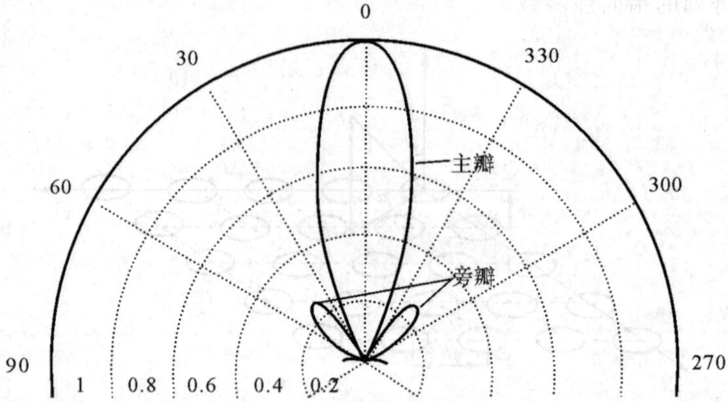

图 9-4　归一化指向性图

三、换能器声压级计算

换能器可以通过组阵技术实现,组阵的优势在于:可采用小功率的换能器阵元实现大功率的声波输出;可通过组阵技术提高传播距离、产生指向性好的大功率声波。

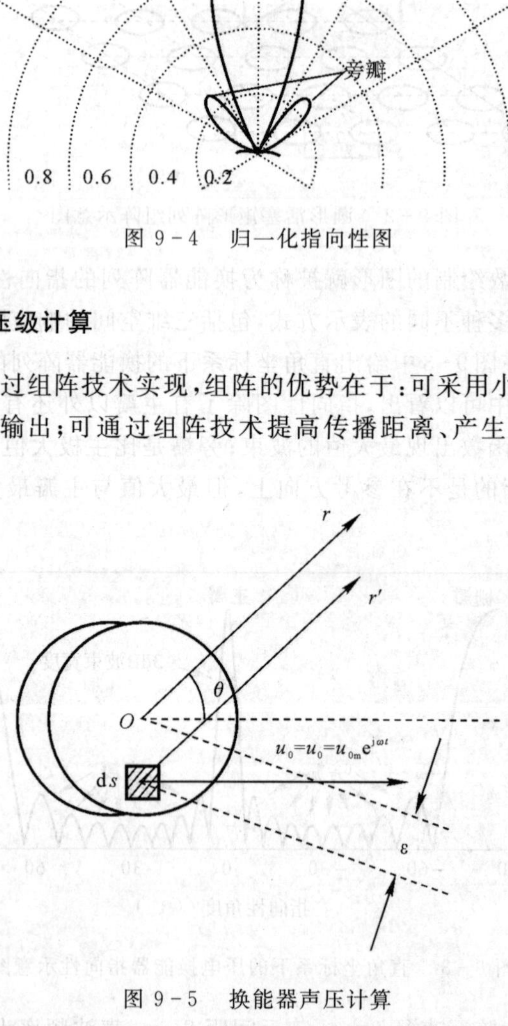

图 9-5　换能器声压计算

对于换能器而言,可将其近似为一活塞声源。由于声源表面上各面元 d*s* 会产生振动,因此最后在距离声源距离为 *r* 处的 *P* 点产生了由面元共同作用的声压。

该声压可表达为

$$\mathrm{d}p_{\varepsilon}=\frac{\mathrm{j}\rho_0 c_0 k}{2\pi r}\mathrm{e}^{-\mathrm{j}k\varepsilon}\mathrm{d}s \tag{9-9}$$

式中，$u_0=u_{0m}\mathrm{e}^{\mathrm{j}\omega t}$ 为表面振速，ε 为 $\mathrm{d}s$ 与表面上任一点到 p 点的声线行程差。对于换能器而言，其最大声压位于 $\theta=0°$ 时，即 $\varepsilon=0$ 时。此时声压为

$$P_0=\frac{\mathrm{j}\rho_0 c_0 k}{2\pi r}\mathrm{e}^{-\mathrm{j}kr}\iint_s u_0\,\mathrm{d}s=\frac{\mathrm{j}\rho_0 c_0 k}{2\pi r}\mathrm{e}^{-\mathrm{j}kr}u_0 S=$$

$$\frac{\mathrm{j}\rho_0 c_0 k u_0 a^2}{2r}\mathrm{e}^{-\mathrm{j}kr}u_0 S=\frac{\mathrm{j}\rho_0 c_0 k u_0 a^2}{2r}\mathrm{e}^{-\mathrm{j}kr} \tag{9-10}$$

式中，a 为换能器半径，S 为换能器面积。

将式(9－10)中的有效值表达为声压级形式则为

$$P_0=20\lg\frac{P_{0\varepsilon}}{P_b}=20\lg\frac{\rho_0 c_0 k u_0 a^2}{2rP_b} \tag{9-11}$$

式中，P_b 为基准值。

当换能器组成阵列形式，也可将各个换能器分解成为阵元 $\mathrm{d}s$ 的形式，具最后在远场一点 P 上产生的声压等于全部阵元产生的声压和。这里假设各个换能器性能相同，且能保证理想的相位一致性，由此在点的总声压同样满足式(9－11)，如图 9－5 所示。

对于最大声压点而言，$\theta=0°$ 且 $\varepsilon=0$。可得到各面元的声压为

$$P_0=\frac{\mathrm{j}\rho_0 c_0 k}{2\pi r}\mathrm{e}^{-\mathrm{j}kr}\iint_{\mathrm{sall}} u_0\,\mathrm{d}s=\frac{\mathrm{j}\rho_0 c_0 k}{2\pi r}\mathrm{e}^{-\mathrm{j}kr}u_0 S_{\mathrm{all}}=\frac{\mathrm{j}\rho_0 c_0 k}{2\pi r}\mathrm{e}^{-\mathrm{j}kr}u_0 nS \tag{9-12}$$

式中，S_{all} 为所有换能器的面积和，n 为换能器的阵元数。将其表达为声压级形式可得

$$P_{0\mathrm{arrary}}=20\lg\frac{\rho_0 c_0 k u_0 S}{2\pi r}+20\lg n=P_0+20\lg n \tag{9-13}$$

由式(9－13)可知，理论上换能器阵的声压级 $P_{0\mathrm{arrary}}$ 为单个换能器的声压级 $P_0+20\log n$。

由于人耳对强度的主观感觉与客观的实际强度并不一致，对于不同频率的声音感受到的强度是不一样的，通常把这种对于强弱的主观感觉称为响度(单位 Phon)。如图 9－6 所示为 H. Fletcher 和 W A Munson 在 1993 年提出的等响曲线，在该曲线图上，横坐标为各纯音的频率，纵坐标为达到各响度水平所需的声压级(单位 dB)，每一条曲线代表一个响度水平。由图可知，人对强度相等、频率不同的声音感觉是不相同的，对 2～5 kHz 频率的声音最为敏感。例如同样是 120 dB 的声压级，频率为 20 Hz 时人只感觉听到 90 dB 的声响，而频率为 3.6 kHz 左右

时，人会感觉到 140 dB 左右的声响。所以，声波定向驱散设备通常选择人耳最为敏感的频段作为攻击声，可以达到更好的驱散效果。

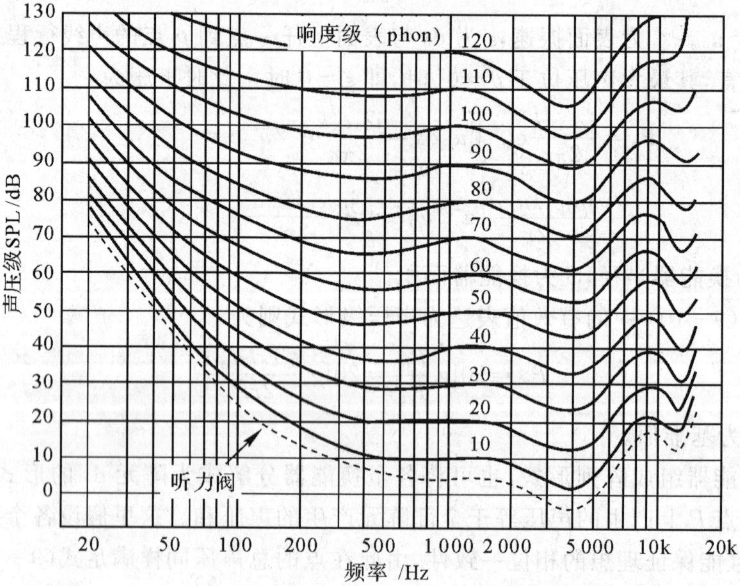

图 9-6　Fletcher—Munson 等响曲线

第 3 节　声波非致命武器

一、次声波武器

频率为 20～20 000 Hz 之间的声波称可听声，超过 20 000 Hz 为超声，低于 20 Hz 为次声。次声在空气中能以 1 200 km/h 的速度传播，在水中能以 6 000 km/h 的速度传播，可穿透 1.5 m 厚的混凝土。次声武器就是把频率低于 20 Hz 的大功率次声波定向辐射作用人体，所产生的频率与人体发生共振导致人体器官变形、移位，甚至破裂，对人体产生有效作用。按照声波频率刺激不同器官分为“神经型”次声武器和“器官型”次声武器。“神经型”次声武器是次声频率和人脑阿尔法节律（7～12 Hz）很接近，当次声波作用于人体时便会刺激人的大脑，引起共振，对人的心理和意识产生一定影响：轻者感觉不适，注意力下降，情绪不安，导致头昏、恶心；严重时使人神经错乱，癫狂不止，休克昏厥，丧失思维能力；“器官型”次声武器是次声波频率和人体内脏器官的固有频率(4～18 Hz)相近时,会引起人的五脏六腑产生强烈共振。轻者肌肉痉挛,全身颤抖,呼吸困难;重者血管破裂,内脏损伤,甚至迅速死亡(见图 9-7)。

如果将次声波的发射频率和强度控制在一定的范围内,就能成为非致命武器,作用到人体不仅能使人心烦意乱、头晕目眩、恶心呕吐,还能使其神志不清、癫狂,从而丧失战斗力。从目前研制的情况看,次声武器的关键技术主要有两项,一项是高功率次声发生器,另一项是次声波的聚焦发射。

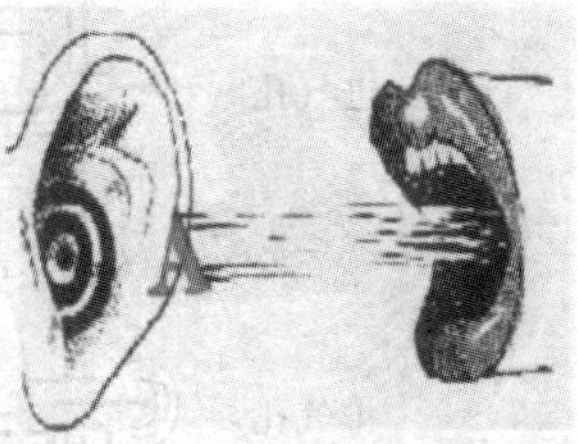

图 9-7　次声波可与人体器官产生共振

1. 气爆式次声武器——“次声枪”

这种次声武器是将压缩空气、高压蒸汽或高压燃气有控制地脉冲式突然放出,用这些高速排出的气体来引起周围媒质的低频振动,形成所需要的次声波(见图 9-8)。“次声枪”实际就是以这种气爆方式做次声源的;由于这种次声源体积小,所以人们形象地把它叫做“次声枪”。这种“次声枪”最早是用在地震、勘探海洋地质方面的,取代炸药爆炸式次声源。后来由于次声音频引信水雷的出现,专门用来对付这种水雷的“次声枪”也就应运而生了。这种次声装置因体积小、频率低、易控制,近年发展较快。但其次声波强度较低,近距离使用才有效。

2. 炸弹式次声武器——“次声弹”

这种次声武器是利用爆炸来产生次声波的,所以又称为“次声弹”。炸药在爆炸时所释放的能量,约有 50%形成冲击波,而绝大部分冲击波在最后又都变成了次声波,所以用爆炸方法产生高强度次声波比较理想。目前,采取的一种办法是将已有的燃料空气炸弹(又称云雾炸弹、气浪弹)等。加以改进,使原来只能形成一个燃料空气云雾团并只能引爆一次的炸弹,变成可以形成若干云雾团和能连续多次引爆的“次声弹”。

所谓云雾弹就是能使“云雾”发生爆炸的炸弹。这种炸弹内部装有液态环氧乙烷或氧化乙烯等燃料,当炸弹引爆后,即将液态的燃料洒向空气中,形成溶胶状雾,与空气充分混合后,能形成一个直经十几米厚的球状云雾团。由同时被抛出并混在云雾中的云爆管引爆,引起“云雾团”爆炸。刹那间,闷雷滚滚、火光四起,如同整个天空的空气都燃烧起来似的。爆炸形成的强冲击波,造成建筑物倒塌,人员和动物死亡。即使没有被冲击波杀伤的人,由于燃烧空气消耗大量氧气,同时又放出大量废气,也会使人窒息而死。其破坏和危害性是很大的。美军在越南战场上曾经

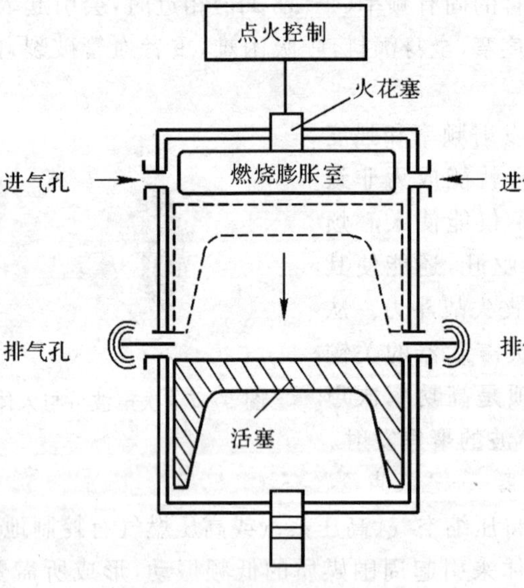

图 9-8　气爆式次声武器工作原理

多次使用过这种被称为“CBV—55B”的航空集束炸弹。这种炸弹每颗内装有 3 枚并排串联在一起的子炸弹，而一枚子炸弹内又装有约 33 kg 的环氧乙烷。环氧乙烷的爆炸威力是普通常规炸药的 3 倍以上。因此，这种云雾弹的杀伤威力是相当大的。

由云雾弹而改进成次声弹的思路是，使每颗燃料空气炸弹按需要形成 3 个～17 个云雾团，然后在按一定时间间隔逐次引爆，这样产生的多次冲击波和声响，就可以形成一定强度和频率的次声波脉冲串；只要在设计上控制好云雾团形成数量和起爆的时间间隔，就能获得所需频率的次声波。

3. 管式次声武器

管式次声武器是利用管内空气柱与管子本身的共振来形成次声波，其构造和工作原理很像乐器中的笛子，当管子中空气柱的振动与管子本身固有频率相同时，就可产生较强的次声波。在管子一端装上一个活塞，用电动机驱动或用气流激励，当振动频率的 1/4 波长与管子长度相等时，可获得最强的次声波，但要产生次声波，管子必须足够长。

4. 扬声器式次声武器

其工作原理与扬声器相似。采用特殊的振动膜片，膜片振动可产生一定频率的次声波。但要产生一定强度的次声波，除要求较高的振幅外，还必须使振动膜面积足够大，其周长大致要与次声波波长相当。

5. 频率差拍式次声武器

该武器采用两个不同频率的声波发生器同时工作，利用它们频率的相差来获得需要的低频次声波。其中有一种方法是利用压电晶体产生两束频率稍有差异的超声波，两者作用产生高频和低频声波，高频声波是两者频率之和，低频声波是两者频率之差，高频声波在空气中很快衰减，低频声波（次声波）则直达目标。这种方式能量转换率高，并可制成小型武器。

次声武器具有隐蔽性强、传播速度快、传播距离远、穿透力强、不污染环境、不破坏设施等特点，军事科学家已把它列为未来战争中新概念武器的重要成员，但要成为有效的实用型武器，现有的这类武器还须进一步提高次声波的强度，更好地解决定向聚焦和小型化问题。

二、超声波武器

声波频率超过 20 kHz 为超声波。超声波武器主要是依靠发出一种高能量的超声波，并造成强大的空气压力，使人体产生视觉模糊、恶心、呕吐等生理反应，从而使对方战斗力减弱或完全丧失。据称，美国已经研制出一些频率超过 20 kHz 的超声波武器，图 9－9 所示超声波手枪频率在 15 Hz～30 kHz 之间。

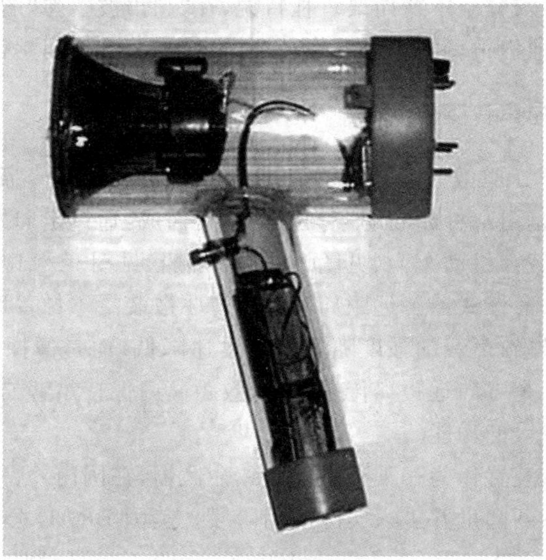

图 9－9　超声波手枪

美国科技公司(ATC)研究出的“高超声速声音系统”,它能发出一种狭窄而强烈的声波,这种设备看起来就像是一个巨大的立体声喇叭,共有50种不同的“声音子弹”,在发射子弹时,系统会把声音放大到令人震耳欲聋的巨响。声波强度高达145 dB,这种超声波武器对大多数人来说,即便他们捂上耳朵,也会产生类似偏头疼的感觉,反应严重的人则会被击倒在地。

警方和五角大楼的官员们聚集在圣地亚戈诺里斯公司总部评估这种革命性的技术。过去开发声波武器的缺陷是,它的声波向所有方向发散,因而操作者自己也会受到损害。现在的窄带超声波发射技术解决了这个问题,新技术使超声波具有方向性,这样警方就可以在不伤害围观者和操作者的情况下,用“超声波子弹”制服嫌疑人或平息暴乱。美国科技公司研发的“高超声速声音系统”,很重要的特点就是使用者能把噪声“导向”个别目标,只有“中弹者”才会听到由声音子弹发出的巨响,而使用者本人和旁边的人却丝毫不会受到噪声伤害。当声波武器关掉后,这种影响马上消除,所以它造成的损害只是临时性的。

美国陆军已经订购了这种非致命武器的原型。新型超声波武器用圆柱体包装,既可手持,也可安装在装甲车上。看过这种武器的美国国防部安全专家说,超声波武器对制服自杀炸弹和驱逐隐藏在掩蔽所里的恐怖分子真是太有效了。退役海军上校杜特则表示,由于超声波可在密闭的狭小区域中穿行,它将使躲在阿富汗洞穴中的“基地”恐怖分子不寒而栗。杜特说,在“超声波子弹”的打击下,恐怖分子不得不走出洞穴,他们很可能用手堵住耳朵走出山洞,这样当然很容易被抓住。

三、远距离定向声音驱散装置

远距离定向声音驱散装置(Long Range Acoustic Device,简称 LRAD),又称远程声波控制器,是由一种超高功率扬声器演变而成,通过定向发射超强声波驱散骚乱人群,可以装载在机动车辆(见图 9-10)、舰船(见图 9-11)等平台上使用,属于一种定向能非致命性武器。远距离定向声音驱散装置不像普通喇叭那样以扇面形播放音响,最终导致声音的强度随着距离迅速降低,而是像探照灯聚光那样,可以把声音集中到一个方向远距离传播,在有效距离内保持足够的强度,从而实现远距离喊话、警告、威慑的功能。

定向声音驱散装置作为一种新型的非致命武器,在国内外得到了快速的发展,不同规格的产品不断问世并进入实际应用阶段。美国 LRAD 公司(LRAD Corporation,前称为 ATC,American Technology Corporation)研制的 LRAD－X 系列产品有 LRAD－100X,LRAD－300X,LRAD－500X,LRAD－1000X 等,这些产品虽然型号不同,但基本原理都相似,一般型号越大,作用距离越远。如 LRAD－

1000X 可实现 2 000 m 范围内的语音警告，650 m 范围内的噪音驱散；而 LRAD－300X 可实现 1 000 m 范围内的语音警告，350 m 范围内的噪音驱散。

国内典型的远距离定向声音驱散装置有 LHWD－X 系列、CDYX 系列、SQS09 型等产品。现已 LHWD－X 为例，对其有关性能作以介绍。

图 9－10　车载型 LRAD

图 9－11　舰载型 LRAD

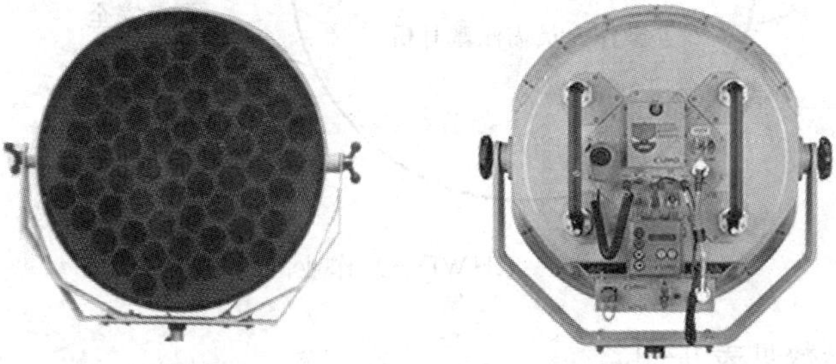

(a)　(b)

图 9－12　LHWD－X 型远距离定向声波人群驱散器

(a)驱散器正面；(b)驱散器背面

1. LHWD 系列远距离定向声波人群驱散器

LHWD 系列远距离定向声波人群驱散器是由超高功率扬声器演变而成的一种声波非致命武器，通过定向发射噪音声波可明确表达意向或控制骚乱人群，实现警告、威慑、驱散等功能。根据作用距离不同，它主要有 LHWD－200X，LHWD－400X，LHWD－500X，LHWD－1000X，LHWD－3000X 等型号。LHWD 系列远距离定向声波人群驱散器的正面和背面如图 9－12 所示。由于声波信号具有很强的方向性，所以开机后，工作人员应置身于驱散器的背面操作。驱散器的背面设置有各种控制及操作装置，其作业区示意图通过红色、黄色、绿色区显示，如图 9－13

所示。在绿色安全区域的操作人员，只会听到小量能量的声音，不会受到声波的强烈作用。当设备运行中，在没有佩戴保护听觉的耳机时，工作人员不要进入黄色警戒区域，以免受到声波干扰。当设备功率为最小时，操作人员不得进入红色驱散区域 100 m 内。当设备功率开到最大时，操作人员不得进入红色驱散区域 20 m 内，以免造成听觉系统损伤。

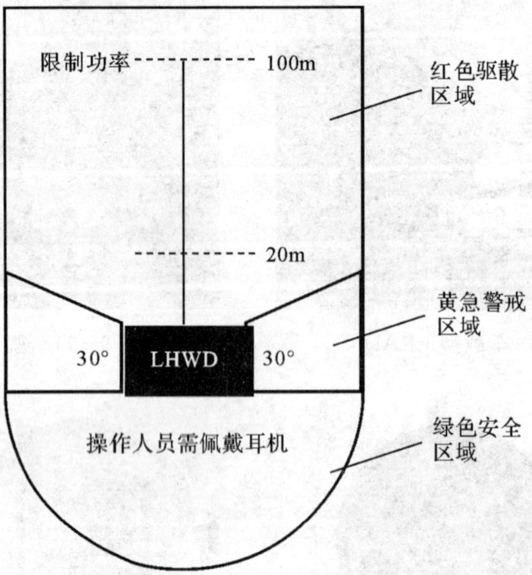

图 9-13　LHWD—X 作业区示意图

(1)技术参数见表 9-1。

(2)应用范围。LHWD 产品能够通过定向发射超强声波驱散骚乱人群和进行远距离通信，其应用范围见表 9-2。该装置可装载在车辆上移动使用，方便快速部署在需要的地方，且不会对周围商业设施造成损坏。也可在船舶上使用，在相对较远的距离内对高速驶近本船的船艇及时用多种语言进行明确警告，以防范伪装的小型海盗船的突然袭击。当船舶的通讯设备受损或无法通过旗语联络时，可通过驱散器上的喊话装置进行直接语音通讯，有效提高航海安全。在机场附近，配置 LHWD 系列远距离定向声波人群驱散器可驱赶鸟群，使之远离机场，消除飞鸟对飞机起降形成的巨大安全威胁。

在实际使用时，操作者可先通过喊话方式，要求目标对象配合行动，如果对方无适当反应，则可集中施放高分贝警告音，以强制对象配合，其技术手段极大的增强对事件的处理能力。

表 9-1　LHWD 系列远距离定向声波人群驱散器技术参数

技术参数	型号			
	LHWD－400X	LHWD－500X	LHWD－1000X	LHWD－3000X
发生器谐波失真	＜2.2%THD@2Kz	＜2.2%THD@2Kz	＜2.2%THD@2Kz	＜2.2%THD@2Kz
最大声压级	145dB(1m)	144dB(1m)	150dB(1m)	160dB(1m)
低档模式最大声压级		110dB(1m)	120dB(1m)	129dB(1m)
标称音速角	±10(2Kz)	±10(2Kz)	±10(2Kz)	±10(2Kz)
功率消耗	400W(最大)	450W(一般)；750W(峰值)	800W(一般)；1000W(峰值)	1 000W(一般)；1 700W(峰值)
输入电源	11～15VDC 50Ah 或车用电瓶	100～240VAC；50/60Hz	100～240VAC；50/60Hz	220V/12A
规格尺寸	66cm×24cm×35cm	84cm×15.5cm	100cm×280cm×24cm	140cm×101cm×45cm
作用距离	60m 驱散，600m 通讯	75m 驱散，1 000m 通讯	100m 驱散，1 000m 通讯	150m 驱散，2 000m 通讯
发射器重量	16kg(金属)	25kg(金属)	40kg(金属)	92kg(金属)
录(放)音时间	120h	120h	120h	120h

表 9-2　LHWD 系列远距离定向声波人群驱散器应用范围

灾难处理定向沟通	设置安全周界，与受灾人群清晰交流，控制大量人群
警示执行	行军和布置时的现场沟通
基础设施保护	穿越建筑物和车辆的广播，减少实施武力强入行动
人质挟持谈判	可预先录制各种语言信息，在人质和嫌疑犯能够听到的地方广播，透过建筑物、飞机和车辆与疑犯谈判
船舰的保护从直升飞机上进行	远距离获悉来者意图，并限制其进一步侵入
空中警示和通告	可以进行从空中到地面的对话，确保地面的人员在混合马达和飞机喷气噪音环境中仍然可以听到广播

2. SC3600 型噪音驱散器

西格玛安全设备有限公司(Sigma Security Devices LTD)研制的 SC3600 系统发射的声音和警报十分清楚,不失真,覆盖的范围可达到 2 000 m。无论是在群体事件,暴力事件,在长距离发射声音和警报中,SC3600 都是美国陆海空三军和很多同盟国家的选择目标。该设备可以安装到可调节的三脚架上,或者车辆顶部、直升飞机上,如图 9-14 所示。

图 9-14　美国产 SC3600 型噪音驱散器

此系统包括了两个水平的 3 喇叭阵列,用固定接头安装在坚实的凹型箱上,展示成 6 个喇叭阵列。固定接头使这些喇叭可以根据需要从箱子拆卸,进行组装下来,只要把一个箱子堆在另一个箱子上面。喇叭还可以并排摆设,或者完全拆卸下来分两个方向摆设,达到辐射范围更宽的效果。一个独立的坚固硬箱是用于装载控制器、前置放大器、功率放大器连内置的 3 种声调的警报器,15 A 的内置 12 V 直流电池包,电源/充电器,2 个外置音频设备和 2 个无线设备。系统可以由内置的电池包供电,或者外置的 12 V 直流电,110/230 V 交流电供电。24 V 的直流电源是选择性的。此系统还包括:推按式的麦克风,2 条 16 m 的喇叭线,0.9 m 的喇叭箱交接线和其他附件。

3. 声爆发器

声爆发器利用燃料/氧化剂混合物的重复燃烧或爆炸产生声冲击波,具有结构简单、尺寸小、声输出强度高等特点,适合野外使用。20 世纪 90 年代末期,普里梅克斯国际物理公司演示了声爆发器样机,该样机有效作用距离为 100～200 m,采用由 4 个声器件组成的平面阵列,每个声器件由燃烧爆炸装置驱动。4 个声器件可以单独发射或一起发射,能在 15 m 距离上产生 165 dB 的声压。在试验基础上,该公司决定研制适合安装在高机动性多用途轮式车辆上的“声炮”,由 20～30 个声爆炸驱动的声源组成,呈椭圆形排列,同时发射声冲击波,见图 9-15。

图 9-15　声爆发器

这种声炮犹如一个巨型扩音喇叭，一个中等身材的人不用弯腰就可钻到喇叭口中，它可发射出 2 Hz～3 kHz 高达 150 dB 的强大脉冲声波，不仅可以制造出刺耳的尖叫声，而且可以通过语音进行广播宣传，呼吁示威者们服从命令、与当局合作。在声炮的作用下，300 m 范围内的所有人会失去自我控制能力和定向能力，被无名恐惧所笼罩，头晕目眩、恶心，近距离连续作用则会导致心理障碍，甚至摧毁内脏。声炮可阻止对方侵入防护目标，在军舰上使用可防止敌方小船靠近，也可驱散人群，引起敌方士兵混乱。

2004 年初，美军研制的声炮在伊拉克战场上得到了实战应用，计划用它驱散伊境内的反美游行，具体效果尚不清楚。美军原本打算在阿富汗山区使用“超级大喇叭”，将其放置于塔利班藏身的山洞洞口。塔利班分子听到刺耳的尖叫声后，必定不堪忍受，逃离山洞，而美军尽可以在洞口“守株待兔”，将其擒获。但是后来不知何故，这一计划未能付诸实施。

驻伊美军配备的一种名为“秘密尖叫”的噪声武器，是利用婴儿尖叫的原理，以声波束攻击敌人，有效射程可达 300 m。从外表看，它是一辆装备了大型扩音器的装甲车。扩音器由电脑控制，能发出高达 145 dB 的高频声波。它不同于一般扩音器是以喇叭薄膜振动发声，而是使用半导体作为声波发射器，能够像手电筒一样投射聚集的声波。由于这种武器发射出的声波强度高，而且沿窄直路径传播，因此造成的刺痛感远远超出人能忍受的范围。轻则让人感到不安，重则能导致耳聋甚至死亡。这种武器制造的声音只有在击中目标时才会产生作用，因此可以用来控制暴乱和制服武装分子。

图 9－16 所示为美国海军陆战队正在测试定向音响武器的原型装备，该装备系美国科学应用研究学会(SARS)为美国陆军装备研究发展与工程技术司令部设计研发。

图 9－16　定向音响武器的原型装备

4. 定向辐射棒

美国技术公司根据美国国防部的反恐要求，从 2001 年开始研制定向辐射棒(Directed Stick Radiator，DSR)。DSR 是一种电池驱动的手持式非致命武器，由 3～4 个叠在一起的换能器组成，装在长约 1 000 mm、直径 400 mm 的管子中。DSR 声压波中心频率为 3 400 Hz，可以发出持续 1 s 或 2 s 的 125～150 dB 的高强度声脉冲，利用高强度声压波使 90 m 距离内的被辐射人员暂时丧失方向感或行为能力，但不会产生持久影响。该非致命武器具有高度定向性，可加装在步枪上，也可在飞机上安全应用。

5. 电效应声发生器

美国陆军研究实验室研制的顺序弧光放电声发生器(SADAG)是一种完全通过电的方法产生声冲击波的装置。SADAG 将电极放置在长 250 mm、直径50 mm 的绝缘管内，一端封闭，另一端敞开，利用高压电容器在电极间产生放电，电弧将管内的空气电离，造成突然膨胀并产生声脉冲。这一过程以 20 Hz 以上的频率重复进行，从而输出声波。通过调节，SADAG 可以发射直径稍大于 50 mm，线性速度约 5 m/s 的环形涡流。

6. 动能效应声发生器

美国 Power－staf KA－1 是一种气动活塞动能碰击振荡发出声波的防暴武器。该声波武器由压缩空气瓶、高压气调节系统和一个带传递载荷碰击头的活塞组成。作用时，压下扳机，气体压力迫使活塞杆以 7.5 m/s 的速度伸开，当接近最大行程时，活塞又突然缩回，大约在 82 ms 之间，可完成一次伸出和后座的敲击。

气瓶中的压缩空气可供活塞完成 30 次激发，之后就需要更换复装，这种可复装气瓶用一种可吸放气的气瓶或压缩机就可完成换气程序。复装气体大约需 15 ms。KA－1 也可用一个称为“Riot－pac”的背负式装置给予加强，这种装置中包括 3 个气瓶，用一个装甲防护的软管连接到 KA－1 碰击器上，可供 300 次撞击。

KA－1 还有一种“Riot－staf”的变型，没有内装的气瓶，必须与“Riot－staf”气源连接起来才能使用。

撞击声发生器用 KA－1 枪管，长 635 mm，装 KA－2 枪管后，全长 787 mm，重 3.17 kg。活塞行程 KA－1 的为 457 mm，KA－2 的为 610 mm，有效打击距离 1.68～1.98m，工作气压 350 b/inch^2，活塞速度 7.62 m/s。

7. 水下非致命脉冲枪

水下非致命脉冲枪（见图 9－17）是由美国海军牵头的在研项目。该装置主要由控制器、气枪和火花电子干扰器相连接的系留变频缆索组成，重 22.68 kg，能够发射定向水下脉冲声波，有效作用距离 0～150 m。用于水下非致命攻击，禁止出入并对水下蛙人目标进行压制。

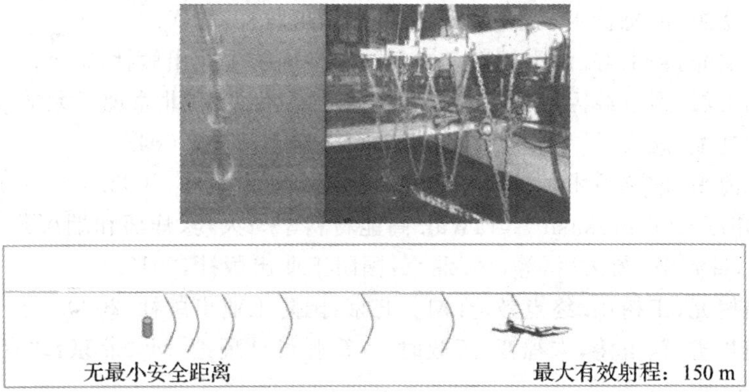

图 9－17　水下非致命脉冲枪

参 考 文 献

[1] 朱晓行.信息化战争中的非致命武器[M].北京:国防工业出版社,2013.
[2] 里土.失能战利——非致命武器[M].北京:解放军出版社,2000.
[3] [美]约翰.亚力山大.未来战争——21世纪战争的非致命武器[M],董铭,丛胜利,陈旭玉,译,北京:知识产权出版社,2004.
[4] 中国兵器工业集团210研究所编译.美国非致命武器手册[M].2012.
[5] 郭三学,王方.反恐防暴新概念武器[M].西安:西安电子科技大学出版社,2014.
[6] 丁玉兰.人机工程学[M].北京:北京理工大学出版社,2011.
[7] 周一鸣,毛恩荣.车辆人机工程学[M].北京:北京理工大学出版社,1999.
[8] 王登高.新概念武器损伤与医学防护[M].北京:军事医学科学出版社,2009.
[9] 禚法宝.新概念武器与信息化战争[M].北京:国防工业出版社,2008.
[10] 张伟.新概念武器[M].北京:航空工业出版社,2008.
[11] 薛海中.新概念武器[M].北京:航空工业出版社,2009.
[12] 刘兴堂.信息化战争与高技术兵器[M].北京:国防工业出版社,2009.
[13] 程永生.军事高科技与信息化武器装备[M].北京:国防工业出版社,2010.
[14] 邢文远,王正和,宋雅范,等.国外警用武器手册[M].北京:兵器工业出版社,1992.
[15] 陈晓东.反恐技术装备[M].北京:科学出版社,2010.3
[16] 焦清介,霸书红.烟火辐射学[M].北京:国防工业出版社,2009.
[17] 霸书红.耐过载闪光烟火药及装药研究[D].北京:北京理工大学,2007.
[18] 潘功配.烟火学[M].北京:北京理工大学出版社,2004.
[19] 陈海平.烟幕技术基础[M].北京:兵器工业出版社,2002.
[20] [印度] Jai prakash AgraWal.高能材料——火药、炸药和烟火药[M],欧育湘,韩廷解,芮久后,等,译.北京:国防工业出版社,2013.
[21] 隋树元,王树山.终点效应[M].北京:国防工业出版社,2000.
[22] 周长省,鞠玉涛,朱福亚,王政时.火箭弹设计理论[M].北京:北京理工大学出版社,2005.
[23] 郭三学,刘彬.闪光爆震弹冲击波效应测试与分析.火工品,2014(1):42-44.
[24] 郭三学.爆震弹破片非致命效应研究[J].弹箭与制导学报 2014(3)75-78.

[25] 郭三学.非致命防暴弹关键技术研究[D].西安:西北工业大学,2007.

[26] 郭三学,詹祖新.小型非致命火箭防暴弹发动机设计与试验[J].弹箭与制导学报,2011(2):117-119.

[27] 郭三学.非致命防暴火箭弹:中国,ZL201120030997.7[P].中华人民共和国专利局,2011-01.

[28] 郭三学.一种手持发射火箭防暴弹:中国,ZL2014 20106596.9[P].中华人民共和国专利局,2014-07.

[29] 郭三学.一种手持发射火箭子母防暴弹:中国,ZL2014 201066180.7[P],中华人民共和国专利局,2014-07.

[30] 郭三学.一种串联式防暴火箭子母弹:中国,ZL2014 20016515.6.[P].中华人民共和国专利局,2014-08.

[31] 郭三学.一种安全型声光弹:中国,ZL2014 20531684.3[P].中华人民共和国专利局,2015-03.

[32] 周珺,王远途.警用电击武器人体效应及安全性研究[J].警察技术,2011(5):63-65.

[33] 罗志成.X26 高级泰瑟枪[J].警察技术,2006(3):56-57.

[34] 熊远波.电击武器若干关键问题的研究[D].南京:南京理工大学机械电子工程,2007.

[35] 中华人民共和国国家技术监督局.GB/T 17870.1-92,电流通过人体的效应第一部分:常用部分[S].北京:中国标准出版社.1992-11-24.

[36] 中华人民共和国国家技术监督局.GB/T 17870.2-1997,电流通过人体的效应第二部分:特殊情况[S].北京:中国标准出版社.1992-11-24.

[37] 张平雷,雷亚贵,王戎瑞.美国定向能非致命武器发展现状[J].激光与红外,2010(10):1035-1038.

[38] Klauenberg, B. J. (2002). Non-Lethal Weapons Human Effects. Tech Connect. RetrieVed NoVember 18, 2003, fromhttp://WWW. afrlhorizons. com/Briefs/Sept02/HE0209. html.

[39] Mary G. Ripple,张翔.美国马里兰州涉及电击枪死亡案例分析[J].法医学杂志,2011-10,27(5)

[40] Andre W Maier, etc. Human EffectiVeness and Risk Characterization of the ElectromuscularIncapacitation DeVice - A Limited Analysis of the TASERPart I - TechnicalReport. America: The Joint Non-Lethal WeaponsHuman Effects Center of Excellence . 7-73.

[41] 孙华燕,张廷华,韩意.军事激光技术[M].北京:国防工业出版社,2012.

[42] 魏光辉,杨培根.激光技术在兵器工业中的应用[M].北京:兵器工业出版社,1995.
[43] 阮拥军,孙兵.定向神鞭微波武器[M].北京:解放军出版社,2000.
[44] 王涛,余文力,朱峰.高功率微波武器杀伤机理及发展现状[J].飞航导弹,2008(3):97-100.
[45] 向红军,李治源,雷彬.多级感应线圈发射器测控系统设计[J].军械工程学院学报,2008,20(4):63-65.
[46] 雷银照.轴对称线圈磁场计算[M].北京:中国计量出版社,1991.
[47] 胡艳玲.气动枪械发射原理有关问题的研究[D].南京:南京理工大学,2008.
[48] 朱文超,杨晓波.恒定非致命—伯莱塔 LTLX7000 霰弹枪[J].武器分析,2009(3):15—19.
[49] 卞荣宣,孙守涛."一专多能"的 FN303 武器系统[J].轻兵器,2004(11):26-28.
[50] 唐建.大口径枪械低后座若干发射技术研究[D].南京:南京理工大学,2013.
[51] 刘东锋.FN 公司新型非致命武器[J].轻兵器,2003(1):19—21.
[52] 蔡伟妹.基于非致命的枪口速度控制技术研究[D].南京:南京理工大学,2013.
[53] 翟杰.非致命武器打击能量可控技术研究[D].南京:南京理工大学,2013.
[54] 王家生.应用于非致命激光武器的发射系统研究[D].中国优秀硕士学位论文全文数据库,2009(2):3-6.
[55] 王德满,王跃进,谢慧才.线圈炮—电磁同轴发射器及其系统分析[J].宇航学报,1996(04).
[56] 崔鹏.新型电磁发射技术的研究[D].北京:国防科学技术大学,2005.
[57] 曹福成.隐形杀手——声波武器[M].北京:解放军出版社,2001.
[58] 王栋.声波定向驱散系统换能器分析及驱动电路设计与实现[D].成都电子科技大学,2011:10-17.
[59] 林书玉.超声换能器的原理与设计[M].北京:科学出版社,2004.
[60] 姬培锋.指向性声源的理论与实验研究[D].济南:山东科技大学,2005.
[61] 焦丽华.声频定向超声波换能器的研究[D].成都:电子科技大学,2007.
[62] 钱祖文.非线性声学[M].北京:科学出版社,2009.